郑州市森林公园
园林植物养护与管理

ZHENG ZHOU SHI SEN LIN GONG YUAN
YUAN LIN ZHI WU YANG HU YU GUAN LI

主　编　宋　帆　张露明

副主编　曹红霞　张文业　宋　凯　刘　沛
李风婷　李小果　李爱枝

编　委　曹红霞　贾　若　刘　沛　李爱枝
李风婷　李小果　林清波　李高燕
彭　韧　宋　帆　宋　凯　沈逢源
王建红　王华丽　杨洁琼　姚增福
张露明　张文业　张新勇　朱　彤

黄河水利出版社
·郑州·

图书在版编目（CIP）数据

郑州市森林公园园林植物养护与管理/宋帆，张露明主编.--郑州：黄河水利出版社，2020.5
ISBN 978-7-5509-2610-3

Ⅰ.①郑… Ⅱ.①宋… ②张… Ⅲ.①森林公园-园林植物-观赏园艺-郑州 Ⅳ.①S688

中国版本图书馆CIP数据核字（2020）第041682号

审稿编辑：席红兵

出 版 社：黄河水利出版社
地址：河南省郑州市顺河路黄委会综合楼14层　　邮政编码：450003
发行单位：黄河水利出版社
发行部电话：0371-66026940、66020550、66028024、66022620（传真）
E-mail: hhslcbs@126.com
承印单位：郑州创维彩色制作有限公司
开本：787mmx1092mm　1/16
印张：22.25
字数：460千字　　印数：1—1000
版次：2020年5月第1版　　印次：2020年5月第1次印刷

定价：132.00元

前言
FOREWORD

随着经济社会的发展、郑州市区框架的拉大，郑州市森林公园的位置已由过去的郊区变为未来城市的中心区域，其功能也由过去的防风固沙为主，逐渐向提供公共游憩场所、改善城市生态、丰富城市景观、科普宣教等方面转变。作为龙湖景观核心区的重要组成部分，郑州市森林公园的升级改造工作即将完成，大量新增园林植物种类的管理及精细化养护管理技术，是公园一线绿化养护管理人员面临的新挑战。同时，作为郑州市科普示范基地，郑州市森林公园还肩负普及生态知识，凝聚公众对生态资源保护利用共识的阵地作用。在此背景下，为了提高公园园林植物养护管理技术水平，指导工作实践，提升生态科普宣传能力，针对绿化一线人员、科普宣传的需要编写本书。

本书共10章，主要介绍园林植物的生长发育规律及生态习性、园林植物栽植、花卉草坪养护、土肥水管理、整形修剪、病虫草害防治、古树名木的保护与管理、公园园林植物的养护与管理。此外，本书在相应位置配置了插图，图文并茂、生动直观、便于学习，兼顾了科普知识宣传的需要。

本书注重理论与实践相结合，强调实践性，操作性强，易于学习。本书的重点任务是强化读者对园林植物养护管理基本方法的掌握，并且与园林绿化生产实践相结合，及时融进新知识、新观念、新方法，呈现内容的专业性和开放性，培养读者进行园林植物养护管理的实践能力、耐心细致的工作作风和严肃认真的工作态度，同时培养读者的创新意识。本书主要针对从事绿化管养的人员，可供园林绿化、设计等领域的工程技术人员、科研人员和管理人员参考，也可供高等学校园林景观及相关专业师生参阅，是郑州市森林公园进行生态科普知识宣传的重要用书。

本书编著分工如下：宋帆编著绪论、第7章园林树木的整形修剪；曹红霞编著第1章园林植物的生长发育规律；刘沛编著第2章园林植物的生态习性；张文业编著第3章园林树木的栽植；宋凯编著第4章花卉繁殖与养护；李小果编著第5章草坪建植与养护；张露明编著第6章园林植物的土肥水管理；李爱枝编著第9章古树名木的保护与管理；李风婷编著第8章园林植物的病虫草害防治；第10章郑州市森林公园主要园林植物养护与管理由宋帆、沈逢源、贾若、林清波、李高燕、杨洁琼、姚增福、张新勇、朱彤、王建红、彭韧、王华丽共同编著。全书由高级工程师宋帆、李风婷、沈逢源主审。

本书在编著过程中，参考了相关专家的大量文献资料，配制了部分图例，由于种种原因未在参考文献中一一列明，敬请谅解，在此谨向有关专家、单位深表感谢！

由于编者水平所限，书中难免存在不妥及疏漏之处，敬请读者批评指正。

编　者

目录
CONTENTS

第6章 园林植物的土肥水管理

第7章 园林树木的整形修剪

第8章 园林植物的病虫草害防治

第9章 古树名木的保护与管理

第10章 郑州市森林公园主要园林植物养护与管理

绪 论

许多风景优美的城市，不仅有优越的自然地貌和良好的建筑群体，而且还有优美的城市绿化环境。其中园林绿化的好坏对城市面貌起着决定性的作用，没有花草树木的装饰，整个城市就缺少生机。园林绿化是现代化城市的重要标志，是改善生态环境的重要途径。随着我国园林业的逐渐成熟，养护管理已成为园林绿化事业的核心工作。人们常说植物的种养关系是“三分种植，七分养护”，这说明绿化养护在园林绿化工程中的地位非常重要。只有精心养护才能长期保持现有的绿化效果，使园林的生态价值、景观价值、人文价值得到充分体现，使其真正成为城市的亮点，成为市民休憩玩乐的好去处，从而获得最大的社会效益。园林绿化的内容与形式在未来发展中都将有所改变，从最早的公园绿化到公路绿化再到小区、草坪的绿化，可以说是一个逐渐走向成熟的过程，但是养护管理是园林绿化中非常重要的环节。它是一种长期的、反复的工作，园林绿地的建成并不代表园林景观的完成，只有高质量、高水平的园林养护管理，园林景观才能逐渐地形成与完善。在园林绿化工程中有种植必然存在养护，它们是统一的、不可分割的整体。

0.1 园林植物概述

0.1.1 园林植物的概念

园林植物，又称为观赏植物，是城乡各类园林绿地中栽植应用的、具有一定观赏特征的所有植物的统称，包括园林树木、园林花卉、草坪植物、地被植物等。

园林树木，是指园林植物中的木本植物，包括乔木、灌木、藤木等。

“花卉”的狭义概念，仅指具有观赏价值的草本植物，如凤仙花、仙客来、菊花等。花是植物的生殖器官，卉是草的总称。花卉指的是花花草草，也就是开花的草本植物。

广义上的“花卉”，也统称为观赏植物，具有一定观赏价值，并被人们通过一定技艺进行栽培、养护及陈设的植物，包括高等植物中的草本、亚灌木、灌木、乔木和藤本植物，以及蕨类植物等都可列入花卉的范畴之中。

草坪植物是指园林或运动场中覆盖地面的多年生草本植物，以禾本科、莎草科植物为主，常见的有结缕草、狗牙根、高羊茅、早熟禾、意大利黑麦草等。

地被植物是指除草坪植物以外，低矮耐阴的地面覆盖植物，常见的有红花酢浆草、八角金盘、蔓生迎春花等。

0.1.2 园林植物的作用

园林植物在园林绿化中的首要作用是它的美化作用。它通过其色彩、姿态、意境构成各种美景，造成引人入胜的意境。由于植物是活的有机体，随着一年四季的变化，即使在同一地点也会表现出不同的景色，形成各异的情趣。人们在与大自然的接触中，可以荡涤污垢，纯洁心灵、美誉精神、陶冶情操。

植物是造园四大要素（山、水、建筑、植物）之一，而且是四大要素中唯一具有生命活力的要素。造园可以无山、无水，但绝不能没有植物。园林树木是植物造景中最基本、最重要的素材，绝大多数植物造景均需要树木的积极参与。各种建筑若无树木掩映，只有光秃秃的山、冷清清的水，则缺乏生机。

生态园林是园林建设的大趋势，植物可以通过改善和保护环境等生态功能发挥其重要作用，有利于人们身心健康。园林植物可以改善空气质量，调节环境温度与光照，增加空气湿度，减弱噪声。同时，园林植物可以涵养水源，保持水土，防风固沙，发挥保护环境的作用。

此外，园林植物还具有生产苗木、果品、花、叶等产品，创造财富的生产功能。

0.1.3 园林植物养护与管理的任务

园林树木的养护与管理，是指根据园林设计所选定的树种，由苗木出圃后的移栽定植开始，一直到树木衰亡这段较长时期的栽培实践。如改良土壤，移栽定植，周年的土、肥、水管理，整形修剪，防治病虫，树木外科手术等，把树木栽活养好。

园林树木养护与管理工作的任务，是在各种计划建立或已建的绿地上，栽好、养护好园林树木，使其健壮长寿，姿形优美，表现出欣欣向荣或苍劲古雅，繁花似锦或果实累累的景象，使其在美化生活环境、结合生产和旅游观瞻等方面，更重要的是在保护环境、建立和保护城市生态相对平衡等方面，充分发挥其综合功能。

园林植物养护与管理的实质，是在掌握植物生物学规律的基础上，对其生命过程有意识地施加人工技术措施，即对植物本身采取直接的（如嫁接、整形、修剪、叶面喷肥等），或间接的（改善光、温、水、土条件）措施，进行及时地调节和干预，能动地控制其整体或某一部分器官的生长发育，使园林植物形成并保持较好的形态和色彩，建成优美的园林景观，发挥高效的功能作用，从而达到园林绿化的目的。

0.2 我国园林植物养护与管理的现状及发展趋势

0.2.1 园林绿化的主管部门及主要法律法规

（1）园林绿化的主管部门。中央和各级地方政府的建设行政主管部门，以及城市园林绿化行政主管部门为中国风景园林行业的主管部门。其他行业主管部门还包括绿化苗木的产销由各级林业主管部门管理；花卉生产归地方政府农业主管部门管理；园林的科技创新由科技部门管理；省（市、区）建设行政主管部门负责地方所在地的园林建设工作；各大中城市的园林管理事务由当地的园林绿化主管部门负责，一些地方由城乡建设委员会办公室管理。

目前，中国风景园林行业尚未形成全国性的行业自律组织，但部分省（市、区）已经建立了园林企业协会，如上海市园林绿化行业协会等。另外，全国及部分省（市、区）成立了以学术研究为主要目的的风景园林学会，如挂靠于住建部中华人民共和国住房和城乡建设部的中国风景园林学会，挂靠于广州市林业和园林局的广东园林学会。风景园林学会是由风景园林科技及艺术工作者自愿组成的学术性的、非营利性的组织，主要宗旨是进行园林科技、艺术相关学科的研究，开展国内外风景园林科技、艺术的交流与合作，促进风景园林科学技术及艺术事业的普及与提高等。

（2）园林绿化的主要法律法规。随着国内市场经济体制的确立，我国风景园林行业法制建设逐步发展和完善，园林绿化的主要法律法规陆续公布实施。1992年6月22日国务院颁布的《城市绿化条例》是我国第一部直接对城市绿化事业进行全面规定和管理的行政法规。2001年，中央发布的《关于制定国民经济和社会发展第十个五年计划的建议》及《关于加强城市绿化建设的通知》对我国园林绿化建设起到了纲领性指导作用。围绕上述纲领性文件，我国制定了与园林行业相关的国家和地方性法规文件共360多项，内由政府支持的地区性的风景园林企业协会，如广东省风景园林协会。北京市园容涵盖园林绿化综合管理、园林绿化规划、设计编制、审批管理、建设施工、行业资质等多个领域。1992—2015年城市园林绿化行业法规文件见表0-1。

表0-1　1992～2015年城市园林绿化行业法规文件概览

时间	发布部门	名　称
1992年06月	国务院	《城市绿化条例》
1993年11月	建设部	《城市绿化规划建设指标的规定》
1995年07月	建设部	《城市园林绿化企业资质管理办法》
1995年07月	建设部	《城市园林绿化企业资质标准》
1999年02月	建设部	《城市绿化工程施工及验收标准》
2000年05月	建设部	《创建国家园林城市实施方案》《国家园林城市标准》
2001年05月	国务院	《国务院关于加强城市绿化建设的通知》
2002年11月	建设部	《城市绿线管理办法》《城市绿地分类标准》
2007年03月	建设部	《工程设计资质标准》
2007年06月	建设部	《建设工程勘察设计资质管理规定》
2009年10月	住建部	《城市园林绿化企业资质标准》
2013年02月	国务院	《中华人民共和国植物新品种保护条例》
2015年06月	国务院	国务院关于修改《建设工程勘察设计管理条例》的决定（国务院令第662号）

0.2.2　园林植物养护与管理的现状

（1）人们对生态环境的要求越来越高。现在我国城市发展越来越快，对园林建设的需求也越来越多。改善城市投资环境和城市形象对园林养护管理工作提出了更高的要求。生态园林养护管理具有专业性、特殊性、持续性的特点，因此进行科学的养护和管理工作是非常重要的。养护、管理好绿地是让园林绿地持续发挥作用的关键。

（2）各级政府及相关部门对园林绿化的认识水平越来越高。政府部门及建设单位的重视程度，在一定意义上关系着园林养护与管理工作的开展。园林的养护与管理工作也必须契合经济规律。这项工作一旦被轻视，园林景观的效果就会大打折扣，不仅有损城市的良好形象，也导致财力上的无端浪费。因此，相关政府及单位要重视园林管护工作，客观地认识园林管护工作的重要性。

(3) 经费投资力度逐渐加大。针对园林管护工作资金短缺的局面，政府及相关单位部门应当加大资金拨付力度，从财力上为园林养护管理提供支持，也是在为城市的兴起发展增添力量。政府部门或建设单位可以减少不必要的开支，大力提倡节约精神，使节省下来的资金有所去向，即为园林养护管理添砖加瓦。同时，资金到位后，园林养护管理所需的各项先进设施设备就会到位，也会显著提高养护管理工作的质量和效率，从而保证园林景观的实际效果。

(4) 市民的整体素质逐渐提高，形成爱护园林的良好风气。公众更加理解园林养护管理对于一个城市发展的重要性，同时也更加懂得园林养护管理关系着个人的美好生活。占地毁绿、折花断木、破坏良好环境的恶习逐渐减少，甚至被有效遏制。形成良好的社会风气，人们能够自觉地从自身做起，为园林养护管理负起应有的责任。

(5) 新技术、新材料在园林养护中逐渐应用。绿化苗木生产向集约化、容器化生产推进；大树移植机械设备通过改进，可移植17～21cm胸径的大树；树木施肥方面，出现打孔施肥、微孔释放袋、树木营养针等新方法，可控释袋装肥料只在土壤温度适当时供肥，肥料供应能与作物生长季节相协调，可供肥时间长，所以被广泛用于栽培园艺作物。生长调节剂如抗蒸腾剂的应用，提高移植的成活率；树洞处理方面，使用新填充剂，如聚氨酯泡沫等。

0.2.3　当前绿化养护管理工作中存在的问题

(1) 有些地方只注重植物的栽植，对养护工作的重视度不够。养护管理在园林绿化工作中起着举足轻重的作用，是一项持续性工作，但它没有像施工一样引起足够重视。重建设轻管理、苗木存活率低、养护质量差导致绿化景观效果差，难以达到预期绿化效果。

(2) 绿化养护资金不足，使用效率低，影响养护效果。绿化养护工作需要投入大量的人力、物力和财力，这项工作完成得好坏与使用经费的多少是分不开的。通常养护作为工程后期的工作，没有单独资金立项给予保障，往往是施工单位垫付资金。只有投入没有收入，导致养护设备较落后，绿化养护措施不到位，人员配备跟不上，影响绿地景观。

(3) 养护管理体系尚不健全，人员业务素质低。目前采取的一些养护措施方法简单、技术含量低，养护管理过程的科技水平薄弱。特别是养护人员缺乏必要的技术培训，有很多人员都是临时从事养护工作，对这一行业没有接触过，业务素质普遍较低，更谈不上工作创新，致使养护效率较低，效果较差。

(4) 不经过栽培试验盲目引进外来品种。植物生长对气候、土壤等客观条件有一定要求，但是一些园林盲目引进异地高贵品种，在植物配置方面存在不合理现象，养护管理技术不配套，造成园林绿化养护成本不断增多，而且难以充分发挥自然景观效益。有些树种品种不适应冬季低温严寒，虽然寒冬来临之前也通过覆盖薄膜、用草绳缠树干等方法采取防寒措施，但寒冬过后树木仍受到严重的寒害，有的仅存树干，有的甚至整株枯死，十分可惜。

0.2.4　园林绿化养护管理的发展趋势

随着人们对园林事业发展重视程度的不断提高，园林植物的养护与管理工作在园林建设中的作用愈加凸显。人们的理念不断发展，科学技术不断进步。运用科技不断改进园林植物栽培与养护环节的问题，并且提高其中的科技化水平，将会使园林植物的栽培与养护工作具有更好的发展前景。

(1) 建设生态文明的理念深入人心，这是促进园林事业发展的内生动力。中国共产党第十八次全国代表大会上的报告提出，建设生态文明是关系人民福祉、关乎民族未来的长远大计。面对资源约束趋紧、环境污染严重、生态系统退化的严峻形势，必须树立尊重自然、顺应自然、保护自然的生态文明理念，把生态文明建设放在突出地位，融入经济建设、政治建设、文化建设、社会建设各方面和全过程，努力建设美丽中国，实现中华民族永续发展。

为深入贯彻落实党的十八大精神，切实推进生态文明建设，住房与城乡建设部修订了《生态园林城市申报与定级评审办法》，以创建为抓手促进已获国家园林城市命名的城市向更高层次的生态园林城市发展。在园林建设中更加注重生态效益，绿地绿量增大。园林绿地最重要的功能之一便是它的生态效益，而绿地绿量的大小直接影响生态效益的高低。

(2) 突出以人为本的理念，园林植物养护与管理更加注重细节。现阶段的园林植物养护与管理工作需要进一步改进，以期园林植物行业进一步发展。注重细节，突出以人为本。居住区绿地的功能主要是为人们提供休闲服务，所以与之相关的一切工作要充分考虑广大城市居民的需求，必须以人为本，包括其中的服务设施、植物配置均要最大限度满足人们游憩、交流、怡情等需求，更好地为人们服务。首先应注重实用性，其次才是观赏性，所以大树或大苗为绿化首选，观赏性强的草坪可适当点缀。绿地内要有一定数量可供休憩的座椅，且座椅上方最好有夏季可以遮阳、冬季可以晒太阳的落叶树种。

(3) 新技术、新方法在园林植物养护与管理中得到越来越多的应用。园林植物养护与管理技术将会更加现代化，自动化水平不断提高。未来发展中植物养护的设施与试验条件将进一步改善，现代化因素不断增加，甚至在一些稀有物种的养护上完全实行自动化、智能化操作。植物养护技术高度发达，养护与管理工作的专业化分工更加精细并且在养护工作中不断应用新技术进行实践。

(4) 遵循景观与生物多样性的原则，尽力构建生态平衡的植物景区。“多样性导致稳定性”是最基本的生态学原理，生态园林就意味着生物多样性。通过乔灌木结合，常绿与落叶、速生与慢长相结合，乔灌与地被、草皮相结合，适当点缀些草花，构成多层次的复合结构，既满足生态效益的要求，又能达到观赏的景观效果。另外，树种单一，不仅造成景观单一，而且易引起病虫害的发生。所以，植物配置应以科学的生态理论来指导，应遵循景观多样性、生物多样性原则，进行多树种、多层次、多植被绿化。显然，一个由相对稳定的、物种多样的植物群落组成的绿化环境，一定是可以实现低成本维护的。

(5) 养护与管理方式更加丰富，垂直绿化、屋顶绿化、盆栽绿化等形式逐渐普及。注重垂直绿化植物的应用，营造立体绿雕塑。在绿地面积有限的区域，为了发挥更大的生态效益，垂直绿化是不可忽视的一个重要组成部分。采用地锦、凌霄等都有很好的绿化效果，在为人们遮阳避暑、发挥生态效益的同时，也能让人们领略植物随季节变迁而发生的美丽变化。

(6) 养护环节更加注重节能环保的研究。养护植物不仅要运用技术改良植物，还需要增加绝热性好、透光率强、坚韧耐久的培育材料的应用。总体来说，增加耗能少、生长期短、抗性强的品种的选育。

随着园林植物的养护与管理技术的不断改进与创新，必将带动园林植物养护与管理的经济效益、社会效益以及生态效益。合理运用科技，不断地改善园林植物养护与管理技术，必将促进园林植物的养护与管理工作蓬勃发展。

第1章
园林植物的生长发育规律

1.1 园林植物的生命周期

植物生长指的是植物在同化外界物质的过程中，通过细胞的分裂和个体体积增大，所形成的植物体积和重量的增加。由于季节和昼夜的变化，其生长表现为一定的间歇性，即随着季节和昼夜的变化而具有周期性的变化，这就是植物生长发育的周期性。植物从繁殖开始到个体生命结束为止的全部生活史称为生命周期。根据生命周期的长短，将植物分为一年生植物、二年生植物和多年生植物三类。

1.1.1 一年生园林植物的生命周期

一年生园林植物是指在一个生长季内完成全部生活史的园林植物，即从种子萌发到开花、结实、枯死的生育周期在当年完成。主要包括一些一年生花卉植物，如金鸡菊、鸡冠花、马齿苋、凤仙花、蓝花鼠尾草、万寿菊、百日草等。其生长发育过程可分为发芽期、幼苗期、营养生长期和开花结果期4个阶段。

（1）发芽期。从种子萌动至长出真叶为发芽期。播种后，种子先吸水膨胀，酶活性变强，并将种子内贮藏物质分解成能被利用的简单有机物。随后胚根伸长形成幼根，胚芽出土，进入幼苗期。这一时期生长需要的营养物质全部来自种子，种子完整、饱满与否直接影响发芽能力。同时，水分、温度、土壤通透性、覆土厚度等都是此期能否实现苗齐苗壮的影响因子。

（2）幼苗期。种子发芽以后，能够利用自己根系吸收营养和利用真叶进行光合作用即进入幼苗期。园林植物幼苗生长的好坏，对成株有很大影响。这一时期幼苗生长迅速，代谢旺盛，虽然由于苗体较小，对水分及养分需求的总量不多，但抗性较弱，管理要求严格，要注意水分、光照的合理供给。

（3）营养生长期。幼苗期后，有一个根系、茎叶等器官加速生长的营养生长期，为以后植物的开花、结实奠定营养基础。不同植物营养生长期的长短、出现时间均有较大差异。生产上既要保证水肥、病虫、光照等的合理管理，使其健壮而旺盛地进行营养生长，也要有针对性地利用生长调节剂、控制水肥等措施，防止植株徒长，以利于植物顺利进入下一时期。

（4）开花结果期。开花结果期是指从植株现蕾到开花结果的时期。这一时期存在着营养生长和生殖生长并行的情况，前期根、茎、叶等营养器官继续迅速生长，同时不断开花结果。因此，存在着营养生长和生殖生长的矛盾。这一时期的管理要点是要保证营养生长与生殖生长协调、平衡发展

1.1.2 二年生园林植物的生命周期

二年生园林植物通常在秋季播种，当年主要进行营养生长，越冬后第二年春夏季开花、结实，如二月兰、羽衣甘蓝、紫罗兰、三色堇、石竹等。二年生园林植物需要一段低温过程，通过春化阶段后才能由营养生长过渡到生殖生长。生命过程可分为营养生长和生殖生长两个阶段。

(1) 营养生长阶段。营养生长阶段包括发芽期、幼苗期、旺盛生长期及其后的休眠期。在旺盛生长初期，叶片数不断增加，叶面积持续扩大。后期同化产物迅速向贮藏器官转移，使之膨大充实，形成叶球、肉质根、鳞茎，为以后开花结实奠定营养基础，随后进行短暂的休眠期。也有一些植物无生理休眠期，但由于低温、水分等环境条件限制，进入被动休眠的状态，一旦温度、水分、光照等条件变得适宜，它们即可生长发芽开花。

(2) 生殖生长阶段。花芽分化是植物由营养生长过渡到生殖生长的形态标志。一些植物在秋季营养生长后期已经开始进行花芽分化，之所以没有马上抽薹，是因为它们需要等到来年春季的高温和长日照条件才能抽薹。从现蕾开花到传粉、授精，是生殖生长的重要时期。此时期对温度、水分、光照都较为敏感，一旦不适就可能造成落花。

1.1.3 多年生园林植物的生命周期

多年生园林植物可分为多年生木本植物和多年生草本植物两大类。以下分别介绍它们的生命周期。

1.1.3.1 多年生木本植物

多年生木本植物根据其来源又可分为实生树和营养繁殖树两种类型。

(1) 实生树。实生树是指由种子萌发而长成的个体，其一生的生长发育是有阶段性的。一般学者将其分为三个阶段。第一阶段为童年期，也称为幼年期，指从种子播种后萌发开始，到实生苗具有分化花芽潜力和开花结实能力为止所经历的时期。实生树在童年期主要进行营养生长，这是其个体发育过程中必须经过的一个阶段。在此阶段，人为的措施无法诱导其开花。不同树木种类甚至同一种类的不同品种，其童年期的长短差异也很大。少数童年期极短的树种，在播种当年即开始开花结实，如紫薇、矮石榴等。大多数树种都需要一定的年限才能开花。桃、杏、枣、葡萄等的童年期较短，大约为3～4年；松和桦要5～10年；银杏则需要15～20年才能结果。第二阶段为成年期，指从植株获得形成花芽的能力到开始出现衰老特征时为止的一段时期。开花是进入这一时期最明显的特征。第三阶段为衰老期，指从树势明显衰退开始到树体最终死亡为止。

(2) 营养繁殖树。营养繁殖获得的木本植物是利用母体上已具备开花结果能力的营养器官再生培养而成，因此，一般都已通过了幼年阶段，不需要度过较长的童年期，没有性成熟过程。只要生长正常，随时可以成花。但在生产中为了保证树木质量，延长寿命，在生长初期往往会控制开花，保持一段时期的旺盛营养生长，以积累足够的养分，促进植株生长。多年生营养繁殖木本植物的营养生长期一般是指从营养繁殖苗木定植后到开花结果前的一段生长时间。其时间长短因树种或品种而异，枣、桃、杏等需要2～3年，苹果、梨等则要3～5年。营养生长期结束后，即进入结果期和衰老期，与实生树基本类同。

1.1.3.2 多年生草本植物

多年生草本植物是指经过一次播种或栽植以后，可以成活两年及以上的草本植物。

根据地上部分干枯与否可以将多年生草本植物分为两类。一类多年生草本植物的地下部分为多年生，形成宿根、鳞茎等变态器官，而地上部分在冬季来临时会枯萎死亡，如大丽花、玉簪、火炬花、蜀葵、鸢尾等。这一类植物的年生长周期与一年生植物相似，一般要经历营养生长阶段和生殖生长阶段。第二年春季宿存的根重新发芽生长，进入下一个周期，不断年复一年，周而复始。另外一类植物的地上部分和地下部分均为多年生，冬季时地上部分仍不枯死，并能多次开花、多次结实，如万年青、麦冬等。

园林植物的生命周期并非一成不变，生存环境条件发生变化，植物的生命周期也可能会发生较大变化。生产上利用一些栽培技术，人为地改变植物生存环境，可以改变植物的生命周期，以期更好地为园林绿化工作服务。如金鱼草、瓜叶菊、一串红、石竹等植物本身是多年生植物，而在北方地区为了使其具有较好的园林绿化效果，常作一年生植物栽培。

1.2　园林植物的年生长周期

园林植物在生长发育过程中，其外界生长条件大都会呈现出一年四季和昼夜更替等周期性的变化，故而植物在进化中适应了这种周期性变化，并形成与之相适应的形态、生理等的周期性变化。环境条件会改变或影响植物物候期，生产上常常会通过改变园林植物的环境来改变植物的物候期，使其更适合园林观赏和应用。

一年生园林植物的年生长周期与其生命周期一致，以下主要对树木的年生长周期进行介绍。

1.2.1　树木年生长周期中的个体发育阶段

园林植物发育阶段是指植物正常生长发育和器官形成所必需的阶段，如果没有通过正常地发育阶段，植物不能正常地生长、开花和结果，不能完成其生命周期。不同植物的发育阶段与其原产地的生态条件相适应，与年气候节奏变化同步，是对原产地生态环境的一种适应。

在亚热带、温带和亚寒带地区，季节性气候变化非常明显，因而木本植物都具有伴随着气候的变化而变化的生长和休眠交替的时期，而且这种生理的变化也形成了植物形态特征的交替变化。因此，一般将某些形态特征作为通过阶段发育变化的标志。与年发育阶段有关的主要有休眠期的春化阶段和生长期的光照阶段。

（1）春化阶段。树木的春化阶段是芽原始体在黑暗状态下通过的，所以又称为黑暗阶段。在春化阶段，树木主要进行一些芽的分化、缓慢生长等不太明显的生理和形态变化。树木通过春化阶段的主要环境因素是温度，故而引用了一二年生植物的春化阶段的概念。不同类型的树种，通过春化阶段所需要的温度不一样，冬型树木小于10 ℃能够通过春化阶段，而春型树木在10 ℃以上的条件即可通过春化阶段。当然，即使是同种类型的树种，因其树种、起源地不同，通过春化阶段所需要的温度的高低、时间的长短也有一定的差异。不同树木通过春化阶段所需要的时间与树木的休眠深度一致，一般冬性强的树种，休眠程度较深，通过春化阶段所要求的温度就较低，需要经历的时间也较长。桃等落叶树的种子经过低温层积处理后，能够促进种子萌发和加速幼苗生长，并能够在后期正常生长和发育，其幼苗嫁接到成年砧木上，当年就可形成花芽。如果未经过低温处理，桃树种子经过人工催芽后，会形成莲座状丛生的短枝，在长时期内保持矮生状态。只有再次满足低温要求才能通过春化而恢复生长。由此可见，种子的低温层积过程实际上就是通过春化阶段的过程。

（2）光照阶段。在通过春化阶段后，园林树木还必须满足其对光照条件的要求，通过光照阶段，才能正常生长发育，进入休眠。否则可能会出现生长期缩短、延迟，组织不充实，不能开花结果等现象。如桃实生苗在缩短日照时，生长期会缩短，提前进入休眠，而如果延长日照时，则会有相反的表现。故而在桃的引种中，南方树种引往北方时，由于日照时间的加长，经常会表现营养生长期延长，容易受冻害。而在缩短其日照后，就可使嫩枝及时成熟木质化，免受冻害。北方树种引入南方时，由于日照时数的减少，虽然能够正常生长，但发育延迟，甚至不能开花结实，需要进行长日照处理才可以。这些实验都说明，植物的正常生长和花芽分化、发育都要通过光照阶段。

（3）其他阶段。除了春化阶段和光照阶段必须通过外，也有人提出了第三和第四阶段，即需水临界期阶段和嫩枝成熟阶段。

需水临界期阶段处于嫩枝快速生长的时期。这一时期植物水分消耗最大，叶内含水量最高，呼吸强度大，生长量也最大。如果这一时期水分不足，则会引起生长衰弱，这已经在苹果和油橄榄的研究中获得证实。

嫩枝成熟阶段内进行嫩枝的木质化过程，为增强植物越冬耐寒性做好准备。如果此阶段进行不充分，则容易出现冻害。

1.2.2 物候形成与变化规律

（1）物候的形成与应用。植物不能像动物一样可以迁移觅食，只能过定居生活。用根从地下土壤中吸收水分和矿质营养，从空气中吸收二氧化碳，在阳光下合成有机物质。植物的生长发育完全受环境条件的约束，只能在这些环境条件长期作用下，形态与生理产生一些变化以适应环境。树木在一年中，随着气候的季节性变化而发生的萌芽、抽枝、展叶、开花、结果、落叶、休眠等规律性的变化的现象，称为物候或物候现象。与各树木器官相对应的动态时期称为生物气候学时期，简称物候期。不同物候期中，树木器官表现出的外部形态特征称为物候相。通过对植物物候的研究，能够认识树木形态和生理的节律性变化与自然季节变化的关系，从而指导园林植物的栽培与养护。

我国在三千多年以前的《诗经·豳风·七月》中就已经有了关于物候的记载。在西汉，著名的农学著作《氾胜之书》中就有了如“杏始华荣，辄耕轻土弱土；望杏花落，复耕。”这种以物候为指标，来确定耕种时期的记载。南宋末年，浙江金华（婺州）人吕祖谦记载了腊梅、桃、李、梅、杏、紫荆、海棠、兰、竹、芙蓉、莲、菊、蜀葵和萱草等24种植物在淳熙七年和八年（1180年、1181年）的开花结果日期，春莺初到和秋虫初鸣的时间是世界上最早的物候记录。

竺可桢是中国现代物候学研究的奠基者，在他的领导下，1934年组织建立的物候观测网是中国现代物候观测的开端。1962年，他又组织建立了全国性的物候观测网，进行系统的物候学研究。1979年出版《中国物候观测方法》，统一了物候观测标准。

在欧洲，古希腊的雅典人就已经编制了农用物候历。18世纪中叶，瑞典植物学家林奈在其所著《植物学哲学》一书中概述了物候学的任务、物候的观测和分析方法，并于1750–1752年，历时3年组织了有18个点的观测网。德国植物学家霍夫曼从19世纪90年代起建立了一个物候观测网，选择了34种植物作为物候观测的对象，亲自观测了40年。

物候在园林植物的栽培养护和应用中起到非常重要的作用。利用物候可以更加准确地预报农时。节令、温度和积温等虽然可准确地测量，但是对于季节预报性远不如从活的植物上获得的数据，后者更能反映农时的变化。掌握各种园林树木在不同物候期中的习性、姿态、色泽等景观效果特点，通过合理的配置，使树种间的花期相互衔接，提高园林风景的质量。物候可以为制订园林树木的栽培、管理、育种等计划提供科学、准确的依据。物候还能为树木的栽培区划提供依据。

（2）树木物候变化的一般规律。每年都有春夏秋冬四季，树木长期适应这种节律性的气候变化，也就形成了与此相应的物候特征与生育节律。树木的物候期主要与温度有关，每一个物候期都需要一定的温度量。

起源于温带的树种，春季结束休眠开始生长，秋冬季则结束生长进入休眠，与温度的变化趋势大体一致。树木由叶芽开始萌动到落叶为止，在一年中生长的天数为生长期。一个地区适合其生长的时期叫生长季。在季节性气候明显的地区，生长季大致与无霜期一致。但不同树种的生长期也有很大差异，多数落叶树种在早霜之前结束生长，晚霜后恢复生长。但有些树种，如柳树则发芽早，落叶晚，其生长季超出了无霜期。而有些树种如黄檀，则立夏后才萌动，生长期短于无霜期，休眠期较长。常绿树与落叶树的差异更大，落叶树有很长的落叶裸枝休眠期，而常绿树则没有明显的休眠期。同一树种的不同品种，或不同年龄阶段，其物候进程有时也存在较大差异。

树木的物候阶段主要受当地温度的影响，而温度又受纬度、经度、海拔等因素的影响，因而物候期也就受到纬度、经度和海拔等因素的影响。

我国气候类型复杂，物候期变化也很大。在东部，冬冷夏热，冬季南北温度相差很大，而夏季相差较小。故而造成同种植物的南北的物候期在冬季相差大而在夏季相差小。如在北京和南京，三四月间桃李始花时期相差19天，到四五月间，刺槐盛花期则只相差9～10天。在我国，东西部物候的差异主要受气候大陆性强弱的影响。西部大陆性强的地区，冬季严寒，夏季酷热，冬夏温差大。东部海洋性强的地区，则冬春较冷，夏秋较热，冬夏温差小。因此，我国各种树木的始花期，内陆地区较早，而近海地区较迟，物候相差的天数由春季到夏季逐渐减少。随着海拔高度的变化，物候也会有所差异。海拔每上升100 m，在春季物候约推迟4天，夏季约推迟1～2天。物候还受栽培措施的影响，如施肥、浇水、防寒、修剪等措施都会引起树木内部机理的变化，进而影响树木的物候期。树干涂白、浇水会使树体和土壤在春季升温变缓，推迟萌芽和开花；夏季的强度修剪和氮肥的大量施用，也会推迟落叶和进入休眠的时间。每一个物候期的出现都是外界综合条件和植物内部物质基础协调与统一的结果。其性状的表现，既可以表现为量的增长，也可能表现为质态的变化。

1.2.3 树木的主要物候期

树木都具有随外界条件的季节变化而发生与之相适应的形态和生理机能变化的能力，不同植物对环境的反应不同，因而在物候进程上就存在着较大的差异。

1.2.3.1 落叶树的主要物候期

落叶树可分为萌芽期、生长期、落叶期和休眠期四个物候期。其中生长期和休眠期是两大物候期，萌芽期是从休眠期转入生长期的过渡期，落叶期是从生长期转入休眠期的过渡期。

（1）萌芽期。萌芽期是从芽开始萌动膨大到芽开放、叶展出为止的一段时期。它是休眠期进入生长期的过渡阶段，也是树木由休眠期进入生长期的标志。植物休眠的解除通常以芽的萌动为准。其实，生理活动进入活跃的时期要比芽膨大的时间早。

树木萌芽时，首先是树液开始流动，根系出现明显活动，有些树木如葡萄树、核桃树等会出现伤流，树体开始生长。树木的萌芽需要一定的温度、水分和营养条件。其中，温度起到决定性的作用。当气温稳定在3 ℃以上时，经一定积温后北方树种的芽开始膨大萌发。而南方树种要求的积温较高。空气湿度、土壤水分等也是萌动的重要条件，但一般都能够满足，通常不会成为限制条件。

树木的栽植最好在这一物候期结束之前进行。因为在这一物候期，树液已经开始流动，叶初展、芽膨大，抗寒性已经大大降低，容易遭受晚霜危害。园林栽植中，有时会通过早春灌水、涂白，施用生长调节剂等来延缓芽的开放。或者对已经萌发的植物根外喷洒磷酸二氢钾等来提高花、叶细胞液浓度，从而增强植物抗寒力。

（2）生长期。生长期是指植物从春季萌芽，开始生长，至秋季开始落叶为止，各部分器官表现出显著形态特征和生理功能的时期。

这一时期时间较长，树木在外形上发生非常显著的变化，体积增大，同时会形成许多新的器官。成年树的生长期主要包括营养生长、生殖生长两个时期。

由于不同树种的遗传性和生态适应性不同，其生长期的长短，各器官生长发育的顺序，生长期各种器官生长开始的早晚与持续时间的长短都会有所不同。即使是同一树种，受自身营养和环境影响，其生长期也会表现出一些差异。

每种树木在生长期中，都会按照其固定的顺序进行一系列的生命活动。大多数植物发根比萌芽早，如梅、桃、杏、梨、葡萄等。也有发根与萌芽同时进行甚至发根迟于萌芽的，如柿、栗、柑橘、枇杷等。有些园林植物是叶芽先萌发，植株生长，而后再形成花芽并开花。有些则是花芽先萌发，而后叶芽萌发，植株生长。一般在每次新梢生长停止时有一次花芽分化的高峰期。新梢的生长和果实的发育往往会相互抑制，管理中可以用摘心、环剥、喷抑制剂等抑制新梢的生长，从而提高坐果率和促进果实生长。

生长期是落叶树的光合生产时期，也是发挥其生态效益和观赏功能的最重要时期，这一时期的环境条件和管理养护措施对树木的生长发育和园林效益都有着极为重要的影响。人们必须根据树木生长期中各个不同时期的生长发育特点进行栽培和管理，才能取得良好的效果。为了促进枝叶生长和开花结果，在树木萌发前就应该进行松土、施肥、浇水，提高土壤肥力，以形成较多的吸收根。生长前期追肥应以氮肥为主，而枝梢生长趋于停止时，施肥则应以磷肥为主，以利于花芽分化。在枝梢生长过旺时，对新梢进行摘心，则可以增加分枝，以达到整形要求。

（3）落叶期。落叶期从叶柄开始形成离层至叶片落尽或完全失绿为止。枝条成熟后的落叶是生长期结束并将进入休眠期的标志。过早落叶缩短了生长期，影响了树体营养物质的积累和组织的成熟。落叶过晚，则会造成树体营养物质不能及时转化贮藏，枝条木质化程度差，容易遭受冬季低温的危害，并对翌年的生长和开花结果都会产生不利影响。

春季发芽早的树种，秋季往往落叶也早；同一树种的幼龄植株一般比壮龄和老龄植株落叶晚，新移栽的树木一般落叶较早。

树木的正常落叶主要是叶片衰老引起的。叶片衰老包括自然衰老和刺激衰老两种。自然衰老是叶片随着叶龄的增长，生理代谢能力减弱，代谢物质发生变化等原因所致。刺激衰老则是环境条件的恶化引起的加速自然衰老而导致的提前落叶。温度和光照的变化是落叶的重要原因。生长素、乙烯、细胞分裂素、赤霉素等在树木叶片的衰老与脱落控制中也起着非常重要的作用。

针对树木在落叶期的生理特征，在园林植物的养护过程时，在落叶期之前就应该停止施用氮肥，少浇水，使落叶期正常落叶，提高植物抗寒性。在落叶期可以进行树木移栽，使伤口在年前愈合，第二年早发根、早生长。

园林树木还会因为某些病害及恶劣环境条件、养护管理不当等因素造成树体内部生长发育不协调，从而引起生理性早期落叶。一般果树的第一次生理性早期落叶多发生在5月底6月初的植株旺盛生长阶段，此时如果营养供应不充足，则营养被优先供给了代谢旺盛的新梢、花芽和幼果等部位，内膛叶片营养供应不足发生早期落叶。第二次生理早期落叶发生在盛果期植株的秋季采果后。此时果实的成熟衰老会连带包括叶片在内的所有器官，部分叶片会发生早期落叶。早期落叶会减少树木的营养积累，影响翌年的生长发育。常用的防治措施包括一是注意水肥管理，使树体营养充足平衡，冬季进行合理修剪，防止树体旺长，注意通风透光。二是控花控果，注意树体的合理负荷。果实成熟后及时分批采收，缓和因果实成熟采收导致的衰老，防止早期落叶。

（4）休眠期。休眠是树木在进化中为适应低温、高温和干旱等不良环境而表现出来的一种适应性。休眠有冬季休眠、旱季休眠和夏季休眠等几种类型。夏季休眠一般只是部分器官的活动停止，而不是表现为落叶。落叶树的休眠一般是指冬季休眠，是植物对冬季低温所形成的适应性。树木地上部的叶片脱落，枝条成熟木质化，冬芽成熟，生长发育基本停止；地下部的根系也基本停止或仅有微小的生长。从外部看，树木在休眠期处于生长发育的停止状态。但在树体内部，仍然进行着各种生理活动，如呼吸作用、蒸腾作用、根的吸收合成、芽的进一步分化、养分的转化等。当然这些活动比生长期要微弱得多。

根据休眠期的生态表现和生理活动特性，休眠期可分为自然休眠和被迫休眠两个阶段。自然休眠是由树木器官本身生理特性所决定的休眠，它必须经过一定的低温条件才能顺利通过，否则即使环境条件已经适合，也不能正常萌发生长。被迫休眠则是指通过自然休眠后，已经完成了生长所需要的准备，但外界条件仍然不适宜，芽不能萌发而呈休眠状态。自然休眠和被迫休眠的界限从外观上并不易区分。

自然休眠期的长短与树木的原产地有关。不同树木适应冬季低温的能力也不一样。苹果的休眠期要求温度低于5 ℃的天数在50～60天，于1月下旬结束。核桃和葡萄则要在2月中旬左右才能结束。原产自温带寒冷地区的树种，其早春发芽的迟早与被迫休眠期的长短有关，即与低温时期的长短有关。不同树龄的树木进入休眠的早晚也不同。由于幼年树的生活力较强，活跃的分生组织多，生长势较强，一般幼年树比成年树晚进入休眠，而解除休眠则早于成年树。

同一树木的不同器官进入休眠期的早晚也不完全一致，一般小枝、弱枝和芽进入休眠期早，主枝、根颈部进入休眠期晚，解除休眠的顺序则相反。花芽比叶芽休眠早，萌发也早。顶部花芽比腋部花芽萌发早。同一器官的不同组织进入休眠期的时间也有差异。皮层和木质部进入休眠期较早，形成层进入休眠期较晚。所以，如果在初冬遭遇严寒，最容易受冻害的是形成层。但形成层一旦进入休眠期，其抗寒能力又强于木质部，所以隆冬的冻害多发生于树体木质部而不是形成层。

落叶树木在秋冬季节能够按时成熟，及时停止生长，减弱生理活动，正常落叶并进入休眠，做好越冬准备，则能顺利进入并通过自然休眠期，翌年顺利萌发和生长。凡是能够影响枝条正常停止生长、正常落叶的因素都会影响到休眠期的顺利与否。光周期，尤其是暗期长度是影响休眠的重要因素。一般长日照能促进生长，短日照则可抑制枝的生长，促进休眠芽的形成。但也有一些植物如梨、苹果等对日照长度不敏感。温度也是影响休眠的重要因素，有的植物受高温诱导进入休眠，有的植物则受低温诱导进入休眠。另外，营养状况、水分状况等都会影响到植物休眠期的进入和长短。

有些落叶树木进入自然休眠后，低温时间需要达到一定的时长才能解除休眠。否则花芽会发育不良，第二年萌发延迟，甚至开花不正常或结果不正常。引种工作中，尤其是低温地区的树种引进到温暖地区时，要注意到低温时间的限制。在树莓的实验中证实，在15～21 ℃的条件下，树莓在次年不能正常发芽，没有经过低温条件的芽可达一年之久处于休眠状态而不萌发。落叶树对低温的要求一般在12月至次年2月间，平均温度在0.6～4.4 ℃，次年可正常发芽生长。不同树木对低温量的要求不同，通常在0～7.2 ℃的范围内，达到200～1500 h可以通过休眠。同一树种的不同品种也会因起源地不同，对冬季低温的要求也不同。同一品种的叶芽和花芽对低温的要求也不同，通常情况下叶芽对低温的要求更严格一些。通常冬季的气温会比植物器官周围的温度略高，因而日平均温度并不能准确地反映植物所受低温量。在群植条件下，遮阴的部分温度较低，往往能较快地满足其低温要求。风、云、雾等也会降低气温，有利于植物通过休眠期。

了解树木通过生理休眠期所需要的低温量和时间长短，对于园林植物的引种和品种区域化都具有重要的参考价值。

树木在被迫休眠期间如遇回暖天气，可能会开始活动，抗寒性降低，再遇寒潮则很容易受害。故栽培管理中有些地区会采取延迟萌芽的措施，如树干涂白、灌水等可以避免树体增温过快，防止萌芽过早。

1.2.3.2 常绿树的年生长周期

常绿树并不是终年不落叶，只不过是叶的寿命较长，每年仅有部分失去正常生理机能的老化叶片脱落，同时又增生新叶，故而树能终年常绿。常绿树的不同树种，甚至同一树种在不同年龄或处于不同地区，其物候进程也常有很大的差异。常绿针叶树的老叶多在冬春间脱落，常绿阔叶树的老叶多在萌芽展叶前后脱落。幼龄油茶一年中可抽春梢、夏梢和秋梢，而成年油茶则一般只抽春梢。

热带、亚热带的常绿阔叶树木，其年生长周期差别很大，难以归纳。有的全年生长无休眠期，有的一年中多次抽梢，有的多次开花结实。

1.3 园林植物的营养生长

1.3.1 根的生长

根是植物重要的营养器官。根对植物起到固定作用，同时还有吸收水分、无机营养元素以及贮藏部分营养的作用。根还具有合成作用，如可以合成蛋白质、氨基酸、激素等。根在代谢过程中会产生一些特殊物质，溶解土壤养分，创造环境，引诱有利土壤的微生物往根系分布区集中，以将复杂有机化合物转化为根系更容易吸收的物质。许多植物的根还会形成菌根或根瘤，增加根系的吸水、吸肥、固氮能力。另外，有些园林植物的根还具有很强的无性繁殖能力，是重要的种群繁殖材料。

1.3.1.1 根系的类型

根据其来源，可把园林植物的根分为实生根、茎源根和根蘖根3种类型，如图1-1所示。

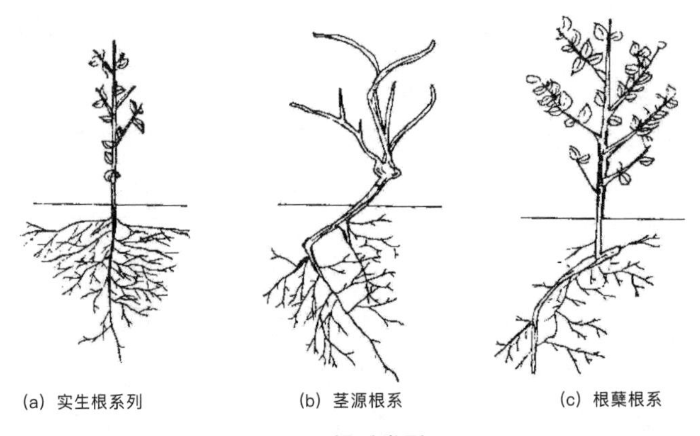

图1-1 根系类型

(1) 实生根。用播种繁殖所获得的植物的根系，即来源于种子胚根的根系是实生根系，其中包括嫁接繁殖中的砧木是用实生苗的情况，它是树木根系生长的基础。实生根系的特点主要是：一般主根比较发达，入土较深，生命力强，适应环境能力强，生理年龄小，根系相对较大。

(2) 茎源根。由茎上直接生长出来所获得的根系，称为茎源根系，是一种不定根，如扦插、压条等繁殖苗的根系。茎源根系没有主根，且分布较浅，生活力较弱，生理年龄较老。

(3) 根蘖根。由根部分蘖生长形成的根系类型称为根蘖根系。有些园林植物如石榴、枣树、樱桃、泡桐、香椿、银杏、刺槐等容易产生根蘖，分株后可获得独立植株，其根系是母株根系的一部分，没有来自胚根的主根，其特点与茎源根系相类似。

1.3.1.2 根系的结构

纵剖园林植物的根尖，在显微镜下观察，由尖端往上根据功能结构的不同，可分为根冠、分生区、伸长区、成熟区（根毛区）4个分区（图1-2）。

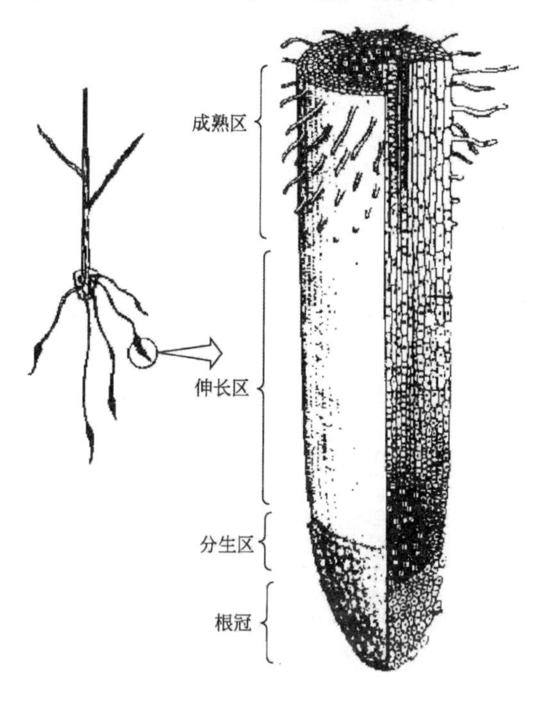

图1-2　根系的结构

（1）根冠。每条根的最前端有一个帽状结构，称为根冠。根冠由薄壁细胞组成，它的主要作用是保护作用，即保护根尖分生区细胞。根冠细胞排列不规则，外层细胞排列较疏松，细胞外壁有多糖类物质形成的黏液，起到润滑根冠、促进离子交换、减小土壤对根的摩擦力等作用。根冠中部的“平衡石”淀粉体还具有使根感受重力，进行向地生长的调节作用。

（2）分生区。分生区位于根冠内侧，是一种顶端分生组织。长度一般为1～3mm，形如锥状，又被称为生长锥或生长点。分生区细胞小、排列紧密，细胞核大，细胞质浓，液泡非常小，细胞壁薄，分化程度低，分裂能力很强。形成的新细胞一部分加入根冠，补偿根冠损伤脱落的细胞。一部分加入伸长区内，从而控制着根的分化与生长。还有一部分仍然保持分生能力，以维持分生区。

（3）伸长区。伸长区是指由分生区往上到与根毛区相接的2～5 mm的区域。此区细胞沿着根的纵轴方向伸长，体积增大，液泡增多增大。伸长区是根尖不断向土壤深层推进动力的主要来源。

（4）成熟区。成熟区位于伸长区的上方，已经停止生长，分化形成各种成熟组织，表皮、皮层、中柱等初生组织已清晰可见。成熟区是根系吸收水分与无机盐的主要部位。

1.3.1.3 根系的分布

（1）根系的分布类型。根系在土壤中的分布形态可概括为主根型、侧根型和水平根型三种基本类型。主根型有一个明显的近于垂直的主根深入土中，从主根上分出侧根向四周扩展，由上而下逐渐缩小，根系呈倒圆锥体形。主根型根系在通透性好而且水分充足的土壤里分布较深，如松、栎等树种的根系。侧根型没有明显的主根，主要由原生或次生的侧根组成，以根颈为中心，向地下各个方向作辐射扩展，是一个网状的根群，杉木、冷杉、槭等树木的根系属于此种类型。水平型的根主要向水平方向伸展，多见于一些长于湿生环境中的湿生植物，如云杉、铁杉等。

(2) 根系的水平分布和垂直分布。依照根在土壤中伸展方向的不同，将根分为水平根和垂直根两种。水平根主要呈平行方向生长，它在土壤中的分布深度和范围，依树种、繁殖方式、所在地区、土壤情况的不同而不同。刺槐、梅、樱桃、落羽杉、桃等植物的水平根分布较浅，主要分布在40 cm土层内。苹果、梨、核桃、银杏、樟树、栎、栗等的水平根则分布较深。在干旱贫瘠的土壤中，水平根系分布范围大，伸展远，但须根数量少。在深厚肥沃、营养水分充足的土壤中，水平根系的分布范围小，但分布区内须根数量多。垂直根主要呈垂直方向向下生长，多沿着土壤裂缝或孔道向下伸展。其伸入的深度与树种、繁殖方式和土壤情况有关。银杏、核桃、板栗、柿子等的垂直根系发达，杉木、桃、杏、李、刺槐等的垂直根系不发达。在土壤较为疏松、地下水位较深的情况下，垂直根伸展较深；土壤通透性差，地下水位高的情况下，垂直根伸展较浅。根系伸展不到的区域，树木是无法从中吸收水分和营养的。水平根和垂直根分布范围的大小决定着树木营养面积和吸收范围的大小。只有当根系分布既深又广时，才能有效地吸收、利用土壤水分和营养物质。

根系水平分布的扩展范围一般能达到冠幅的2～5倍。密集范围一般在树冠垂直投影的外缘附近，所以施肥的最佳范围就是此处。

根系垂直分布的扩展最大深度可达10 m，甚至更深。多数根的下扎深度为树高的1/5～1/3，但密集范围一般在40～60 cm范围内。吸收能力最强的根多在靠近地表的耕作层内。

(3) 土壤物理性质与根系生长。在不同性质土壤的影响下，树木根的形态会表现出很大的差异。土壤的孔隙状况影响根系的生长和分布。一般认为，土壤中大于300 μm和10 μm的孔隙维持一定数量，是保证树木根系生长的条件之一。一般在容重大于1.7～1.8 g/cm^{3}的轻质土和容重大于1.5 g/cm^{3}的黏质土中，园林植物就很难扎根。据南京林业大学调查，在江西省的黏质山地红壤中，土壤容重为1.6 g/cm^{3}左右者，麻栎主要根群分布可达80 cm，树木生长良好；而土壤容重达1.8 g/cm^{3}以上者，麻栎只有主根能够深入，其余根群均不能深入，树木生长较差。

土壤的水分状况对根系生长的影响是多方面的。通气良好而又湿润的土壤环境有利于根系的生长，水分过多而含氧少时便会抑制根系的扩展。在地下水位高的土壤里，一般树木主根不发达，侧根发达且呈水平分布，根系浅并形成呼吸根等。如在沼泽地里经常会见到落羽杉高出地面或水面的呼吸根。柳树在受到水淹后，树干上会萌发气生根进行气体交换。

树木根系在土壤中呼吸和生长需要一定数量的氧。当土壤中含氧量不能满足根的需要时，则根的呼吸受到抑制，进而影响根的生长。

1.3.1.4 影响根系生长的因素

(1) 土壤温度。根生长需要的土壤温度分为最高、最适和最低温度，温度过低过高都会对植物根系生长产生不利影响，甚至造成伤害。不同植物发根所需要的温度有很大差异。原产温带、寒带的植物所需温度低，而原产热带、亚热带的植物所需温度较高。冬季根系的生长缓慢或停止时期与当时土壤温度变化基本一致。由于季节变化，不同土壤深度的土温在同一时期也会不同，分布在不同土层中的根系活动也就有所区别。对于多年生植物来讲，早春化冻后，地表温度上升较快，表层根系活动强烈；夏季表层土温过高，30cm以下土层温度较适合，中层根系活动较为活跃；冻土层以下土壤温度较为稳定，根系常年能够生长，所以冬季根系的活动以下层为主。

（2）土壤湿度与土壤通气状况。园林植物根系的生长既要有充足的水分，又要有良好的通气条件。

对于园林树木来讲，通常土壤含水量为土壤最大田间持水量的60%～80%时，最适于树木根系的生长。在干旱条件下，根的木栓化加快，输导能力降低，且自疏现象加重。在缺水时，叶片能够夺取根的水分进行生长，所以旱害的发生，根比叶要早。但是，轻微的干旱，一方面改善了土壤的通气状况，另一方面又抑制了地上部生长，让较多的营养物质用于根系生长，使根系更加发达，形成大量分支和深入土壤下层的根系，提高了吸收能力，所以在根系建成期，轻微的干旱对根的发育是有好处的。不同园林植物对土壤湿度的要求不尽相同，生产中应根据具体植物的喜干湿特性确定合适的土壤湿度。

土壤通气状况对植物生长也有很大影响。通气良好的植物根系分支多、密度大、吸收能力强。通气不良则会造成植物生长不良，甚至引起早衰、发根慢、生根少，也会引起有害气体，例如CO_2等的累积。

在园林栽培中，要注意土壤中含氧量的问题，还要注意土壤孔隙率。孔隙率低时，土壤气体交换困难，往往会严重影响植物根系生长。土壤孔隙率一般要求在10%以上，当低至7%时，植物生长不良，1%以下时，植物几乎不能生长。

（3）土壤营养。土壤营养的有效性影响到植物根系的生长和分布，包括根系发达程度，须根密度、长短、生长时间等。在肥沃的土壤条件下，根系发达，根密而多，活动时间长，吸收能力强。在瘠薄的土壤中，根系瘦弱，根少，活动时间短，吸收能力弱。同时，根系具有趋肥性，在施肥点附近，根系会比较密集。有机肥有利于植物根系的生长，提高根系的吸收能力。氮肥促进树木根系的发育，主要是通过增加叶片碳水化合物及生长促进物质的形成而实现的，但是过量的氮肥会引起枝叶徒长，削弱根系的生长。磷肥及其他微量元素如硼、锰等也对根系的生长具有良好的作用。

（4）植物有机养分。植物根系的生长与功能实现所需的碳水化合物依赖于地上部的光合作用，光合器官受损或结实过多等造成的植物有机养分不足，也会影响根系的正常发育。此时，即使土壤状况较好，也不能有效地促发根系，此时根系的总量取决于地上部输送的有机物的数量。必须通过保叶改善叶片机能或疏花疏果等方式进行营养物质积累，减少损耗，才能改善根系状况。这种效果不是能够通过加强水肥管理代替的。在嫁接实验中也证实接穗对根系的形态和生长发育周期等都有明显的影响。如枳在热带地区发根发芽均不良，但以其为砧木，嫁接上柑橘后，能促进其根系发育，生长旺盛，生长期延长，主要是来自地上部的营养物质促进了枳根系的生长发育。

1.3.1.5 不定根的形成及其应用

很多园林植物的茎或叶具有生发不定根的能力。采用植物生长调节剂如吲哚乙酸、萘乙酸等进行处理，再辅之以配套养护与管理措施，促进植物茎或叶上不定根的形成。快速无性繁殖优良种苗的技术，目前已被广泛应用于生产实践当中。如月季、菊花、无花果等枝条扦插繁殖，秋海棠、虎皮兰等叶扦插繁殖技术等，在园林苗木生产上都已经发挥了重要作用。

1.3.1.6 根系的生长动态

通常只要条件适宜，根系并无自然休眠现象。受植物种类、品种、环境条件及栽培技术等影响，根系生长也存在着一定的周期性。根系生长在不同时期会受到不同限制因子的影响，根系生长与地上部器官的生长密切相关，又存在交错发生的现象，情况比较复杂。

（1）生命周期。对于一年生草本花卉来讲，根系的生长从初生根伸长到水平根衰老，最后到垂直根衰老死亡，完成其生命周期。园林树木是多年生的植株，一般情况下幼树先长垂直根，树冠达一定大小的成年树，水平根迅速向外伸展，至树冠最大时，根系也相应分布最广。当外围枝叶开始枯衰，树冠缩小时，根系生长也减弱，且水平根先衰老，最后垂直根衰老死亡。

（2）年生长周期。园林植物在年生长周期中，不同器官的生长发育会交错重叠进行，不同时期会有不同旺盛生长中心。年生长周期特征与不同园林植物自身遗传特点及环境条件密切相关，环境条件中土温对根系生长周期性变化影响最大。一年生园林植物的年生长周期即是它的生命周期。在北方地区，一般多年生园林植物的根系在冬季基本不生长或生长非常缓慢。从春季至秋季根系生长出现周期性变化，根系生长出现两三次生长高峰，生长曲线呈双峰曲线或三峰曲线。如海棠等在华北地区，3月中下旬至4月上旬，地温回升，根系休眠解除，地上部分还未萌动，根系利用自身贮藏营养开始生长，出现第一个生长高峰；5月底至6月前后，此时地上部叶面积最大，温光条件良好，光合效率高，从而促进了根系迅速生长，出现第二个生长高峰。第三个生长高峰出现在秋季，果实已采收或脱落，地上部养分向下转移，促进了根系生长。

（3）昼夜周期。昼夜温度的变化特点一般是白天温度高些，晚上温度低些，植物的根系生长规律也适应了这种昼夜温度的变化特点。绝大多数的园林植物的根的夜间生长量均大于白天，这与夜间由地上部转移至地下部的光合产物多有关。在植物适应的昼夜温差范围内，提高昼夜温差，能有效地促进根系生长。

（4）根系的寿命与更新。木本园林植物的根系由寿命较长的大型根和寿命较短的小根组成。随着根系生长年龄的增长，骨干根早年形成的须根和弱根由根茎向尖端逐渐开始衰老死亡。根系生长一段时间后，吸收根逐渐木质化，外表变褐色，失去吸收功能，有的开始死亡，有的则演变成输导根。须根的寿命一般只有几年，不利环境、昆虫、真菌等的侵袭都会影响根的死亡率。当根系的生长达到一定幅度时，也会发生更新，出现大根季节性间歇死亡。新发根仍按上述生长规律进行生长，完成根系的更新。

1.3.1.7 特化根

为了适应环境或完成某些特定功能，有些园林植物具有特化而发生了相应形态学变异的根系，主要包括菌根、气生根、根瘤根和板根等。

（1）菌根。菌根与树木根系是一种通过物质交换形成互惠互利的共生关系。树木为菌落的生长与发育提供光合作用生成的营养物质，而真菌帮助根系吸收水分与矿物质。菌根的功能主要有以下几个方面：菌根的菌丝体的形成使得根毛区的生理活性表面较大，具有较大的吸收面积，能够吸收到更多的养分和水分。菌根能使一些难溶性矿物或复杂有机化合物溶解，也能从土壤中直接吸收分解有机物时所产生的各种形态的氮和无机物。菌根能在其菌鞘中储存较多的磷酸盐，并能控制水分和调节过剩的水分。菌根菌能产生抗生物质，排除菌根周围的微生物，菌鞘也可成为防止病原菌侵入的机械性组织。但菌根并不都是有益的，有的真菌种类也夺取寄主的养分，有的则可使土壤的透水性降低，成为更新时幼苗枯死的原因。

根据真菌菌丝在根组织中的位置和形态，可以分为外生菌根、内生菌根和内外兼生菌根3种类型。

①外生菌根，是指真菌在根的表面产生一层菌丝交织物，使根明显肥大，但菌丝不进入根活细胞内。有的菌丝体是薄而疏松的网状体，也有的菌丝体是致密的交织块或假薄壁组织结构所形成的菌鞘。菌丝向外伸入土壤，向内穿入皮层细胞之间而不进入细胞内。许多树种都有外生菌根，特别是在松科、胡桃科、蔷薇科、榆科、山毛榉科、桃金娘科、桦木科、杨柳科和椴树科等科中非常普遍。

②内生菌根，是指菌根真菌的菌丝体可进入到活细胞内，在外部不形成膨大的菌鞘，根的外观粗细并没有发生太大的变化。内生菌根在鹅掌楸属、柳杉属、枫香属、扁柏属、山茶属等属中有所发现。

③内外兼生菌根，不但真菌菌丝体可伸入到根皮组织的细胞之间形成菌鞘，还可伸入到活细胞内，其特点介于外生菌根与内生菌根之间。

树木一般会与多种菌根菌形成菌根。如在赤松菌根上，能够查到22种以上的菌种，即便在同根上，通常也能够见到数种不同的菌根菌。树种越多的混交林内，菌根菌的种类越多。外生菌根的菌类多数是担子菌和子囊菌，内生菌根的菌类多数是藻菌类。

(2) 气生根。在地面以上的茎或枝上发生的不定根为气生根。榕树的气根产生于枝条，自由悬挂于空气中，在到达土壤后能够像正常根系一样，继续分支生长。有些树种的实生苗如苹果也可产生气根。有些生长在沼泽或潮汐淹没或有季节性积水环境中的树木，如红树、落羽杉和池杉等常形成特化的呼吸根进行气体交换。一些藤本植物的气生根还会特化为吸器，只有附着作用而没有吸收作用。

(3) 根瘤根。植物的根与根瘤菌共生形成根瘤根。这些根瘤根具有固氮作用。

比较常见的具有固氮根瘤根的是豆科植物。目前已经知道约有1200种豆科植物具有固氮作用，槐树、大豆、紫穗槐、紫荆、合欢、紫藤、金合欢、皂荚、胡枝子、锦鸡儿等都能形成根瘤根。

豆科植物幼苗期时，在其根毛分泌物的吸引下，土壤中的根瘤菌聚集在根毛的周围大量繁殖，同时产生分泌物刺激根毛，造成根毛先端卷曲和膨胀。同时，根菌瘤分泌纤维素酶，使根毛细胞壁发生内陷溶解，随即根瘤菌由此侵入根毛。在根毛内，根瘤菌分裂滋生，聚集成带，外面被一层黏液所包，形成感染丝，并逐渐向根的中轴延伸。在根瘤菌的刺激下，根细胞相应地分泌出一种纤维素，包围于感染丝之外，形成了具有纤维素鞘的内生管，又称侵入线。根瘤菌沿侵入线进入幼根的皮层中。在皮层内，根瘤菌迅速分裂繁殖，皮层细胞受到根瘤菌侵入的刺激，也迅速分裂，产生大量的新细胞，致使皮层出现局部的膨大。这种膨大的部分包围着聚生根瘤菌的薄壁组织，从而形成了外向突出生长的根瘤。之后，含有根瘤菌的薄壁细胞的细胞核和细胞质逐渐被根瘤菌所破坏而消失，根瘤菌相应地转为拟菌体，开始进行固氮作用。根瘤菌从豆科植物根的皮层细胞中吸取碳水化合物、矿质盐类及水分。同时它们又把空气中游离的氮通过固氮作用固定下来，转变为植物所能利用的含氮化合物，供植物生活所需。这样，根瘤菌与根便构成了互相依赖的共生关系。根瘤菌在生活过程中还会分泌一些有机氮到土壤中，并且根瘤在植物的生长末期会自行脱落，所以可以大大提高土壤的肥力。

(4) 板根。板根又称板状根，见于热带雨林中的高大乔木。这些树木的树冠宽大，需要有强有力的根系做基础，否则便会头重脚轻站不稳，会下陷或因热带的暴风雨而被摧倒。但热带雨林多雨、潮湿的气候条件使得土壤中的水分在很长的雨季里总是处于饱和或近于饱和的状态，含氧量很低，很难满足树木根系的呼吸作用。为了适应这种特殊的生态条件，树木便采取向地面空间发展的策略，形成地面上的板根。

板根一般仅在表层根系和水平根发育良好的树木中形成。在幼年树木中，根的形成层生长正常，但几年之后，侧根上方开始加速分裂和膨大，由于过度生长而形成板根。

1.3.2 茎的生长

1.3.2.1 园林植物的芽

芽实际上是茎或枝的雏形，是多年生植物为适应不良环境延续生命而形成的，在园林植物生长发育中起着重要作用。芽也可以在物理、化学及生物等因素的刺激下发生芽变，为选种提供条件。芽是树木生长发育、开花结实、修剪整形、更新复壮、营养繁殖等的基础。

1. 芽的类型

(1) 定芽和不定芽。着生在枝或茎顶端的芽称顶芽；着生在叶腋处的芽叫侧芽或腋芽。这两种芽的发生位置是固定的，称为定芽。发生于植株的老茎、根或叶等部位，发生位置广泛且不固定的芽则称为不定芽，如秋海棠的叶、柳树老茎等发生的芽均属此类。

(2) 叶芽、花芽和混合芽。依照园林植物芽萌发后形成的器官的不同可分为叶芽、花芽和混合芽。萌发后只形成营养枝的芽，称为叶芽；萌发后只形成花或花序的芽，叫花芽；萌芽后既开花又长枝和叶的则称为混合芽。叶芽相对较小，而花芽和混合芽则相对较肥大。植物的顶芽和侧芽既可能是叶芽，也可能是花芽或混合芽。

(3) 活动芽和休眠芽。依照芽形成后的生理活动状态，将芽分为活动芽和休眠芽，能在当年生长季节中萌发的芽称为活动芽，如多年生园林树木枝条上部的芽。而具有萌发潜能，但暂时保持休眠，当时不萌发的芽为休眠芽，如温带的多年生园林树木，其枝条中下部的芽往往是休眠芽。在一定的条件下，活动芽和休眠芽是可以转换的，生产实践中也正是利用这一特性，通过修剪等栽培管理技术手段，促使休眠芽转为活动芽，从而可以改变树形。

2. 芽的特性

芽的分化形成一般要经过数月，长的甚至要两年。其分化程度和速度主要受树体营养状况和环境条件控制，栽培措施也能够影响芽的发育进程。追肥、防病、保叶、摘心等增加树体营养的措施都可促进芽的发育。枝条上着生的芽一般具有以下几个特性。

（1）芽的异质性。枝条上不同部位芽的生长势及其他特性存在差异，称为芽的异质性，如图1–3所示。一般枝条基部的芽多在枝条生长初期的早春形成，这一时期叶面积小，气温较低，芽发育程度差，瘦小，质量不好，往往形成瘪芽或隐芽。中上部的芽形成时叶面积增大，气温高，光合作用旺盛，累积养分多，形成的芽饱满，具有萌发早和萌发势强的潜力，是良好的营养繁殖材料。

（2）萌芽力与成枝力（见图1–4）。园林植物芽的萌发能力称为萌芽力。萌芽力的高低一般用茎或枝条上萌发的芽数占总芽数的百分率表示。萌芽力因园林植物种类、品种不同而异。一些养护与管理手段也可以改变植物的萌芽力，如采用刻伤、摘心、植物生长调节剂处理等技术措施均能不同程度地提高萌芽力。芽萌发后，有长成长枝的能力，又称成枝力，以萌芽中抽生长枝的比例表示。但并不是所有萌发的芽全部抽成长枝。一般萌芽力和成枝力都很强的园林植物易于成形，但枝条多而密，修剪时就要多疏枝少截枝。而萌芽力强、成枝力弱的植物，虽然容易形成中短枝，但枝量少，修剪时则要注意适当短截，促发新枝。

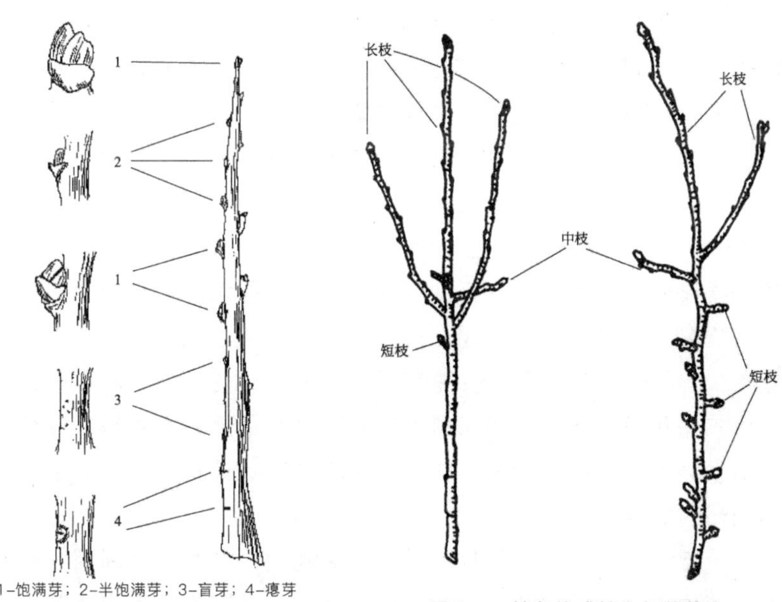

1–饱满芽；2–半饱满芽；3–盲芽；4–瘪芽

图1–3　芽的异质性

图1–4　枝条的成枝力与萌芽力

（3）芽的潜伏力。有些芽在一般情况下不萌发，呈潜伏状态，当枝条受到某种刺激时，如上部受损、外围枝衰弱等，能由潜伏芽生出新梢的能力，称为芽的潜伏力。潜伏力包含两层意思：其一为潜伏芽的寿命的长短；其二是潜伏芽的萌芽力与成枝力的强弱。芽潜伏力的强弱与植物是否易于更新复壮有直接关系。一般芽潜伏力强的植株易更新复壮，如板栗、柿、榔榆、悬铃木等。芽潜伏力弱的植株则枝条恢复能力弱，树冠易衰老，如桃等。芽的潜伏力也受到营养条件的影响，故而改善植物营养状况，调节新陈代谢水平，能提高芽潜伏力，延长其寿命。

（4）芽的早熟性与晚熟性　不同树种枝条上的芽形成后到萌发所需的时间长短不同。有些树种在当年形成的树梢上，能够连续抽生形成二次梢和三次梢，这种特性称为芽早熟性，如桃、紫叶李、柑橘等。具有早熟性芽的树种一般分枝较多，进入结果期也较早。也有树种当年形成的芽一般不萌发，要到第二年春天才能萌发抽梢，这种特性称为芽的晚熟性，如多数苹果、梨的品种。也有一些树种二者特性兼有，如葡萄，其副芽是早熟性芽，而主芽是晚熟性芽。芽的早熟性与晚熟性是树木比较固定的习性，但在不同的年龄时期，不同的环境条件下，也会有所变化。一般树龄增大，晚熟芽增多，副梢形成能力减弱。环境条件较差时，桃树的芽也具有晚熟性的特点。而梨、苹果等树种的幼苗，在肥水条件较好的情况下，当年常会萌生二次芽。叶片的早衰也会使一些晚熟性芽二次萌芽或二次开花，如梨、海棠等，但这种现象对第二年的生长会带来不良的影响，所以应尽量防止这种情况的发生。北方树种南移，通常早熟芽增多。

1.3.2.2　茎枝的生长与特性

1. 枝条的加长生长和加粗生长

园林树木每年以新梢生长来不断扩大树冠，新梢生长包括加长生长和加粗生长2个方面。

（1）加长生长。由一个叶芽发展成为生长枝，其过程并不是匀速的。新梢的生长可分为新梢开始生长期、新梢旺盛生长期和新梢缓慢生长与停止生长期3个时期。

新梢开始生长期。叶芽萌发后幼叶伸出芽外，节间伸长，幼叶分离。此期叶小而嫩，光合作用弱；生长量小，节间短；含水量高，树体贮藏物质水解，含有大量水溶性糖分，非蛋白氮含量多，淀粉含量少；新梢生长初期的营养来源主要依靠前一年积累贮藏的营养物质，因此前一年树木生长状况与第二年的春季的生长有密切关系。

新梢旺盛生长期。通常新梢开始生长期后，随着叶片的增多，树木很快进入旺盛生长期。此时枝条明显伸长，幼叶迅速分离，叶片增多，叶面积加大，光合作用加强；生长量加大，节间长，糖分含量低，体内非蛋白氮含量多，新梢生长加速；从土壤中吸收大量的水分和无机盐类。所形成的叶片具有该种或品种的典型特征。此期营养来源主要是利用当年的同化营养，故而新梢生长的强弱与树木本身营养水平及肥水管理条件有关。该期对水分要求严格，如水分不足则会出现提早停止生长的现象。枝梢旺盛生长期的生长情况是决定枝条生长势强弱的关键。

新梢缓慢生长与停止生长期。随着外界环境如温度、湿度、光周期等的变化，顶端抑制物质的积累，使顶端分生组织细胞分裂变慢或停止，细胞的增大也逐渐停止，枝条的节间开始缩短，顶芽形成，枝条生长停止。随着叶片的衰老，光合作用也逐渐减弱。枝内积累淀粉、半纤维素并木质化，转为成熟。树木新梢生长次数及强度受树种和环境条件的影响，在良好的条件下，柑橘、桃、葡萄等在一年内能抽梢2～4次，而油松、梨、苹果等一年内能生长1～2次。

（2）加粗生长。苗木干枝的加粗生长是形成层细胞分裂、分化、增大的结果。春天芽萌动时，芽附近的形成层先开始活动，然后向枝条基部发展。因此，落叶树木形成层的活动稍晚于萌芽，即枝条加粗生长的开始时间比加长生长稍晚，停止时间也晚。同一枝条中，下部形成层细胞开始分裂的时期也比上部的晚，所以枝条上部加粗生长早于枝条下部。同样，一棵树的下部枝条加粗生长也晚于上部枝条。在开始加粗生长时，所需的营养物质主要靠上年的贮备。随着新梢的生长越来越旺盛，加粗生长也越来越快。加长生长高峰与加粗生长高峰是互相错开的，在加长旺盛生长期的初期，加粗生长进行得较缓慢，在加长生长1～2周后出现加粗生长高峰。往往在秋季还有一次加粗生长的高峰，枝干明显加粗。

不同树种的早期生长速度具有一定的差异，在园林绿化中，常据此将园林树木分为速生树种、中生树种和慢生树种三类。在绿化配植时，应将速生树种与慢生树种互相搭配种植，既考虑到近期效果快速成景，也注意远期的景观延续。

2. 顶端优势与垂直优势

植物在生长发育过程中，顶芽的旺盛生长，会抑制侧芽生长，这种顶芽优先生长，抑制侧芽发育的现象叫做顶端优势。顶端优势在园林树木中主要有以下表现。一是枝条上部芽能萌发抽发强枝，依次向下的芽，生长势逐渐减弱，最下部的芽甚至处于休眠状态。当去掉顶芽和上部的芽时，下部腋芽和潜伏芽能够萌发成枝。二是顶端优势也表现在分枝角度上，枝条自上而下的分枝角度逐渐开张。如去除顶端对角度的控制效应，则所发侧枝又呈垂直生长。三是中心干的生长势要比同龄主枝强，树冠上部枝生长势比下部的强。一般乔木性越强的顶端优势也越强，反之则弱。如图1－5所示

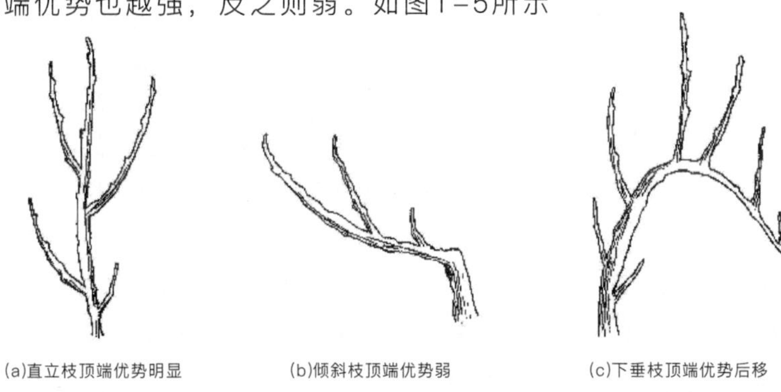

(a)直立枝顶端优势明显　(b)倾斜枝顶端优势弱　(c)下垂枝顶端优势后移

图1－5　顶端优势及其转移示意

垂直优势是指枝条着生方位背地程度越强，生长势越旺的现象。枝条与芽的着生方位不同，生长势的表现有很大差异。直立生长的枝条生长势旺，枝条长；接近水平或下垂的枝条，则生长势弱；枝条弯曲部位上的芽，其生长势甚至会超过顶端。根据垂直优势的特点，在园林植物管理中，可以通过改变枝芽的生长方向来调节其生长势的强弱。

3. 茎的生长类型

根据伸展方向和形态特点，将茎分为直立茎、攀缘茎、缠绕茎、匍匐茎、平卧茎5个生长类型。

（1）直立茎。茎明显地背地垂直生长，绝大多数园林植物为直立茎。按枝条伸展方向的不同又可分为3种类型，即垂直型、斜伸型和水平型。垂直型是指其分枝也有垂直向上生长的趋势，一般容易形成紧抱的树形，如侧柏、千头柏、紫叶李等。斜伸型树种的枝条多与树干主轴呈锐角斜向生长，一般容易形成开张的杯状、圆形树形，如榆、合欢、梅、樱等树种。水平型树种的枝条与树干主轴呈直角沿水平方向生长，容易形成塔形、圆柱形的树形，如杉木、雪松、柳杉和南洋杉等。

（2）攀缘茎。茎长得细长柔软，本身不能直立，多以卷须、吸盘、气生根、钩刺或借助他物为支柱而生长延伸。如葡萄、爬山虎、常春藤、杏叶藤等均属攀缘茎。攀缘茎的长度取

决于类型、品种和栽培条件。

(3) 缠绕茎。茎本身亦不能直立，必须借助他物，以缠绕方式向上生长。如牵牛、紫藤等均属缠绕茎。

(4) 匍匐茎。茎蔓细长，不能直立生长，但不攀缘，而是匍匐于地面生长，茎节处可生不定根。地被植物中的结缕草、狗芽根等具有生长旺盛的匍匐茎，可以很快覆盖地面形成绿化效果。

(5) 平卧茎。生长特点与匍匐茎很相似，但茎节处不生不定根，如酢浆草等。

1.3.2.3 茎的分枝方式

分枝是园林树木生长发育过程中的普遍现象，是树木生长的基本特征之一。顶芽和侧芽分别发育成主干和侧枝，侧枝和主干一样，也有顶芽和侧芽，依次产生大量分枝构成庞大的树冠。枝叶在树干上按照一定的规律分枝排列，使尽可能多的叶片避免重叠和相互遮阴，更多地接受阳光，扩大吸收面积。各个树种由于遗传特性、芽的性质和活动情况不同，形成不同的分枝方式，使树木表现出不同的形态特征。

1. 单轴分枝

单轴分枝也称总状分枝，这类园林植物的顶芽非常健壮、饱满，生长势极强，每年持续向上生长，形成高大通直的树干。侧芽萌发形成侧枝，侧枝上的顶芽和侧芽又以同样的方式进行分枝，形成次级侧枝。大多数裸子植物属于这种分枝方式，如雪松、水杉、圆柏、罗汉松、黑松、桧柏等；阔叶树中也有属于这种分枝方式的，一般在幼年期表现突出，如银杏、杨树、竹柏、栎、七叶树等。但它们在自然生长情况下，中心主枝维持顶端优势的时间较短，后期侧枝生长旺盛，形成的树冠较大，故而成年阔叶树的单轴分枝表现不太明显。

单轴分枝形成的树冠大多为塔形、圆锥形、椭圆形等，其树冠不宜抱紧，也不宜松散，否则容易形成竞争枝，降低观赏价值，所以修剪时要控制侧枝生长，促进主枝生长，提高观赏价值。

2. 合轴分枝

此类树木顶芽发育到一定时期后或分化成花芽不能继续伸长生长，或者顶端分生组织生长缓慢，或者直接死亡，顶芽下方的侧芽萌发成强壮的延长枝取代顶芽，连接在主轴上继续向上生长，以后此侧枝的顶芽又由它下方的侧芽取代继续向上生长，每年如此循环，逐渐形成了弯曲的主轴。合轴分枝易形成开张式的树冠，通风透光性好，花芽、腋芽发育良好。园林植物中的大多数阔叶树均为此类，如碧桃、杏、香椿、李、杜仲、苹果、樟树、月季、梅、榆、梨、核桃等。

3. 假二叉分枝

假二叉分枝在一部分叶序对生的植物中存在，这类植物的顶梢不能形成顶芽或顶芽停止生长或形成花芽，顶芽下方的一对侧芽同时萌发，形成外形相同、优势均衡的两个侧枝，向相对方向生长，以后如此继续分枝。因其外形与低等植物的二叉分枝相似，故称为假二叉分枝，如丁香、桂花、石竹、楸树、梓树、卫矛、泡桐等。这类树种的树冠为开张式，可剥除枝顶对生芽中的一个芽，留一个壮芽来培养干高。

1.3.2.4 生命周期中枝系的发展与演变

1. 枝系的离心生长和离心秃裸

树木自播种发芽或经营养繁殖成活后，以根颈为中心，根和茎总是以离心的方式不断向两端扩大空间进行生长。即根具向地性，形成主根和各级侧根；茎具背地性，形成主枝和各级侧枝，这种生长称为离心生长。离心生长是有限的，树种只能达到一定大小和范围。随着树木年龄增长，干枝的离心生长使得外围生长点增多，枝叶茂密，竞争加剧，造成内膛光照不良，早年生的小枝、弱枝光合作用下降，得到的营养物质更少，长势更弱，逐年由骨干枝基部向枝端方向出现枯落，称为离心秃裸（见图1-6）。

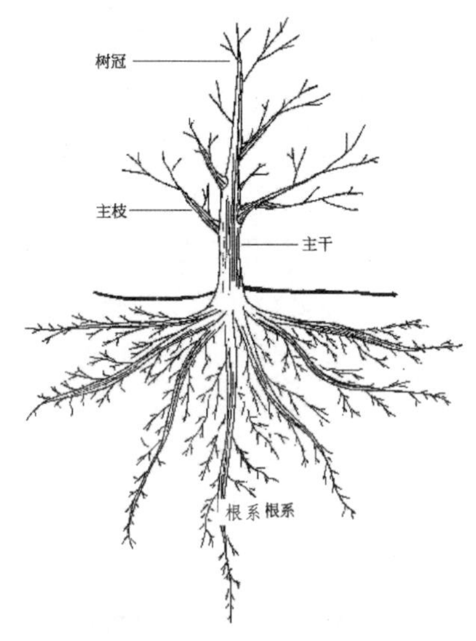

图1-6 乔木树体结构示意

2. 树体骨架的形成过程

树木由一年生苗或前一季节形成的芽萌动、抽枝开始进行离心生长。茎上部的芽具有顶端优势，且比较饱满，同时根系供应的养分也比较优越，因而抽生的枝条较旺盛，垂直生长成为主干的延长枝，中上部的几个侧芽斜向生长，长势强者成为主枝。第二年，中干上部的芽同样抽生延长枝和第二层主枝。第一层主枝先端芽抽生主枝延长枝和若干长势不等的侧枝，在一定的生长阶段内，每年都如此循环分枝生长。茎下部芽所抽生的枝条都比较细弱，伸长生长停止较早，节间也短。从整体来看，树体由几个生长势强、分枝角度小的枝条和几个生长势弱，分枝角度大的枝条分组交互、分层排列，形成树冠。层间距的大小、分枝的多少则取决于树种或品种、植物年龄、层次多少、营养条件和栽培技术等。

3. 树体骨架的周期性演变

树木先是离心生长，然后出现离心秃裸，之后二者同时进行，但树木受本身遗传性和树体生理及土壤营养条件的影响，其离心生长是有限的，根系和树冠只能达到一定的大小和范围。随着树龄的增加，由于多次的离心生长与离心秃裸，造成地上部大量的枝芽生长点及其产生的叶、花、果都集中在树冠外围，受重力影响，骨干枝角度变得开张，枝端重心外移，甚至弯曲下垂。离心生长使得树体越来越大，远处的吸收根与树冠外围枝叶间的运输距离增大，枝条生长势减弱。当树木生长接近其最大树体时，其中心干延长枝发生分杈或弯曲，又称为“截顶”。顶端优势下降，主枝弯曲高位处的长寿潜伏芽萌发形成直立旺盛的徒长枝，仍按主干枝相同的规律生长，开始进行树冠的更新，形成新的小树冠，俗称“树上长树”。小树冠又加速了主枝和中心干的衰亡，逐渐代替原来的树冠。当新树冠达到其最大限度以后，同样会出现衰亡，然后被新的徒长枝取代的现象。这种更新和枯亡的发生，一般都是由外向内、由上而下，故叫“向心更新”或“向心枯亡”。有些实生树能进行多次这种循环更新，但树冠一次比一次矮小，直至死亡。根系也会发生与此相类似的更新，但发生时间一般会比树冠晚，而且受土壤条件影响较大，周期更替不那么规则。

树木离心生长的持续时间、离心秃裸的快慢、向心更新的特点等与树种、环境条件及栽培技术有关。乔木类树种中，具有长寿潜伏芽的可进行多次主侧枝的更新；虽然有潜伏芽但寿命短的树种，如桃等有离心生长和离心秃裸，一般很难自然发生向心更新，即使人工锯掉衰老枝，在下部新发不定芽，形成的树冠也不理想；无潜伏芽的，只有离心生长和离心秃裸而无向心更新。如松属的许多种，衰老后多半出现枯梢，或衰老受病虫侵袭整株死亡。竹类在当年短期内就达到离心生长的最大高度，生长很快；成年后只有细小侧枝和叶进行更新，但没有离心生长、离心秃裸和向心更新，而以竹鞭萌蘖更新为主。灌木类离心生长时间短，地上部枝条衰亡较快，寿命多不长。有些灌木干、枝也可向心更新，但多从茎枝基部及根上发生萌蘖更新为主。

1.3.2.5 茎的变态

（1）块茎。地下变态茎的一种，顶芽节间短缩，呈短而膨大的不规则块状，节间很短，节上具芽，叶退化成小鳞片或早期枯萎脱落。块茎适于贮存养料和越冬。块茎的顶端具有一个顶芽，表面有许多芽眼，芽眼内有腋芽，顶芽和腋芽都很容易萌发长出新枝，所以块茎具有繁殖能力。

（2）根状茎。地下变态茎的一种，形状似根，横卧于地下，有明显的节和节间；具有顶芽和腋芽，节上往往有退化的鳞片叶或膜质叶。根状茎既能保持在地下生长，还能长出地面新枝，节上生有不定根。根状茎形态多样，有的细长，有的短粗，还有的呈团块状，具有贮存营养和繁殖的能力。姜、萱草、玉竹、竹等均具有这种地下茎。

（3）球茎。地下变态茎的一种。变态部分膨大呈球形、扁圆形或长圆形，短粗，有明显的节和节间，有较大的顶芽，节上着生膜状鳞片和少数腋芽。适于贮存营养物质越冬，并可供繁殖之用。荸荠、慈菇等的食用部分就是球茎。

（4）鳞茎。呈球形或扁球形，茎极度缩短称鳞茎盘，其上所着生的叶通常为肉质肥厚的鳞叶，顶端有顶芽，叶腋有腋芽，基部具不定根。如百合、水仙、风信子、石蒜等都具有这种鳞茎。

（5）茎卷须。特化为纤细须状，可卷曲分枝，能够缠绕其他物体攀缘生长，如葡萄等。

（6）茎刺。顶芽、腋芽或不定芽变态为刺，起到保护作用。如火棘、皂荚、山楂等都有茎刺。

1.3.3 叶的生长

叶是植物进行光合作用的主要场所，是制造有机养分的主要器官，也是树木生长发育的物质基础。叶片还有呼吸、蒸腾、吸收、贮藏等多种生理功能。研究树木叶的形态生理特点，对树木的生长发育控制，树木生态效益和观赏价值的发挥都有着极其重要的意义。

1.3.3.1 叶的类型

（1）完全叶、不完全叶。由叶片、叶柄和托叶组成的叶为完全叶；缺少任一部分的叶为不完全叶。

（2）单叶、复叶。每个叶柄上只有一个叶片称单叶，如海棠、葡萄、碧桃、菊花、一串红、牵牛花等。复叶是指每个叶柄上有两个以上小叶片，如枣、核桃、国槐、刺槐、荔枝、月季、南天竹、含羞草、醉蝶花等的叶都是复叶。不同植物的复叶类型各有不同，又有羽状复叶、掌状复叶、单身复叶之分。

1.3.3.2 叶的形态特征

叶片的形状主要有线形、披针形、卵圆形、倒卵圆形、椭圆形等。如兰花、萱草等叶为线形；苹果、杏、月季、落葵等叶为卵形或卵圆形。叶尖的形态主要有长尖、短尖、圆钝、截状、急尖等。叶缘的形态主要有全缘、锯齿、波纹、深裂等。叶基的形态主要有楔形、矛形、盾形、矢形等。叶脉有平行脉和网状脉。网状脉又分为羽状网脉和掌状网脉。羽状网脉即侧脉从中脉分出，形似羽毛，如苹果、枇杷的叶片；掌状网脉的侧脉从中脉基部分出，形状如手掌，如葡萄、虎耳草等。

叶序是指叶在茎上的着生次序。园林植物的叶序有互生叶序、对生叶序和轮生叶序之分。互生叶序的每节上只长一片叶，叶在茎轴上呈螺旋状上升排列，不同植物相邻两叶间隔夹角也不同，如蔷薇、月季、栅花等。对生叶序指每个茎节上有两个叶相互对生，相邻两节的对生叶相互垂直，互不遮光，如紫丁香、薄荷、石榴等。轮生叶序，指每个茎节上着生三片或三片以上叶，如夹竹桃、银杏、栀子等。

1.3.3.3 叶的变态

（1）苞片。生在花下面的变态叶，称为苞片。苞片有保护花芽或果实的作用。很多园林植物的苞片是其重要的观赏点，如一些天南星科植物。

（2）鳞叶。叶的功能特化或退化成鳞片状。其中芽鳞有保护芽的作用，生于木本植物的鳞芽外，如香樟、杨等的芽鳞；肉质鳞叶出现在鳞茎上，贮藏有丰富的养料，如百合、慈菇、石蒜等；膜质鳞叶呈褐色干膜状，是退化的叶，如莲、竹鞭上的叶等。

（3）叶卷须。叶的一部分变成卷须状，起到攀缘的作用，如豌豆、菝葜的叶卷须。

（4）叶刺。叶或叶的一部分变成刺状，具有保护功能。如小檗的叶刺，刺槐的托叶刺等。

（5）捕虫叶。能捕食小虫的变态叶。如狸藻、猪笼草、茅膏菜等的捕虫叶。

1.3.3.4 叶的生长发育

园林植物茎顶端的分生组织，按叶序在一定的部位上，形成叶原基。叶原基的基部分生细胞分裂产生托叶，先端部分继续生长发育成为叶片和叶柄。芽萌发前，芽内一些叶原基已经形成幼叶；芽萌发后，幼叶向叶轴两边扩展成为叶片。

一年生园林植物的叶往往在其生活史完成前衰老而脱落，随之整个植株也衰老、枯萎。多年生草本植物及落叶木本植物在冬季严寒到来前，大部分氮素和一部分矿质营养元素从叶片转移至枝条或根系，使树体或根、茎贮藏营养增加，以备翌春生长发育所需，而叶片则逐渐衰老脱落。常绿树木的叶片不是1年脱落一次，而是2～6年或更长时间脱落、更新一次，有时候脱落和更新是逐步、交叉进行的。

1.3.3.5 叶幕的形成与结构

树冠内集中分布并形成一定形状和体积的叶群体称为叶幕，是树冠叶面积总量的反映。

园林树木的叶幕随树种、品种、树龄、整形、环境条件、栽培技术等的不同，其叶幕形状与体积也不相同。幼年树木由于分枝尚少，树冠内部与外部都能得到光照，内膛小枝长势良好，叶片充满树冠，其树冠的形状和体积就是叶幕的形状和体积；自然生长无中干的成年苗木，由于离心秃裸的发生，其内膛较空，枝叶大都集中在苗木冠的表面，叶幕多呈弯月形，限于树冠表面薄薄的一层；具有中干的成年树木，叶幕多呈圆头形；老年树木的叶幕呈钟形，具体情况依苗木种而异。成片栽植的树木，其叶幕顶部为平面或波浪形。有时在栽培中为了提高观赏性或方便管理等，也常将苗木整剪成杯形、分层形、圆头形、半圆形叶幕等。

落叶树木的叶幕在年周期中有明显的季节变化，其叶幕从春天开始发叶到秋季落叶，大致能保持5～10个月的生活期。常绿树木的叶片本身生存的时间较长，一般可达一年以上，而且老叶通常在新叶形成以后才脱落，所以常绿树木的叶幕比较稳定。叶幕形成的速度与强度也不同，受树种、品种、环境条件及栽培技术的影响。树木生长势强，年龄小的或以抽生长枝为主的树种、品种，其叶幕形成的时间较长，叶面积的高峰期出现得也较晚，如桃等。生长势弱，年龄大或以抽生短枝为主的短枝型树种、品种，其叶幕形成的时间短，高峰期出现得也较早，如梨、苹果等的成年树。

叶幕的大小与厚薄是衡量树木叶面积大小的一种方法，但它并不精确。为了准确地表示树木的叶面积，研究中一般采用叶面积指数来表示，即一个林分或一株植物叶的总面积与其占有土地面积的比值。叶面积指数受植物的种类、大小、年龄等的影响。一般落叶树群落的叶面积指数为3～6，常绿阔叶树可达8，有些裸子植物的叶面积指数甚至可达16，在人工集约栽培条件下，叶面积指数会高于自然条件。叶面积指数是反映树木群体大小的较好的动态指标，在一定的范围内，树木的生产量随叶面积指数的增大而提高，当叶面积指数增加到一定的限度后，树木空间郁闭，光照不足，光合效率减弱，生产量反而下降。通常叶面积指数维持在3～4时较为理想。

1.4 园林植物的生殖生长

1.4.1 园林植物的花芽分化

花芽分化是指植物茎生长点由分生出叶片、腋芽转变为分化出花序或花朵的由营养生长向生殖生长转化的过程。花芽分化也是由营养生长向生殖生长转变的生理和形态标志。花芽分化的变化规律与树种、品种等的特性及其活动状况有关，也与外界环境条件以及栽培技术措施有密切的关系。掌握花芽分化的规律，运用适当的栽培技术措施，充分满足花芽分化对内外条件的要求，保证花芽分化的数量和质量，对树木生产具有重要的意义。

1.4.1.1 花芽分化的过程

园林植物花芽分化的过程可分为生理分化期、形态分化期和性细胞形成期3个阶段。不同树种其花芽分化过程及形态各异，分化标志的鉴别与区分是研究分化规律的重要内容之一。

1. 生理分化期

生理分化期是指芽生长点的生理代谢转向分化花芽生理代谢的时期。根据对果树的研究，生理分化期约在形态分化期前1～7周，一般是4周左右。生理分化期是控制分化的关键时期，因此也称“花芽分化临界期”。

2. 形态分化期

形态分化期是指花或花序的各个花器原始体的发育过程。一般又可分为分化初期、萼片形成期、花瓣形成期、雄蕊形成期和雌蕊形成期5个时期，各个时期的长短在不同树种间会有差异。

（1）分化初期。通常是芽内的生长点逐渐肥厚，顶端高起呈半球体状，四周下陷，形态上已经改变了发育方向，区别于叶芽的生长点形态，是花芽分化的标志。此期如果内外条件发生改变，不再具备花芽分化要求，也可能会退回并重新发育成叶芽。

（2）萼片形成期。下陷的四周产生突起，即为萼片原始体，以后会发育成萼片。到达此阶段才不会再退回叶芽状态。

（3）花瓣形成期。于萼片原基内的基部发生突起，即花瓣原始体，以后发育成花瓣。

（4）雄蕊形成期。花瓣原始体内基部发生的突起，即雄蕊原始体。

（5）雌蕊形成期。在花瓣原始体中心底部发生的突起，即为雌蕊原始体。

3. 性细胞形成期

当年开花的树木，其花芽性细胞都在年内较高温度下形成。而于夏秋分化，次春开花的树木，其花芽经形态分化后要经过一定低温累积（温带树种一般为0～10℃，暖带树种一般为5～15℃），形成花器并进一步分化完善与生长，在第二年春季的较高温度下才能完成。因此，早春树体营养状况对此类树木的花芽分化很重要。如果条件差，尚未分化完全的花芽有时也会出现分化停止或退化现象。

1.4.1.2 花芽分化的类型

由于植物种类、品种、地区、年份及外界环境条件的不同，花芽开始分化的时间及完成分化过程所需时间的长短也有差异。根据不同植物花芽分化的季节特点，可分为以下几个主要类型。

（1）夏秋分化类型。如牡丹、迎春、丁香、紫藤、梅花、玉兰、榆叶梅等大多数早春和春夏间开花的树木，花芽分化一年一次，于6～9月高温季节进行，到9～10月花器的主要部分已经完成，但也有一些树木如板栗、柿子等分化较晚，延续时间较长。这类树木要经过一段低温，才能进一步分化与完善，完成性器官的发育，第二年春天开花。球根类花卉也在夏季较高温度下进行花芽分化，而秋植球根类花卉在进入夏季后，地上部分全部枯死，进入休眠状态停止生长，花芽分化却在夏季休眠期间进行。此时温度不宜过高，超过20℃，花芽分化则受阻，通常最适宜温度为17～18℃，但也视种类而异。春植球根类花卉则在夏季生长期进行分化。

（2）冬春分化类型。原产温暖地区的某些园林树种如柑橘等的分化时间为一般12月到次年3月间完成，其分化时间短并连续进行。一些二年生花卉和春季开花的宿根花卉仅在春季温度较低时期进行。

（3）当年一次分化的开花类型。一些当年夏秋开花的种类，在当年枝的新梢上或花茎顶端形成花芽，如紫薇、木槿、木芙蓉等，以及夏秋开花的宿根花卉，如萱草、菊花等，基本皆属于此类型。

（4）多次分化类型。一年中能够多次发枝，多次开花，如茉莉、月季、倒挂金钟、香石竹等四季性开花的花木及宿根花卉。这类植物当主茎生长达一定高度时，顶端营养生长停止，花芽逐渐形成。在顶花芽形成过程中，基部生出的侧枝上也继续形成花芽，因此在四季中可以开花不绝。这些植物通常在花芽分化和开花过程中，其营养生长仍继续进行。一年生花卉的花芽分化时期较长，只要在营养生长达到一定量时，即可分化花芽而开花，并且在整个夏秋季节气温较高时期，继续形成花蕾而开花。开花的早迟依播种出苗时期和之后生长的速度而定。

（5）不定期分化类型。每年只分化一次花芽，但无一定时期，只要达到一定的叶面积就能开花，主要视植物体自身养分的积累程度而异，如凤梨科和芭蕉科的某些种类。

1.4.1.3　花芽分化的一般规律

（1）花芽分化的长期性。枝条处于植物的不同部位，光照、水分等条件不同，营养生长停止早晚也不同，故而大多数树木的花芽分化并非集中于一个短时期内进行，而是相对集中又分散，是分期分批陆续进行的。如有的植物从5月中旬开始生理分化，到8月下旬为分化盛期，到12月初仍有10%～20%的芽处于分化初期，甚至到翌年2～3月还有5%左右的芽仍处在分化初期状态。这种现象说明，树木在落叶后，在暖温带条件下可以利用贮藏养分进行花芽分化，因而分化是长期的。植物花芽分化的长期性为控制花芽分化数量并克服大小年现象提供了可能。

（2）花芽分化的相对集中性和相对稳定性。花芽分化的开始期和分化盛期在不同年份有一定差别，但并不悬殊。如苹果主要集中在6～9月，桃在7～8月，柑橘在12月～次年2月。花芽分化的这种相对集中性和稳定性主要受相对稳定的气候条件和物候期影响。通常树木是在新梢包括春梢、夏梢和秋梢停止生长，且果实采摘后，有一个花芽分化高峰期。也有一些植物是在落叶后至萌芽前，利用贮藏的养分进行分化，如栗。

（3）花芽分化临界期。各种树木从生长点转为花芽形态分化之前，必然都有一个生理分化阶段。在此阶段，生长点细胞原生质对内外因素有高度的敏感性，处于易改变的不稳定时期，是花芽分化的关键时期，主要是在大部分短枝开始形成顶芽到大部分长梢形成顶芽的一段时期。花芽分化临界期也因树种、品种而异。

（4）花芽分化所需时间。从生理分化到雌蕊形成，一个花芽形成所需时间因树种、品种的不同而异。如苹果需1.5～4个月，甜橙需4个月，芦柑需0.5个月。

（5）花芽分化早晚。园林植物花芽分化时期不是固定不变的，与树龄、部位、枝条类型和结实大小年都有一定的关系。一般幼树比成年树晚；旺树比弱树晚；同一树上短枝最早，其次是中长枝，长枝上的腋芽形成要晚；“大年”时新梢停长早，但也会因结实多而使花芽分化推迟。

1.4.1.4 影响花芽分化的因素

1. 影响花芽分化的内部因素

（1）花芽形态建成的内在条件。

要有比形成叶芽更丰富的结构物质，包括矿质盐类、各种碳水化合物、氨基酸和蛋白质等。

要有花芽形态建成中所需的能量、能源的贮藏和转化物质，如淀粉、糖类和三磷酸腺苷等。

要有与花芽形态建成有关的平衡调节物质，主要包括一些内源激素，如生长素（IAA）、赤霉素（GA）、细胞分裂素、乙烯和脱落酸（ABA）等，还包括酶类的物质调节和转化等。

要有与花芽形态建成有关的遗传物质，主要包括脱氧核糖核酸（DNA）和核糖核酸（RNA）等控制发育方向和代谢方式的遗传物质。

（2）不同器官的相互作用与花芽分化。

枝叶生长与花芽分化。枝叶生长是花芽分化的基础。枝叶生长繁茂，植株健壮，合成有机物质多，促进花芽分化。无论是实生树木还是营养繁殖获得的树木，要想早形成花芽，必须有良好的枝叶生长基础，满足根、茎、叶及花果等对光合产物的需要，才能形成正常的花芽。但是，枝叶过分的营养生长，如果在早霜前还没有停止，也不能正常形成花芽。

花果与花芽分化的关系。开花结果会消耗大量营养物质，根和枝叶的生长由于营养的关系受到抑制，这样开花量的多少就间接影响了新梢和根系的生长，同时也就间接地影响了新梢停止生长后花芽分化的数量。但是到果实采收前的1～3周，种胚停止发育，IAA和GA水平降低，乙烯增多，果实竞争养分降低，花芽分化又形成一个高峰期。

根系发育与花芽分化。根系生长与花芽分化存在正相关关系，这与吸收根合成蛋白质和细胞激动素等的能力有关。

2. 影响花芽分化的外部因素

（1）光照对花芽分化的影响。光照对树木花芽形成的影响是很明显的，如有机物的形成、积累与内源激素的平衡等都与光有关。光对树木花芽分化的影响主要表现为光照时间、光量和光质等方面。如一些短日照的植物，当日照长度减少时，其内生赤霉素水平降低，花芽分化减少。松树雄花的分化需要长日照，而雌花的分化则需要短日照。许多树木对光周期并不敏感，其表现是迟钝的，如光周期对杏和苹果的成花就没有影响。光量对花芽的分化影响很大，苹果、桃、杏等减少光照量都能减少花芽分化，葡萄在强光下能够形成较多的花。强光下新梢内的生长素合成受到抑制，同时紫外光还能钝化和分解生长素，从而抑制新梢的生长，促进花芽的形成。

（2）温度对花芽分化的影响。温度影响树木的–系列生理过程包括光合作用、根系的吸收率及蒸腾等，并且温度也影响激素水平。苹果花芽分化的适宜温度是20 ℃，20 ℃以下分化缓慢，花芽分化临界期温度保持24 ℃时最有利于分化。苹果的花芽分化盛期一般在6～9月，此时平均温度一般稳定在20 ℃以上，温度适宜范围为22～30 ℃，超过30 ℃时光合作用几乎停止，消耗多于积累，达不到成花所需的水平。秋季温度降至10 ℃以下时分化时停滞。温度过高过低都不利于花芽分化。

(3) 水分对花芽分化的影响。水分过多不利于花芽分化，夏季适度干旱有利于树木花芽形成。如在新梢生长季对梅花适当减少灌水量能使枝变短，成花多而密集，枝下部芽也能成花。

(4) 矿质肥料对花芽分化的影响。矿质肥料对植物花芽分化有着重要的影响。氮素肥料对花原基的发育具有强烈的影响，当树木缺乏氮素时，会限制叶组织的生长，抑制成花的诱导作用。对柑橘和油桐施用氮肥时，可以促进成花。氮肥对植物雌雄花的成花比例有一定的影响，同时不同形态的氮对不同树种的成花数量和影响是不一样的。例如，氮肥可以促进松树形成雌花，但对其雄花的发育影响很小，或者说有极小的抑制作用。硝态氮肥可以使北美黄杉雄花和雌花都增加，而氨态氮肥则对成花数量没有影响。施用氮肥既能促进苹果根系的生长，又能促进花芽分化，并且施用氨态氮肥的果树花芽分化数量显著多于只施硝态氮肥的果树花芽分化数量。

磷对花芽分化的作用因树而异，苹果施磷能够增加成花，但樱桃、梨、桃、李、杜鹃花、板栗、柠檬等施用磷肥时却未见明显效果。缺铜时，苹果、梨等的成花会减少；缺钙、镁，则柳杉的成花减少。总体来看，大多数元素在缺乏时都会影响成花。

1.4.1.5 控制花芽分化的途径

花芽分化受植物内部因素和外部环境的双重影响，要想有效地控制花芽分化，必须通过各种技术措施，调控植物营养条件，控制植物内源激素水平，控制营养生长与生殖生长平衡协调，控制和调节外部环境条件，以达到控制花芽分化的目的。

调控过程中有两点值得注意：一是要充分利用花芽分化长期性的特点，对不同树种、不同年龄的树木，在分化的不同时期采取适宜的措施，控制花芽分化数量，克服大小年等来提高控制效果；二是充分利用不同树种的花芽分化临界期，运用各种技术措施，在花芽分化的敏感、不稳定的关键时期，实施控制。在上述基础上，再综合运用光照、水分、矿质营养及生长调节剂等相应的技术措施，控制花芽分化。

以苹果为例，控制花芽的措施主要有以下几项。

(1) 在前期要重视肥水管理，促进树体枝叶生长，加速光合产物的制造积累。结果树在花芽分化临界期前多施磷钾肥，少施氮肥。适度控水，有利于花芽形成。

(2) 喷施一些促进花芽分化的药剂。秋梢过多、过旺的苹果树体不利于营养积累，特别是碳水化合物的积累，难以形成大量的优质花芽。控制秋梢旺长最简便的办法就是通过叶面喷施生长调节剂并辅以科学施肥来控制。一般在5月下旬至6月上旬的第一次新梢停长期，叶面喷施1次即可，喷施时以新梢幼叶为主要喷施对象。对幼旺树或挂果少的旺大树，可酌情在7月中下旬的第二次新梢开始生长时追喷一次。

(3) 首先加强生长季修剪、促发中短枝。生长季修剪主要针对幼年旺树，应多动手、少动剪，以轻为主、平衡树势。掌握“旺者拉、弱者缩、密者疏、极少截”的原则。春季花前复剪、刻芽、抹芽，夏季摘心、拿枝，秋季拉枝、疏枝，将果树的疏枝量减到最低限度。其次，是疏花、疏果，合理负载。大年树早疏花、疏果，不仅可防止营养的过度消耗，提高果品质量，而且克服了果实与花芽的竞争，有利于花芽形成，防止大小年现象发生。小年也不能放松管理，要为下一年打好基础，实现连年稳产、丰产。

1.4.2 开花与坐果

1.4.2.1 花的结构及作用

园林植物的花包括花柄、花托、花萼、花冠、雄蕊群、雌蕊群等部分。花柄连接花与枝，起支撑花的作用。花托是花柄顶端，着生花其他部位的场所。有些植物的花托还会成为果实的一部分，如草莓、苹果、梨等。花的最外侧着生的是花萼，由若干萼片组成。有些园林植物的花萼在开花后会脱落，如桃、柑橘等；有些则会宿存，如月季、玫瑰等。若干花瓣组成花冠，花萼和花冠合称花被。花瓣的主要作用是保护雌雄蕊，并以绚丽的色彩或香味引诱昆虫传粉。雄蕊由花药和花丝组成，雌蕊由柱头、花柱和子房组成。柱头主要截获、承载花粉，对花粉进行选择并提供营养和水分等。花柱是花粉进入子房的通道。

1.4.2.2 开花

（1）园林植物开花习性。园林植物的开花习性是植物在长期的发育过程中形成的较为稳定的生长发育习性。但不同植物种类之间，开花习性的差异还是很大的。

①花期阶段划分。园林植物的开花时期一般划分为花蕾期、开花始期（5%的花开放）、开花盛期（50%的花开放）和开花末期（余5%的花未开放）4个时期。

②花叶开放的先后顺序。不同植物开花和新叶展开的先后顺序不同。如迎春花、山桃、杏、玉兰、梅、李、紫荆等植物是先开花后长叶；其中有些开花较晚的品种，如有些榆叶梅、桃的晚花品种，会表现为开花和展叶同时进行；而葡萄、紫薇、桂花、凌霄等却是先展叶后开花。

③花期长短。花期的延续时间长短不同，受到植物本身遗传特性的控制，也受外界环境、植物本身营养状况等的影响。不同植物花期差异很大，开花短者为6～7天，如金桂、银桂、山桃等。而开花长者可达100～240天，如茉莉花期可达112天，六月雪花期可达117天，月季花期可达240天。树龄和树体营养状况也会影响花期，同一植物的年轻植株一般比衰老植株开花早，花期长。树体营养状况好的园林树木花期长，营养状况差则花期短。另外，天气状况也影响开花，如花期遇冷凉潮湿的天气，花期可以延长，而遇到高温干旱则会缩短。

④每年开花的次数。多数园林树种或品种每年只开一次花，但也有少数树种或品种有多次开花的特点，如茉莉、月季、四季桂等。有的时候本是每年一次开花的植物，受条件影响，发生了第二次开花的现象，称为再度开花。产生的原因一般有两种情况，一种是花芽发育不完全或因树体营养不良，部分花延迟到春末夏初才开花，在梨、苹果等的一些老枝上能见到。另一种情况是不良条件引起的秋季开花。如梨、紫叶李等由于秋季病虫危害失掉叶子，促使花芽萌发，引起再度开花现象。对以生产花和果实为主的树木，树木的再度开花由于消耗了大量的养分，也不能结果。既不利于越冬，也会造成第二年花量的减少。但对于一般园林树木的影响不大，有时还可以研究利用。如紫薇在开花后剪除花、果序，可以促进再萌新枝并成花、开花，延长观花期。

（2）花期的控制和养护。花期控制对适时观花、杂交育种都非常重要，对防止不良天气如低温等对花、果的危害也有重要意义。花期的提前或延后一般可以通过调控温度、光照、湿度等来加以控制。如有些桃、李、杏等的早花品种，由于开花过早易受霜冻害，可以在早春萌芽前进行涂白处理，减缓树体升温，能够使花期推迟3～5天。也可以用灌水、喷生长抑制剂等来延迟花期。可将用于人工授粉的梨树花粉的花枝插在温室内的插床上，白天最高温度控制在35℃，夜间最低温控制在5℃，可使花期提前5～15天。

盆栽的花木，操作比较方便，可根据不同植物、品种，综合运用遮光、补光、降温、升温、加湿、减湿等各种措施对园林植物的花期产生影响。

1.4.2.3 授粉与受精

当花粉发育成熟后，在适宜的条件下，花药开裂，散出花粉，花粉落在雌蕊花柱的柱头上，这就是授粉。花粉粒萌发形成花粉管，花粉管通过花柱进入子房，后到达胚囊，释放一个精细胞与卵子结合发育成胚，另一个精细胞与中央细胞的两个极核结合发育成三倍体的胚乳，即是受精，子房发育成果实。授粉和受精能否完成受许多因素影响。

（1）授粉媒介。不同园林植物所依靠的授粉媒介不同。有的是风媒花，如松柏类、槭、核桃、杨树、柳树、栗、栎等。有的是虫媒花，如桃、梨、杏、李、泡桐等。也有一些虫媒树木如椴树、白蜡等还可以借风力传粉。所以散粉时的风力情况、雨水、空气湿度等都可以影响风媒花的授粉，而昆虫的数量、种类、农药等的施用情况也都可以影响虫媒花的传粉情况。

（2）授粉适应。植物在长期自然进化选择中，形成了不同的传粉类型。有的为自花授粉，即同花、同植株的雄蕊花粉落到雌蕊柱头上授粉并结实。也有的为异花授粉，即需要不同植株间的传粉。通常异花授粉后产量更高，后代生活力更强。所以，除少数植物进行典型的自花授粉即闭花授粉外，大部分植物都适应异花授粉，并形成了与异花粉授粉相适应的特点。

①雌雄异株。如杨、柳、银杏、构树、杜仲等。

②雌雄异属。有些如核桃为雌雄同株但是异花，并且多雌雄异属。还有的如柑橘，虽然雌雄同花，但是雌雄异属，也可减少自花授粉的机会。

③雌雄不等长。如某些杏、李的品种，虽然雌雄同花，成熟时期也相同，但雌雄不等长，花粉难于接触柱头，也能有效防止自花授粉。

④柱头的选择性。柱头通过营养、水分等对落到柱头上的花粉进行选择。

（3）营养条件对授粉受精的影响。树体的营养状态是影响花粉萌发、花粉管伸长、胚囊寿命以及柱头能够接受花粉时间的重要内因。氮素不足时，花粉管生长慢，未达到珠心前就失去功能。所以对衰弱树在花期喷尿素可以提高坐果率。硼对花粉萌发和受精有良好作用，有利于花粉管的生长。在萌芽前喷1%～2%或花期喷0.1%～0.5%的硼砂可增加苹果坐果率，秋季施硼还可以提高欧洲李第二年的坐果率。施用钙、磷也能够有效提高坐果率。

（4）环境条件的影响。温度能够影响授粉和受精。花期遇到低温会使花粉和胚囊受伤害，温度不足时，花粉管生长缓慢，到达胚囊前花粉或胚囊已经失去功能。低温期长则开花慢，消耗养分多，不利于胚囊的发育和受精。低温还影响昆虫的活动，不利于虫媒花的传粉。风也对传粉有影响。散粉时最好有微风，风太小花粉传播不好，风太大则容易使柱头干燥蒙尘，还不利于昆虫的活动，影响授粉。阴雨潮湿使花粉不易散发，雨水还会冲掉柱头上的黏液，影响授粉。过度干旱、大气污染等也影响正常授粉。

1.4.3　园林植物果实的生长发育

1.4.3.1　坐果

经授粉受精后，子房膨大成为果实，称为坐果。其机理是开花后，植物发生授粉受精，受精后的子房的生长素、赤霉素、细胞分裂素的含量增加，调动营养物质向子房运输，子房便开始膨大，这就形成了坐果。另外，花粉管在花柱内伸长也可使形成激素的酶系统活化，受精后的胚乳也能够合成生长素、赤霉素等有利于坐果的激素。不同园林植物坐果所需要的激素不同，坐果和果实增大所需要的激素也不一样，不同植物坐果对外源激素的反应也是有差异的。

有些园林植物子房未受精而能形成果实，但不含种子，这种现象叫单性结实。单性结实又分天然单性结实和刺激性单性结实。无需授粉和任何其他刺激，子房能自然发育成果实的为天然单性结实，如香蕉、蜜柑、菠萝、柿、无花果、葡萄、橙等。刺激性单性结实是指必须给以某种刺激才能产生果实。生产上常根据需要用植物生长调节剂处理，如生长素、赤霉素等。

1.4.3.2 落花落果

1. 落花落果的原因

任何影响生长素的分泌和平衡的因素都会引起花柄、果柄形成离层，导致落花落果。花器官在结构上有缺陷、雌蕊发育不健全、胚珠退化等都会引起落花。土壤水分缺乏、温度过高或过低、光照不足等外界条件也会引起落花。没有授粉或受精，或受精不正常也会引起落花。生长素主要产生于种胚，在未受精或受精不完全的情况下，种子数量少，种胚产生的生长素量就少，不能满足果实发育的需要，就会引起落果。另外，如果其他器官产生的生长素与种胚产生的生长素不平衡，也可能会产生离层，进而落果。坐果以后，在生长发育过程中，也有部分幼果会脱落，原因主要包括生理、病虫、营养、气候等。

2. 防止落花落果的方法

（1）改善园林植物营养状况。改善营养状况是减少落花落果的物质基础。可以从以下两个方面入手：一是加强土壤、肥料和水分管理，可以改善植物营养状况，提高芽的质量，促进花器官的发育，有利于受精坐果。特别是因为营养不良而引起的落果，改善水肥条件后可以收到明显的效果。二是加强管理和保护，通过合理修剪等措施，调整生长与结实的关系，保持适当的枝果比，改善通风透光条件，可以有效提高坐果率。

（2）创造良好的授粉条件。前期落花落果的主要原因之一是授粉或受精不良，因此创造良好的授粉条件是减少落花落果、提高坐果率的有效措施。首先要配置适当的授粉树，在授粉树不足的情况下，可通过高接花枝的方法加以补充。如果授粉树当年开花太少，可在开花期剪取授粉品种的花枝插在瓶中挂在树上，或通过振动花枝辅助散粉。对于虫媒花，还可以人工放蜂辅助传粉。有些植物花期喷水也能提高坐果率，如枣的花粉萌发条件以温度4～26℃、湿度70%～80%为最好，因此枣树花期喷水对提高坐果率效果良好，能够增产14.5%。

（3）环剥、刻伤技术。本技术主要应用于成年树和旺树、旺枝，可以有效地减少落花落果。应用时还要做到因树制宜，掌握好环剥、刻伤的时期。

（4）生长激素、生长调节剂和微量元素的应用。正确地应用生长激素和微量营养元素等，可以有效地阻止离层的形成，减少落花落果。

1.4.3.3 果实的类型

果实形态多样，有很多不同的分类方法。

1. 真果和假果

真果是完全由花的子房发育形成的果实，如油菜、葡萄、桃、枣等；假果则是指由子房和其他花器官一起发育形成的果实，如草莓、苹果、梨等。

(1) 真果结构。真果的结构比较简单，最外层为果皮，内含种子。果皮由子房壁发育而来，通常可分为外果皮、中果皮和内果皮3层。果实种类不同，果皮的厚度也不一样。外果皮、中果皮和内果皮有的易区分，如核果；有的难以区分，如浆果的中果皮与内果皮混合生长，禾本科植物如小麦、玉米和水稻等，其果皮与种皮结合紧密，难以分离。

外果皮。外果皮由子房壁的外表皮发育而来，可以由一层细胞或数层细胞构成。外果皮有数层细胞，则在外表皮细胞层下会有一至数层厚角组织细胞，如桃、杏等；也可能是厚壁组织细胞，如菜豆、大豆等。一般外果皮上分布有气孔、角质、蜡被，有的还生有毛、翅、钩等附属物，它们具有保护果实和有助于果实传播的作用。

中果皮。中果皮由子房壁的中层发育而来，由多层细胞构成。中果皮结构非常多样，有的中果皮为薄壁细胞，富含营养，成为果实中的肉质可食部分（如桃、杏、李等）；有的中果皮的薄壁组织中还含有厚壁组织；还有的在果实成熟时，中果皮变干收缩成膜质、革质，或成为疏松的纤维状，维管组织发达，如柑橘的“橘络”。

内果皮。内果皮由子房壁的内表皮发育而来，多由一层细胞构成，少数植物由多层细胞构成，如番茄、桃、杏等。桃、杏等果实内果皮的多层细胞通常厚壁化、石细胞化，形成硬核。在柑橘、柚子等果实中的内果皮中，许多细胞成为大而多汁的汁囊，是其主要的可食部分；葡萄等的内果皮细胞在果实成熟过程中，细胞分离成浆状；在禾本科植物中，因其果实的内果皮和种皮都很薄，在果实的成熟过程中，通常两者愈合，不易分离，形成独特的颖果类型。

胎座。胎座是心皮边缘愈合形成的结构，是胚珠孕育的场所。多数植物果实中的胎座在果实的成熟过程中逐步干燥、萎缩；也有的胎座更加发达，参与形成果肉的一部分，如番茄、猕猴桃等植物的果实；有些植物的胎座包裹着发育中的种子，除提供种子发育所需的营养外，还进一步发育形成厚实、肉质化的假种皮，如荔枝、龙眼等植物。

(2) 假果结构。假果的结构比较复杂，除子房外还有其他部分参与果实的形成。如梨、苹果的食用部分主要由花萼筒肉质化而成，果实中部的肉质部分才是来自子房壁的部分，且所占比例很少，口感较差，但外、中、内三层果皮仍容易区分。草莓果实的肉质化部分，是花托发育而来的结构；无花果、菠萝等植物的果实中，肉质化的部分主要是由花序轴、花托发育而成的。

2. 单果、聚合果与复果

单果是指由一朵单雌蕊花发育形成的果实，如观赏茄子、苹果、荔枝、桃、枣等。聚合果是指一朵花由多个离生雌蕊共同发育形成，或多个离生雌蕊和花托一起发育形成的果实，如玉兰、芍药、莲等。复果也称为聚花果，是由一个花序的许多花及其他花器一起发育形成的果实，如菠萝、无花果等。

3. 肉果和干果

肉质果成熟时果肉肥厚多汁，果皮亦肉质化。干果成熟时果皮干燥，种子外面多有坚硬的外壳。

（1）肉果。如果果实成熟后，果皮肉质不干燥，这样的果实称为肉果，常见的肉果包括以下几种：

①核果。外果皮薄，中果皮呈肉质，内果皮坚硬木化成果核，多由单心皮雌蕊形成的，如桃、李、杏、梅等的果实；也有的由2～3枚心皮发育而成的，如枣、橄榄等的果实。

②浆果。由一到多数心皮的雌蕊发育而成。外果皮薄，中果皮、内果皮多汁，有的难分离，皆肉质化，如葡萄、番茄、柿等的果实。番茄这种浆果的胎座发达，肉质化，也是食用的部分。

③柑果。外果皮革质，有许多挥发油囊；中果皮疏松髓质，有的与外果皮结合不易分离内果皮呈囊瓣状，其壁上长有许多肉质的汁囊，是食用部分。如柑橘、柚等的果实，为芸香料植物所特有。

④梨果。由下位子房的复雌蕊和花萼筒发育而成。肉质食用的大部分“果”肉是花萼筒形成的，只有中央的很少部分为子房果皮形成的。果皮薄，外果皮、中果皮不易区分，内果皮由木化的厚壁细胞组成。如梨、苹果、枇杷、山楂等的果实，为蔷薇科梨亚科植物所特有。

⑤瓠果。由下位子房的复雌蕊和花托共同发育而成，果实外层（花托和外果皮）坚硬，中果皮和内果皮肉质化，胎座也肉质化，如南瓜、冬瓜等瓜类的果实。西瓜的胎座特别发达，是食用的主要部分。瓠果为葫芦科植物所特有。

（2）干果。如果果实成熟后，果皮干燥，这样的果实称为干果。成熟后果皮开裂，又称裂果；成熟后果皮不开裂，称闭果。

常见的裂果包括以下几种：

①荚果。由单心皮雌蕊发育而成，边缘胎座。成熟时沿背缝线和腹缝线同时开裂，如大豆、豌豆、蚕豆等的果实；但也有不开裂的，如落花生等的果实；有的荚果皮在种子间收缩并分节断裂，如含羞草、山蚂蝗等的果实。荚果为豆目植物所特有。

②蓇葖果。由单心皮雌蕊发育而成。果实成熟后常在腹缝线一侧开裂（有的在背缝线开裂），如飞燕草的果实。

③角果。由2心皮的复雌蕊发育而成，侧膜胎座，子房常因假隔膜分成2室，果实成熟后多沿两条腹缝线自下而上地开裂。角果有的细长，称长角果，如油菜、甘蓝、桂竹香等的果实；有的角果呈三角形、圆球形，称短角果，如荠菜、独行菜等的果实。但长角果有不开裂的，如萝卜的果实。角果为十字花科植物所特有。

④蒴果。由2个以上心皮的复雌蕊发育而成，有数种胎座，果实成熟后有不同的开裂方式：室背开裂，沿心皮的背缝线开裂，如棉、三色堇、胡麻（芝麻）、鸢尾等的果实；室间开裂，沿心皮（或子房室）间的隔膜开裂，但子房室的隔膜仍与中轴连接，如牵牛等的果实；孔裂，果实成熟，在每一心皮上方裂成一个小孔，种子在小孔中因风吹摇动而散出，如虞美人、金鱼草的果实；盖裂，果实成熟后，沿果实的中部或中上部作横裂，成一盖状脱落，如马齿苋、车前等的果实。

常见的闭果包括以下几种：

①瘦果。由1～3心皮组成，内含1粒种子，果皮与种皮分离，如向日葵、荞麦等果实。

②颖果。似瘦果，由2～3心皮组成，含1粒种子，但果皮和种皮合生，不能分离，如稻、小麦、玉米等的果实。颖果为禾本科植物所特有。

③坚果。由2～3心皮组成，只有1粒种子，果皮坚硬，常木化，如麻栎等的果实。

④翅果。由2心皮组成，瘦果状，果皮坚硬，常向外延伸成翅，有利于果实的传播，如枫杨、榆、槭等树的果实。

⑤分果。由复雌蕊发育而成，果实成熟时按心皮数分离成2到多数各含1粒种子的分果瓣，如锦葵、蜀葵等的果实。双悬果是分果的一种类型，由2心皮的下位子房发育而成，果熟时，分离成双悬果，分悬于中央的细柄上，如胡萝卜、芹菜等的果实。双悬果为伞形科植物所特有。小坚果是分果的另一种类型，由2心皮的雌蕊组成，在果实形成之前或形成中，子房分离或深凹陷成4个各含一粒种子的小坚果，如薄荷、一串红等唇形科植物，附地草、斑种草等紫草科植物和马鞭草科等的部分果实也属这一种。

1.4.3.4 果实的生长发育

1. 果实生长所需的时间

果实的外部形态显示出本物种固有的成熟特征时，称为形态成熟期。果实成熟期和种子成熟期有的一致，有的不一致。有些果实成熟了，而种子没有成熟，需要经过一段后熟期，也有个别植物种类种子的成熟早于果实成熟。不同植物或不同品种间的果熟期差异很大，榆、柳等很短，桑、杏等次之，松属的园林树木第一年春季传粉，第二年春季才受精，种子发育成熟需要两个生长季。同一种植物中一般早熟品种发育期短，晚熟品种发育期长。果实如果受到虫咬、碰撞等外伤，其成熟期会缩短。自然条件也会影响果实成熟期，高温干燥条件下果熟期短，低温高湿条件下则果熟期长。在山地环境下，排水好的地方果熟早些。

2. 果实生长过程

不同园林植物从开花到果实成熟所需要的时间是不一样的。如蜡梅约需要6周时间，香榧则需要74周，大多数园林树木需要15周左右。不同类型的果实成熟时的大小和生长速度也有很大差异，有的生长缓慢，有的生长快速。

果实的生长发育可以分为细胞分裂及细胞膨大两个阶段。开花期间细胞分裂很少，坐果以后，幼果具有很强的分生能力且碳水化合物向果实运输的速度逐渐加快，分裂活动旺盛。大多数园林植物细胞分裂期比较短暂，一般在子房发育初期就已基本停止。如茶藨子、悬钩子等植物，除了胚和胚乳外，果实其他部位的分裂在传粉后就结束了；苹果、柑橘等在传粉后也只维持短暂的分裂；少数植物如鳄梨等在传粉后能够维持较长时间的细胞分裂。对于绝大多数园林植物来讲，果实总体积增大的主要原因是细胞体积的增大，而非细胞数量的增多。葡萄果实细胞数目的增加使葡萄体积增大2倍，而细胞体积的增大使葡萄体积增大300倍。

果实生长主要有两种模式，即单“S”形生长曲线和双“S”形生长曲线。苹果、石榴、柑橘、枇杷、梨、核桃、菠萝、无籽葡萄、草莓、香蕉、板栗、番茄等的果实的生长模式属于单“S”形。这一类型的果实在开始生长时速度较慢，以后逐渐加快，直至急速生长达到高峰后又渐变慢，最后停止生长。这种慢—快—慢生长节奏的表现是与果实中细胞分裂、膨大及成熟的节奏相一致的。属于双“S”形生长模式的果实有桃、李、杏、梅、樱桃、籽葡萄、柿、山楂和无花果等。这一类型的果实在生长中期出现一个缓慢生长期，表现出慢—快—慢—快—慢的生长节奏。这个缓慢生长期是果肉暂时停止生长，而内果皮木质化、果核变硬和胚迅速发育的时期。

果实第二次迅速增长的时期主要是中果皮细胞的膨大和营养物质的大量积累的时期。果实在生长过程中，随着果实的膨大，有机物会不断积累。这些有机物大部分是来自营养器官，也有一部分是由果实本身所制造。当果实长到一定大小时，果肉中贮存的有机物质会发生系列的生理生化变化，从而果实进入成熟阶段。

3. 果实的成熟

成熟是果实生长后期充分发育的过程，成熟的果实会发生系列变化。

（1）甜度增加。果实中的淀粉等贮藏物质水解产生如蔗糖、葡萄糖和果糖等甜味物质。各种果实的糖转化速度和程度不尽相同，香蕉的淀粉水解很快，几乎是突发性的，香蕉由青变黄成熟时，淀粉从占鲜重的20%～30%下降到1%以下，而同时可溶性糖的含量则从1%上升到15%～20%；柑橘中的糖转化则很慢，有时要几个月；苹果的糖转化速度界于这两者之间。葡萄果实中糖分积累可达到鲜重的25%或干重的80%左右，但如在成熟前就采摘下来，则果实不能变甜。

甜度与糖的种类有关，如以蔗糖甜度为1，则果糖甜度为1.03～1.50，葡萄糖甜度为0.49，其中以果糖最甜，但葡萄糖口感较好。不同果实所含可溶性糖的种类不同，如苹果、梨含果糖多；桃含蔗糖多；葡萄含葡萄糖和果糖多，而不含蔗糖。通常，成熟期日照充足、昼夜温差大、降雨量少，果实中含糖量高，这也是新疆吐鲁番的哈密瓜和葡萄特别甜的原因。氮素过多时，果实含糖量会减少。通过疏花疏果，减少果实数量，常可增加果实的含糖量。给果实套袋，可显著改善综合品质，但在一定程度上会降低成熟果实中还原糖的含量。

（2）酸味降低。果实的酸味出于有机酸的积累，一般苹果含酸0.2%～0.6%，杏含酸1%～2%，柠檬含酸7%，这些有机酸主要贮存在液泡中。柑橘、菠萝含柠檬酸多，苹果、梨和桃、李、杏、梅等含苹果酸多，葡萄中含有大量酒石酸，番茄中含柠檬酸、苹果酸较多。生果中含酸量高，随着果实的成熟，含酸量下降。糖酸比是决定果实品质的一个重要因素。糖酸比越高，果实越甜。但一定的酸味往往体现了一种果实的特色。

（3）果实软化。果实软化是成熟的一个重要特征。引起果实软化的主要原因是细胞壁物质的降解。果实成熟期间与细胞壁有关的多种水解酶活性上升，细胞壁结构成分及聚合物分子大小发生显著变化，如纤维素长链变短，半纤维素聚合分子变小，其中变化最显著的是果胶物质的降解。水蜜桃是典型的溶质桃，成熟时柔软多汁，而黄甘桃是不溶质桃，肉质致密而有韧性。乙烯能够促进细胞壁水解软化，用乙烯处理果实，可促进成熟、降低硬度。

（4）挥发性物质的产生。成熟果实散发出其特有的香气，这是由于果实内部存在着微量的挥发性物质。它们的化学成分相当复杂，有200多种，主要是酯、醇、酸、醛和萜烯类等一些低分子化合物。成熟度与挥发性物质的产生有关，未熟果中没有或很少有这些香气挥发物，所以收获过早，香味就差。低温影响挥发性物质的形成，如香蕉采收后长期放在10℃的气温下，就会显著抑制挥发性物质的产生。乙烯可促进果实正常成熟的代谢过程，因而也促进香味的产生。

（5）涩味消失。有些果实未成熟时有涩味，如柿子、香蕉、李子等。这是由于细胞液中含有单宁等物质。单宁是一种不溶性酚类物质，可以保护果实免于脱水及病虫侵染。通常，随着果实的成熟，单宁可被过氧化物酶氧化成无涩味的过氧化物，或凝结成不溶性的单宁盐，还有一部分可以水解转化成葡萄糖，因而涩味消失。

（6）色泽变化。随着果实的成熟，多数果色由绿色渐变为黄、橙、红、紫或褐色。这常作为果实成熟度的直观标准。与果实色泽有关的色素有叶绿素、类胡萝卜素、花色素和类黄酮素等。叶绿素一般存在于果皮中，有些果实如苹果果肉中也有。在香蕉和梨等果实中，叶绿素的消失与叶绿体的解体相联系，而在番茄和柑橘等果实中则主要是由于叶绿体转变成有色体。类胡萝卜素一般存在于叶绿体中，褪绿时便显现出来。番茄中以番红素和β胡萝卜素为主，香蕉成熟过程中果皮所含有的叶绿素几乎全部消失，但叶黄素和胡萝卜素则维持不变。桃、番茄、红辣椒、柑橘等则经叶绿体转变为有色体而合成新的类胡萝卜素。花色素能溶于水，一般存在于液泡中，到成熟期大量积累，也会造成果色的改变。

第2章
园林植物的生态习性

环境是指园林植物生活的空间，而构成园林生活环境的因子称为环境因子。生态因子则是指环境中对生物的生长发育、生殖和分布等有着直接或间接影响的环境要素，如温度、食物、空气和其他生物等。园林植物和环境是相互作用的统一体，在研究它们与环境的关系时，既要研究植物本身的特性，也要研究它们生活的环境以及植物与环境之间的相互作用。

根据因子的类别通常将其划分为5类，即气候因子、土壤因子、地形地势因子、生物因子和人为因子。气候因子是指光能、温度、空气、水分、雷电等。土壤因子是指土壤的物理、化学等性能，以及土壤生物和微生物等。地形地势因子是指地面的起伏、山岳、高原、平原、洼地、坡向、坡度等。生物因子则包括动物、植物、微生物的影响等。人为因子是指人类在植物的利用、改造、发展过程中的作用，以及对环境污染的危害作用等。

在研究园林植物与生态环境的过程中，必须明确以下5个观念。

(1) 综合作用。所谓环境的生态作用，通常是指环境因子的综合作用。许多生态因子综合起来形成一个综合体，对园林植物起着综合的生态作用。各个因子之间并不是孤立的，而是互相联系、互相制约、互相影响的，其中任何一个因子的变化必将引起其他因子不同程度的变化。例如光照的变化，不仅光照因子发生变化，也可以直接影响到温度因子和水分因子。

(2) 主导因子。虽然环境因子以一个综合体的形式影响园林植物的生态习性，但在一定环境的特定条件或特定阶段中，必有一两个因子是起主导作用的，这种起主要作用的因子就是主导因子。对因子本身来说，主导因子对环境起主要作用，它的稳定与否能够决定整个生态关系的稳定与否。对植物而言，主导因子可以决定植物的生长发育情况能否发生明显的变化。例如低温就是处于春化阶段园林植物的主导因子，而日照长度则是光周期现象中的主导因子等。

(3) 不可替代性和可调剂性。在植物的生长发育过程中，生态因子对植物的作用虽不是等价的，但都是不可缺少的。缺少任一种都能引起植物的生长阻碍，甚至死亡。任何一个因子都不能由另一个因子来代替，这就是植物生态因子的不可替代性。但在一定情况下，某一因子在量上的不足可以由其他因子的加强而得到调剂，并获得相似的生态效应，但这种调剂是有限度的。例如，增加CO_2浓度，可以部分补偿由于光照减弱所引起的光合强度的降低。

(4) 生态因子作用的阶段性。植物的一生中，植物对生态因子的需要不是固定不变的，而是随着生长发育的推移而变化的，分阶段的。例如，某些作物春化阶段中，低温是必需的条件，但在以后的生长时期，低温对植物则不是必须，甚至是有害的。光照的长短在植物的光周期阶段起关键作用，而在春化阶段却并非如此。

(5) 生态幅。各种植物对生存条件及生态因子的变化强度有一定的适应范围，超过这个限度就会引起生长不适或死亡，这个限度就被称为“生态幅”。不同植物的生态幅具有很大不同，即使是同一植物的不同生育阶段，其生态幅也经常会有较大差异。

2.1 气候因子

2.1.1 温度因子

温度能够直接影响园林植物的生理活动和生化反应，所以温度因子的变化对园林植物的生长发育及分布都具有极其重要的作用。

2.1.1.1 园林植物的温周期

温度并不是一成不变的，而是呈周期性的变化，这就是温周期，包括季节的变化及昼夜的变化。

不同地区的四季长短、温度变化是不同的，其差异的大小受地形、地势、纬度、海拔、降水量等因子的综合影响。该地区的植物由于长期适应这种季节性的变化，形成了一定的生长发育节奏，即物候期。在园林植物配置及栽培和养护中，都应该对当地气候变化特点及植物物候期有充分的了解，才能进行合理的栽培管理。

一天中白昼温度较高，光合作用旺盛，同化物积累较多；夜间温度较低，可以减少呼吸消耗。这种昼高夜低的温度变化对植物生长有利。但不同植物适宜的昼夜温差范围不同。通常热带植物适宜的昼夜温差为3～6℃，温带植物为5～7℃，而沙漠植物的昼夜温差则在10℃以上。

2.1.1.2. 高温及低温障碍

当园林植物所处的环境温度超过其正常生长发育所需温度的上限时，引起蒸腾作用加强，水分平衡失调，破坏新陈代谢作用，造成伤害直至死亡。另外，高温也会妨碍花粉的萌发与花粉管的伸长，并会导致落花落果。

低温主要指寒潮南下引起突然降温而使植物受到伤害，主要包括以下几种。

(1) 寒害。指气温在0 ℃以上而使植物受害的情况，主要发生在一些热带喜温植物上。如轻木在5 ℃时就会严重受害，椰子在气温降至0 ℃以前，就会发生叶色变黄、落叶等受害症状。

(2) 霜害。指气温降至0 ℃时，空气中的水汽会在植物表面凝结形成霜，引起植物受害的情况。霜害的时间如果较短，且气温缓慢回升，大部分植物可以恢复。如果霜害时间较长，或气温回升迅速，则容易导致植物叶片永久损伤。

(3) 冻害。指气温降至0 ℃以下时，引起植物受害的情况。由于气温降至0 ℃以下，植物体温亦降至0 ℃以下，细胞间隙出现结冰，导致细胞膜、细胞壁出现破裂，引起植物受害或死亡。

园林植物抵抗突然低温的能力因植物种类、植物的生育期、生长状况等的不同而有所不同。例如柠檬在-3℃时会受害，金柑在-11℃时受害，而生长在寒温带的针叶树可耐-20 ℃的低温。同一植物的不同生长发育时期抵抗突然低温的能力也有很大不同，休眠期最强，营养生长期次之，以生殖生长时期最弱。同一植物的不同器官或组织的抵抗能力也是不同的，一般来说胚珠、心皮等能力较弱，果实和叶片较强，以茎干的抗低温性最强，其中根颈部是最耐低温的地方。

另外，在寒冷地区，低温障碍还有冻拔和冻裂两种情况。冻拔主要发生在草本植物中，尤其小苗会更严重。当土壤含水量过高时，土壤结冻会产生膨胀隆起，并将植物一并抬起；当解冻时土壤回落而植物留在原位，造成根系裸露，导致死亡。冻裂则是指树干的阳面受到阳光直射，温度升高，树干内部温度与表面温度相差很大，造成树体出现裂缝。树液活动后，出现伤流并产生感染，进而受害甚至死亡。毛白杨、椴、青杨等植物较易受冻裂害。

2.1.1.3. 温度与植物分布

在园林建设中，由于绿化的需要，经常要在不同地区间进行引种，但引种并不是随意的。如果把凤凰木、鸡蛋花、木棉等热带、亚热带植物种到北方去，则会发生冻害或冻死。而把碧桃、苹果等典型的北方植物引种到热带地区，则会生长不良，不能正常开花结实，甚至死亡。其主要原因是温度因子影响了植物的生长发育，从而限制了这些植物的分布范围。故而园林建设工作者必须了解各地区的植物种类，各植物的适生范围及生长发育情况，才能做好园林的设计和建设工作。

受植物本身遗传特性的影响，不同植物对温度变化的幅度适应能力有很大差异。有的植物适应能力很强，能够在广阔的地域范围内分布，这类植物被称为“广温植物”。一些适应能力小，只能生活在较狭小的温度变化范围内的种类则被称为“狭温植物”。

从温度因子来讲，一般是通过查看当地的年平均温度来判断一种植物是否能在该地区生长。但这种做法只能作为一个粗略的参考数字，比较可靠的办法是查看当地无霜期的长短、生长期日平均温度高低、当地变温出现时期及幅度大小、当地积温量、最热月和最冷月的月平均温度值、极端温度值及持续期等。这些相关温度极值对植物的自然分布都有着极大的影响。

2.1.2　水分因子

水是园林植物进行光合作用的原料，也是养分进入植物的外部介质，同时也对植株体内物质代谢和运输起着重要的调配作用。园林植物吸收的水分大部分用于蒸腾作用，通过蒸腾拉力促进水分的吸收和运输，并有效调节体温，排出有害物质。

2.1.2.1. 园林植物的需水特性

（1）旱生植物。是指能够长期忍受干旱并正常生长发育的植物类型，多见于雨量稀少的荒漠地区或干旱草原。根据其适应环境的生理和形态特性的不同，又可以分为2种情况。

①少浆或硬叶旱生植物。一般具有以下不同旱生形态结构。叶片面积小或退化变成刺毛状、针状或鳞片状，如柽柳等；表皮具有加厚角质层、蜡质层或绒毛，如驼绒藜等；叶片气孔下陷，气孔少，气孔内着生表皮毛，以减少水分的散失；体内水分缺失时叶片可卷曲、折叠；具有发达的根系，可以从较深的土层或较广的范围内吸收水分；具有极高的细胞渗透压，其叶失水后可以不萎凋变形，一般可以达到20～40个大气压，高的甚至可达80～100个大气压。

②多浆或肉质植物。这类植物的叶或茎具有发达的储水组织，并且茎叶一般具有厚的角质层、气孔下陷、数目不多等特性，能够减少水分蒸发，适应干旱的环境。依据储水组织所

在部位，这类植物可以分为肉茎植物和肉叶植物两大类。肉茎植物具有粗壮多肉的茎，其叶则退化为叶刺以减少蒸发，如仙人掌科的大多数植物；肉叶植物则叶部肉质明显而茎部肉质化不明显，叶部可以储存大量水分，如景天科、百合科等的一些植物。其形态和生理特点主要有以下几个方面：茎或叶具有发达的储水组织；茎或叶的表皮有厚角质层，表皮下有厚壁组织层，能够有效减少水分的蒸发；气孔下陷或气孔数量较少；根系不发达，为浅根系植物细胞液的渗透压低，一般为5～7个大气压。

（2）中生植物。大多数植物属于中生植物。此类植物不能忍受过干或过湿的水分条件。由于种类极多，其对水分的忍耐程度也具有很大差异。中生植物一般具有较为发达的根系和输导组织；叶片表面有一层角质层以保持水分。一些种类的生态习性偏于旱生植物，如油松、侧柏、酸枣等。另一些则偏向湿生植物的特征，如桑树、旱柳等。

（3）湿生植物。该类植物耐旱性弱，其需要较高的空气湿度和土壤含水量才能正常生长发育。根据其对光线的需求情况又可分为喜光湿生植物和耐阴湿生植物2种。

喜光湿生植物为生长在阳光充足、土壤水分充足地区的湿生植物。例如生长在沼泽、河边湖岸等地的鸢尾、落羽杉、水松等。其根部有通气组织且分布较浅，没有根毛，木本植物通常会有板状根或膝状根。

耐阴湿生植物主要生长在光线不足、空气湿度较高的湿润环境中。这类植物的叶面积一般较大，组织柔嫩，机械组织不发达；栅栏组织不发达而海绵组织发达；根系分布较浅，较不发达，吸水能力较弱。如一些热带兰类、蕨类和凤梨科植物等。

（4）水生植物。生长在水中的植物叫水生植物，根据其生长形式又可以分为挺水植物、浮水植物和沉水植物3类。

挺水植物的根、部分茎生长在水里的底泥或底沙中，部分茎、叶则是挺出水面。大多分布在0～1.5 m的浅水中，有的种类生长在水边岸上。其生长于水中的根、茎具有通气组织等水生植物的特征，生长于水上的则具有陆生植物的特征。如芦苇、荸荠、水芹、荷花、香蒲等都属于此类。

浮水植物的叶片、花等漂浮于水面生长，其中萍蓬草、睡莲等植物的根生于水下泥中，叶和花漂浮于水面，属于半浮水型。而凤眼莲、满江红、浮萍、槐叶萍、菱、大薸等整个植物体都漂浮于水面生长，属于全浮水植物。

沉水植物是指植物体完全沉没于水中的植物，根系不发达或退化，通气组织发达，叶片多为带状或丝状。如苦草、狐尾藻、金鱼藻、黑藻等均属于此类。

2.1.2.2 其他形态水分对园林植物的影响

（1）雪。降雪会增加土壤水分含量，同时较厚的雪层还能够防止土温过低，避免冻层过深，从而有利于植物越冬。但如果雪量过大，积雪压在植物顶部，也会引起植物茎干被折断等伤害。

（2）冰雹。我国冰雹大多出现在4～10月，其较大的冲击力和降温往往会对园林植物造成不同程度的损害。

（3）雨凇和雾凇。雨凇和雾凇会在植物枝条上形成冻壳，严重时，厚的冻壳会造成树枝的折断害。

（4）雾。雾能够影响光照，同时也会增加空气湿度，一般来讲对园林植物的生长是有利的。

2.1.2.3 园林植物不同生育期对水分要求的变化

园林植物的不同生育期对水分需要量也不同。种子萌发时需要充足的水分，以利种皮软化，胚根伸出；幼苗期根系在土壤中分布较浅且较弱小，吸收能力差，抗旱力较弱，故而必须保持土壤湿润。但水分过多，幼苗地上长势过旺，易形成徒长苗。生产中园林植物育苗常适当蹲苗，以控制土壤水分，促进根系下扎，增强幼苗抗逆能力。大多数园林植物旺盛生长期均需要充足的水分。如果水分不足，容易出现萎蔫现象。但如果水分过多，也会造成根系代谢受阻，吸水能力降低，导致叶片发黄，植株也会形成类似干旱的症状。园林植物开花结果期，通常要求较低的空气湿度和较高的土壤含水量。一方面较低的空气温度可以适应开花与传粉，另一方面充足的水分又有利于果实的生长和发育。

2.1.3 光照因子

光照是园林植物生长发育的重要环境条件。光照强度、光质和日照时间长短都会影响植物光合作用，从而制约着植物的生长发育、产量和品质。

2.1.3.1 光照强度

光照强度随着地理位置、地势高低、云量等的不同而有变化。一年之中以夏季光照最强，冬季光照最弱；一天之中以中午光照最强。不同园林植物对光照强度的要求是不一样的，据此可将园林植物分为以下3类。

（1）喜光植物。又称阳生植物，这类园林植物需要在较强的光照下才能生长良好，不能忍受荫蔽环境。如桃、李、杏、枣等绝大多数落叶树木；多数露地一二年生花卉及宿根花卉；仙人掌科、景天科和番杏科等多浆植物等。喜光植物一般具有如下形态特征：细胞体积较小、细胞壁较厚、细胞液浓度高、木质化程度高，机械组织发达；叶表面有厚的角质层，栅栏组织发达，常有2～3层；气孔数目较多，叶含水量较低等。

（2）耐阴植物。又称阴生植物，这类植物不能忍受强烈的直射光线，在适度荫蔽下才能生长良好，主要为草本植物。如蕨类植物、兰科、凤梨科、姜科、天南星科植物等均为耐阴植物。一般具有如下形态特征：细胞体积较大、细胞液浓度低；机械组织不发达、维管束数目较少，木质化程度低；叶表面无角质层，栅栏组织不发达而海绵组织发达；气孔数目较少，叶含水量较高等。

（3）中性植物。又称中生植物，这类植物对光照强度的要求介于上述两者之间，通常喜欢在充足的阳光下生长，但有不同程度的耐阴能力。由于耐阴能力的不同，中性植物中又有偏喜光和偏阴性的种类之分。如榆、枫杨、樱等属于偏喜光的植物，而常春藤、八仙花、桃叶珊瑚、红豆杉等则属于偏阴性的植物。

2.1.3.2 光质

光质是指具有不同波长的太阳光谱成分。其中波长为380～770 nm的光是可见光，即人眼能见到的范围，也是对植物最重要的光质部分。但波长小于380 nm的紫外线部分和波长大于770 nm的红外线部分对植物也有作用。植物在全光范围内生长良好，但其中不同波长段的光对植物的作用是不同的。植物同化作用吸收最多的是红光，有利于植物叶绿素的形成、促进二氧化碳的分解和碳水化合物的合成。其次为蓝紫光，其同化效率仅为红光的14%，能够促进蛋白质和有机酸的合成。红光能够加速长日植物的发育，而蓝紫光则加速短日植物的发育。蓝紫光和紫外线还能抑制植物茎节间伸长，促进多发侧枝和芽的分化，有助于花色素和维生素的合成。

2.1.3.3 日照时间长短

按照园林植物对日照长短的反应的不同，分为以下几类。

（1）长日照植物。只有当日照长度超过其临界日长时数才能形成花芽，否则不能形成花芽，只停留在营养生长阶段或延迟开花的植物，如羽衣甘蓝等。

（2）短日照植物。只有当日照长度短于其临界日长时才能形成花芽、开花的植物。在长日照下则只进行营养生长而不能开花。如菊花、一串红、绣球花等。它们大多在秋季短日照下开花结实。

（3）中日照植物。只有在昼夜时数基本相等时才能开花的植物。

（4）中间性植物。对每天日照时数要求不严，在长短不同的日照环境中均能正常孕蕾开花，如矮牵牛、香石竹、大丽花等。

植物对日照长度的不同反应是植物在长期的发育中对生境适应的结果。长日照植物多起源于高纬度地区，而短日照植物则多起源于低纬度地区。同时，日照长度也会对植物的营养生长产生影响。在植物的临界长度范围内，延长光照时数会促进植物的营养生长或延长其生长期。而缩短光照时数则能够促进植物休眠或缩短生长期。在园林植物的南种北引过程中，就可以通过缩短光照时数的方式让植物提早进入休眠而提高其抗寒性。

2.1.4 空气因子

2.1.4.1 主要影响成分

（1）二氧化碳。二氧化碳是园林植物进行光合作用的原料，当空气中的二氧化碳浓度增加到一定程度后，植物的光合速率不会再随着二氧化碳浓度的增加而提高，此时的二氧化碳浓度称为二氧化碳饱和点。空气中二氧化碳的浓度一般在300～330 mg/L，生理实验表明，这个浓度远远低于大多数植物的二氧化碳饱和点，仍然是植物光合作用的限制因子。因此，对于温室植物，施用气体肥料，增加二氧化碳浓度，能够显著提高植物的光合效率，还有提高某些雌雄异花植物雌花分化率的作用。

（2）氧气。氧气是园林植物进行呼吸作用不可缺少的成分，但空气中氧气含量基本不变，对植物地上部分的生长不构成限制。能够起到限制作用的主要是植物根部的呼吸，及水生植物尤其是沉水植物的呼吸，其主要依靠土壤和水中的氧气。栽培中经常进行中耕以避免土壤的板结，以及多施用有机肥来改善土壤物理性质，加强土壤通气性等措施，以保证土壤氧气量。

（3）氮气。虽然空气中的氮含量高达78%，但高等植物却不能直接利用它，只有一些固氮微生物和蓝绿藻可以吸收和固定空气中的氮。而一些园林植物与根瘤菌共生从而有了固氮能力，如每公顷紫花苜蓿一年可固氮200 kg以上。

2.1.4.2 常见的空气污染物质

（1）二氧化硫。二氧化硫是大气主要污染物之一，燃煤燃油的过程均可能产生二氧化硫。二氧化硫气体进入植物叶片后遇水形成亚硫酸，并逐渐氧化形成硫酸。当达到一定量后，叶片会失绿，严重的会焦枯死亡。植物对二氧化硫的抗性不同，抗性强的园林植物包括银杏、榆树、枸骨、月季、石榴、合欢、臭椿、楝、夹竹桃、苏铁、广玉兰、小叶女贞等；抗性中等的包括小叶杨、旱柳、山桃、侧柏、复叶槭、元宝枫、悬铃木、大叶黄杨、八角金盘等；抗性弱的包括红松、油松、紫薇、雪松、湿地松、荔枝、杨桃等。并且同一植物在不同地区有时也表现出不同的抗二氧化硫能力。

(2) 光化学烟雾。汽车、工厂等污染源排入大气的碳氢化合物和氮氧化物等一次污染物在紫外线作用下发生光化学反应生成二次污染物，主要有臭氧、三氧化硫、乙醛等。参与光化学反应过程的一次污染物和二次污染物的混合物所形成的烟雾污染现象，就称为光化学烟雾。因此，光化学烟雾成分比较复杂，但以臭氧的量最大，占比达到90%。以臭氧为主要毒质进行的抗性实验中，抗性强的园林植物包括银杏、柳杉、日本女贞、夹竹桃、海桐、樟、悬铃木、冬青等；抗性一般的包括赤松、东京樱花、锦绣杜鹃等；抗性弱的包括大花栀子、胡枝子、木兰、牡丹、白杨、垂柳等。

(3) 氯及氯化氢。塑料生产工业排放的气体中，会形成氯及氯化氢污染物。对氯及氯化氢抗性强的园林植物包括构树、榆、接骨木、紫荆、槐、紫藤、紫穗槐等；抗性中等的园林植物包括皂荚、桑、臭椿、侧柏、丝棉木、文冠果等；抗性弱的包括香椿、红瑞木、黄栌、金银木、刺槐、连翘、油松、榆叶梅、胡枝子、水杉等。

(4) 氟化物。氟化物对植物的毒性很强，某些植物在含氟1×10^{-12}的空气中暴露数周即可受害，短时间暴露在高氟空气中可引起急性伤害。氟能够直接侵蚀植物体敏感组织，造成酸损伤；一部分氟还能够参与机体某些酶反应，影响或抑制酶的活力，造成机体代谢紊乱，影响糖代谢和蛋白质合成，并阻碍植物的光合作用和呼吸功能。植物受氟害的典型症状是叶尖和叶缘坏死，并向全叶和茎部发展。幼嫩叶片最易受氟化物危害；另外，氟化物还会对花粉管伸长有抑制作用，影响植物生长发育。空气中的氟化氢浓度如果达到0.005mg/L，就能在7～10天内使葡萄、樱桃等植物受害。根据北京地区的调查，对氟化物抗性强的园林植物包括槐、臭椿、泡桐、白皮松、侧柏、丁香、山楂、连翘、女贞、大叶黄杨、地锦等；抗性中等的包括刺槐、桑、接骨木、火炬树、杜仲、紫藤等；抗性弱的包括榆叶梅、山桃、葡萄、白蜡、油松等。

2.1.4.3 风对园林植物的影响

空气的流动形成风，低速的风对园林植物是有利的，而高速的风则会对园林植物产生危害。

风对园林植物有利的方面主要是有助于风媒花的传粉，也有助于部分园林植物果实和种子的传播。

风对园林植物不利的方面包括对植物生理和机械的损伤。风会促进植物的蒸腾作用，加速水分的散失，尤其是生长季的干旱风。风速较大的台风、飓风会折断树木枝干，甚至整株拔起。抗风力强的植物包括马尾松、黑松、榉树、胡桃、樱桃、枣树、葡萄、朴、栗、樟等；抗风力中等的包括侧柏、龙柏、杉木、柳杉、楝、枫杨、银杏、重阳木、柿、桃、杏、合欢、紫薇等；抗风力弱的包括雪松、木棉、悬铃木、梧桐、钻天杨、泡桐、刺槐、枇杷等。

2.2 土壤因子

2.2.1 依土壤酸碱度分类的植物类型

土壤酸碱性受成土母岩、气候、土壤成分、地形地势、地下水、植被等多种因素影响。如果成土母岩为花岗岩则土壤是酸性土，母岩为石灰岩则土壤为碱性土；气候干燥炎热则中碱性土壤多，气候潮湿多雨则酸性土壤多；地下水富含石灰质则土壤多为碱性土。同一地区不同深度、不同季节的土壤酸碱度也会有所差异，长期施用某些肥料也能够改变土壤的酸碱度。

依照植物对土壤酸碱度的要求的不同，植物可以分为以下3类。

（1）酸性土植物。在pH小于6.5的酸性土壤中生长最好的植物称为酸性土植物。如杜鹃花、马尾松、油桐、山茶、栀子花、红松等。

（2）中性土植物。在pH为6.5～7.5的中性土壤中生长最好的植物称为中性土植物。园林植物中的大多数均属于此类。

（3）碱性土植物。在pH大于7.5的碱性土壤中生长最好的植物称为碱性土植物。如柽柳、紫穗槐、杠柳、沙枣、沙棘等。

2.2.2 依土壤含盐量分类的植物类型

在我国沿海地区和西北内陆干旱地区的内陆湖附近，都有相当面积的盐碱化土壤。氯化钠、硫酸钠含量较多的土壤称为盐土，其酸碱性为中性；碳酸钠、碳酸氢钠较多的土壤称为碱土，其酸碱性呈碱性。实际上，土壤往往同时含有上述几种盐，故称为盐碱土。根据植物在盐碱土中的生长情况，将植物分为4种类型。

（1）喜盐植物。普通植物在土壤含盐量达到0.6%时即生长不良，喜盐植物却能够在氯化钠含量达到1%，甚至超过6%的土壤中生长。它们可以吸收大量可溶性盐积聚体内，细胞的渗透压高达40～100个大气压。它们对土壤的高含盐量不仅能够耐受了，而且已经变成了一种需要。如旱生的喜盐植物乌苏里碱蓬、黑果枸杞、梭梭，湿生的喜盐植物盐蓬等。

（2）抗盐植物。此类植物的根细胞膜对盐类透性很小，很少吸收土壤中的盐类，其体内含有较多的有机酸、氨基酸和糖类而形成较高的渗透压以保证水分的吸收，如田菁、盐地风毛菊等。

（3）耐盐植物。此类植物从土壤中吸收盐分，但不在体内积累，而是通过茎叶上的盐腺将多余的盐排出体外。如柽柳、二色补血草、红树等。

（4）碱土植物。能够在pH达到8.5以上的土壤中生长的植物类型，如一些藜科、苋科的植物。

2.2.3 其他植物分类类型

按照植物对土壤深厚、肥沃程度需要，可分为喜肥植物，如梧桐、核桃，一般植物和瘠土植物，如牡荆、酸枣、小檗、锦鸡儿、小叶鼠李等。荒漠绿化中还经常用到能够耐干旱贫瘠、耐沙埋、耐日晒、耐寒热剧变、易生根生芽的沙生植物等。

2.3 地形地势因子

地形地势能够改变光、温、水、热等在地面上的分配，从而影响园林植物的生长发育。

2.3.1 海拔高度

海拔高度由低至高，温度渐低，光照渐强，紫外线含量渐增，会影响植物的生长和分布。海拔每升高100m，气温下降0.6～0.8℃，光强平均增加4.5%，紫外线增加3%～4%，降水量与相对湿度也发生相应变化。同时，由于温度下降、湿度上升，土壤有机质分解渐缓，淋溶和灰化作用加强，土壤pH也会逐渐降低。对同种植物而言，从低海拔到高海拔处，往往表现出高度变低、节间变短、叶变密等变化。从低海拔处到高海拔处，植物会形成不同的植物分布带，从热带雨林带、阔叶常绿植物带、阔叶落叶植物带过渡到针叶树带、灌木带、高山草原带、高山冻原带，直至雪线。

2.3.2 坡度坡向

坡度主要通过影响太阳辐射的接受量、水分再分配及土壤的水热状况，对园林植物生长发育产生不同程度的影响。一般认为5°～20°的斜坡是发展园林植物的良好坡地。坡向不同，接受太阳辐射量不同，其光、热、水条件有明显差异，因而对园林植物生长发育有不同的影响。在北半球南向坡接受的太阳辐射最大，光热条件好，水分蒸发量也大，北坡最少，东坡与西坡介于两者之间。在北方地区，由于降水量少，而造成北坡可以生长乔木，植被繁茂。南坡水分条件差，仅能生长一些耐旱的灌木和草本植物。南方地区的降雨量大，南坡水分条件亦良好，故而南坡植物会更繁茂。

2.3.3 地形

地形是指所涉及地块纵剖面的形态，具有直、凹、凸及阶形坡等不同类型。地形不同，所在地块光照、温度、湿度等条件各异。如低凹地块，冬春夜间冷空气下沉、积聚，易形成冷气潮或霜眼，造成较平地更易受晚霜危害。

2.4 生物因子

园林植物不是孤立存在的，在其生存环境中，还存在许许多多其他生物，这些生物便构成了生物因子。它们均会或大或小、或直接或间接地影响园林植物的生长和发育。

2.4.1 动物

动物与园林植物的生存有着密切的联系，它们可以改变植物生存的土壤条件，取食损害植物叶和芽，影响植物的传粉、种子传播等。达尔文早在1837年和1881年发表的论文中就指出，在当地一年中，每公顷面积上由于蚯蚓的活动所运到地表的土壤平均达15t，这显著地改善了土壤的肥力，增加了钙质，从而影响着植物的生长。很多鸟类对散布种子有利，蝴蝶、蜜蜂是某些植物的主要媒介。也有一些土壤中的动物以及地面上的昆虫会对植物的生长有一定的不利影响。如有些象鼻虫等可毁坏豆科植物的种子导致无法萌芽，影响植物的繁衍。有的鸟可以吃掉大量的嫩芽而损害树木的生长。兔子、野猪等每年可吃掉大量的幼苗和嫩枝。松毛虫能吃光成片的松林等。

2.4.2 植物

对共同生长的植物来说植物间的相互关系，可能对一方或相互有利，也可能对一方或相互有害。根据作用方式、机制的不同分为直接关系和间接关系。

2.4.2.1 直接关系

植物之间直接通过接触来实现的相互关系，在林内有以下表现。

（1）树冠摩擦。主要指针阔叶树混交林中，由于阔叶树枝较长又具有弹性，受风作用便与针叶树冠产生摩擦，使针叶、芽、幼枝等受到损害又难于恢复。林下更新的针叶幼树经过幼年缓慢生长阶段后，穿过阔叶林冠层时，比较容易发生树冠摩擦导致更替过程的推迟。

（2）树干机械挤压。指林内两棵树干部分地紧密接触、互相挤压的现象。天然林内这种现象较多见，人工林内一般没有，树木受风或动物碰撞产生倾斜时才会出现。树干挤压能损害形成层。随着林木双方的进一步发育，便互相连接，长成一体。

（3）附生关系。某些苔藓、地衣、蕨类，以及其他高等植物，借助吸根着生于树干、枝、茎以及树叶上进行生活，称为附生。生理关系上与依附的林木没有联系或很少联系。温带、寒带林内附生植物主要是苔藓、地衣和蕨类；热带林内附生植物种类繁多，以蕨类、兰科植物为主。它们一般对附主影响不大，少数有害。如热带森林中的绞杀榕等，可以缠绕附主树干，最后将附主绞杀致死。

（4）攀缘植物。攀缘植物利用树干作为它的机械支柱，从而获得更多的光照。藤本植物与所攀缘的树木间没有营养关系，但对树木有如下不利影响：机械缠绕会使被攀缘植物输导营养物质受阻或使其树干变形；由于树冠受藤本植物缠绕，削弱被攀缘植物的同化过程，影响其正常生长。

（5）植物共生现象。对双方均有利，例如豆科植物与根瘤菌。

2.4.2.2 间接关系

间接关系是指相互分离的个体通过与生态环境的关系所产生的相互影响。

（1）竞争。竞争是指植物间为利用环境的能量和资源而发生的相互关系，这种关系主要发生在营养空间不足时。

（2）改变环境条件。植物间通过改变环境因子，如小气候、土壤肥力、水分条件等间接相互影响的关系。

（3）生物化学的影响。植物根、茎、叶等释放出的化学物质对其他植物的生长和发育产生抑制和对抗作用或者某些有益作用。

第3章 园林树木的栽植

3.1 园林树木栽植概述

3.1.1 园林树木栽植的概念

栽植是将苗木从苗圃或某一个地点起出，种植到规划地点，并使其继续生长的过程。对园林树木来说，栽植是一个广义的概念，包括“起苗”“运输”“种植”以及“栽后管理”四个基本环节的作业。

（1）起苗。将苗木从土中连根（裸根或带土团）起出，并妥善包扎。

（2）运输。是指将苗木用交通工具（人力或机械、车辆等）运至种植地点。

（3）种植。是指将被运来的苗木按要求栽种于新地点的操作。

（4）栽后管理。是对刚种植的苗木采取浇水、施肥、支撑、裹干等措施，使其尽快缓苗并成活的作业。

3.1.2 栽植成活的原理

正常生长的植株，在未移之前，在一定的环境条件下，其地上部与地下部存在一定比例的平衡关系。尤其是根系与土壤的密切结合，使树体的养分和水分代谢的平衡得以维持。

定植中的植株一经挖（掘）起，大量的吸收根常因此而损失，根系与地上部以水分代谢为主的平衡关系，或多或少地遭到了破坏。苗木的失水率与栽植成活率成负相关。

植株本身虽有关闭气孔等减少蒸腾的自动调节能力，但很有限。

在适宜的条件下，根损伤后都具有一定的再生能力，可长出新根，但需经一定的时间才能长出足够的根系以真正恢复新的平衡。

可见，维持和恢复树体以水分代谢为主的平衡是栽植成活的关键。如何使移植的树在移植过程中少伤根系和少受风干失水，并促使其迅速发生新根与新的环境建立起良好的联系是最为重要的。在此过程中，常需减少树冠的枝叶量，并有充足的水分供应或有较高的空气湿度条件，才能暂维持较低水平的这种平衡。

3.2 树木栽植技术

3.2.1 栽植的季节

园林树木栽植应选在适合根系再生、枝叶蒸腾量最小，能保证水分代谢平衡的时期。北方地区四季分明，一般以休眠期后期的春季、树木萌芽前半个月至1个月（早春）栽植最为适宜。

就南方地区而言，由于没有气候学上的冬季，从2月上旬的早春到5、6月的雨季；从9月的中秋前后，到11月下旬的小阳春，对大部分树种来说，都相当适宜栽植。有些年份，6、7月干旱，而8月多雨，则8月也是植树良机。近年来，由于苗木生产、处理技术的提高，特别是大规格容器苗的应用，加上气候上的优势，植树已没有季节之分，但好的季节对植树的成活率及养护管理有明显的作用。

园林树木栽植应在最适宜的时期进行，可以提高树木的成活率，减少管护成本，提高效益。树木栽植时期与幼树的成活和生长密切相关，并关系到栽植后的养护管理费用。

落叶树种在秋季落叶后或春季萌芽前进行。在四季分明的温带地区，以晚秋和早春为最好。晚秋是指地上部进入休眠，根系仍能生长的时期；早春是指气温回升、土壤刚解冻，根系已能开始生长，而枝芽尚未萌发之时。常绿树种在南方冬暖地区多行秋植或者新梢停止生长期进行栽植，或者以新梢萌发前的春季为好。深根性的常绿树种（如樟、松等）从1月就可开始栽植并与春栽相连接。2月即全面开展植树工作。雨季来得早，春季即为雨季，植树成活率较高。

3.2.2 栽植前的准备

一是了解设计意图与工程概况。认真阅读设计图，深入了解绿化设计的意图，对绿化工程概况有整体的认识。

二是现场踏勘与调查。对施工现场的地形地貌、土壤状况、建筑、水系等做全面的了解。

三是编制施工方案。目的是使各项施工项目相互合理衔接，互不干扰，做到多、快、好、省地完成施工任务。施工方案包括以下方面:

(1) 工程概况。

(2)施工进度表。

(3) 各种工料、机械进场计划。包括机械车辆进场、苗木计划表。

(4) 施工现场平面布置。包括交通线路、材料存放、堆放苗处、水、电源、放线基点、生活区等位置。

(5) 施工方法。包括以下3个方面。

①施工顺序：清除场地杂物，拆除清理施工范围内的障碍物及建筑废弃物等→按要求回填合格的耕植土、肥泥，回填高度按设计图要求控制→平整场地→放线→种植乔木、球形灌木，浇定根水→种植花坛灌木，浇定根水→铺台湾草，浇定根水→清理场地→申请初验→成活期保3个月，保修期2个月，成活率为100%。

②机械、人工、主要环节。

③保证工程质量、工期，文明施工、安全施工。

(6) 施工组织机构。

①组织简图。

②机构人员，包括项目经理、技术总负责人、施工管理人员、质量安全管理人员、材料设备负责人、施工队长等。

(7) 业绩材料。

四是施工现场清理。对栽植工程的现场，拆迁和清理有碍施工的障碍物，然后按设计图纸进行地形整理。

五是选苗苗木的种类、苗龄与规格在设计图纸和说明书中有规定。由于苗木的质量好坏直接影响栽植成活率和以后的绿化效果，所以植树施工前必须对可提供的苗木质量状况进行调查了解。高质量的园林苗木应具备以下条件:

（1）根系发达而完整，主根短直，接近根颈一定范围内要有较多的侧根和须根。

（2）苗干粗壮通直（藤木除外），有一定的适合高度，不徒长。

（3）主侧枝分布均匀，能构成完美树冠，要求丰满。

（4）无病虫害和机械损伤。根据城市绿化的需要和环境条件特点，一般绿化工程多需用较大规格的幼龄苗木，移栽较易成活，绿化效果发挥快。

3.2.3 栽植技术

3.2.3.1 放线定点

规则式种植的定点放线。自然式的种植设计。

3.2.3.2 挖栽植穴

按照预先的规划及待植苗木的规格挖穴，形状可为圆形、长方形、正方形等；栽植穴的大小及深度至关重要，是栽植穴技术规格的最重要指标。栽植坑（穴）直径一般应比规定根幅范围或土球直径大40～100cm，深20～40cm。具体要求应根据设计图及说明书定，同时要考虑树木规格和土层厚薄、坡度大小、地下水位高低及土壤墒情等。值得注意的是，土壤下层有板结层时，必须加大规格，特别是深度，应打破板结层。挖出的表土、心土应分别堆放，如混有大量杂质需更换土壤。有条件的最好适当施以基肥，以腐熟的有机肥为主，用量每穴5～10kg，基肥入穴后再填土10～15cm，使中央稍呈丘状隆起。苗木入穴前，必须检查栽植穴的大小、深浅，以保证苗木入穴后深浅合适。栽植穴最好上下口径大小一致。密植的园林植物，如作绿篱用的黄杨、月季、小蘖以及灌木花卉，以沟栽较好，挖沟深0.4～0.6m，宽0.4～0.5m。

3.2.3.3. 起掘苗木

为保证绿化质量，必须严把用苗质量关，选用优质壮苗。起苗的质量直接影响树木种植的成活和以后的绿化效果，必须把好这一质量关。

裸根起挖时，落叶乔木以树干为圆心，按胸径的4～6倍为半径，灌木按株高的1/3为半径画圆，于圆外绕树起苗，垂直下挖至一定深度，切断侧根；然后于一侧向内深挖，适当摇动树干，探找深层粗根的方位，并将其切断。用手铲将苗带土崛起，将根上的土轻轻抖落。水平分布为主干胸径6～8倍；垂直分布为主干直径的4～6倍，深60～80cm，浅根系30～40cm；绿篱的水平幅度为20～30cm，垂直深度为15～20cm。

树木移植要求采用带土球法，土球大小按招标文件和设计要求及定额规范。起苗时用禾草或麻包绳包裹，要保证土球紧凑不松散，不失水干燥。

带土球起苗多用于常绿树。以树干为圆心，以树干的周长为半径画圆，确定土球大小。先用手铲将苗四周铲开，然后从侧下方将苗掘出，保持完整的土球。将树提出，把土球放入蒲包或草袋中，于苗干处收紧，用草绳呈纵向捆绕扎紧。带土球起挖时，乔木的土球直径为树干胸径的6～8倍，纵径为横径的2/3；灌木的土球直径是冠幅的1/3～1/2。根系要先处理，大根应该避免劈裂，土球要修圆，包扎紧实；起苗土球大小（直径）为苗木胸径的4～6倍，8～12倍效果更好；土球要完整、圆滑，不松散，包装紧密。容器最好。

起苗后定植前，必须对苗木进行妥善保管，严防失水，特别是苗根失水。尽可能做到随起、随运、随栽。起苗后不能及时栽植的树木必须注意根系的保护，以防失水。起苗后如气温高，应经常喷水保湿。

苗木在调运过程中，要进行妥善的包装，以防止苗木在运输过程中干枯、腐烂、受冻、擦伤或压伤。包装材料多用草包、蒲包、集运箱等。为增强包装材料的韧性和拉力，打包之前，可将草绳等用水浸湿。土球直径在50 cm以上的，当土球取出后，为防止土球碎散，减少根系水分损失，需立即用草绳或其他包装材料进行捆扎。对珍贵树种的苗木土球用木箱包装。

土球大、运输距离远的，捆包时应扎牢固，捆密一些。土球直径在30 cm以下的，还应用韧性及拉力强的棕绳打上外腰箍，以保证土球完好和树木成活。

裸根苗木、花卉若长距离运输时，苗根、花根可蘸泥浆，使根部处在潮湿的包裹之中，尽量减少风吹日晒的时间，以保证成活。

在生产上，各地试用高分子吸水剂浸蘸苗根（1份吸水剂加40份水），其大部分水分能被苗根吸收，又不会蒸发散失，可使长途运输苗木免受干燥的危害。

苗木包装应力求经济简便，形体大小适宜，切勿太大或太重，以便搬运及堆置。

3.2.3.4 苗木运输

树木应该“随挖、随运、随栽”。运输时用木架将树干架稳扎牢，对可能磨损树皮的地方要用垫物保护好。长途运输还要用毡布或草帘覆盖。土球超过60 cm的树苗一般要用吊车装车，卸车时直接吊到树穴辅助种植。当天不能种植的苗木应进行假植，即将苗木集中放好，四周培土，树冠用绳拢好。

严格按照出圃计划的树种、规格、数量发苗。装卸苗木时要注意轻拿轻放，不可碰伤树体。车装好后，绑扎时要注意不可用绳物磨损树皮。为了减少苗木的水分蒸发，车装好后应用帆布覆盖，特别要对根部加以保护。如运输时间较长，可定时向根部喷水，保持根部湿润。在运输期间要经常检查包内的温度和湿度。如果包内温度过高，要将包打开，适当通风，并更换湿润物以免发热。苗木运达目的地后，要立即将苗包打开，进行假植。在运输时间较长、苗根较干的情况下，应先将根部用水浸一昼夜再进行假植。

苗木运输途中，押运人员要和司机配合好，保证行车平稳，尽量缩短途中时间。

短途运苗，中途不停车休息。长途运苗，应定期给根部洒水，中途停车应停于有遮阴的场所。遇到捆绳散开、毡布不严、树梢拖地等情况应及时停车处理。

（1）裸根苗长途运输应将苗木根向前，树梢向后，顺序码放整齐。在后车厢板处垫上湿润草包或蒲包，以免磨伤树干；用绳索将树干捆牢，用蒲包或稻草垫在绳索和树干之间，以免勒伤树皮。短距离运输时，只需在根与根之间加些湿润物，如湿稻草、麦秸等，对树梢及树干相应加以保护即可。

（2）带土球苗运输，土球小的，可直立码放。土球大的必须斜放，土球向前，树干朝后。同时土球要垫牢、挤紧、放稳。苗木运到目的地卸车时，裸根苗要顺拿，不可乱抽。带土球苗，不得提拉树干，应用双手将土球托住拿下。大土球用吊车下苗，先将土球托好，轻吊轻放，保持土球完好。

（3）运输时注意的问题。运输中应以苗根不失水为原则。不论是长距离还是短距离运输，都要注意检查，防止苗木干燥发热。中途停车时，应及时向苗木泼些清水，以保持湿润和降低温度。

3.2.3.5 苗木假植

假植是将苗木根系用潮湿的土壤进行暂时埋植的处理，其目的是对卸车后不能马上定植的苗木进行保护，防止苗木根系脱水，以保持苗木栽植成活。假植包括临时假植和越冬假植，绿化用苗均为临时假植。临时假植是起苗后或造林前进行的短期假植。秋季起苗后，当年不能造林，而要假植越冬的称为越冬假植。

（1）假植时间。北方地区，10月底至11月上旬，立冬前后为宜。

（2）假植地点。假植场地要挑选交通便利、地势较高、排水良好、背风、春季不育苗的地段。

（3）假植方法。挖假植沟，沟深40～80cm；沟的一侧倾斜；沟宽视苗的大小而定，沟宽100～200 cm；沟土要湿润。裸根苗的苗根向北，枝梢朝南，成45°角倾斜排列。阔叶树苗木，单株排列在沟内，每排数量相同，以便统计。苗干下部和根系要用湿润土壤埋好、踩实，使根系与土壤密切接触。土壤应覆盖全部苗根，不能太厚，也不能太薄。越冬假植的苗木上方覆土一般20 cm左右。土壤湿度以最大持水量60%为宜，以防止风干和霉烂。

假植期间，要经常检查，发现覆土下沉要及时培土。特别是早春不能及时出圃时，应采取降温措施，抑制萌发。

临时假植与长期假植基本要求略同，只是在假植的方向、长度、苗木集中情况等方面要求不那么严格。由于假植时间短，对较小的苗允许成捆排列，不强调单摆、根系舒展，但也要做到深埋、踩实。

另外，在苗木假植过程中，可以边起苗，边假植，减少根系在空气中裸露的时间。这样可以最大限度地保持根系中的水分，提高苗木栽植的成活率。

3.2.3.6. 栽植前修剪

修剪一方面是为了减少树体内水分蒸腾散失，保持水分代谢平衡，使新种树木迅速成活和恢复生长，另一方面是为了培养树形。修剪的方法根据招标文件要求，一般尽量少带叶。栽植前主要是对苗冠和根系做必要的修剪。

（1）苗冠的修剪。剪除病虫枝、受损伤枝（依情况可从基部剪除或伤口处剪除）、竞争枝、重叠枝、交叉枝以及稠密的细弱枝等，使苗冠内枝条分布均匀；常绿树种为减少水分损失可疏剪部分枝叶。

（2）根系修剪。带土苗木因包装及泥土保护，根系不易受到损伤，可不作修剪；裸根苗在定植前应剪除腐烂的、过长的根系，受伤的特别是劈裂的主根可从伤口下短截，要求切口平滑，以利愈合。必要时可用激素处理，以促发新根。

3.2.3.7 裸根移植

用1kg过磷酸钙、7.5kg细黄土、40kg水，搅成浆状，用于粘根，栽植成活率可提高20%。树木入穴后，应注意阴阳面、观赏面的方位，定位妥当后回土填埋，并踏实；裸根苗定植时要提苗，使根系舒展，根土密接；浇水后再填虚土，形成上虚下实，以减少水分蒸发。

注意苗干直立，严防歪斜；裸根苗防止窝根；土球苗在定位后撤除包扎材料；苗根入土深度适宜，不可过深。

栽植位置一般在植穴中央，使苗根有向四周伸展的余地，不致造成窝根。有时把苗木置于穴壁的一侧（山地多为里侧），称为靠壁栽植。靠壁栽植的苗木，其根系贴近未破坏结构的土壤，可得到通过毛细管作用供给的水分。此法多用于栽植针叶树小苗。有时还把苗木栽植在整地（如黄土地区的水平沟整地）破土面的外侧，以充分利用比较肥沃的表土，防止苗木被降雨淹没或泥土埋覆。

栽植时可先把苗木放入植穴，埋好根系，使其均匀舒展，不窝根，更不能上翘、外露，同时注意保持深度。然后分层覆土，把肥沃湿润土壤填于根际，并分层踏实，使土壤与根系密接，防止干燥空气侵入，保持根系湿润。穴面可视地区不同，整修成小球状或下凹状，以利排水或蓄水。干旱条件下，穴面可再覆一层虚土，或盖上塑料薄膜、植物茎秆、石块等，以减少土壤水分蒸发。

裸根苗的定植遵循“三填一提”，如图3-1所示。

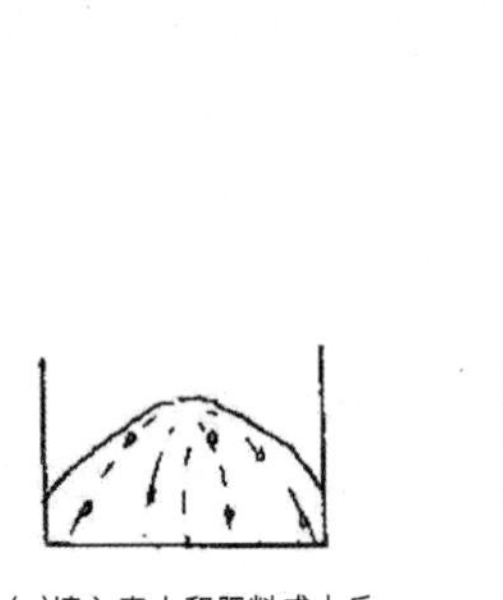
(a)填入表土和肥料成土丘

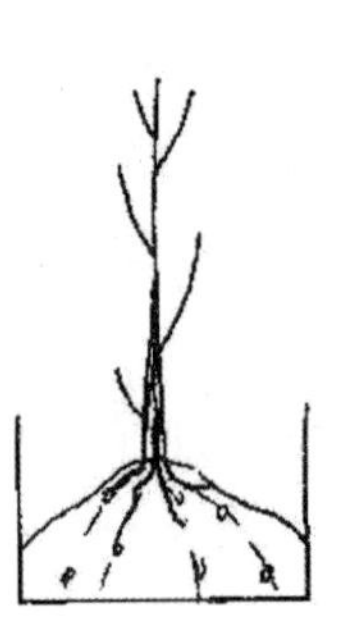
(b)将树苗置于土丘上

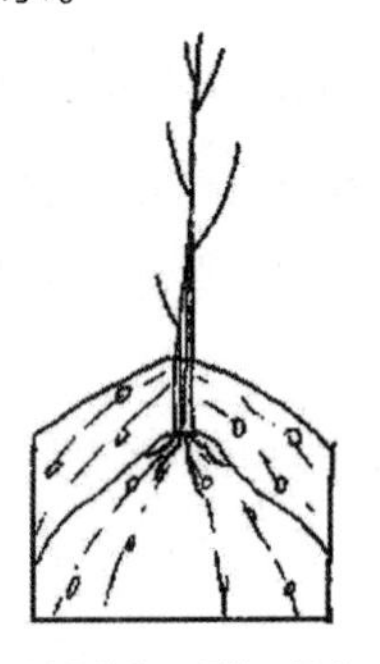
(c)再填土、提苗、培实

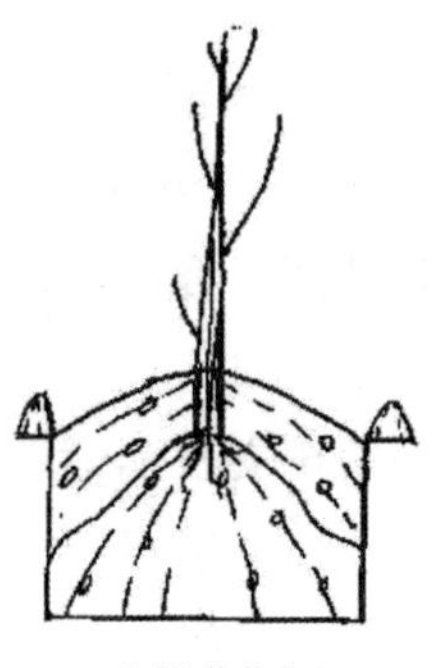
(d)种植完成

图3-1 裸根苗木定植过程

(1) 将定植穴的一半填上表土与肥料（或树叶、草皮）培成土丘。

(2) 按品种栽植计划将苗木放入穴内土丘上，使树苗根系顺理分布，同时前后左右，行与行、株与株对齐，然后埋土，同样混入肥料。

(3) 埋土过程中不断轻轻提一提树苗，并踩实土，使根系与土壤密接。

(4) 最后将心土填在表面，再踩实。

3.2.3.8 带土球树木的栽植

此种栽植方式适用于大树移植和生长季的树木的移植，如图3-2所示。

(1) 应先将植株放在栽植穴内，定好方向。在土壤下沉后，栽植树木的基茎与地表应保持等高。

(2) 应把常绿树树形最好的一面朝向主要观赏面。树皮薄、干外露的孤植树最好保持原来的阴阳面，以免引起日灼。

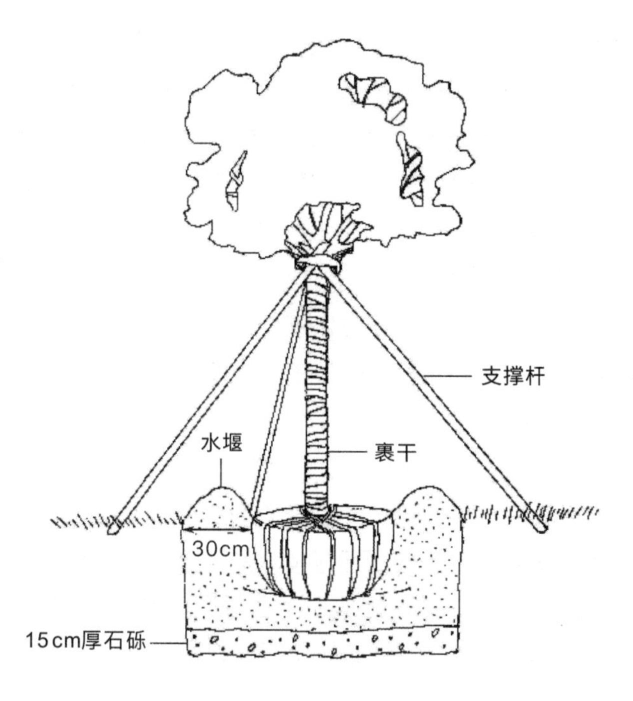

图3-2　带土球苗木的定植园林树木

(3) 解除包装材料，在土球四周下部垫入少量的土，使树直立稳定，然后剪开包装材料，对不易腐烂的材料一律取出。

(4) 扶正，回填种植土，踩实。根据土球的高度在栽植穴底部回填栽植土并踏实，使穴深与土球高度相符。一般要求球面与地面相平，并在周围做成土堰以利浇水。

园林树木栽植技术主要包括栽植深度、栽植位置和具体施工要求等。适当的栽植深度应根据树种、气候、土壤条件、造林季节的不同灵活掌握。一般考虑到栽植后穴面土壤会有所下沉，故栽植深度应高于苗木根颈处原土痕2～3cm。栽植过浅，根系外露或处于干土层中，苗木易受旱；栽植过深，影响根系呼吸，根部发生二重根，妨碍地上部分苗木的正常生理活动，不利于苗木生长。栽植深度应因地制宜，不可千篇一律。在干旱的条件下应适当深栽，土壤湿润黏重可略浅些；秋季栽植可稍深，雨季略浅；生根能力强的阔叶树可适当深栽，针叶树大多不宜栽植过深，截干苗宜深埋少露。

3.2.3.9 场地清理

将杂物、石块、杂草等清理干净；将泥土铲去堆于树干基部，做成圆盘状；用水将周围场地冲洗干净。做到整洁美观，尤其是在市区街道或风景园林区、商住小区等尤为重要。

3.3　栽植后管理

从栽植后到成活期这段时期通常要1个半月，但最关键的是前半个月这段时间的养护管理。有些养护期为3个月、5个月、6个月。

(1) 定根水。栽植后应立即灌水，要求栽后24h内应浇上头遍水，称为定根水。水一定要浇透，使土壤吸足水分，并有助根系与土壤密接，方保成活。

正常栽植季节，栽植后48h之内必须及时浇上第二遍水。第三遍水在第二遍水后的3～5日内进行。高温、干燥季节植树，每天要求淋水2～3次，宜在上午10时前和下午15时后进行，并经常向树身喷水，增加湿度，降低温度。浇水持续时间为整个成活期。

（2）固定支撑。树干胸径大于5cm的，都应该设立支架，绑缚树干进行固定，以防止风吹摇晃甚至歪倒，影响根系的生长。

（3）树体裹干。用草绳、蒲包、苔藓等包裹枝干，可以避免强光直射和干风吹袭，减少枝干的水分蒸腾；可保存一定量的水分，使枝干经常保持湿润；可调节枝干温度，减少夏季高温和冬季低温对枝干的伤害。

（4）施肥。一般过1个半月，所有苗木根系恢复生长、种植成活后才开始施肥。薄施一次复合肥或有机肥，以后每个月最少施一次肥，保证苗木生长正常、旺盛。

（5）巡查保养。新植树木在浇水或雨后应检查是否出现树坛泥土下沉、树木歪斜现象，如有应及时扶正树干，覆土压实。栽植后因某些原因导致树木枯死，形成缺棵，应及时补植。

（6）搭建遮阳棚。高温干燥季节，要搭建遮阳棚遮阳，以降低树冠温度，减少树体的水分蒸腾。遮阳度为70%左右。

（7）检查成活率。成活特征：① 已发二趟芽；② 叶色光亮；③ 叶片挺劲不萎蔫；④ 经历过酷暑寒冬。

3.4 大树移植

大树移植是指壮龄树木或成年树木移植，即移植胸径在15～20cm以上，或树高4～6m以上，或树龄20年以上的树木。

3.4.1 大树移植的意义

在现代风景园林绿化中，大树移栽对于城市的环境建设有着重要意义。

（1）质量高、见效快。现代城市建设对效率和质量的要求越来越高，因此如何能在最短的时间内呈现出最好的绿化效果是城市规划建设的重要课题。园林树木的生命周期很长，对一些树木来说，需经数十年甚至上百年的生长才能达到壮年、达到预想的构图要求。而大树移栽是将精心培育的、已经成材的树木直接安置到园林中来，这可以大大地缩减园林的建设周期，使园林在短时间内就能见到“绿树成荫”的效果。

（2）植物造景的效果突出。风景园林的功能不仅在于绿化，还在于美化，而美化则需要进行植物景观的建设。因此，利用可移栽的树木建设景观则大大提高了景观的可塑性，从而也为园林的美化效果提供了更多的可能。

（3）绿化成果易于保存。大树一旦移栽成功会呈现出很强的生命力，因此大树移栽是抵御外部环境对园林绿化破坏的一条有效的途径。

3.4.2 大树移植的特点

（1）绿化效果快，显著。

（2）移栽周期长。

（3）工程量大，费用高。

（4）影响因素多。

（5）移植成活困难。

大树移植与一般树苗移植相比，主要表现在被移的对象具有庞大的树体和相当大的重量，施工条件比起苗圃的苗木来说复杂得多，故往往需借助于一定的机械力量才能完成。

3.4.3 大树移植技术

3.4.3.1 大树移植前的准备

（1）做好计划。为预先在所带土球（块）内促发较多吸收根，就要提前一至数年采取措施，做好大树移植的计划。

（2）树种选择。大树移植要选择容易成活，生命周期长，树体的规格适中的壮龄树。研究表明，离地面30 cm处直径为10 cm的树木，根系在移植后5年才能恢复到移植前的水平；直径为25 cm的树木，15年后才能恢复根系。

选择壮龄树：胸径为10～15 cm，处于旺盛生长期的壮龄树，移植成活率高，易成景观。一般慢生树选择20～30年生树种；速生树选择10～20年生树种；中生树选择15年生树种。一般乔木以树高4m以上、胸径为15～25cm的树木最为合适。

树体规格：根据栽植地的立地条件和设计要求的规格选择适合的树木，最好是幼壮龄树木，以胸径不超过20cm，年龄在20～25年以下的树木为宜；选好后在胸径处作标记，以便按阴阳面移植。

就近选择：保证栽植地的立地条件与其原生地相一致，避免远距离调运大树。

严格控制：做好大树移植设计，严格控制移植的数量，杜绝破坏性移植大树。

（3）断根缩坨。对于野生大树，具有吸收能力的根主要分布在树冠投影附近。在正常土球范围内，吸收根是很少的。因此，只能在所带土球范围内，用预先促发大量新根的办法为代谢平衡打基础。

一般分2～3年，在东、西、南、北四面（或四周）的所带土球范围内开沟，分期切断待移植树木的主要根系，促发须根。每年只断周长的1/3～1/2，便于起掘和栽植，利于成活。如图3-3所示。

一般是以干径的5倍画圆（或方），然后在其外开一宽30～40cm、深50～70cm（视根的深浅而定，一般挖过根系密集层后即可）的沟，以此来确定断根范围。

（4）平衡修剪。切根处理后，因根系损伤严重，为减少蒸腾失水，需修剪树冠。修剪强度在维持树体水分平衡和原有树形的基础上，尽可能轻剪。对萌芽力强的树种可行截干，即剪截全部树冠。具体修剪方式有全株式、截枝式、截干式。

3.4.3.2 树体挖掘

（1）若土壤干旱，挖掘前应提前1～2天浇水，以防挖掘时土壤过干而导致土球松散。给树体喷水，保护树体，并清理树木周边障碍物。包扎树身，将树干和树冠用草绳包扎，注意

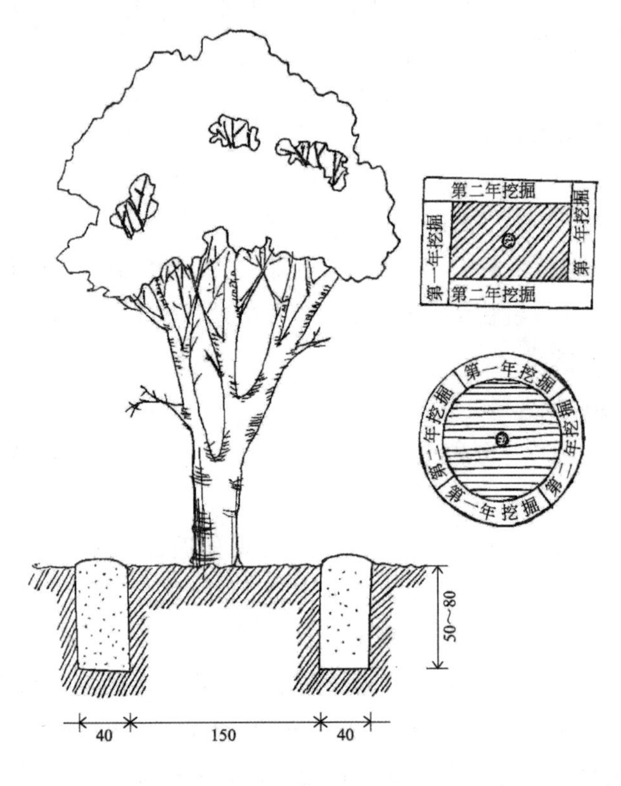

图3-3　大树断根缩坨法

不要折断树枝。

(2) 起苗时必须带土球，土球大小因树种而异。深根性树种如针叶树种等土球要大，主根不发达和浅根性树种如垂柳等土球可小一些或只带根心土。根据树木胸径大小确定土球直径，一般土球直径为树木胸径的7～10倍。若夏季造林，土球直径为树干直径的10～12倍。由于运输条件和起重设备的限制，土球最大直径不超过2.5 m。土球高度依树体大小而定，以60～100 cm为宜。

(3) 土球以外的根必须截断，遇到粗根可锯断，不可劈裂，切口与围沟内壁平齐，切忌撕裂。断面可用5～10 mg/kg的3号ABT生根粉拌和稀泥糊上。为减少蒸腾，泡桐、椿树等树可以截干，杨树、榆树等树可以截枝，截去枝条总长度的1/6～1/4，截断处用薄膜包严或蜡封。对于塔柏、龙柏等树，为保持树形不能截干，只能疏枝，疏去总枝量的1/3。

挖树前要定好方位，做上记号，以便定植时背向栽植，以矫正树形。挖倒的树木的内膛枝、枯死枝、病虫枝及发育不良枝一律剪除。常绿阔叶树如樟树、女贞等冠大叶多的要摘去1/2小枝叶，以减少对水分的消耗。

(4) 挖好后，对土球进行修整，并包扎，如图3-4、图3-5所示。土球不易松散则可用草绳包装，否则需用软材或木箱包装，严防土球散裂。对于胸径小于15cm的树或土球不超过1.3 m时可用草绳、蒲包、塑料布等软材料包装；对于胸径为20～30cm的树或土球直径大于140 cm的树，可用方箱包装。

树木从挖运、包装到栽植固定过程中，严禁用钢丝绳、铁丝捆绑，必须用稻草、草绳、麻袋、麻绳等材料捆绑，以防树体受损。

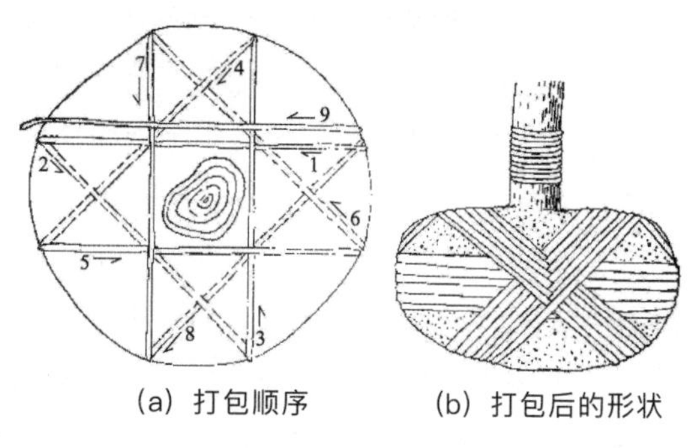

（a）打包顺序　　（b）打包后的形状

图3-4　井字形包扎

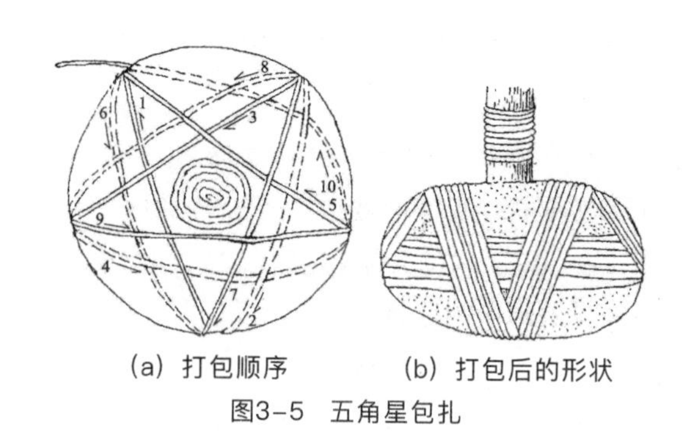

（a）打包顺序　　（b）打包后的形状

图3-5　五角星包扎

3.4.3.3 运输

起好的树应随起随运。运树的天气以阴天最好，晴天最好夜间运。运输途中要固定好树的位置，土球向下直立或土球在前、树冠向后倾斜。由于土球不好固定，可用袋、草、土块或木棍支撑。长途运输要注意喷水、遮阴、防风、防震，遇大雨时应防止把土球淋散。

在必要时，大树移栽可使用起重机械进行吊装，装运时要防止树木损伤和土球松散，用粗绳围于土球下部约3/5处并垫以木板。另一粗绳系结在树干（树干外面应垫物保护）的适当位置，使吊起的树略呈倾斜状。

运树时应有熟悉路线等情况的专人站在树干附近（不能站在土球和方箱处）押运，并备带撑举电线用的绝缘工具，如竹竿等支棍。

3.4.3.4 栽植

（1）在苗木运到之前要挖好穴，并准备好新土。穴的大小要大于土球大小20%～30%，一般情况下要求种植穴直径大于土球直径40～60 cm，深20～30 cm。栽植时要拆除土球上的包扎物，分层填土打实，并浇足定根水。

（2）入穴前，检查种植穴大小及深度。土球底部有散落时，应在相应部位填土，避免树穴空洞。吊装就位时，应保持大树原栽植方向（阴阳面），拆除包装材料，对树根喷施生根激素；填土踏实，避免根系周围出现空隙，回填至高于根颈5 cm左右，做好水圈。

（3）种植下去后，应去包装，夯实，筑围堰，浇水。

有些树种起苗时，应从原地带土，像金钱松等含有菌根的树，尤其需要原土栽植。有些珍稀树种如五针松、杜鹃等要配营养土。营养土含沙、黄心土、腐殖质土，按1:3:3的比例配制。有些树如白玉兰、香果树、木兰科树种等不适合黏重土，在培土时应适当掺沙。

对于主根发达、须根不多的树，如喜树、无患子、七叶树等，2/3大小的土球入地，1/3露在地面，然后培土成丘。对主根不发达、侧根和须根较多的树如榉树、榆树、垂柳，宜平地栽植。对不耐水湿的树种如木兰科树种，要筑台栽植。

3.4.3.5 栽后养护

(1) 支撑。如果周边培土紧松度不一，则土壤下陷，树干容易倾斜。所以，较大的树栽植后要搭好支撑架及围护栏，大树的支撑宜用三角支撑，以树体高度的2/3处为好，撑入土50 cm。人流量大的地方应铺设透气材料，以防土壤板结。

(2) 裹干。全裹或者部分裹干。用草绳包扎树干和大枝，以保持树体湿润，并防止日晒、冻伤。栽植后至少一个月应保持树冠喷雾和树干保湿，以起到避免强光直射、干风吹，保持湿润，调节温度的作用。

(3) 浇水。栽植时第一次浇水要浇透，2～3天后第二次浇水，1周后第三次浇水。若树穴周围出现下沉时，应及时填平。常绿树栽植后应经常浇水，并向叶面、枝干喷水。

(4) 施肥。结合浇水，每20～30天施用肥料1次。也可以采用输液促活技术，以水分为主，加入微量的植物生长素和矿质元素。

(5) 搭棚遮阳。移植留有树冠的常绿树木，必要时栽后架设遮阴网以降低蒸腾失水。

栽后1～2月内要及时培土、打实。6个月至1年后，树才能真正成活。待真正成活以后，方可解除所有草绳和固定支架，并可以施肥。像深山含笑等第1年还要在荫棚内度过。

大树移植成功与否主要决定于所带土球范围内吸收根的多少，也与起掘、吊运、栽植及日后养护技术有密切关系。另外，做好工程的设计与实施，随挖、随包、随运、随栽，各环节都做好工作，也能够提高大树移植的成活率。

第4章 花卉繁殖与养护

4.1 花卉繁殖

花卉繁殖是花卉种质资源保存、花卉后代繁衍的手段。种质资源的收集、保存、繁殖、研究和利用是花卉育种的基础。在长期的自然选择与环境适应过程中，各种植物形成了自身特有的繁殖方式。人工选择促进植物的繁衍数量和质量，使植物朝着满足人类各种需要的方向进化。

花卉繁殖是花卉生产的重要组成部分，掌握花卉繁殖的原理和技术有助于进一步了解花卉的生物特性，扩大花卉的应用范围。

根据繁殖体来源可以将花卉繁殖分为有性繁殖（种子繁殖）和无性繁殖（营养体繁殖）两大类。

4.1.1 有性繁殖

有性繁殖即种子繁殖，是经减数分裂从而形成雌雄配子，二者再结合形成合子发育成胚，再由胚发育成新个体的过程。用种子繁殖的苗，称为实生苗或播种苗。有性繁殖具有繁殖速度快、寿命长、简便易行、根系发达、抗性强、生长健壮、种子便于流通等特点。有些花卉由种子萌发到开花结实所需的时间较长，如玉簪需2～3年，芍药需4～5年，君子兰需4～5年，木本植物需时更长。同时，种子繁殖易产生变异、不易保持品种的优良特性等缺点，使种子繁殖的应用受到限制。当然，有性繁殖所产生的变异也可能是新品种选育的基础，所以有性繁殖又是育种的主要手段之一。

4.1.1.1 花卉种子的来源

优良种子是保证产品质量的基础。现代花卉生产十分重视种子品质，宜由专业机构生产。花卉的种类繁多、品种多样，又各具特点，杂种F1代种子每年都要杂交制种。异花传粉花卉留种需要一定条件及技术。同时，花卉市场每年都要求花卉种子由一些专门的种子公司生产供应。花卉植物因授粉方式不同，种子的来源也不相同。

（1）自花授粉花卉。自花授粉形成的种子，由于天然杂交率低于5%，基因纯合度较高，留种时只需注意去杂、去劣、选优即可。一些豆科花卉及禾本科花卉属于自花授粉花卉。

（2）异花授粉花卉。异花授粉形成的种子是由于在种内、变种内和品种间杂交产生的后代，基因杂合程度不同，留种时应分别对待。某些品种较多、性状差异较大的种类，留种时应在品种内杂交，否则后代产生分离，如羽衣甘蓝。有一些异花传粉花卉，它们的栽培品种都是高度杂合的无性系，品种内自交不孕，生产上不能用种子繁殖，如菊花、大丽花等，而另一些品种较少、性状差异不大的种类，留种时只要不断地进行选优去劣，便可取得遗传性状相对一致、接近自花传粉的种子，如瓜叶菊。

(3) 杂交优势的利用。利用杂交优势培育出来的花卉种子具有基因型高度杂合、表现型完全一致、在重要经济性状及生活力上（如重瓣性、花大）好于双亲等特点。由于杂交优势的制种程序较为复杂，生产上采用不同的简化制种办法来解决，如苗期标志制种法、雄性不育制种法、自交不亲制种法、单性株制种法等。三色堇、金鱼草、矮牵牛、万寿菊、紫罗兰、天竺葵、藿香蓟和雏菊等均有杂交优势的利用。

4.1.1.2 花卉种子的采收与贮藏

1. 种子采收

种子采收考虑留种母株的质量和采收的最佳时间。

(1) 留种母株的选择。要求从品种纯正、生长健壮、发育良好、无病虫害的植株上采收高质量的种子。

(2) 最佳采收时间的选择。对于大粒易开裂的种子，可脱落后立即在地面上收集或开裂时自植株上收集；对于小粒易开裂的种子，可在清晨空气湿度较大时采收；对于陆续成熟脱落且开花结实期长的种子宜分批采收；对于成熟后挂在植株上长期闭合亦不散的种子，可以在整株全部成熟后一次性采收。

2. 种子贮藏

为了保持种子的生命力，延长种子寿命，来满足生产、销售和交换等需要，必须对种子进行贮藏。依据种子的性质贮藏的方法可分为以下几种。

(1) 干燥贮藏法。耐干燥的花卉种子经过自然充分干燥后，将其装入布袋或纸袋中，放于室内通风阴凉处贮藏。通常可以贮藏几周或几个月，适用于花卉生产用种子贮藏。

(2) 干燥密闭法。把耐干燥的花卉种子干燥至安全含水量（10%～30%）后，装入罐中或瓶中密封起来，并放在冷凉处保存。通常可以贮藏几个月或几年，适用于花卉生产用种子贮藏。

(3) 低温贮藏法。把充分干燥至安全含水量（10%～30%）的种子置于0～5℃的低温下贮藏。适合颗粒小、种皮薄、易吸水的种子，特别是短命种子，如杨树、柳树、桑树、榆树等的种子。

(4) 层积贮藏法。采收后可以进行湿藏层积处理。按1:3质量比混合种子与湿沙（含水量15%），于0～9℃低温下湿藏，适用于需要催芽且休眠期又长的种子，或干燥贮藏效果不好、含水量高的种子，如牡丹、芍药、银杏、山桃、玉兰、樱桃等的种子。

(5) 水藏法。如王莲、睡莲等水生种子，必须贮藏在水中才能保持其生命力。

4.1.1.3 花卉种子的休眠与解除

种子休眠是活种子在适宜的萌发条件（温度、水分和氧气等）下仍不能发芽的现象，是植物重要的适应特性之一。种子休眠是一个可遗传的性状，其程度由种子发育过程中的环境来调节。根据种子休眠产生的时间可分为初生休眠和次生休眠。

1. 初生休眠

初生休眠包括外源休眠和内源休眠。

（1）外源休眠。指种子发芽所必需的外部环境条件都适宜，但因种皮或果皮坚实、不易透水（硬实种子）所致而不能很好利用具备的条件所造成的休眠。

外源休眠的解除方法包括机械处理和化学处理2种方法。

①机械处理：对硬实种子采用机械处理如切割、削破、擦伤或加热处理种皮等打破其休眠。适用于豆科种子、莲子等。

②化学处理：将干燥的种子浸没于浓硫酸中，依不同植物及温度高低，浸15min～3h，每几分钟检查一次，见种皮出现孔纹时立即取出，用流水将硫酸冲洗干净后立即播种。适用于豆科及禾本科的许多种子。近年还有使用纤维素酸、果胶酸等使种皮细胞析离的生物化学处理方法。

（2）内源休眠。指来自种皮或胚本身的原因造成的休眠。种子吸水后也不发芽，或称为胚休眠，是种子休眠最普遍的原因。

内源休眠原因包括未发育胚休眠和生理休眠。

①未发育胚休眠。某些种子外观上虽然已经成熟，但胚在形态上未发育完全，生理上还不成熟，不具有发芽能力而处于休眠状态，称未发育胚休眠。如许多毛茛属、白蜡属、荚蒾属、冬青属、银杏及兰科植物的种子有这种特点。如银杏的种子形态成熟从树上脱落时，胚尚未受精，受精卵从种皮及胚乳中摄取营养逐渐发育成完全的胚后才能发芽。兰花的种子，当果实已开裂表现成熟时，胚尚未分化，还只具有很小一团细胞。只有当种子在土中与一定种类的真菌共生后，或在人工组培下吸收配制的养分后才逐渐分化发育，方能发芽。

②生理休眠。虽然胚已发育完全，但由于生理代谢上的抑制作用而不发芽称生理休眠。一般认为，种子生理休眠是由不同内源激素的平衡所调节。这些物质主要有赤霉素（GA）、细胞分裂素（CTK）、脱落酸（ABA）及其他抑制物。通气也是层积时必要的条件，氧气不足也会引起次生休眠。

内源休眠的解除方法包括层积处理、激素处理、去皮、光处理、干贮后熟、化学药品处理、淋洗。

①层积处理：在层积过程中，种子中的生理活性物质、各种酸的活性均会发生显著改变。酸的活性增强，发芽抑制物脱落酸含量降低，促进种子发芽的赤霉素及细胞分裂素含量增加。如桃、苹果、胡桃等的种子经过20～30天层积，ABA几乎完全消失。苹果、樱桃层积后胚的细胞明显增多，胚轴伸长，干物质增加。

②激素处理：用外源激素GA3可以代替某些种子的层积处理。如未经层积的桃树种子，用200～500mg/L的GA3或500mg/L的商品乙烯利浸种可以防止出现矮化的不正常幼苗的现象。商品激动素（KT）如6-苄基腺嘌呤（6-BA）能增强高等植物的活性。

③去皮：种皮抑制种子萌发，采用剥去或破损种皮的方法，有助于打破某些种子的休眠。如桃的休眠种子，可用人工去掉种皮及破除内果皮的方法促进其发芽，再用GA3进行处理，发芽效果更佳。

④光处理：某些喜光种子在光照下可解除休眠，例如藿香蓟、紫罗兰、四季海棠、金鱼草、雏菊、一串红、荷包花、金光菊、仙人掌、报春花、美人蕉、西洋樱草花、康乃馨、松叶牡丹、瓜叶菊、矮牵牛、彩叶草、花烟草、金鸡菊、勿忘草、天人菊、六倍利、大岩

桐、洋桔梗、非洲凤仙花等。

⑤干贮后熟：部分一二年生草本花卉的种子，刚成熟时发芽能力差，通常有1～6个月的休眠期。将此类花卉的含水量为5%～15%的干燥种子贮藏一段时间，便能打破休眠而发芽。如新采收的莴苣种子，需经低温处理或有光才能发芽，或将其干贮12～18个月也可发芽。用凤仙花的种子做试验，新采种子在发芽箱中经20周只有不到40%发芽，干贮43周后，1周内100%发芽。苋属、报春花属、仙客来属、毛茛属花卉种子也可用此法提高发芽率。

⑥化学药品处理：某些化学药品如0.5%～3%的硫脲和0.1%～0.2%的硝酸钾均能代替光的作用，降低某些需光种子发芽对光的要求。

⑦淋洗：淋洗可以去掉种皮中含有的抑制发芽物质，将甜菜的种子在25℃的流水中冲洗，便能打破休眠。

2. 次生休眠

某些种子在初生休眠解除后，若遇到某些不利的环境条件，又重新转入休眠状态而不发芽，称为次生休眠。次生休眠可视为后熟作用的逆转，并不同于种子的不活动状态，再给予其全部适宜的发芽条件也不会发芽，必须再度解除其休眠才能发芽。已解除初生休眠的种子只要遇上不适条件就会产生次生休眠。光、高温、低温、氧不足、二氧化碳含量过高均能引起次生休眠。

4.1.1.4 种子发芽的环境条件

（1）水分。种子萌发首先需要吸收充足的水分。适量的水分有利于种皮破裂，呼吸强度增大，各种酶的活性增强。水分过少则种子萌芽缓慢，甚至不发芽。播种后，尤忌在种子萌动时缺水，这样会引起“芽干”而不能出土成苗。水分过多，通气不良，易引起腐烂。对于外种皮坚韧、透水困难的种子，应提前将种皮划伤或刻伤。

（2）温度。种子内部的营养分解和其他生化过程必须在一定的温度条件下进行。温度太高或太低都不利于发芽，太高会导致种子腐烂，太低不能发芽。种子萌发的适宜的温度，根据种子的类型和来源的不同而有差异。热带植物需要较高温度，而亚热带和温带植物较前者稍低。原产于温带北部的植物在发芽前需要一定程度的低温。花卉种子的发芽温度一般比其生育的温度高3～5℃。多数花卉种子的萌发适温为20～25℃，萌发适温较低的为15～20℃，较高的为25～30℃。

（3）氧气。种子萌发过程中呼吸作用增强，需要充足的氧气供应和良好的通气条件，以排放呼出的二氧化碳。充足的氧气能增强种子的呼吸作用，提高酶的活性，促进种子中贮藏物质的分解，为种胚的生长提供能量和物质保障。如果播种基质中含水量过高、通气不良，会造成种子发芽困难，甚至窒息死亡。

（4）光照。有些花卉的种子除具备充足的水分、适宜的温度和足够的氧气条件之外，还必须在一定的光照条件下才能发芽，这类种子称为好光性种子，如报春花、紫罗兰、毛地黄、金鱼草、藿香蓟、一串红、香雪球、四季海棠、金光菊、球根海棠、丽格海棠、西洋樱草花、雏菊、松叶牡丹、荷包花、矮牵牛、仙人掌、勿忘草、美人蕉、六倍利、康乃馨、洋桔梗、瓜叶菊、彩叶草、金鸡菊、非洲凤仙花、天人菊、大岩桐等；另有些种子必须在黑暗条件下才能发芽，在微光条件下也不能发芽，这类种子称为嫌光性种子，如雁来红、百日草、香堇、美女樱、福禄考、三色堇、仙客来、牵牛花、龙头花、孔雀草、万寿菊、蜀葵、非洲菊、紫茉莉、茑萝、含羞草、鸡冠花、千日红、天竺葵、波斯菊等大多数种子。

4.1.1.5 播种前种子处理

（1）浸种催芽。对于文竹、仙客来、君子兰、天门冬、冬珊瑚、悬铃木、泡桐及一些豆科植物等休眠期短、容易发芽的种子，播种前用30℃温水浸泡，一般浸泡2～4h，用温水冲洗1次，待种子露白后可播种。

（2）挫伤种皮。对于紫藤、凤凰木、美人蕉、荷花等种子，其种皮坚硬，不易透水、透气，很难发芽，可在播种前在近脐处将种皮挫伤，再用温水浸泡，种子吸水膨胀，可促进发芽。

（3）药剂处理。对于豆科及禾本科的许多种子用硫酸、盐酸、氢氧化钠等药物浸泡种子，可软化种皮、改善种皮的透性，再用清水洗净后播种。处理的时间视种皮质地而定，勿使药液透过种皮伤及胚芽。

（4）剥壳。对于黄花夹竹桃等果壳坚硬不易发芽的种子，需将其剥除后再播种。

（5）拌种。对于鸡冠花、半支莲、虞美人、四季海棠等一些小粒种子不易播种均匀，播种时可用颗粒与种子相近的细土或沙拌种，提高播种的均匀度。对外壳有油蜡的种子，如玉兰等，可用草木灰加水之糊状物拌种，借草木灰的碱性脱去蜡质，以利种子吸水发芽。

（6）低温层积处理。对于牡丹、鸢尾等要求低温和湿润条件下完成休眠的种子，常用冷藏或秋季湿沙层积法处理，第二年早春播种，发芽整齐迅速。

（7）其他处理方法。某些观赏植物的种子表面覆有毛、翅、钩、刺等，这类种子易互相粘连，影响均匀播种。用自动播种机播种时可采用脱化处理（对种子进行脱毛、脱翼、脱尾等处理）。对一些小粒或不规则形状种子，可采用包衣或丸粒化处理以适应机械化播种的需要。

4.1.1.6 播种期与播种技术

1. 播种期

（1）春播。露地一年生草花、宿根花卉、大多数花木类适宜春播。北方地区在4月中旬至5月下旬播种，中部地区在3月中下旬播种，南方在2月下旬至3月上旬播种。需要提前出圃的花苗，如北方供“五一”国际劳动节摆设的观赏植物，往往在温室、温床或冷床（阳畦）中提早播种育苗。

（2）秋播。露地二年生草花和部分球根花卉适宜秋播。北方地区在8月中旬播种，华中地区在9月播种，南方在9月下旬至10月上旬播种，多数种类需在温床或冷床中越冬。另外，有些木本观赏植物也适宜在秋季播种，如桃花、梅、黄刺玫、榆叶梅、银杏及一些松柏科的树木等，发芽都比较困难，大多采用秋播，使种子在田间土壤中经过一个冬季的天然湿藏，翌年春季即萌芽出土。这类种子春播应进行沙藏。

（3）随采随播。对于四季海棠、柳树、桑树、杨树、榆树、广玉兰等花卉的种子，其含水量多、生命力短、不耐贮藏，且失水后容易失去发芽力。这类种子要求随采随播。

（4）周年播种。热带和亚热带花卉常年处于恒温状态，种子随时成熟。如果温度合适种子随时萌发，可周年播种，如中国兰花、热带兰花等。另外，温室花卉播种通常在温室中进行，受季节性气候条件影响较小，因此播种期没有严格的季节性限制，常随所需要的花期而定。

2. 播种技术

（1）育苗床播种。育苗床播种方法包括撒播法、条播法和点播法。

①撒播法：将种子均匀撒于土面上，对于微粒或小粒种子来说，可将苗床整平后撒播，然后再用细筛覆土。此法能充分利用土地，操作简单。在单位面积中，播种量较多，但幼苗密度大，易造成光照不足，空气流通不畅，易出现徒长现象。

②条播法：按一定的行距开沟，将种子均匀地撒在播种沟中。此法由于行间保持一定空间，通风透光性好，幼苗生长健壮。但在一定面积中，幼苗株数不及撒播法多。当品种较多而每种数量较少时多采用条播法。

③点播法：按一定的株行距将种子播于穴中。一般用于不耐移栽或大粒种子。每穴播种2～5粒，发芽后选留一株生长健壮的。此法要求空气流通和光照要充分，幼苗才能生长健壮，但育幼量较少。

覆土量一般根据种子大小、气候、发芽率、幼苗生长速度及土质而定。大中粒种子覆土厚度为种子横径的2～3倍；小粒种子以不见种子为宜；细粒种子可不覆土，保持播种土层湿润即可。播种后将苗床面压实，使种子与土壤紧密接触，便于种子从土壤中吸水发芽。床面播种后及时覆草，既保墒又可防止雨水冲刷和杂草滋生。覆草后应及时浇水，浇水可用细眼喷壶或喷雾器喷雾，使播种床的土壤吸透水。也可覆盖塑料地膜保墒，待种子发芽后及时揭掉。

（2）盆播育苗。温室花卉育苗常使用此方法。细小种子和珍贵的种子都用浅盆或者浅木箱播种。播种盆或箱内装入配制好的播种基质，用木板刮平，轻度镇压后即可播种，撒播、穴播均可。覆土厚度同前，视种粒大小而定，覆土后镇压，用细眼喷壶或浸盆法供水，使基质湿润。然后盆（或箱）上盖玻璃或报纸后置阴凉处。待种子萌发后，掀去覆盖物，逐步移向有光线处。

（3）穴盘育苗。穴盘育苗是容器育苗的一种方式。育苗穴盘是一种模板式苗盘，穴盘育苗可以采用高精度点播生产线，便于机械化育苗，省工、省力且管理方便。穴盘育苗能很好地控制根系生长和发育，形成一个密度最大而又各自相对独立的生长空间。定植时，只需将小苗从穴盘上拔出栽植即可，不损伤根系，定植后没有缓苗期或者缓苗期很短。小苗能很快适应栽植的新环境。穴盘育苗的基质多采用泥炭、椰壳粉、珍珠岩、蛭石等材料。穴盘在温室中的摆放可采用高架苗床系统、固定苗床系统，也可采用移动式苗床和滚动式苗床。利用穴盘育苗可使温室空间利用率提高10%～25%。

（4）育苗盆育苗。育苗盆是由泥炭藓和木浆制成的，同时也进行了酸碱度调整。其特点是制造材料可以自然降解，移苗时无需脱盆。根系可以透过盆壁，自然生长。盆壁的透气性好，排水良好，持水能力强，便于运输。这种育苗盆在国外已得到广泛应用。

（5）育苗丸育苗。育苗丸是由泥炭藓制成的一种压缩基质块，根据需要可在其内加入氮磷钾元素、复合肥、碱性物质等特殊的肥料。有利于根系生长，提高成活率。

（6）直播育苗。对一些不耐移栽的花卉，如牵牛花、扫帚草、虞美人及霞草等，也可采用直播法，即从播种育苗到开花结实都不再进行移栽，以免损伤幼苗主根。通常直播于花坛或花境，播种量要多于留苗数，待发芽后拔去多余苗株。

4.1.2 无性繁殖

无性繁殖也称营养繁殖，是利用花卉的营养器官（根、茎、叶、芽）使之发育为新植株的方法。无性繁殖是利用细胞的全能性原理，即植物体的每一个活细胞都具有再生成为完整新个体的全部遗传信息和分生能力。无性繁殖包括分生、扦插、嫁接、压条和组织培养等繁殖方法。无性繁殖可保持品种优良性状，提早开花结实，在花卉生产栽培中有重要的实用价值。但无性繁殖的繁殖系数较小，植株根系分布较浅，不够发达。木本花卉无性繁殖苗较实生苗寿命要短些。利用嫁接方法，用实生苗作砧木，优良品种枝芽作接穗，既可保留优良品种的遗传特性，提高抗逆能力，提前开花结实，又能延长植株的生长寿命。组织培养又称工厂化育苗或试管育苗，因此组培苗也称试管苗。

组织培养是把植物的细胞、组织或器官的一部分，在无菌条件下，接种到适宜的培养基上，在玻璃容器内进行培养，使之长出不定芽和不定根，从而形成新植株的繁殖方法。

组织培养是大量生产无病毒商品花卉，大量繁殖观叶植物和鲜切花优良品种幼苗的先进方法，可在短期内繁殖大量无病毒苗。组织培养方式也常用于兰花的播种繁殖。

4.1.2.1 扦插繁殖

1. 扦插繁殖的类型与方法

依插穗的器官来源的不同，扦插繁殖可分为茎插、叶插和根插。

（1）茎插。以带芽的茎作插条的繁殖方法称为茎插，是应用最为普遍的一种扦插方法。依枝条的木质化程度和生长状况又分为硬枝扦插、半硬枝扦插、嫩枝扦插和芽叶插。

①硬枝扦插。以生长成熟的休眠枝作插穗的繁殖方法，常用于木本花卉的扦插，许多落叶木本花卉，如芙蓉、千年木、紫薇、石榴、紫藤、杜鹃花、银芽柳、山茶、龟背竹、八角金盘、橡皮树、月季、茉莉等均常用。插条一般在秋冬休眠期获取。扦插时插穗带叶或不带叶片均可，保留3～5个芽，长10～15cm不等。扦插时，短的插穗多直插，长的插穗多斜插。长的插穗地上部分留2个腋芽，短的插穗地上部分留1个腋芽。枝条露出地面过多，容易抽干，影响成活。扦插后一定要用手将穗条基部压实固定。

②半硬枝扦插。以生长季发育充实的带叶枝梢作为插条的扦插方法。常用于一些常绿及落叶木本花卉和部分草本花卉。木本花卉如木兰属、蔷薇属、绣线菊属、火棘属、连翘属和夹竹桃等，草本花卉如菊花、天竺葵属、大丽菊、丝石竹、矮牵牛、香石竹和秋海棠等。花谢1周左右，选取腋芽饱满、叶片发育正常、无病虫害的枝条，剪取5～7cm的小段，每段3～4个节，上切口在芽上方1～2cm，下切口在基部芽下方约0.3cm，切口要平滑，扦插深度为插穗的1/3～1/2。

③嫩枝扦插，也叫软枝插。生长期采用枝条端部嫩枝做插穗的扦插方法，多用于草本植物。常用嫩枝扦插的观赏植物有一串红、彩叶草、大丽菊等。在生长旺盛期，选取健壮枝梢，切成5～10cm的茎段，每段带3个芽，剪去下部叶片，仅留顶端2～3片叶，插入基质中，深度为插条的1/3～1/2。注意，所选的枝条如果发育不充实则容易腐烂，完全成熟则不易生根。插条的叶片不宜完全剪去。切口位置宜靠近节下方，切口要求平滑、光滑。插条剪取后

要注意保湿或尽快扦插。多浆植物要求切口干燥半日或数天后扦插，以防腐烂。

④芽叶插。芽叶插是以一叶一芽及芽下部带有一小片木质部作为插穗的扦插方法。选取叶片成熟、腋芽饱满的枝条，削成每段只带一叶一芽的插穗，插于基质中，露出芽尖即可。此法具有节约插穗、操作简单、单位面积产量高等优点，但成苗较慢，在菊花、杜鹃、玉树、桂花、八仙花、天竺葵、宿根福禄考、橡皮树、山茶、百合等中常用。

（2）叶插。叶插是用一片全叶或叶的一部分作为插穗的扦插方法，适用于叶片容易生根生芽的植物，常用于叶质肥厚多汁的花卉，如秋海棠、非洲紫罗兰，其中虎尾兰属、十二卷属、景天科的许多种植物，叶插极易成苗。

①全叶插。又分平置法和直播法。平置法以蟆叶秋海棠的叶插为代表。剪取生长健壮、成熟的蟆叶秋海棠叶片，先把叶柄切去，将几条主要叶脉切断数处，然后平铺在插床的沙或其他基质上，叶片表面也撒上少量的沙，使叶片与沙密切接触，之后保持半湿的环境。在18～25℃的温度条件下，约6周后由伤口的下部生根，上部产生新的芽丛。直插法（叶柄插法）就是将叶柄播入沙中，叶片露于沙面上，叶柄基部发生不定芽、不定根。适宜直插法的花卉有豆瓣绿、大岩桐等。

②片叶插。以虎皮兰的扦插为代表。虎皮兰扦插时把叶切成5～10 cm的小段，直立插在插床中，深度约为插穗长的1/3～1/2。其后，由下部切口中央部位长出一至数个小根状茎，继而长出土面成为新芽。芽的下部生根，上部长叶。应注意在用叶段扦插时叶片上下不可颠倒。

（3）根插。一些宿根花卉能从根上产生不定芽而形成一棵完整的植株。用根插进行繁殖的花卉大多具有肥大的根。选用较为粗壮的根进行扦插，有利于提高成活率。扦插时间多在春秋两个季节。适宜根插的花卉有随意草、丁香、美国凌霄、宿根霞草、福禄考属等。

2.影响扦插成活的因素

（1）内在因素。内在因素包括植物种类、母体状况与采条部位。

①植物种类。不同植物间的遗传性反映在插条生根的难易上，不同科、属、种，甚至品种间都会存在差别。如仙人掌科、杨柳科、景天科的植物普遍易扦插生根；木犀科的大多数植物扦插易生根，但流苏树却难生根；山茶属的种间差异较大，山茶、云南山茶不易生根，茶梅易生根；月季花和菊花等品种间差异较大。

②母体状况与采条部位。营养充分、生长健壮的母株，其体内含有充足的促进生根物质，是插条生根的重要物质基础。不同营养器官具有不同的生根、发芽能力。

（2）外在因素。外在因素包括基质、水分与湿度、温度、光照强度。

①基质。基质直接影响水分、空气、温度及卫生条件，是扦插的重要环境。理想的扦插基质排水、通气良好，又能保温，不带病、虫、杂草及任何有害物质。人工混合基质常优于土壤，可按不同植物的特性而配备。砂是扦插繁殖常用的基质，砂粒大小应在1～2mm。砂具有以下特点：含水量恒定，不论浇多少水，只要周围排水良好就能让多余的水渗透出来；保水保肥性差，透气性好；来源丰富，成本低；安全卫生，很少传播病毒及虫害，第一次使用时不必消毒。蛭石为水合镁铝酸盐，是由云母类无机物加热至800～1000℃膨胀后形成，保肥性强，每立方米可吸水300～500L，超过其自重的3～6倍，安全卫生。新

蛭石不含病菌，但蛭石易破碎，使孔隙度减少，排水透气能力降低，不宜长期使用，要适时更换。珍珠岩是由硅质火山岩形成的矿物质，加热至1000℃膨胀后形成的。因膨胀后形成珍珠状球形而得名。具有封闭的多孔性结构，密度小，为80～180kg/m³。透气性好，含水量适中。珍珠岩的孔隙度为93%，其中空气容积为53%，持水容积为40%。几乎所有的植物都适宜用珍珠岩作基质，尤其是喜酸性、根系纤细的花卉也能在其中正常生根，如比利时杜鹃。

②水分与湿度。基质主要靠其成分保持一定的含水量，加以适当的浇水和管理，较易控制。插条生根前需要一直保持较高的空气湿度，特别是带叶的插条，即使短时间的萎蔫也会延迟生根，干燥会致使叶片凋萎或脱落，导致插条生根失败。插床基质含水量一般应保持在50%～60%。如果基质含水量过多，必然降低了基质中空气的含量，如果再遇上过高或过低的温度就会造成插穗的腐烂。在扦插的初期基质中水分稍多些有利于插穗愈伤组织的形成。愈伤组织形成后适当降低基质中的含水量可有效促进新根生长和根群壮大。这是因为在愈伤组织及新根发生时，呼吸作用旺盛，所需氧气较多。为了防止插穗失水过多，要保持较高的空气湿度，尤其是枝叶柔软的插穗。一般在温室、塑料棚内进行扦插，容易维持较高的空气湿度。扦插初期的空气湿度应稍高，插穗生根后宜逐渐降低空气湿度，这样可促进根系的生长。

③温度。一般花卉插条生根的适宜温度，白天为18～27℃，夜间为15℃左右。土温应比气温高3℃左右。花卉种类不同，扦插繁殖生根的适宜温度也不相同。在生产实践中应根据不同花卉对温度不同的要求，选择最佳的扦插季节或场所。草本花卉嫩枝扦插时的温度以15～25℃为宜，温度过高，插条容易腐烂。原产低纬度地区花卉，扦插温度以25～30℃为宜。原产高纬度地区的花卉，扦插温度为15～20℃。插床基质的温度能比气温高出3～5℃，对插条生根极为有利。因能促进新根很快发生，可显著提高插穗成活率，这在冬季扦插时尤其重要。

④光照强度。研究表明，许多花卉如大丽花、杜鹃花属、常春藤属等，采自光照较弱处母株上的插条比强光下者生根较好，但菊花却相反，采自充足光照下的插条生根更好。扦插生根期间，许多木本花卉，如木槿属、锦带花属、荚蒾属、连翘属，在较低光照下生根较好，但许多草本花卉，如菊花、天竺葵及一品红，适当的强光照下生根较好。

3. 促进插穗生根的措施和方法

（1）插穗的选择。要想提高成活率并获得优良的新植株，插穗本身是重要的因素。插穗应具有本品种优良特性，生长健壮，无病虫害，粗细适宜。新枝条、徒长枝、细弱枝比较难以成活。硬枝扦插应选1～2年生的节间短、芽肥大、枝内养分充足的枝条，截取枝条中部作插穗。但龙柏、雪松等则以带顶芽的梢部为好。嫩枝扦插要选生长健壮、发育良好、无病虫害的当年生嫩梢作插穗。

（2）插穗的处理。包括物理方法和化学处理方法。

①物理方法。物理处理的方法很多，包括机械处理、软化处理、干燥处理、热水处理、增加地温、高温静电处理、超声波处理、低温处理等。

a.机械处理：有环状剥皮、刻伤或绕伤等方法。用于较难生根的木本植物。在生长期中，先环割、刻伤或用麻绳捆扎枝条基部，以阻止枝条上部养分向下部的转移运输，从而使养分集中于受伤部位，然后在此处剪取插穗进行扦插。由于养分充足，不仅易生根，而且苗木生长势强，成活率高。

b.软化处理：在采取插条之前用黑布、不透水的黑纸或泥土等封裹枝条，经过约3周时间的生长，遮光的枝条就会变白软化，将其剪下扦插，较易生根。因为黑暗可促进根原组织的形成。软化处理只对部分木本植物有效，并且只对正在生长的枝条有效。

c.热水处理：又称温汤法。将插条下部在温水中浸泡后再行扦插，可以促进生根。此法适用于枝条中含有抑制生根物质的种类，如松科植物。

d.增加地温：在早春进行硬枝扦插时，气温回升比地温快，插穗不易成活，宜增加扦插床地温，可采用电热丝加温和热水管加温等方法。

②化学处理方法。可用的药剂很多，主要包括植物生长调节剂、化学药剂和营养物质三大类。促进插条生根的植物生长调节剂为生长素类，常用的有吲哚乙酸、吲哚丁酸、萘乙酸等。

4. 插后管理

插后注意管理，插条生根前要调节好温、热、光、水等条件，促使尽快生根，其中以保持高的空气湿度，不使插条萎蔫最重要。

（1）水分管理。落叶树的硬木扦插不带叶片，茎已具有次生保护组织，故不易失水干枯，一般不需特殊管理。根插的插条全部或几乎全部埋入土中，这样不易失水干燥，管理也较容易。多浆植物和仙人掌类的插条内含水量高，蒸腾少，本身是旱生类型，保温比保湿更重要。带有叶的各类扦插，由于枝梢幼嫩，失水快，相应地需加强管理。少量的带叶插条可插于花盆或木箱中，上覆玻璃或薄膜，避免日光直射，经常注意通风与保湿。也可用一条宽约30cm的薄膜，长度按需要而定，对折放于平台上，中间夹入苔藓做保湿材料。将处理好的插条基部逐一埋入苔藓后，从一端开始卷成一圆柱体，然后直立放于冷凉湿润处，或放于花盆或其他容器内，上方加盖玻璃或薄膜保湿。生根后再分栽。

间歇喷雾法是当今世界上使用广泛的最有效方法。它既保持了周围空气的高温湿度，又能使叶面有一层水膜，降低了温度与呼吸作用，使积累的物质较多，有利于生根。全天24h连续喷雾是有害的，连续喷水既增加水电费，也可能使土壤含水过多或温度过低而不利生根。目前使用的方法是夜间停止喷雾，白天依气候变化做间歇喷雾，以保持叶面的水膜存在为度。无间歇喷雾装置时，改用薄膜覆盖保湿，在不太热的气候条件下效果也很好。在强光与高温条件下应在上方遮荫，午间注意通风、喷水降温。

扦插苗在喷雾或覆盖条件下生根后较柔嫩，移栽于较少保护或较干燥的环境前，应逐渐减少喷雾次数直到停喷，或逐渐撤掉覆膜，减少供水、加强通风和光照，使幼苗得到充分锻炼后再移栽。移栽最好能带土，防止伤根。不带土的苗需放于阴凉处多喷水保湿，以防萎蔫。

（2）移栽。对不同的扦插苗要分别对待。草本扦插苗生根后生长迅速，可供当年出产品，故生根后要及时移栽；扦插迟、生根晚及不耐寒的种类，如山茶、米兰、茉莉、扶桑等最好在苗床上越冬，次年再移栽。硬木扦插的落叶树种生长快，1年即可成商品苗，在入冬落叶后的休眠期移栽。常绿针叶树生长慢，需在苗圃中培育2～3年，待有较发达的根系后于晚秋或早春带土移栽。

(3) 温度管理。由于各种原因，已采下而不能及时扦插的插条、已掘起又不能立即栽植的扦插苗，某些种类可冷藏一段时间。如菊花的插条用聚乙烯膜封好，在0～3℃下贮藏4周再扦插，不影响成活。菊花已生根的扦插苗在0℃下贮存1～2周，香石竹苗在-0.5℃下贮藏几周，均不受影响。

通常在扦插后应立即灌一次透水，以后应经常保持基质和空气适度湿润，尤其是嫩枝扦插要求较大空气湿度，插床宜用塑料薄膜密封。尽量减少开启次数，并每日喷雾2～3次。在夏季高温期，每日中午前后，可在插床外面和顶上洒水降温。自动加低温喷雾插床，在扦插后的1～2周应加大喷雾强度和增加喷雾的次数，以后逐渐减少。生长季节扦插适当遮阴十分重要，尤其是春末秋初这一期间，由于阳光过强会使插床温度增高，湿度降低，不利于插穗的生根。当扦插一段时间后，可以检查生根情况。检查时切忌硬拔插穗，以免伤根。若插穗生根状况还不能移栽，应用木棒在基质上打一小洞，再将插穗插进去。不可将已产生愈伤组织或小根的插穗硬插入基质中。插穗生根后，应逐渐减少喷水，增加光照以促进插穗的根系生长。总之，扦插后的管理重点是水分。一般来说，扦插的初期基质中的含水量稍多些有利于插穗愈伤组织的形成，愈伤组织形成后，基质中的含水量应加以适当的控制，有利于根的形成。新根的呼吸作用旺盛，要求有充足的氧气。当根形成后再度降低基质中的含水量，可有效地促进根的生长。扦插穗的根系长到2cm左右时应及时移栽。

4.1.2.2 嫁接繁殖

嫁接繁殖是把两株植物（常是不同的品种或种）的各部分结合起来使之成为一个新植株的繁殖方法。嫁接植株的下部称为砧木，上部称为接穗。嫁接繁殖常用于其他无性繁殖方法难以成功的植物。在一些木本花卉和果树生产中使用较为广泛，木本花卉如山茶、桂花、月季、杜鹃、白兰、樱花、梅花、桃花等常用此法繁殖，嫁接也常用于菊花、仙人掌等草本花卉造型上。

因砧木和接穗的取材不同，嫁接方式可分为根接、枝接和芽接等。

1. 影响嫁接成活的因素

（1）影响嫁接成活的内因。影响嫁接成活的内在因素是砧木与接穗亲和力的大小。亲和力高嫁接容易成功，反之则成活率低或不能成活。一般来说，砧木与接穗亲缘关系越近，亲和力越强。同种植物的不同品种间，同属植物的不同种之间的亲和力一般都较强。另外，接穗和砧木的质量和生长状况对嫁接成活也有显著影响。

（2）影响嫁接成活的外因。影响嫁接成活的外因主要是温度和湿度。嫁接成活所需的温度因花卉种类不同而有一定的差异。一般以15～30℃为好。湿度高低对嫁接成活的影响也较大。因接穗脱离了母体，失水过多就会枯死。在空气湿度较高的季节，采用塑料薄膜保湿，可有效提高嫁接成活率。接口部位有充足的氧气，可保证细胞分裂活动旺盛进行。

2. 嫁接的方法与技术

（1）枝接。包括劈接、切接、腹接、靠接、舌接、楔接和锯缝接、皮下接。

①劈接。适用于砧木粗大或高接植物。砧木去顶，在中心或偏一侧劈开长5～8 cm的切

口。接穗长8～10cm，将基部两侧略带木质部削成长4～6cm的楔形斜面。将接穗外侧的形成层与砧木一侧的形成层相对插入砧木中。高接的粗大砧木在劈口的两侧宜均插上接穗。劈接应在砧木发芽前进行，旺盛生长的砧木韧皮部与木质部易分离，使操作不便，也不易愈合。劈接的缺点是伤口大，切面难于完全吻合，愈合慢。如图4-1所示。

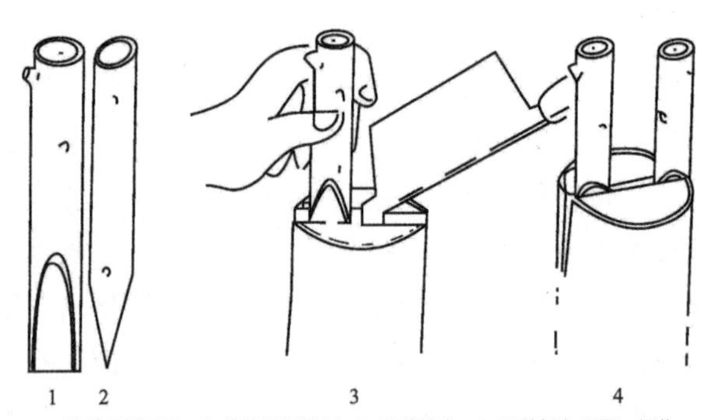

1-接穗切削正面；2-接穗切削侧面；3-砧穗结合；4-双穗插入正面、捆扎

图4-1　劈接法

②切接。将砧木平截，在截面的一侧纵向切下3~5cm，稍带木质部，形成层及韧皮部均露出。接穗的一侧也削成同样等长的平面，另一侧基部削成短斜面。将接穗长面一侧的形成层对准砧木一侧的形成层，再扎紧密封。高接时可在一枝砧木上同时接2~3个接穗，既增加成活率，也使大断面更快愈合。如图4-2所示。

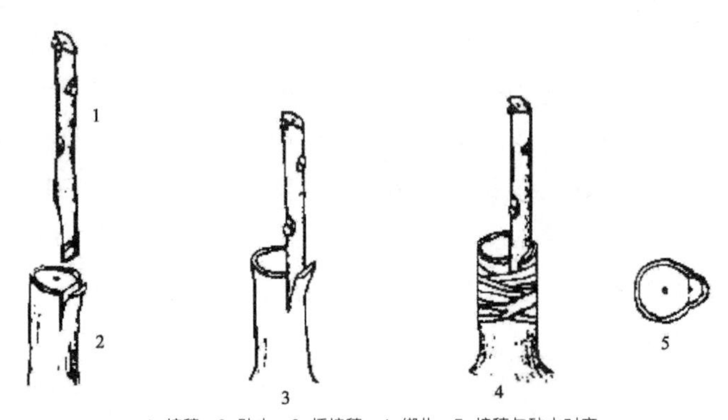

1-接穗；2-砧木；3-插接穗；4-绑扎；5-接穗与砧木对齐

图4-2　切接法

③腹接。砧木不去掉，接穗插入砧木的侧面，成活后再剪砧去顶。腹接的最大优点是一次失败后还可及时再补接。常用于较细的砧木上，如柑橘属、金柑属、李属、松属均常用。腹接的切口与切接相似，但接穗常为单芽。如图4-3所示。

④靠接。此法主要用于使用其他嫁接方法不易成活的树种。嫁接前要提前调整两植株的距离和高度，生产中大多将欲嫁接的植株两方或一方植入花盆中。选粗细相近的砧穗，接口的切削长度相同，使砧穗的形成层对准（若粗细不一致时，要对准一面）后绑扎。待嫁接成活后再削去砧木的头，剪下接穗的根。如图4-4所示。

⑤舌接。适用于砧穗都较细且等粗的情况，根接时也常用。可将砧穗二者均削成相同

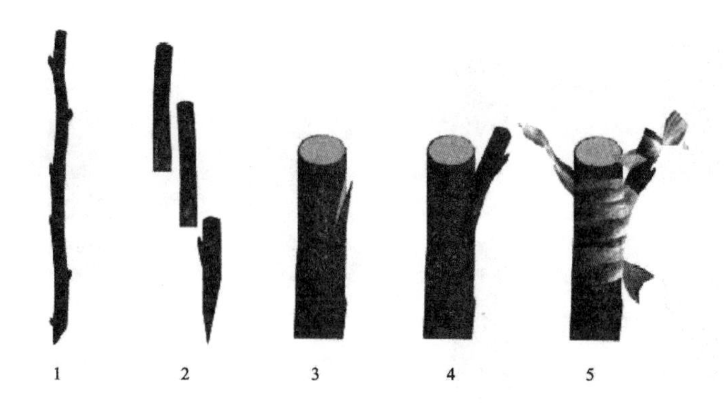

1–1年生接穗；2–削芽正面、背面和侧面；3–砧木斜切斜口；4–插入接穗；5–绑扎

图4–3　腹接法

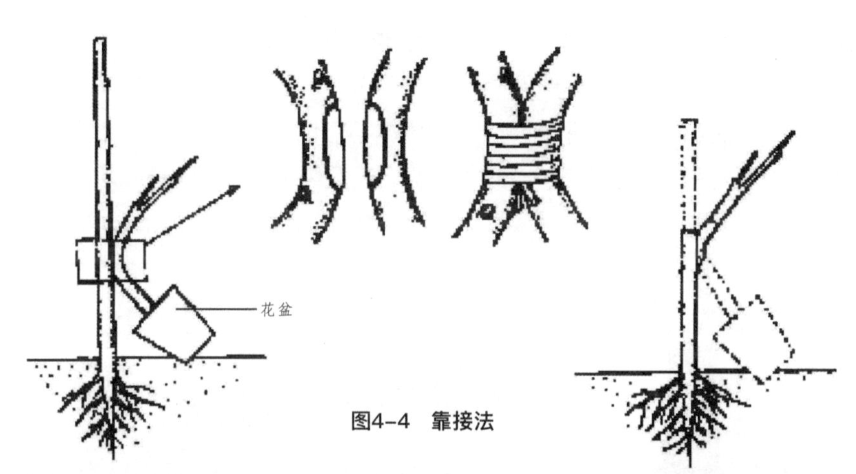

图4–4　靠接法

的约为26°的斜面，吻合后再封扎，或再将切面纵切为两半，砧穗互相嵌合后再封扎。

⑥楔接和锯缝接。常用于粗大砧木高接时。楔接时先在砧木上做2～4个V形切口，再将接穗基部削成能吻合的相应切面，嵌入砧木切口后封扎。锯缝接与楔接相似，先用锯在砧木上做缝，再用短而厚的刀从上向下将锯缝削成V形光滑面，然后嵌入接穗。山茶的高接常用锯缝接。

⑦皮下接。适用于粗大的砧木。用各种方法在砧木上2～4m处将树皮从木质部剥离，将削面与切接相似的接穗插入、封扎。皮下接较楔接和锯缝接操作简便、伤口小、易成活。必须在砧木已活动生长时进行，树皮才易剥离，但接穗需先采下冷藏，避免发芽。

（2）芽接。包括“T”字形芽接、嵌芽接和贴皮芽接。

①“T”字形芽接。适用于树皮较薄和砧木较细的植物。选接健康枝条上的饱满芽，保留叶柄，剪去叶片，在芽上方0.5cm处横切一刀至木质部，再由芽下方1cm左右向上斜削一刀至木质部，并与芽出的横切口相交，取下盾形芽片。在砧木距地面8～10cm处选一光滑无分枝处横切一刀至木质部。再于横切口中间向下竖切一刀，切口长达1～1.5cm。用刀尖将砧木皮层挑开，把芽片插入“T”形切口内，使芽片的横切口与砧木横切口对齐嵌实，然后用塑料膜带扎紧，露出芽及叶柄。见图4–5。

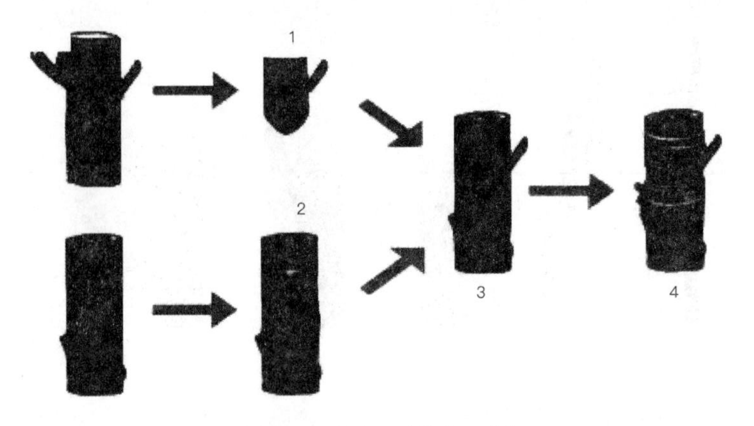

1–削芽片；2–削砧木；3–插接穗；4–绑扎

图4–5　T字形芽接

②嵌芽接。当砧木树皮较薄或较细，且砧木和接穗均不离皮时，可用嵌芽接法。用刀在接穗芽的上方0.5～1 cm处向下斜切一刀，深入木质部，长约1.5 cm，然后在芽下方约0.5 cm处斜切呈30°角，与第一刀的切口相接，取下芽片。砧木的相应切口略比芽片长。然后将芽片插入切口，两侧形成层对齐，芽片上端略露一点砧木皮层，最后绑扎，如图4–6所示。

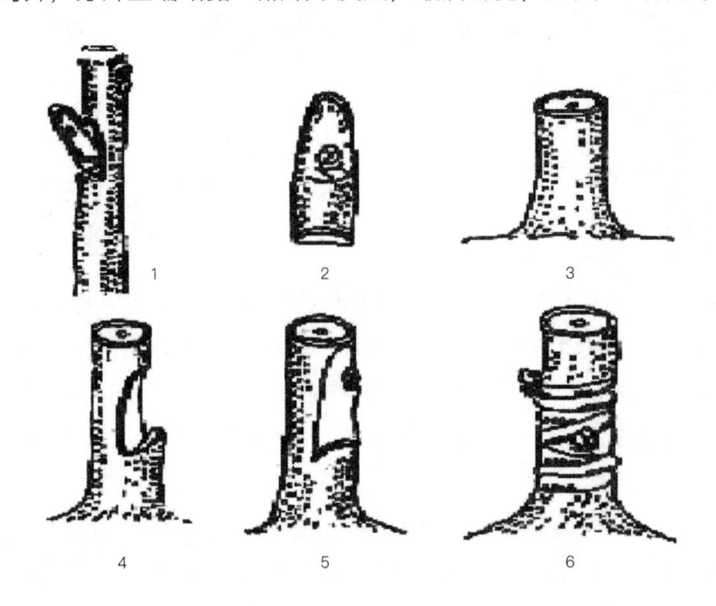

1–削芽片；2–芽片；3–砧木；4–砧木切口；5–插接芽；6–绑扎

图4–6　嵌芽接

③贴皮芽接。适用于树皮较厚或砧木较粗，也适于含单宁多和含乳汁的植物。接穗为不带木质部的小片树皮，将其贴嵌在砧木去皮部位。在剥取接穗芽片时，要注意将芽片内侧与芽相连处的很少一点维管组织保留在芽片上，使芽片与砧木贴合。

4.1.2.3　分生繁殖

分生繁殖是植物营养繁殖的方式之一，是将丛生的植株分离，或将营养器官的一部分与母株分离，另行栽植而形成独立新植株的繁殖方法。新植株能保持母本的所有遗传性状。本方法具有操作简便、易于成活、成苗较快等特点。常用于多年生草本花卉和某些木本花卉。

根据植株营养体的变异类型和来源可分为分株繁殖和分球繁殖2种。

1. 分株繁殖

分株法是将丛生花卉由根部分开，成为独立植株的方法。多在春天植树期，分盆换土期和秋天换盆、移栽期进行。易产生萌蘖的木本花卉，如木槿、紫荆、玫瑰、牡丹、芍药、大叶黄杨、花柏、月季、贴梗海棠，草本花卉如菊花、玉簪、萱草、中国兰花、美女樱、紫菀、蜀葵、非洲菊、石竹等都采用分株方法进行繁殖。

（1）分短匍匐茎。短匍匐茎是侧枝或枝条的一种特殊变态，多年生单子叶植物茎的侧枝上的孽枝就属于这一类，在禾本科、百合科、莎草科、芭蕉科、棕榈科中普遍存在。如竹类、天门冬、吉祥草、沿阶草、麦冬、万年青、蜘蛛抱蛋、水塔花和棕竹等均常用短匍匐茎分株繁殖。

（2）分根蘖。由根上不定芽产生萌生枝，如凤梨、红杉和刺槐等。凤梨虽也是用蘖枝繁殖，生产上常称之为根蘖或根出条。

（3）分根颈。由茎与根接处产生分枝，草本植物的根颈是植物每年生长新条的部分，如八仙花、荷兰菊、玉簪、紫萼和萱草等，在单子叶植物中更为常见。木本植物的根颈产生于根与茎的过渡处，如樱桃、蜡梅、木绣球、夹竹桃、紫荆、结香、棣棠、麻叶绣球等。

2. 分球繁殖

分球繁殖是将球根花卉的地下变态器官产生的子球进行分级、种植繁殖的方法。分球繁殖时期主要是春季和秋季。球根掘起后，将大、小球按级分开，置于通风处，使其经过休眠后进行种植。地下变态器官种类很多，依变异来源和形状的不同，分为鳞茎、球茎、块茎和根茎等。

（1）鳞茎。鳞茎由一个短的肉质的直立茎轴（鳞茎盘）组成，茎轴顶端为生长点或花原基，四周被厚的肉质鳞片所包裹。鳞茎是由肉质的鳞叶、主芽和侧芽、鳞茎盘等部分组成。母鳞茎在发育中期后，侧芽生长发育形成的多个新球称为小鳞茎。通常在植株茎叶枯黄以后将母株挖起，分离母株上的小鳞茎。鳞茎、小鳞茎、鳞片都可作为繁殖材料，适用于百合、郁金香、风信子、朱顶红、水仙、石蒜、葱兰、红花酢浆草等。

（2）球茎。球茎为茎轴基部膨大的地下变态茎，短缩肥厚呈球形，为植物的贮藏营养器官。球茎上有节、退化叶片和侧芽。老球茎萌发后在基部形成新球，新球旁再形成子球。新球、子球和老球都可作为繁殖体另行种植，也可代芽切割繁殖。在茎叶枯黄之后，整株挖起把新球从母株上分离，按球茎的大小分级。大球种植后当年开花，中球栽培一年后第二年开花，小子球经过三年培育后才能开花。也可将老球茎分割成数块，并使每块上都有芽，再另行栽植。生产上常用分栽小球的方法繁殖，如唐菖蒲、小苍兰、球根鸢尾等。

（3）块茎。块茎是匍匐茎的次顶端部位膨大形成的地下茎的变态茎。块茎含有节，有一个或多个小芽，由叶痕包裹。在植株生长的后期把母株挖起，分离母株上的新球，并按新球的大小分级。大球和中球种植后当年可开花，小子球经过两年培育后开花。此方法适用于马蹄莲、花叶芋、彩色马蹄莲等。有些花卉如仙客来，无法自然分生块茎，需要人工分割，但降低了观赏价值。生产中多用播种方法来繁殖。

（4）根茎。根茎也是特化的茎结构，主轴沿地表水平方向生长。根茎鸢尾、铃兰、美人蕉等都有根茎结构。根茎含有许多节和节间，每节上有叶状鞘，节的附近发育出不定根和生长点。根茎代表着连续的营养阶段和生殖阶段，其生长周期是从在开花部位孕育和生长出侧枝开始的。根茎的繁殖通常在生长期开始的早期或生长末期进行。

4.1.2.4　压条繁殖

压条繁殖是将母株的部分枝条或茎蔓压埋在土中，待其生根后切离，成为独立植株的繁殖方法。压条繁殖一般用于扦插较难生根的花卉，或根蘖丛生的花灌木。在压条生根的过程中不切离母体，仍能正常供应水分和养分，生根后剥离母体。压条繁殖具有能保持母株的优良性状、操作简便、成活率高、繁殖系数不高等特点。

木本花卉在萌芽前或者在秋冬落叶前后进行压条，草本花卉和常绿花卉在多雨季节进行压条。压条繁殖多用于木本花卉如石榴、木槿、迎春、凌霄、地锦、葡萄、贴梗海棠、紫玉兰、素馨、锦带花等；草本花卉如美女樱、半枝莲、金莲花等。为了促进生根，常将枝条入土部分采取环剥、扭伤、划伤、刻伤等技术处理，促使枝条发根快、生根多。

（1）单枝压条法。多适宜丛生灌木，如瑞香、夹竹桃、蜡梅、栀子、木兰、迎春等。早春选适合做盆景的一二年生近地面的枝条，使其向下弯曲，将接地部分刻伤，并压入土壤中深约10～20cm，使枝梢露于地面处。经常检查压条部分是否在土壤中有松脱现象，若有松脱应及时重压纠正，生根后即可与母株分离栽植。

（2）空中压条法。对于基部不易发生萌蘖，枝条太高不易弯到地面时，可采取高压条法，亦称空中压条法。此法虽然比较烦琐，但更适合从植株上选择理想的盆景材料，常用于白兰、杜鹃、含笑、九里香、米兰、梅花、桂花、山茶等树种的繁殖。高压时要先在高压部分做一圈环状剥皮，环剥宽度约1.5cm，同时将木质部上残存的形成层嫩皮彻底刮干净，将切口晾晒半天直至变干，再用适宜浓度的激素涂抹，然后用塑料袋、铁罐或竹筒等容器套住刻伤部分，把其固定在较粗的枝条上。容器中填以腐殖土、苔藓等填充物。需经常检查填充物干湿情况，注意浇水以保持湿润。

高空压条最好在每年5月上旬进行，夏季即可产生愈伤组织和生根，秋季生长停止后与母体切离，上盆培养。较大的枝条进行压条分离时不宜一次割断，应检查根部的发育情况，已达到标准要求时即以利刀割离母株。常将枝条进行环剥、捏伤、刻伤等技术处理，并进行遮光包扎，或包成土球，促使枝条发根快、生根多，易成活。

（3）壅土压条法。对于分蘖性强的丛生植物，如牡丹、木槿、木兰、贴梗海棠、栀子等选择多年生的丛生老株做母本。初春将每根枝条的基部刻伤，将刻伤的基部全部埋上土，保持湿润以便枝条生根，至晚秋或翌春后把土堆扒开，从新根的下面把枝条与母株分离栽植。

4.2　花卉的栽培与管理

4.2.1　露地花卉的栽培管理

4.2.1.1　整地与作畦

（1）整地目的。通过整地能够改良土壤的理化性质，协调水分、养分、空气、热量等因素，便于根系伸展又能促进土壤风化，有利于微生物的活动，从而加速有机肥料的分解，以利于花卉吸收。壤土是最好的园土，不过砂土和黏土也可通过加入有机质或砂土进行改良。可加入的有机质包括堆肥、厩肥、锯末、腐叶、泥炭，以及其他容易获得的有机物质。

（2）整地方法。大面积的花圃可以机耕，而小面积的花圃或花坛多为用畜耕或人耕，使土壤充分接触阳光和空气，以促进风化。整地的同时应清除杂草、砖块、宿根、石头等杂物。翻耕后不必急于将土块细碎整平，待到种植前再灌水，然后整平。在翻耕的同时，应施入基肥。一般可采用腐熟的厩肥、堆肥、饼肥，也可用骨粉、过磷酸钙等。施肥量视土壤肥力状况和花卉对营养物质的需要确定。施基肥时也可掺入一定比例的杀虫剂来防治地下害虫。挖定植穴或定植沟时，应注意将表土与底土分开放置，以便栽苗时将表土层的熟土填入坑底，有利于花卉根系的生长。

（3）整地时间。一般春季使用的土地应于前一年的秋季翻耕。翻耕还应注意在土壤干湿度适宜时进行，一般含水量在40%～50%时进行最宜。因为土壤过干时翻耕困难，土块难于破碎，而土壤过湿时翻耕，又易破坏土壤的团粒结构。黏重土壤应预先掺入砂或有机肥后再进行翻耕，以利改变土壤的物理结构。

（4）整地深度。在用于播种和草花的移植地，由于根系分布比较浅，因此整地深度一般控制在20～30cm；球根类花卉的栽植地和切花生产地，由于根系分布土层较深，抗旱及适应不良环境的能力强，因此整地深度应在30～40 cm；而木本花卉的栽植地，树大根深，因此在整地时翻耕的深度应深一些，整地深度不低于30～40 cm。

（5）作畦。多用于播种和草花的移植，大多需要进行密植，畦宽一般不超过1.6 m。球根类花卉的栽植地、木本花卉的栽植地和切花生产地，都保留较宽的株行距，畦面都比较大，根据水源的流量来确定畦面积的大小。在雨量较大的地区，地栽牡丹、菊花、大丽花等不耐涝的花卉时，要建高畦，并在四周开挖排水沟，防止畦面积水。畦埂的高度应根据灌水量的大小和灌水方式来决定，采用渠道自流给水时，如果畦面较大，畦埂应加高，以防外溢。畦埂的宽度和高度是相对应的。砂质土应宽些，黏壤土可窄些，但不要小于30 cm，以便于来往行走。

4.2.1.2　间苗

间苗主要指播种苗。小苗出土后由于小苗过密而影响幼苗健壮生长，为了扩大株距，保证花苗有足够的空间和土壤营养面积，利于通风透光，防止幼苗徒长，减少病虫害发生，这时应该间苗。间苗同时结合选优去劣、选纯去杂。间苗应在子叶发出后分数次进行，选择在雨后或灌水后进行。同时，在间苗之后应再浇一次水，使留床苗的根系与土壤密接。

4.2.1.3　移植

移植是指将幼苗由育苗床移栽到栽植地的过程。除直播于花坛的草花外，都需要移植。通过移植扩大幼苗的营养面积、增加光照，切断主根，促使侧根发生，形成发达的根系，抑制苗期徒长，增加分枝，扩大着花部位。地栽苗在出现4～5枚真叶时进行第一次移植，盆栽苗在出现1～2枚真叶时开始移植。移植包括起苗和栽植两个步骤，而起苗又有裸根苗和带土苗两种情况。裸根苗较多用于易成活的大苗或小苗，带土苗较多用于移植不易成活的花卉。大部分花卉需进行两次或多次移植，第一次是从播种床上移出来，栽植于花圃内；第二次移植是将花圃中栽植的较大的花圃定植到花坛或绿地中。起苗后若不及时栽植，为防止根系干燥影响成活率，将起出的苗培以湿润的土壤暂时放置，这一过程称“假植”。

移植最好选在无风的阴天或降雨之前进行，一天之中傍晚移植最好，经过一夜缓苗，根系能较快地恢复吸水能力，避免凋萎。而早晨和上午均不适合移植，因为中午的高温、干燥对幼苗的成活影响很大。移植之前，对苗床及栽植地均应事先浇足水，待表土略干后再起苗。移植穴要较移植苗根系稍大些，保证根系舒展。栽植深度应与原种植深度一致或稍深1～2cm。栽植之后要将苗根周围的土壤按实，并及时浇透水。小苗宜用喷壶浇水，大苗宜漫灌，幼嫩小苗还应适当遮阴。

4.2.1.4 灌溉

1. 灌溉方法

露地花卉灌水的方法有漫灌、喷灌、滴灌等。

（1）漫灌。我国北方干燥且地势平坦地区，栽培面积较大的情况一般采用漫灌，用电力或畜力抽取井水，经水沟引入畦面。此法设备费用较少，灌水充足，但易土壤板结，整地不平时，灌溉不均。

（2）喷灌。依靠机械力将水压向水管，喷头接于水管上，水自喷头喷成细小的雨滴进行灌水，草坪及大面积栽培观赏植物宜用喷灌。喷灌便于控制，可节约用水，改善环境小气候，但投资大。

（3）滴灌。利用低压管道系统，使灌水成点滴状，缓慢而经常不断地浸润植株根系附近的土壤。此法节省用水。使用滴灌时，株行间土面仍为干燥状态，因此可抑制杂草生长，减少除草用工和除草剂的消耗。缺点是投资大，管道和滴头容易堵塞，在接近冻结气温时就不能使用。因此，大面积栽培观赏植物很少使用。

2. 灌水量及灌溉的次数

花卉的灌溉用水量因花卉种类、土质以及季节而异。

（1）移植后的灌溉是幼苗成活的关键。根系弱的灌溉2次，强的灌溉3～4次。移植后灌溉1次，过3天灌溉1次，再过5～6天灌溉1次，再过10天灌溉1次。以后进行正常的灌水。

（2）夏季和春季干旱时期，多次在清晨和傍晚灌水。冬季在中午灌水。

（3）一二年生花卉和球根花卉，多灌水。

（4）砂土和砂壤土灌水次数多。

3. 灌溉水质

用水灌溉以软水为宜，避免用硬水。最好用河水（富含养分，水温较高），其次是池塘水和湖水，可以用不含碱质的井水（井水温度较低，对植物根系发育不利，应先抽出贮于池内）。也可用自来水，需放置两天以上再用。

4.2.1.5 施肥

1. 施肥方法。

（1）基肥。豆饼、厩肥、粪干、堆肥等有机肥料作基肥。堆肥和厩肥多在整地前翻入土中，粪干和豆饼需在播种或移植前进行沟施或穴施。基肥含氮、磷、钾养分较多，肥效长缓效性好，一般花卉施用量为1.1 kg/m^2。

（2）追肥。又叫补肥。粪干和豆饼用于沟施、穴施。粪水和化肥常随水冲施。化肥也可按株点施或按行条施，施后灌水。追肥属于速效性肥，肥效短，可与氮、磷、钾配合施用。

2. 花卉需肥规律

不同类别花卉对肥料的需求不同。

（1）一二年生花卉对氮肥、钾肥需求量大，施肥以基肥为主，生长期可根据生长情况适量追肥，一般追3～4次肥。第1次追肥在春季开始生长后；第2次追肥在开花前；第3次追肥在开花后；第4次追豆饼、堆肥、厩肥等有机肥。一些春播花卉由于花期较长，所以在开花后期仍可以追肥。

（2）宿根花卉对于养分的要求较大，常以速效肥为主，配施一定比例的长效肥，以便维持营养体的功能，使宿根能顺利度过冬季寒冷环境，保证次年萌发时有足够的养分供应。

（3）球根花卉对磷肥、钾肥较敏感，施肥应考虑如何促使地下球根膨大，基肥比例可以减少。前期追肥以氮肥为主，在子球膨大时应控制氮肥施用量，适当增施磷肥、钾肥。

4.2.1.6　整形与修剪

1. 整形

整形包括单干式、多干式、丛生式和悬崖式。

（1）单干式。只留主干，不留侧枝，枝顶端仅留一朵花，如独本菊、大丽花等。

（2）多干式。留数个主枝，如大丽花、菊花、一串红等。

（3）丛生式。生长期多次摘心，多次促发生新枝，全株呈现低矮状。

（4）悬崖式。全株枝条向同一方向伸展并下斜，多用于菊花。

2. 修剪

修剪包括摘心、抹芽、去侧蕾、支柱与绑缚、剪除残花、修剪形状。

（1）摘心。摘除顶芽（连同顶部嫩梢）可以促进分枝达到枝繁叶茂，促使植物矮化，推迟花期（每摘一次，推迟2～5天）。

（2）抹芽。去除多余的芽（或侧枝），培养独头花型，防止枝条数量多。

（3）去侧蕾。去除多余的侧蕾，仅留主蕾或最大的花蕾。

（4）支柱与绑缚。针对高大的和具有攀缘性的花卉，防止遇风刮倒 。

（5）剪除残花。除了要想留籽种，应该及时去除残花，可以集中养分，避免影响观赏性。

（6）按要求及时修剪成所要求的形状。如树墙、圆头型或剪短。

4.2.1.7　防寒与降温

1. 防寒越冬

包括覆盖法、灌水法、培土法、浅耕法和包扎法。

（1）覆盖法。对于二年生花卉、可露地越冬的球根花卉、宿根花卉和木本植物幼苗的防寒越冬，可在霜冻到来前，在畦面上覆盖薄膜、干草、蒲席、草席、马粪、落叶等达到保温效果。

（2）灌水法。由于水的热容量大，灌水后能提高土壤的储热、导热能力，使深层土壤的热量易传导到土层表面，从而提高近地表空气温度。灌溉可提高地面温度2～2.5℃，因此冬灌能防止或减少冻害，通常在严寒来临前1～2天进行冬灌。

(3) 培土法。对于落叶宿根花卉和进入休眠的花灌木，可在冬季来临时培土压埋或开沟覆土，压埋其根颈部或地上部分进行防寒，待春季到来后、萌芽前再将培土扒开，植株可继续生长。

(4) 浅耕法。浅耕可降低因水分蒸发而产生的冷却作用，同时使土壤疏松，有利于太阳辐射热的导入，对增温和保温有一定效果。

(5) 包扎法。一些大型观赏树木的茎干常用塑料薄膜或稻草包裹防寒，如芭蕉、桂花、香樟等。

除以上方法外，还有减少氮肥施用、增施磷钾肥料、喷施药剂、设立风障、利用冷床、熏烟等有效的防寒措施。

2. 降温越夏

夏季高温会对花木产生危害，可以使用人工降温的方法保护花木安全越夏。人工降温措施包括草帘覆盖、喷水或搭设遮阳网等。草帘覆盖厚度一般为3～10cm，同时可防止杂草生长。目前，也有用铝箔片、黑色聚乙烯薄膜等做覆盖物的。用聚乙烯薄膜做覆盖物时应先在其上打些孔洞，以利雨水渗入。

4.2.2 花卉的花期调控

4.2.2.1 花卉的生长与发育

各种花卉都有其独特的生长发育规律，而这种规律的形成正是对原产地气候条件和生态环境长期适应的结果。花期控制技术正是在遵循花卉生育规律，总结花卉不同生育阶段对环境条件要求的基础上，通过人为创造和控制环境条件，使生长发育加速或延缓，从而达到控制花期的目的。因此，在了解花期控制措施之前，有必要预先深入了解花卉生长发育的特点及规律性，掌握各种花期控制措施的理论依据。生长是指花卉的植物体重量和体积的增加。它是通过细胞分裂和伸长完成的。发育是指在整个生活史中，植物体的构造和机能从简单到复杂的变化过程。在植物发育过程中，由于部分细胞逐渐丧失了分裂和伸长的能力，于是向不同的方向分化，从而形成了具有各种特殊构造和机能的细胞、组织和器官，如根、茎、叶、花、果实等。

4.2.2.2 花卉的生长发育规律

花卉和所有植物一样，在整个一生中既有生命周期的变化，也有年周期的变化。在个体发育的生命周期变化中，大多数均要经历种子休眠和萌发、营养生长、生殖生长这3个时期。而且，各个时期的变化均表现出一定的规律性。由于花卉种类多样，原产地生态环境复杂，于是形成了各种的生态型。不同种类的花卉，其生命周期的长短差异很大。例如，木本花卉的生命周期长，可从数年至百年；草本花卉的生命周期较短，短者几天，长者一年至数年。经过长期的人工栽培和选种，又形成了不同的发育类型，如春化型花卉、光照型花卉等。

在年周期中又分为两个阶段，即生长期和休眠期。这两个阶段呈现着规律性变化。不同种和品种之间，休眠的特点和类型也不同。

1. 营养生长

花卉植物的发育首先要有一定的营养生长基础，即植物只有生长到一定阶段才能进行花芽分化。不同种类的花卉，其营养生长的程度也不同。例如，紫罗兰要长出15片叶，其后才会有可能进入花芽分化阶段。

2. 春化作用

某些花卉在个体发育中必须经过一个低温周期，才能引起花芽分化，否则不能开花。这个低温周期就叫“春化作用”，又称为“感温性”。

花卉在通过春化阶段时所要求的环境条件主要是低温的作用。不同的花卉在春化阶段所要求的低温值的时间长短各不相同，依此可将花卉划分为冬性植物、春性植物、半冬性植物3种类型。

(1) 冬性植物。在0～10℃的低温下，经过30～70天，才能完成春化阶段。二年生花卉多属于这种类型。即秋播之后，以幼苗状态越冬，满足其低温要求，从而通过春化阶段，于是春天气温回升后便可正常开花。

(2) 春性植物。在5～12℃的低温条件下，经过5～15天，便能通过春化阶段。要求的温度较高，而经历的时间较短。一年生花卉以及秋季开花的宿根花卉属于春化植物类型。

(3) 半冬性植物。通过春化阶段时对温度的要求不太敏感，在3～15℃条件下，经历5～15天即可。

另外，不同种类的花卉通过春化阶段的方式不同：一种是以萌发种子通过春化阶段，称为“种子春化”，如香豌豆；另一种是以具有一定生育期的植物体通过春化阶段，称为“植物体春化”。大多数花卉属于“植物体春化”类型，如紫罗兰、金鱼草等。

根据各种花卉通过春化阶段时对低温的要求，分别给予满足，则可促使其提前开花，反之则延迟开花。

3. 光周期作用

光周期是指一天之中日出至日落的时数，或指一天之中明暗交替的时数。花卉的光周期现象则指光周期对花卉生长发育的效应。光周期与花卉的生命活动有着密切关系，它不仅可以控制某些花卉的花芽分化和花朵开放，而且还影响着花卉的其他生长发育现象。有些花卉依赖于一定的日照长度和相应的黑夜长短的交替性变化，才能诱导花芽分化和开花。根据花卉对日长条件的要求的不同，又将花卉划分为短日照花卉、中日照花卉、长日照花卉3种类型。

根据各种花卉的花芽分化对日照长短的要求，分别给予满足或加以抑制，则可起到控制花期的效果。

4.2.2.3 花卉的花芽分化与发育

1. 花芽分化

花卉由营养生长转化为生殖生长的阶段称为花芽分化。

碳氮比学说认为，花芽分化的物质基础是糖在花卉植物体内的积累。当糖含量较多，而含氮化合物含量中等或较少时，可促使花芽分化。当营养物质供应不足时，花芽分化将不能进行，即使能部分分化，其数量也受到限制。菊花、香石竹栽培中的摘侧蕾就是为了使养分集中供给主花蕾，使花朵增大的管理措施。

另外，成花素学说认为，花芽分化是成花素作用的结果；有些研究认为，植物体内的有机酸含量及水分的多少也对花芽分化有影响。

2. 花芽分化的阶段

由芽内生长点向花芽方向转化开始，到雌蕊、雄蕊完全形成的花芽分化的整个过程，可以划分为3个阶段，即生理分化期、形态分化期和性细胞形成期。生理分化期，是指在芽的生长点内进行肉眼无法观察到的生理变化。形态分化期是指进行花部各个花器的发育过程，从生长点突起肥大的花芽分化初期到萼片、花瓣、雌雄蕊形成期，属于形态分化期。花粉、胚珠形成期为性细胞形成期。有些花木类的性细胞形成期是在第二年春季发芽之后至开花之前。

3. 花芽分化的类型

根据花芽开始分化的时间和完成分化全过程所需时间的长短的不同，可将花芽分化划分为以下几种类型。

(1) 夏秋分化型。花芽分化一年一次，于6～9月高温季节进行，秋末花器主要部分已分化完成，翌春开花。多数木本花卉、秋植球根类花卉均属于此类型。

(2) 冬春分化型。在春季温度较低时进行花芽分化。二年生花卉及春季开花的宿根花卉属于冬春分化型。

(3) 当年一次分化开花型。于当年生新梢上或花茎顶端形成花芽，于当年夏秋开花。

(4) 多次分化型。一年中能多次发枝，每次枝顶均能形成花芽并开花。在顶花芽形成的过程中，其他花芽又继续在基部的侧枝上形成，于是便可四季开花不断。四季开花的花木类，如月季、茉莉，以及一些宿根花卉、一年生花卉等均属此类型。

(5) 不定期分化型。每年只分化一次花芽，但无定期，只要叶面积达到一定数量，就能分化花芽并开花。如凤梨科、芭蕉科的某些种类。

4. 花芽的发育

有些花卉在花芽分化完成后，花芽即进入休眠，要经过一定的温度（低温）处理才能打破花芽的休眠。许多木本花卉春末夏初已基本完成花芽分化，但整个夏季花芽不明显膨大，只有经过冬季低温期之后才能完成内部分化，迅速膨大起来。光照不足往往会阻碍花芽的发育，如月季在适宜的温度条件下，产花量随光照强度的升高而增加。

4.2.2.4 休眠

球根类花卉、宿根花卉和木本花卉，在不利的生长季节为了适应逆境，保存自身，而进入休眠状态，这个时期称休眠期。在休眠期内，花卉内部仍进行着复杂的生理生化活动，很多花卉的花芽分化就是在休眠期进行的。导致休眠的环境因素主要是温度、光照和水分。一旦环境条件改善，又能恢复生长。

能延长休眠的因素主要是低温，其次是水分。延长低温的时间可使花卉继续休眠；将球根贮存在干燥环境中，也可延长休眠的时间。人为地延长或缩短休眠期是花期调控的主要措施。

所谓打破休眠，即通过调节环境条件，增强休眠胚和生长点的活性，解除营养芽的自发休眠，使之恢复萌芽生长能力。

4.2.2.5　花期调控的措施

1. 调节温度

（1）增加温度。主要用于促进提前开花，持续提供花卉生长发育的适宜温度，可实现提前开花。特别是在冬春季节，气温较低，大部分花卉生长缓慢，在5 ℃以下大部分花卉生长停止，进入休眠状态，部分热带花卉会受到冻害。因此，增加温度能阻止花卉进入休眠，也可防止热带花卉受冻害，增温是提前开花的主要措施。如金边瑞香、绣球花、杜鹃、牡丹、瓜叶菊等经过加温处理后都能提前花期。为了牡丹能提前在春节开放，主要是采用增温的方法。先经过低温处理打破休眠的牡丹，然后在高温下至少养护2个月即可在春节开花。

（2）降低温度。一些秋植球根花卉的种球，在完成球根发育和营养生长过程中，花芽分化也逐渐完成，之后把球根从土壤里起出晾干。如不经低温处理，则这些种球不开花，即使开花质量也较差，无法达到经过低温处理的球根开花的标准。秋植球根花卉，除了少数可以不用低温处理能够正常开花外，绝大多数种类必须经低温处理才能开花。这种低温处理种球的方法又称为冷藏处理。在进行低温处理时，需要根据球根花卉处理目的和种类，选择最适宜的低温。确定处理的温度之后，除了在冷藏期间注意保持同一温度外，还要注意放入和取出时逐渐降低和升高温度。如果在4 ℃低温条件下处理了2个月的种球，取出后立即放置于25 ℃的环境中，或立即种到高温地里。因为温度在短时间内变化剧烈，会引起种球内部生理紊乱，最终严重影响开花质量和花期，所以低温处理时，一般要经过4～7天逐渐降温的过程（1天降低3～4 ℃），直至降到所需低温；同样，在把完成低温处理的种球取出之后，也需要经过4～7天的逐渐升温过程，才能保证低温处理种球的开花质量。

一些二年生或多年生草本花卉需要进行低温春化才能形成花芽。花芽的发育也需要在低温环境中完成，然后在常温下开花。这些植物进冷库之前需要经过选择，选择已达到需要接受春化作用阶段、生长健壮、没有病虫危害的植株再进行低温处理，否则难以达到预期目的。在冷库处理花卉植株时，需要每隔几天检查一次湿度，发现干燥时要适当浇水。由于花卉在冷库中长时间没有光照，无法进行光合作用，最终会影响植株的生长发育，因此冷库中必须加装照明设备，每天进行几小时的光照，能减少长期黑暗对花卉的不良影响。刚从冷库取出时，要将植株放在避光、避风、凉爽处，适当喷水加湿，使植株有一个过渡期，然后再逐步加强光照、适时浇水、精心管理，直至开花。

（3）利用高海拔山地。除了用冷藏方法处理球根类花卉的种球外，在高温地区，在高海拔800～1200 m以上建立花卉生产基地，利用高海拔山区的冷凉环境进行花期调控是一种易操作、低成本、大规模进行花期调控的理想之选。由于在适宜温度下，大多数花卉生长发育要求昼夜温差大，在这样的温度条件下花卉生长迅速，病虫危害发生相对较少，有利于花芽的分化和发育，以及打破休眠，使花期调控能减少大量能源消耗，降低了生产成本，从而大幅增强了花卉商品的竞争力。

（4）低温诱导休眠，延缓生长。利用低温能诱导球根花卉休眠的特性，一般通过2～4℃的低温处理，多数球根花卉的种球可长期贮藏，推迟花期，在需要开花前可取出进行促成栽培即可达到目的。在低温条件下花卉生长变缓，使发育期和花芽成熟过程延长，进而延迟了花期。

2. 调节光照

（1）短日照处理。在长日照季节里，要想使长日照花卉延迟开花则需遮光，使短日照花卉提前开花也需遮光。根据需要遮光时间的长短，用黑布或黑色塑料膜于日落前开始遮光，直到次日日出后一段时间为止。在花芽分化及花蕾形成过程中，人工控制植物所需的日照时数，或者减少植物花芽分化所需的日照时数。因为遮光处理一般在夏季高温时期，短日照植物开花被高温抑制得较多，在高温条件下花的品质较差，所以在短日照处理时，需要控制暗室内的温度。遮光处理花卉植物所需要的天数因植物不同而有所差异，如菊花和一品红在17:00至次日上午8:00置于黑暗中，菊花经处理50～70天后才能开花，一品红经处理40多天后才能开花。采用短日照处理的花卉植株要生长健壮，营养生长充分，处理前应停施氮肥，增施磷肥、钾肥。

在日照反应上，不同植物对光强弱的感受程度存在差异，通常植物能感应10 lx以上的光强，并且幼叶比老叶敏感。因此，遮光时上部漏光要比下部漏光对花芽的发育影响大。短日照处理时，光照的时间一般控制在11 h左右为宜。

（2）长日照处理。短日照季节要使长日照花卉提前开花，就需增加人工辅助照明；要使短日照花卉延迟开花，也需采取人工辅助光照。长日照处理的方法一般可分为以下3种。

①明期延长法：在日出前或日落后开始补光，延长光照5～6 h。

②暗期中断照明：在夜里用人工辅助灯光照1～2 h，以便中断暗期长度，实现调控花期的目标。

③终夜照明法：整夜都照明。

人工辅助灯的光强需100 lx以上，才能完全阻止花芽的分化。

秋菊是对光照时间比较敏感的短日照花卉植物，9月上旬用辅助灯给予光照，在11月上旬停止辅助光照，春节前菊花即可开放。利用增加或减少光照时间，可使菊花一年之中任何季节都能开花，满足人们全年对菊花切花的需求。

（3）颠倒昼夜处理。有些花卉植物在夜晚开花，以致给人们观赏带来不便。例如昙花在夜间开放，花期最多3～4 h，所以称为昙花一现，只有少数人能观赏到昙花的美丽。为了让更多的人能欣赏到昙花的开放，可采用颠倒昼夜的处理方法。当花蕾已长至6～9 cm时，白天把植株放在暗室中遮光，19:00至次日6:00用100 W的强光给予充足的光照，经过4～7天的昼夜颠倒处理后，就可改变昙花夜间开花的习性，使之白天开花，并且可延长开花时间。

（4）遮阴延长开花时间。有些花卉不耐受强烈的太阳光照，尤其是在含苞待放之前，使用遮阴网等遮光材料进行适当遮光，或移到光线较弱的地方，均可延长开花时间。月季花、康乃馨、牡丹等适应较强光照的花卉，如果在开花期适当遮光，也可以使每朵花的花期延长1～3天。

3. 应用繁殖养护技术

（1）调节播种期。在花卉花期调控措施中，播种期除了包括种子的播撒时间外，还包括球根花卉种植时间和部分花卉扦插的繁殖时间。一二年生草本花卉多数以播种繁殖为主，通过调控播种时间来控制开花时间是较易掌握的技术。知道从播种至开花需要的天数，在预期开花时间之前，提前播种即可。如一串红从播种到开花大约需要100～110天，如果希望一串红在春节前（2月中旬）开花，那么在9月中旬开始播种，即可按时开花。球根花卉的种球一般是冷藏贮存，冷藏时间达到花芽完全成熟或需要打破休眠时，取出种球后放到高温环境中进行促成栽培。经过较短时间的冷藏处理就可开花的有唐菖蒲、百合、风信子、郁金香等。有些草本花卉是以扦插繁殖为主要繁殖方式，如菊花、四季海棠、一串红等。

（2）使用摘心、修剪技术。金盏菊、天竺葵、一串红等都可在开花后修剪，然后再加强水肥管理，使其抽生新枝。月季开花后多次修剪可使月季花持续开花。花卉经过摘心处理有利于植株整形、促进多发侧枝，如菊花直到开花需摘心3～4次，一串红需摘心2～3次，既可以控制花期，又能使株形丰满，开花繁茂。

4. 应用植物生长调节物质

（1）根际施用。如用8000 μL/L的矮壮素浇灌唐菖蒲，分别于种植初、种植后第28天、开花前25天进行，可使花量增多，准时开放。

（2）叶面喷施。用丁酰肼喷石楠的叶面，能使幼龄植株分化花芽。

（3）局部喷施。例如用100 μL/L的赤霉素喷施花梗部位，能促进花梗伸长，从而加速开花。用乙烯利滴于凤梨叶腋处或在叶面喷施，植株很快就能分化花芽。

使用植物生长调节物质要注意配制方法和使用注意事项，否则会影响使用效果，甚至对花卉造成伤害。例如配制常用的赤霉素溶液，应先用95%的酒精溶解，稀释成20%的酒精溶液，然后再配成所需的浓度的水溶液。植物生长调节物质在生产上的应用广泛，除了能诱导花卉植物开花外，它还能促进植株矮化和扦插条生根、防止落花等。因为不同种类或浓度的植物生长调节物质具有不同的调节效果，所以在调控花卉植物的花期时，首先明确该物质的作用和施用浓度后才能使用。虽然植物生长调节物质成本低、使用方便、效果明显，但如果施用不当，不仅不能收到预期效果，还会造成生产损失。

在园林花卉花期调控实际应用中，一二年生草本花卉主要是使用养护措施，如调整播种期、修剪和摘心，并配合环境条件，如温度、光照、养分，以及水分管理实现花期控制。多年生宿根花卉和花木类可根据具体情况综合使用上述手段，如球根花卉主要是通过温度处理种球、选择不同栽植期，并结合栽培管理来实现花期控制。

第5章 草坪建植与养护

草坪与人类的生产和生活密切相关，在人类栖息的生态系统中，草坪能维护大自然的生态平衡，对人类赖以生存的环境起到美化、保护和改善的作用，同时为人类进行休闲娱乐运动提供舒适的场所。

5.1 草坪基础知识

5.1.1 草坪的相关概念

5.1.1.1 草坪、草坪草与地被植物

草坪是指多年生低矮草本植物在天然形成或人工建植后经养护管理而形成的相对均匀、平整的草地植被，它包括草坪植物的地上部分以及根系和表土层构成的整体，形成一个小型的生态系统。其目的是保护环境、美化环境、维持生态平衡以及为人类进行休闲、娱乐和体育活动提供优美舒适的场地。

草坪草是组成草坪的物质基础，构成草坪的植物群落，是草坪建植的草本植物和基本材料。草坪草多数为质地纤细、植株低矮的禾本科草种，具体地讲，是指能够形成草皮或草坪，并能耐受定期修剪管理和人、物使用的一些草本植物种或品种。而草皮是草坪的营养繁殖材料，当草坪被铲起用来移植时，称为草皮。草坪草资源十分丰富，世界已被利用的已达一千五百多种，其中绝大部分为禾本科草本植物。草坪不管是自然生长还是人工建植，都与人类的生活密切相关，能被人们多方面应用，其利用的内容随时代、地域、民族的不同而多种多样，伴随人类的进步，利用的范围不断扩大。现如今，草坪绿化成为衡量一个国家或城市文明与发达程度的重要标志之一。中国拥有悠久的草坪应用历史，我国从20世纪50年代起，开始了较系统的草坪研究工作和应用推广工作，中国科学院胡叔良先生从美洲引种培育的野牛草在我国长城内外广泛种植，对草坪在园林绿化应用方面起到了奠基作用。20世纪70年代，园林系统开展引种冷季型草坪草的区域化试验，开创了我国引进冷季型草坪草建植草坪的新纪元。山东省园林研究所引进推广的马尼拉草广泛种植，并成为南方建植绿地草坪的当家草种。

地被植物是指那些覆盖地表的一类扩展蔓延性强、低矮植物群体（一般株高50cm以下），在园林园艺学科中主要包括草本花卉、蕨类、小灌木和藤本植物。地被植物可以生长在平坦的地面，也可以生长在草坪草难以生长的地方，如潮湿背阴处、岩石缝隙中，过于干

燥或潮湿的土壤上，或者是经常遭受雨水冲洗的陡峭山坡受到不断侵蚀的地方，有的还可以攀缘生长在钢筋混凝土建筑物的表面、水泥路的缝隙中。地被植物具有资源丰富，种类繁多，有一定实用价值或观赏价值，生态适应性强，应用广泛等优点，因而具有广阔发展前景。草坪草就属于典型而特殊的一类地被植物，但多数地被植物不像草坪草那样娇贵，养护管理也较为粗放，因此备受欢迎，如紫藤、凌霄、爬山虎、紫叶小檗、石竹、石蒜、佛甲草、玉簪、萱草等。

5.1.1.2 草坪在现代城市中的作用

草坪在城市园林绿化和国土绿化中占有重要的地位。草坪植物是现代城市绿化建设的重要绿化材料，在人类栖身的生态系统中发挥了不可替代的重要作用。园林植物配置中通常草坪与乔、灌木构成垂直层次组合，可以起到很好的防风、滞尘、降尘、减噪效果，而草坪处于最底层，形成绿色致密草毯，均匀覆在盖地面上。上层土中絮结的草根层，为密集根网交织的固结层，可促进雨水渗透，防止土壤侵蚀。草叶面积约为相应地表面积的20～80倍。许多草坪植物能分泌杀菌素，尤其在修剪时，植物因受伤会产生更多的杀菌素，禾本科植物以紫羊茅杀菌能力最强。这一切都会使草坪在调节城市小气候，抑尘滞尘、减弱噪音和强光以及对有毒有害物质的固定、稀释、分解、吸收吸附、过滤、杀菌等方面起到积极作用。吸滞的粉尘可随雨水、露水和人工灌水冲洗至土壤中，有效地净化空气和水质，协调土壤温湿状况，保持水土，防止人的听视觉疲劳，同时在改造废地、改良土壤结构、减灾防灾、绿化美化及改善生态环境、维持城市生态平衡等多方面显示出巨大的功能。如今，随着城市的发展，草坪作为园林绿化植物的“后起之秀”，近些年来在我国的种植面积不断扩大，草坪面积及质量已成为衡量城市园林绿化水平、环境质量、精神风貌和文化素质的标准，也是衡量现代化城市建设水平的重要标志。联合国生物圈生态环境组织要求城市中人均公共绿地面积要达到60m^2，城市人均公共绿地面积至少应达到30m^2，才能形成良好的生态环境和居民生存环境。根据我国《城市绿地分类标准》，现已采用“人均公园绿地面积”取代“人均公共绿地面积”，人均公园绿地面积=公园绿地面积/城市人口数量。2015年中国国土绿化状况公报发布，中国城市绿地率达36.34%，城市人均公园绿地13.16m^2。随着经济的快速发展，我国城镇化水平的不断推进，城市绿化标准的提升及城市面积的大幅度增长，各种草坪应运而生，对草坪的需求潜力巨大，草坪业的发展空间蕴藏巨大商机，具有广阔的市场发展前景。

5.1.2 草坪学与草坪业

草坪起源于天然草地，最初用于庭院绿化、美化，后来伴随户外体育运动、旅游度假及休闲娱乐场所设施的发展而兴起。如今草坪已广泛地渗入到人类生产生活的诸多方面，成为现代化社会不可分割的组成部分，形成草坪学、草坪业。草坪学是研究各类草坪草、草坪建植、草坪养护管理的理论及技术的一门综合应用科学。草坪学涉及广泛的学科内容，如土壤物理学、土壤化学、土壤微生物学、植物分类学、气象学、植物营养与肥料学、植物生理与栽培学、农业工程学、植物保护学、运动场管理、园林美学及园林设计学等诸多学科。尤其进入新世纪以来，国内草坪业步入全面发展的新阶段。

草坪业是第二次世界大战后在西方国家兴起的一门新兴朝阳产业，是经营和管理草坪的行业，发展于工业革命之后，它同物质文明与精神文明同步发展。草坪业是以农学、耕作学、园艺学、土壤学、肥料学、植物学、农业工程学、环境学、运动体育、园林美学等多种科学技术为基础，以草坪草与地被植物为对象，以人类美学为前提产生的产业，是一门具有应用性、综合性、社会性、经济性的新型产业。一般来说，草坪业由草坪建植体系、草坪产品体系、草坪服务体系以及草坪科研教育体系四大产业群构成：草坪建植体系是指公园、居民小区、校园、工厂、运动场、机场、道路路面等的绿化建设部门；草坪产品体系是指制造出售部门，包括草皮、种子、化肥（营养、卫生、速/缓效）、农药（杀菌剂、杀虫剂、除草剂、生长调节剂等）、土壤改良剂、河沙、机具等的生产及出售等；草坪服务体系是指维护保养部门，包括草坪管理、经营和承包等；最后科研教育体系由不同科研机构和教育机构组成，从事专门人才的培养教育、有关草坪的研究、开发和良种改良等，包括大学、中等学校、培训机构、科研院所、试验站、技术咨询服务及科学研究组织等。20世纪80年代现代草坪业才进入我国，90年代尤其是21世纪以后才步入快速的发展时期，国内现代草坪业才开始逐步走向正规化、专业化、市场化，并日益为社会各界所关注，目前已基本形成了草坪草种子生产、加工、营销、草坪建植与养护管理和草坪相关产品生产与销售等一条龙的产业体系。随着城市建设的飞速发展，人们对生活环境的要求逐渐提高，使得国内草坪需求大幅度提升，为草坪业的发展创造了良好的条件，大力发展草坪业早已成为现代城市绿化的主要内容。据有关专家预测，大中城市草坪面积每年以5%～15%的速度递增。在当今世界上，草坪业发展迅猛，尤其在发达的西方国家，提出了“不见寸土主义”，即发誓将农田、建筑、道路、水面等以外土地全部用草坪覆盖，“草坪文化”成为时尚。如今，草坪业的发展程度已成为国家文明程度和经济实力的表现。随着我国经济的快速发展和城市化进程的不断加速，国内草坪业在经历了起步、快速发展后逐渐进入全面发展的阶段。在不断的发展过程中，草坪业的内涵得到了极大的丰富，成为国民经济中新的增长点。

5.1.3 草坪的类型

草坪种类繁多，划分标准各异。

5.1.3.1 按用途划分

(1) 游憩草坪。供人们散步、休息、游戏及户外活动用的草坪，与人们日常生活最相关、人们接触最频繁和最密切的一类草坪。该类草坪随处可建，无固定的形状，面积可大可小，一般是开放式，允许游人自由出入草坪内，因此可配置石景、乔木、灌木、花卉以及亭台、座椅，以增添景色的美，方便游憩。多用在公园、风景区、居住区、庭院、休闲广场上。要求选择耐践踏，恢复性强，生长旺盛，能迅速覆盖地面的草坪草种。

(2) 观赏草坪。指以其美观的景色专供观赏的草坪，是建立高档草坪和特种用途草坪的一种特有方式。此类草坪设于园林绿地中，用草皮和花卉等材料构成图案、标牌等，是专供景色欣赏的草坪，也称装饰性草坪或造型草坪。如雕像喷泉、建筑纪念物、园林小品等处用做装饰和陪衬的草坪，这类草坪不允许入内践踏，栽培管理极为精细，草坪品质要求也极高，是作为艺术品供人观赏的高档草坪。此类草坪面积不宜过大，草以低矮、茎叶细密、色泽鲜绿、平整均一、绿期长的草种为宜，可用五色草、花卉、矮灌木构成图案、标牌、徽记。多用于居住区、公园、街路、广场等。

（3）运动场草坪。指专供体育活动和竞技的草坪。应以耐践踏、恢复性极强的草种为主。另外还要根据不同的竞技、运动特点建成不同的草坪。运动场草坪是高级草坪，它对草种选择、土壤改良、配套设备以及管理水平要求很高。

（4）防护草坪。指在坡地、堤坝、水岸、公路、铁路等边坡或水岸种植的草坪，要求草坪的抗性要强，管理要粗放，主要目的是起防止水土流失、固土护坡的作用。通常采用播种、铺草皮和草坪植生带或栽植营养体的方法来建坪。应选择适应性强，根系发达，草层紧密，耐旱、耐寒、抗病虫害能力较强的草种为宜。

其他用途草坪包括机场、停车场、草坪等。

5.1.3.2 按照与草本植物组合划分

（1）单纯草坪。指由一种草坪草种或品种建植的草坪。在高度、色泽、质地等方面具有高度的均一性的特点。多用于球场、公园、庭院、广场。

（2）混合草坪。指由多种草坪草种或品种建植的草坪。特点是利用各草坪草或品种的优势，达到成坪快、绿期长、寿命长的目的。多用做游憩草坪、运动场草坪、防护草坪等。

（3）缀花草坪。以草坪作为背景，间植观花地被植物。缀花草坪花卉种植面积不能超过草坪面积的1/3。花卉分布应疏密有致，自然错落，多用于游憩草坪和观赏草坪，如白三叶、葱兰、韭兰、金鸡菊、地被菊等花类很多。

5.1.3.3 按照与树木组合划分

（1）空旷草坪。草坪上不栽任何树木。

（2）稀树草坪。草坪上孤栽一些乔灌木。树木覆盖面积在20%～30%。

（3）疏林草坪。其树木覆盖面积在30%～60%，疏林草地一般布置稀疏的上层乔木，并以下层草本植物为主体，和单一的草地相比增加了景观层次。在有限的绿地上把乔木、灌木、地被、草坪、藤本植物进行科学搭配，既提高了绿地的绿量和生态效益，又为人们的游憩提供了开阔的活动场地，将传统植物配置风格和现代草坪融为一体，形成一个完整的景观。

（4）林下草坪。树木覆盖面积在70%以上。

5.2 草坪草

5.2.1 草坪特征与分类

草坪草大部分为禾本科草，少数为非禾本科草类单子叶草和双子叶草，如莎草科、豆科、旋花科植物等。

1. 草坪草的特征

（1）一般特征。植株低矮，多为丛生状、根茎状或匍匐状，地上部生长点低位，常附于地表，并有坚韧的叶鞘保护。叶片多直立、叶形小、细长、寿命长，数量虽多但能透光、防黄化，具有很强的适应性和抗逆性。产种量大，具有较强繁殖能力和自我修复力，易于形成大面积的草毯，软硬适度，有一定的弹性。

（2）坪用特性。草坪草根状茎、匍匐茎和丛生茎叶发达、扩展性强，叶低而细，多密生，能均匀覆盖地表，形成致密草毯，具有良好的弹性和触感，比较柔软、整齐均匀，盖度高。生长旺盛，便于繁殖，适应性强，再生性好，分布广泛。对外力的抵抗力强，耐修剪，耐践踏；对人无毒、无刺激性。

5.2.1.2 草坪草的分类

主要按照气候与地域分布和植物种类划分。

(1) 按气候与地域分布划分。暖季（地）型草坪草不耐寒，最适宜生长温度为26～32℃，主要分布在长江流域及以南地区（热带和亚热带地区）；冷季（地）型草坪草不耐热，最适宜生长温度为15～25℃，但某些冷季型草坪草可在过渡带或暖季型草坪区的高海拔地区生长，主要分布在华北、东北、西北等地区（亚热带、温带和寒带地区）。

(2) 按植物种类划分。禾本科草坪草是草坪草的主体，包括早熟禾亚科（冷季型C3）、黍亚科（暖季型C4）和画眉草亚科（暖季型C4）。大部分草坪草归属禾本科的早熟禾亚科、黍亚科、画眉草亚科，有十几个种。非禾本科草坪草的匍匐枝发达、耐践踏、易形成草皮，应用广泛的如白三叶、沿阶草、马蹄金等。

5.2.1.3 草坪草的株丛形态

主要是针对禾本科草坪草的分蘖而言的。

(1) 密丛型。分蘖节位于地表以上或接近地表，为“中空”草丛，如羊茅属草坪草。在草群中竞争力很弱，易被其他植物所取代。

(2) 疏丛型。为“中空”草丛，不同的是，分蘖节位于地表以下1～5cm处，分蘖与主枝呈锐角方向生长，形成不太紧密的株丛，如黑麦草、高羊茅等。

(3) 根茎型。分蘖形成两种枝条，一种能垂直向上生长并在土表形成枝条，一种是由分蘖处呈水平方向形成根状茎，如野牛草、无芒雀麦等。要求土质松软、结构良好的肥沃土壤。

(4) 根茎疏丛型。分蘖节位于地表以下2～3cm处，分蘖过程中形成较短而数量较多的根状茎，如草地早熟禾。

(5) 匍匐茎型。茎呈水平匍匐地表生长，茎节上生长出新的枝叶和不定根，并固定在地面上。大多暖季性草坪草属于此类，如狗牙根、野牛草等，适合于营养繁殖，也能种子繁殖。

5.2.2 草坪草

冷季型草坪草一年中有春秋两个生长高峰期，耐热性差，气温高于30 ℃生长缓慢，大多靠分蘖扩展，草地早熟禾、多年生黑麦草、高羊茅和匍匐剪股颖都是我国北方最适宜的冷地型草坪草种；暖季型草坪草一年中只有夏季一个生长高峰期，夏绿型，不耐寒，绿期短，低于10 ℃时进入休眠，比较低矮，均一性好，多以草茎繁殖为主，大多具有匍匐茎，有较强的生长势和竞争力，北方应用广泛的主要是结缕草、狗牙根等。

5.2.2.1 冷季型草坪草

冷季型草坪草，耐寒，不耐热，绿期长，品质好，用途广，主要用种子繁殖，抗病虫能力差，管理要求精细，费用高，使用年限短，在南方越夏较困难，必须采取特别的养护措施，否则易于衰老和死亡。

(1) 早熟禾属。草坪草中最为主要而又广泛使用的冷地型草坪草之一，宜于在温暖湿润的气候生长，耐寒性强，适合北方种植，而耐旱性较差，适于林下生长，广泛分布于寒冷潮湿和过渡气候带内。早熟禾属草坪总的特征是叶片呈狭长条形、针形，叶鞘不闭合，小穗宽度小于长度，小穗有柄，排列成圆锥花序，在植物鉴别中最明显的特征是具有“船形”叶尖。

①草地早熟禾。喜冷凉湿润的气候，可保持较长的绿期，可在一定程度上满足了四季常青的要求。该品种用途广泛，几乎所有的草坪用种都包括草地早熟禾的不同品种的草种。它属于多年生草本，根茎疏丛型，繁殖力强，再生性好，较耐践踏。叶尖呈明显船形，在中脉的两旁有两条明线，茎秆光滑，具有两到三节。开花早，具有完全展开的圆锥花序。叶片光鲜亮丽，草质细软，叶片宽2～4mm，芽中叶片折叠状，叶鞘疏松包茎，出苗慢，成坪慢，抗病虫能力差。喜光、喜温暖湿润、耐阴，较耐热，但抗旱性差，夏季炎热温度过高时叶片发黄，高温季节缺水生长减缓休眠，寒冷潮湿、遮阴很强时容易发生白粉病，春季返青生长繁茂，秋季保绿性好。有很强的耐寒能力，特适宜绿地、公园等公共场所做观赏草坪，常与黑麦草、高羊茅等混播建立运动草坪场地。

草地早熟禾常用于高质量的草坪建植和草皮生产，通常采用种子和带土小草块两种方法繁殖。种子繁殖成坪快，秋季播种最佳，播种深度大约1cm，播种量一般为8～12g/m^2，10～21天出苗，两个月即可成坪。封冻之前和返青前浇透水，利于越冬和返青，高温高湿条件下易感病，管理要求较精细。生长3～4年后，逐渐衰退，3～4年补播一次草籽是管理中十分重要的工作。

②粗茎早熟禾（普通早熟禾）。喜冷、湿润气候，叶片呈淡黄绿色，扁平、柔软、细长，表面光滑、光亮、鲜绿，中脉两边有两条明线，株丛低矮丛生，整齐美观，茎秆直立或基部稍倾斜，绿色期长，特耐阴，根系浅，不耐干旱和炎热，耐践踏性差，喜肥沃土壤，不耐酸碱。常应用于寒冷、潮湿、荫蔽的环境以减少践踏，适宜于在气候凉爽的房前屋后、林荫下、花坛内做观赏草坪，也可用于温暖地区冬季草坪的交播草种。粗茎早熟禾是世界上高尔夫球场重要的补播草种之一，尤其是暖季型狗牙根常用于冬季休眠草坪的补播。

（2）羊茅属。适宜寒冷潮湿地区，在干燥贫瘠、酸性土壤中生长。

①高羊茅。又称苇状羊茅，草坪性状非常优秀，适于多种土壤、气候和粗放管理，用途非常广泛。多年生草本，疏丛型株丛，叶片宽大，边缘具叶齿，质地粗糙，芽中叶片卷曲，叶耳边缘毛发状，茎直立、粗壮、基部呈红色，叶鞘开裂，根系深，对高温有一定的抵抗能力，是最耐旱、最耐践踏的冷季型草坪草之一。耐阴性中等，耐贫瘠土壤，较耐盐碱，耐土壤潮湿，适于在寒冷潮湿和温暖湿润过渡地带生长。利用种子繁殖，发芽迅速，建坪速度较快，再生性较差，通常和粗茎早熟禾、草地早熟禾混播，但混播比例中高羊茅不低于70%。由于其叶片质地粗糙，品质较差，多用于中低质量的草坪及斜坡防护草坪。可使用于居住区、路边、公园和运动场、水土保持地绿化等范围。

②紫羊茅。又名红狐茅，细叶低矮型，垂直生长慢，较耐寒、抗旱性强，但不耐热，耐阴性比大多数冷季型草坪草强，适合在高海拔地区生长，是羊茅属中应用广泛的优秀草坪草种之一。紫羊茅为多年生草本，出苗迅速，成坪较快，叶片呈线形，叶宽一般为1.5～3mm，光滑柔软，对折或内卷成针状。茎秆基部斜生或膝曲，分枝较紧密，秆基部呈红色或紫色，叶鞘基部呈红棕色，破碎呈纤维状，分蘖的枝条叶鞘闭合，收缩圆锥花序。应用范围广泛，

常用于遮阴地草坪建植，在寒冷潮湿地区，常与草地早熟禾混播，以提高建坪速度，但由于其生长缓慢，不需要常修剪，适合粗放管理。

（3）黑麦草属。包括多年生黑麦草和一年生黑麦草。

①多年生黑麦草分布于世界各地温带地区，早年从英国引入，现已广泛栽培，是一种很好的草坪草，也是优质的饲草。叶片窄长，深绿色，正面叶脉明显，叶的背面光滑，具有一层蜡层，光泽度很好。叶宽2～5mm，富有弹性。发芽出苗快，成坪迅速。心叶折叠，短的膜状叶舌，短叶耳，根茎疏丛型，基部膝曲斜卧，根部经常残留紫色。耐践踏、喜肥水，无芒穗状花序，最适宜于在凉爽、湿润地区生长。不能耐受极端的冷、热和干旱，使用年限短。多年生黑麦草有时也呈现船形叶尖，易与草地早熟禾相混，但仔细观察会发现叶尖顶端开裂，叶环比早熟禾更宽、更明显一些，没有草地早熟禾主脉两侧的半透明的平行线。多年生黑麦草主要用于混播中的先锋草种或交播草种，由于抗SO2等有害气体，故多用于工矿企业区。除了作为短期覆盖植被以外，很少单独种植。多用于公园绿地、机场、路旁、固土护坡草坪、高尔夫球场障碍区等。一般情况下，多年生黑麦草在混播中种子重量不应超过总重量的20%。

②一年生黑麦草

与多年生黑麦草的主要区别是，一年生黑麦草叶宽大粗糙，柔软下披，黄绿色，新叶为卷曲状，茎直立、光滑，花穗长、有芒，再生力差，生长速度快，常用于快速建坪的草坪，可作为暂时植被。

（4）剪股颖属。抗寒性在冷季型草坪中最强，所有的冷季型草坪草种中最能忍受连续低修剪草种，有的修剪高度不足0.5cm或更低。

①匍匐剪股颖喜冷凉湿润气候，为多年生匍匐生长的草坪草，较长的膜状叶舌是其主要特征，茎丛生细弱、平滑、匍匐茎发达，叶芽卷曲，质地细腻，品质佳，耐强度低修剪，抗寒最强，耐荫性介于紫羊茅与草地早熟之间，较耐碱、耐践踏，再生性强，生长速度快。但对紧实土壤的适应性差，耐热差，根系浅，喜湿性极强，不耐旱，抗病虫能力差，要求管理精细。应用于运动、观赏草坪，可做急需绿化材料等，如常选用其优良品种做高尔夫球场果岭区草坪的建植材料。由于其侵占性强，常做单纯草坪，很少与其他冷季型草坪草混播。

②小糠草又名红顶草，喜冷凉湿润气候，具有细长根状茎，浅生于地表，茎秆直立或下部膝曲倾斜向上。耐寒、耐旱、抗热，对土壤要求不严格。应用中常与草地早熟禾、紫羊茅混合播种，作为公园、庭园及小型绿地的绿化材料。

5.2.2.2 暖季型草坪草

暖季型草坪草表现为夏绿型，植株低矮，均一性好，不耐寒，低于10℃时进入休眠，绿期在240天左右。大多具有匍匐茎，生长势和竞争力较强，一旦成坪，其他草很难侵入。主要以营养繁殖为主，也可用种子繁殖，生产上主要用草茎种植。狗牙根和结缕草是暖季型中较为抗寒的草种，它们中的某些种能向北延伸到较寒冷的辽东半岛和山东半岛。

（1）结缕草属　原产于亚洲东南部，我国北起辽东半岛、南至海南岛、西至陕西关中等广大地区均有野生种，在我国山东、辽宁及江苏一带有大量分布，是目前我国为数极少的不依靠进口而且还能出口的草坪草种子。

①结缕草是暖季型草坪草中抗寒能力较强的草种，为多年生草本，具有坚韧的根状茎及

匍匐茎，叶片革质，常具柔毛，适应性强。它的优点是喜光，抗旱、抗热、耐贫瘠，植株低矮、坚韧耐磨、耐践踏、弹性好、覆盖力强、寿命持久。缺点是叶子粗糙且坚硬，质地差，绿期短，成坪慢，苗期易受杂草侵害。由于结缕草养护费用低，种植面积不断扩大，在园林、庭园、运动场地、水土保持、机场以及高尔夫球场的球道草坪等地广为利用。

②细叶结缕草为多年生草本，具有地下茎和匍匐茎，秆直立纤细，呈丛状密集生长，喜光，不耐阴，耐湿，耐寒力较结缕草差。夏秋季节枝叶茂盛，一片油绿，坪观效果高，侵占力极强，常形成单一草坪。一般作封闭式花坛草坪或草坪造型供人观赏，也可作开放型草坪、固土护坡草坪、绿化和保持水土草坪。

③沟叶结缕草，俗名马尼拉草、半细叶结缕草，是著名的草坪草，叶片细长、较尖、具有沟状，叶片革质，常直立生长，上面有绒毛，心叶卷曲，叶片呈淡绿或灰绿色，背面颜色较淡，质地较坚硬，扁平或边缘内卷。叶鞘长于节间，匍匐茎发达，密度大，品质好，生长慢，抗热性强，管理粗放。耐寒性和低温下的保绿性介于结缕草和细叶结缕草之间，比细叶结缕草抗病性、抗寒性强，植株更矮，叶片弹性和耐践踏性更好，在园林、庭园、道路停车场和体育运动场地应用普遍。

（2）狗牙根属。全世界温暖地区均有分布，多年生草本，具有发达的匍匐茎，是建植草坪的好材料，绿期短，冬季休眠。狗牙根是我国栽培应用较广泛的优良草种之一，广布于温带地区，我国华北、西北、西南及长江中下游等地广泛用此草建植草坪。

①普通狗牙根为多年生草本，具有根状茎和匍匐枝，茎秆细而坚韧，节间长短不一，叶呈扁平线条形，先端渐尖，边缘有细齿，叶色浓绿，幼叶呈折叠式，叶舌短小，穗状花序指状排列于茎顶。耐热抗旱，耐践踏，喜在排水良好的肥沃土壤中生长，抗寒性差，不耐荫，根系浅，遇干旱易出现茎嫩尖成片枯萎。在轻盐碱地上也生长较快，且侵占力强，在良好的条件下常侵入其他草坪地生长，有时与高羊茅混播做运动场草坪，多用于温暖潮湿地区的路旁、机场、运动场及其他管理水平中等的草坪。

②杂交狗牙根（天堂草）是一种著名的草坪草，叶片呈狭小三角形，短小的形状如狗牙而得名。心叶折叠节间短，低矮，匍匐茎贴地生长，根茎发达，具有密生、耐低修剪、生长快等优点。该类草坪在适宜的气候和栽培条件下，能形成致密、整齐高、密度大、侵占性很强的优质草坪，但耐寒性弱，不耐粗放管理。常用于运动场、固土护坡、高尔夫球场果岭、球道、发球台及足球场等。

（3）雀稗属。包括巴哈雀稗、海滨雀稗和百喜草。

①巴哈雀稗的叶片宽大而坚硬，比较粗糙，形成的草坪质量较低，茎基部呈紫色，根系分布广而深，耐旱性极强，尤其适合于滨海地区的干旱、质地粗、贫瘠的沙地，建坪速度快，极耐粗放管理。适用于路旁、机场和低质量的草坪地区。

②海滨雀稗的根茎粗壮发达。海滨雀稗具有很强的抗旱性，耐涝性强，抗寒性较差，容易感病，可直接利用海水进行喷灌，被认为是最耐盐的草种之一，适合于各种贫瘠土壤，特别适合于海滨地区。由于能耐频繁低修剪，常用于高尔夫球场果岭，也常用于受盐碱破坏的土壤。

③百喜草的匍匐茎特别粗壮发达，一般可达到成人手指般大小，是目前为所知的暖季型

草坪草中匍匐茎最粗的一种。具有细长的叶片，一般达35～60cm，具有指状花序，一般3分杈，花序上密生紫褐色花粉。

(4) 画眉草属。弯叶画眉草耐热抗旱，再生能力强，较耐践踏，适合于各种贫瘠土壤，管理较粗放。叶片细长，弯曲下垂，是良好的观赏草坪草。一般作为水土保持植被，可与狗牙根、巴哈雀稗等混播做护坡草坪或高速公路草坪。

5.3 草坪建植

草坪建植，是综合应用栽培技术建立人工草坪的过程。主要包括坪床准备、草种选择、种植以及幼坪养护管理等过程。

5.3.1 坪床准备

场地的准备包括各种清理工作、翻耕、整地、土壤改良、施肥及排灌设施的安置等。

5.3.1.1 坪床的清理及粗平整

1. 坪床清理

根除和减少影响草坪建植和以后草坪管理的障碍物，保证地表和30cm土层中树根、石块、建筑垃圾、杂草等障碍物的清除。通常土表60cm以内不应有大块岩石和巨石，可移走或填埋或作为园林布景。

植前杂草清除和地下病虫害的防治在草坪建植和养护管理过程中是一项长期而艰巨的任务。草坪建植前，利用灭生性除草剂（环保型）彻底消灭或控制土壤中的杂草，能显著减少前期草坪内杂草。

(1) 物理防除　常用人工和机械清除杂草的方法，翻耕，深耕，耙地，反复多次，有效清除多年生杂草和杀除已萌发的杂草。既防除了杂草，又有助于土壤风化与土壤地力提升。

(2) 化学防除　主要利用非选择性的除莠剂除草，通常应用高效、低毒、残效期短、土壤残留少的灭生性或广谱性除草剂，如熏杀剂（溴甲烷、棉隆、威百亩）和非选择性内吸除草剂（草甘膦、茅草枯），还可在播种前灌水，提供杂草萌发的条件，让其出苗，待杂草出苗后，喷施灭生性除草剂将其杀灭。

(3) 生物除草　利用种植绿肥、先锋草种（如黑麦草、高羊茅等）生长迅速、后期易于清除的特点，能快速形成地面覆盖层，起到遮阴、抑制杂草生长的作用，而草坪草有一定的耐荫性，它能为前期萌芽慢的草种起到保护作用而成为优势草类。这种在混播配方中，加入一定比例的能快速出苗、生长的草种，抑制杂草生长的方式称为保护播种。

(4) 土壤消毒　主要采用熏蒸法防治地下病虫害，常用的熏蒸剂有溴甲烷、氯化苦（三氯硝基甲烷）、西玛津、扑草净、敌草隆类等，主要是对土壤起封闭作用。当药液均匀分布于土表后，犹如在地表上罩上了一张毒网，可抑制杂草的萌生或杀死萌生的杂草幼苗。

2. 粗平整

粗整是对床面的等高处理，即通常按照设计要求，挖掉突起部分和填平低洼部分。对于填土方的地方，应考虑填土的沉降因素，要适量加大填土量，细质土一般按下沉15%计算，使整个坪床达到一个理想的水平面。地基应与最终平整表面坡度一致。整地时，应考虑建成后的地形排水，采取龟背式或侧向倾斜式。适宜的地表排水坡度大约保持0.2%～3%，特殊要求除外。体育场草坪应设计成中间高四周低的地形。为了便于在草坪建植过程中和草坪建植后的管理，应尽量避免陡坡。

5.3.1.2　设置排灌系统

面积在2000m^{2}以上的草坪必须有充分的水源和完整的灌溉设备，应建稳定持久性的地下排水管路，要和市政排水系统相连接。草坪的灌水最好采用喷灌系统，管道应设在表层土壤以下50～100cm，一般在土壤冻层以下。利用地形自然排水，比降为3‰～5‰。在挖管道沟时，要注意土壤沉降与坪床土壤的一致性。因土壤质地不同沉降一般为10%～15%，在对草坪质量要求较高的地方，可设置简单的地下排水系统，即埋设带孔的排水管，将渗透到管中的多余的水分排出场地外，标准运动场草坪可根据具体要求设置复杂的排水系统。总之，合理的灌溉与排水是土壤改良的一个有效手段，优良的排灌设施，给草坪提供了一个稳定的生长条件，有利于草坪草根系的生长发育，形成高质量、较高观赏水平的草坪。

5.3.1.3　施基肥及改良土壤

理想的草坪土壤应是土层深厚，排水性良好，pH值为5.5～7.5，结构适中的土壤。种植前施足基肥，基肥以有机肥料为主，配合化学肥料施用。有机肥料必须充分腐熟，经过无害化处理，无异味，一般适宜施用量为75～110t/hm^2，配合过磷酸钙适宜用量为300～750kg/hm^2，施用时可结合翻地将肥料施入坪床。常用有机肥源有堆肥、厩肥、泥塘土、腐叶土、泥炭等，其一般使用量为3～6kg/m^2。化肥可选高磷、高钾、低氮的复合肥0.1～0.2kg/m^{2}与有机肥混合的基肥，或在建坪前每平方米草坪，施含5～10g硫酸铵、30g过磷酸钙、15g硫酸钾的混合肥料基肥。要深施和全层施，结合耕旋深施20～30cm为好，为后续草坪的生长奠定良好的肥力基础。

土壤改良的目的在于提高土壤肥力，保证草坪草正常生长发育所需的土壤生态环境。对于过沙、过黏的土壤，主要是在土壤中加入改良剂（泥炭、砂或黏土）。泥炭一般覆盖坪床表面3～5cm厚，覆盖5cm厚需要泥炭240m^3/hm^2。针对过酸的土壤一般采用施用石灰，碱性土壤施用硫酸铝、硫酸亚铁或硫黄粉的方法进行改良，以消除酸碱危害。

5.3.1.4　翻耕

土壤翻耕是指建坪前对土壤进行翻土、松土、碎土等一系列的耕作过程。整地质量的好坏直接影响出苗率和苗期水分管理的难度，应在建植前全面深翻耙地，精耕细作，翻、耙、压结合，清除杂草及障碍物。翻耕深度一般为20～25cm，应在土壤湿润时用圆盘耙等机械充分破碎。严禁在土壤湿度过高时耕作，太湿则在压力下形成泥条，破坏土壤结构，严重影响其物理性状，极易造成而后所建草坪秃裸斑的发生。也不要在土壤太过干硬时耕作，特别是土质黏重的地块，容易产生大土块，土太干很难破碎散开，不容易耙碎平整，最终会严重影响播种质量和出苗的均匀度，产生较多的裸斑影响所建植草坪的整体质量。只有在适宜含水条件下耕作才能确保耕作质量，可手取3～4cm深的土壤，手握成团落地自然散开，或用手指使之破碎。若成团的土块易于破碎散开，则说明适宜耕作，此时耕作省工省力，翻耕土块易翻转酥碎，容易耙碎整平，耕作质量好。另外，如翻耕后坪床土壤过于松散，还应进行轻微镇压等。

5.3.1.5 坪床细平整及施种肥

细平整，即平滑土表，为种植做准备。小面积一般由人工平整（人工耙平，或用一条绳拉一个钢垫）。大面积则需借助专用设备，包括土壤犁刀、耙、重钢垫、钉齿耙等。不平整的土地会导致灌溉水分布不匀，直接影响出苗的均匀度和苗床水分均匀，结果很容易形成缺苗秃斑，所以每次播种前必须认真细平整。结合施用种肥，改善苗期营养。种肥以复混肥为主，适宜的氮磷钾比例为1:2:1，有条件时可在播种前1天浇水以湿润耕层，为播种创造良好的水分条件。

5.3.2 草种的选择

草种选择是建坪成败的关键，是草坪养护的基础，这关系到后来所建草坪的持久性、品质及对病虫草害抗性大小等问题。具体应根据气候条件、土壤条件、养护水平、使用功能等因素来选择适宜的草种。

5.3.2.1 选择草种依据

在建植草坪时，选择草种依据建植草坪的目的、要求和草坪的生态环境两方面，主要考虑如下要素。

(1) 依据欲要求的草坪品质和用途。建坪目的不同，选择的草种有很大差异，例如护坡草坪、运动场草坪和观赏草坪等，各自所选择的草种在耐磨性、扩繁性、再生性、柔软性、观赏性、种植方式、草种组合以及养护管理等方面有较大不同。一般护坡草坪，适宜选择适应性强、耐瘠、耐旱、耐寒、抗热，适宜粗放管理的草种，如高羊茅、加拿大早熟禾、野牛草、结缕草、狗牙根、画眉草、百喜草等，并且可配合紫穗槐、沙棘、胡枝子等小灌木以增强防护功能；而运动场草坪或开放式草坪，适宜选择耐践踏、耐低修剪、恢复性强的草坪品种混播，如高羊茅、草地早熟禾、黑麦草、结缕草、狗牙根、马尼拉草等；对于观赏草坪一般可选择生长低矮、茎叶纤细、质地柔软、质量高、光滑和草姿优美的草种，多以单播方式形成单纯草坪，如草地早熟禾、紫羊茅、马蹄金、三叶草、麦冬、马尼拉、天堂草以及天鹅绒等。

(2) 依据草坪草生态环境适应性。选用的草种必须适应建坪地的气候、土壤等环境条件而正常生长，综合考虑草种的绿期、抗旱、抗寒、耐热、耐瘠薄、耐阴、耐践踏和抗病虫草害等生态要求。如过酸、过碱土壤除加强改良外，对于酸性较强土壤，适宜用剪股颖、羊茅类草种，以多年生黑麦草为先锋草种，不适宜用早熟禾类和三叶草类草种，而中碱性土壤，常采用草地早熟禾或高羊茅为主要草种，黑麦草为保护草种或先锋草种。

(3) 依据建草坪地的管理水平及养护成本。建坪成本与坪床准备、建植方式有关，是人们最关心的，而后续养护管理费用同养护标准、草坪草的环境适应性等方面密切相关，常不被重视。对于经济实力强、养护水平高的应选精细草坪，如剪股颖、早熟禾、马蹄金、天堂草；经济实力差、养护水平低的可选粗放草坪，如结缕草、高羊茅、普通狗牙根、假俭草、钝叶草等。

(4) 所要求的草坪投入使用的时间、建坪速度。所选的建植方式直接影响建坪速度以及投入使用的时间长短。一般要求成坪速度快，利用草皮满铺法铺植草坪，很快形成瞬时草坪，但成本高。另外，应根据实际需要注意首选乡土草种，该草种长期适应本地气候条件，综合抗性强，草坪建植和养护管理费用低，效果较好。同时应考虑草坪草品种本身如下因素。a.覆盖度及枯枝层。一般具有根茎、匍匐茎的草种，枯叶少。草垫层过薄，茎叶覆盖地面的能力强，覆盖度高。如草垫层过厚，容易造成草坪的退化。b.密度大、茎叶分蘖、分枝状况好，生长旺盛，易形成致密的草毯。c.色泽、绿期。颜色深绿、绿期长的草种，品质佳，质量高。d.草坪质地。草叶的细腻程度及触感决定草坪的质地，低矮、柔软、光滑、叶片窄的草坪质地好。

5.3.2.2 草种单播与混播

(1) 单播。是指只用一种草坪草种子建植草坪的方法。单播保证了草坪最高的纯度和一致性，可造就最美观、最均一的草坪外观。但对环境的适应能力较差，要求养护管理的水平也较高。

(2) 混播。是指用两种或两种以上的草种或同种不同品种混在一起播种建植草坪的方法。混播使草坪具有广泛的遗传背景，因而草坪具有更强的环境的适应能力，能达到草种间优势互补，可使主要草种形成稳定和茁壮的草坪。但不易获得颜色和质地均匀的草坪，坪观质量稍差。草种混播应掌握各类主要草种的生长习性和主要优缺点，以便合理选择草种组合；所选草种在质地、色泽、高度、细度、生长习性方面要有一致性；混合的比例要适当，要突出主要品种。因利用目的和土壤状况确定混播比例，像运动草坪或开放式草坪，宜选择耐践踏品种，例如高羊茅80%+草地早熟禾20%、草地早熟禾70%+高羊茅20%+多年生黑麦草10%、狗牙根70%+结缕草20%+多年生黑麦草10%。要求质地、颜色均一可采用细羊茅70%+小糠草30%。对于酸性较强的土壤，适宜选用翦股颖、羊茅类草种，以多年生黑麦草作为保护草种，不适宜用早熟禾类和三叶草类草种；而中碱性土壤，常采用草地早熟禾或高羊茅为主要草种，黑麦草为保护草种。

(3) 播种时间。主要考虑到播种时的温度和播种后2～3个月内的温度状况。一般冷季型草坪草适合在初春和晚夏播种，最适气温15～25℃。而暖季型草坪草适合在春末和夏初播种，最适气温20～30℃。

(4) 播种量的确定。影响播种量的因素很多，如草种大小、发芽率、播种期及土壤条件等。如果播种条件不好，应适当加大播种量；如果草种扩展能力很强，则可以降低播种量。一般确定标准是以足够数量的活种子确保单位面积幼苗的额定株数，理论上每平方厘米有1～2株存活苗，即每平方米有1万～2万株（混播的按混合比例计算）。

理论播种量（g/m^2）=每平方米留苗数×千粒重（g）×10/种子纯度×发芽率×1000

实际播种量为计算理论播种量的120%。在混合播种中，在土壤条件良好、种子质量高时，较大粒种子的适宜混播量播种量为20～30g/m^2。

5.3.2.3 草坪交播

生产实践中，人们都期望草坪四季常青，绿草如茵，但气候条件的限制和季节转换，总会使某一区域的草坪如期进入休眠枯黄期。利用交播技术可以加以改善，一般选择夏绿草种与冬绿草种交播，形成常绿草坪。所谓草坪交播，又叫追播、覆播、插播，就是指在暖季型草坪群落中的休眠期撒播一些冷季型草坪草种以获得美观冬季草坪的技术。在热带，亚热带，建植草坪选用的草坪草通常为暖季型的，该类草坪草在冬季枯黄，处于休眠状态，影响草坪景观，运动场草坪则是一片枯黄，也会影响到运动员的心情和竞技水平的发挥。交播可以改良冬季休眠枯黄的草坪，其目的是在暖季型草坪的休眠期获得一个外观良好的草坪。“交播”所选用的草种具有生产力强、建坪迅速、生长周期短、后期容易除去等特点，如一年生黑麦草、高羊茅、紫羊茅等。在前草进入枯黄期前的1个月就进行交播，一般在暖季型草坪群落中于秋季撒播一些冷季型草坪草种，进入冬季已健壮生长成坪。这些草坪草在热带和亚热带偏暖的地区冬季常绿，夏季又处于休眠以致枯死状态，加上几次的低修剪即可清除。

另外，北方温带地区，冬天暖季型草坪休眠，叶片枯黄，如结缕草类草坪呈现一片金黄色的景观，别有韵味。也可以通过补播黑麦草或高羊茅使草坪继续保持绿色。冬季补播时，首先加强修剪，逐渐降低草坪修剪高度，到9月中旬草坪留茬高度大约应比平常低1～2.5cm。通过划切、垂直修剪、梳草、施肥、浇水等清除草坪上的碎屑物质，在进入休眠期前的1个月进行撒播，进入枯黄期后新草已长成。其次，因原有草坪的影响，妨碍到草坪种子与土壤间的接触，为保证出苗率应加大播种量。草坪补播后，保持地面湿润，促进幼苗生长。一旦冬季草坪成坪，立即修剪，留茬高度为5cm左右。第二年初春进行修剪，为结缕草生长提供充足的光照和空间。

5.3.3 建植方法

5.3.3.1 种子建植

种子建坪就是直接利用草坪草种子，均匀播种于整理好的坪床上，通过一系列的管理工序，使得草坪种子发芽，生长发育，最终成为一块草坪的建坪方法。

(1) 普通播种。播种时将地块分成若干小区，按每小区面积称出所需的种子重量，在每个小区中，从上到下播一半种子，再从左到右播一半种子（交叉播种），保证播种均匀。小面积的可以拌细沙，手工播种，大面积的采用播种机播种。播种完毕后，用覆土耙进行覆土，覆土厚度为0.2～0.5cm，使草种均匀混入5～10mm土层中，然后用滚筒滚压2～3次，确保覆耙均匀，草种与土壤密接，坪床具有一定紧实度，最后用遮阳网、草苫子、无纺布、秸秆等覆盖，再浇透水，保持坪床湿润，直至种子发芽。

(2) 喷播。喷播是把预先混合均匀的种子、黏结剂、覆盖材料、肥料、保湿剂、染色剂、水的浆状物高压喷到陡坡场地的草坪建坪方法。喷播具有播种均匀，效率高，将施肥、混种、播种、覆盖等工序一次完成，受风力影响较小，克服不利自然条件的影响，费用低，且不占用农田、科技含量高等优点。适用于高等级公路的边坡坡面、高尔夫球场的外坡、立交桥坡面以及其他斜坡坡面的植草。

(3) 种子植生带。种子植生带是指坪草种子均匀固定在两层无纺布或纸布之间形成的草坪建植材料。该法具有施工快捷方便、易于运输和贮存，出苗率高、出苗整齐，杂草少，有效防止种子流失，无残留和污染，但成本较高的特点。特别适用于常规施工方法十分困难的陡坡、高速路、公路的护岸、护坡地绿化铺设，也可用于城市的园林绿化、运动草坪以及水土保护等方面。

5.3.3.2 营养器官建植

营养器官建植是指利用草皮、草块、枝条和匍匐茎等繁殖体建植草坪的方法。具有建坪迅速，养护管理强度小，需水量小，与杂草竞争力强等优点。

(1) 铺草皮（卷）。高质量的草皮块是均一，无病虫害的，操作时能牢固地结在一起，种植后1～2周就能生根。密铺相邻草皮块应留0.5～1cm空隙，草皮铺植后要追施表土，将相邻草皮的空隙内填土至与草皮表面一致，而后进行滚压或浇水后2～3天滚压。草皮铺植方式主要有满铺法、间隔铺、条铺和点栽法。

①满铺法。用一定规格的草皮直接把建坪地铺满，一旦成活后即成草坪。该法成坪快，草皮用量大，是所有营养繁殖建坪方法中成本最高的。

②间隔铺。将草皮或草毯铲成30cm的方块形，按一定间距、形状排列铺装在场地上。铺设面积可占1/3或1/2。该法节省草皮材料，但是成坪时间较长。

③条铺。将草皮或草毯铲成大约10cm宽的长条形，以10～20cm的间隔平行铺装在场地上。适用于匍匐茎发达的草种，如狗牙根、结缕草、翦股颖等。

④点栽（分栽）法。将草皮或草毯分成小块，按一定的株行距栽下。

（2）蔓植（播茎法）。将草坪匍匐茎切成带有2～4个节的茎段均匀撒于坪床上或栽种于深为5～8cm、间距15～30cm的沟内，茎段1～2个节埋入地下，另一端露出地面，栽植后立即覆土、镇压和浇水。该法繁殖系数高，节省材料，成本低，成坪慢。一般每平方米材料可铺设30～50m^{2}草坪。主要用于匍匐茎发达的暖季型草坪草的繁殖（如狗牙根、结缕草等），也可用于冷季型草坪草具有匍匐茎的草地早熟禾、匍匐翦股颖等。

（3）塞植。柱状或块状草皮块（直径和高5cm左右）以30～40cm的间距插入坪床，顶部与土壤表层平行。适用于匍匐茎和根茎性较强的草种。一般可用于草坪草种的更换或可用直径为10～20cm的草皮块修补受损草坪。

5.3.4 幼坪养护

5.3.4.1 浇水

播种后的首次喷灌必须浇透，确保湿土层达到15cm。深层土壤水分良好，可促进草坪根系向深层发展并降低苗期后续浇水难度。幼坪浇水的原则是少量多次，以雾状喷灌为好，灌水使2.5～5cm深土壤完全浸润，同时避免床面不平产生小坑积水受涝。为促进种子快速萌发，及时浇水是非常必要的，在播种后的前10天里，保持地面湿润，每天浇水2～3次，随后减少浇水频率，逐渐加大浇水量，保证地表以下2.5cm的湿润层。待种子发芽出土后，对草坪喷水淋水，确保其生长需水要求，保持土壤湿润，直至揭除覆盖物到成坪。随着新草坪的发育，逐渐减少灌水的次数，但每次的灌水量则应增大。播种后1个月左右的苗期水分管理也很关键，湿润的苗床是草坪成功建植的首要条件。依据土质和气候条件，通常每2～3天浇水一次，砂质土壤或干热气候条件下可能需要每天或隔天浇水。另外值得注意的是，浇水不能过多，早春过多浇水会阻碍地温上升，延缓出苗。初秋夜间气温高于20℃时，过多的浇水可能引起苗期病害。

5.3.4.2 取覆盖物

在种子萌发出苗后，幼苗长到1.5~2cm时，要及时撤走覆盖物，以防止遮阴。最好在阴天或晴天的傍晚取覆盖物。

5.3.4.3 修剪

草坪生长到10cm以上，对草坪进行第一次修剪，严格遵循“1/3原则”，剪高7～8cm，并结合浇水，进行追肥作业，以补充营养，保持生长平衡为原则，直至完全覆盖地面为止。通常在土壤较硬且干燥时进行，剪草机具的刀刃应锋利，尽量避免使用过重的修剪机械。首次修剪应该在草坪草上无露水时，最好是在叶子不发生膨胀的下午进行修剪。

5.3.4.4 施肥

可通过草坪草色泽和生长速度来判断幼坪是否需额外施肥，幼坪施肥可在首次修剪前进行。当幼苗又黄又瘦时，可施10-6-4的复混肥5～7g/m^2，或每次施速效氮肥2.5g/m^{2}或缓效氮肥5g/m^2，营养繁殖的草坪施肥量可高些。幼坪施肥采用少量多餐的施肥方法，浓度要低，施肥频率取决于土壤质地和草坪草生长情况。

5.3.4.5 幼坪防护

(1) 杂草防治。除杂草是草坪养护的一项重要工作。杂草生命力比种植的草坪强，要及时清理，不然杂草会吸收土壤养分、水分，抑制种植草的生长。人工拔除或施用苗期茎叶处理除草剂，一般少量杂草或无法用除草剂的草坪杂草采用人工拔除，应用辅助工具将草连同草根一起拔除，不可只将杂草地上部分去除，对已蔓延的恶性杂草用选择性除草剂防除，靠近花、灌木、小苗的地方禁用。杂草防除要遵循“除早、除小、除了”原则。

(2) 害虫防治。幼坪需特别注意地下害虫蝼蛄的危害，以免受破坏的草坪草因与土壤分离而枯死，可用毒死蜱防治。另外，蚂蚁也会移走种子，必要时可进行防治。

(3) 病害防治。避免幼苗密度太大及浇水过多，可有效预防幼坪病害。如发现幼坪感病后及时喷施杀菌剂，但药量不宜过高。草坪病害防治工作应遵循“预防为主，综合防治”的方针。首先要按照合理的养护措施进行养护，再配合药剂进行防治。冷季型草坪夏季病害发生多，危害大，可在病害发生前打药预防，一般4~6月开始喷杀菌剂。夏季草坪长势弱，往往忽视病害的存在，以肥代药会加重一些病害的蔓延。应分清情况进行正确处理。

5.4 草坪养护

俗话说“草坪三分种，要七分管”。草坪一旦建成，为保证草坪的质量与持续利用，要对其进行日常和定期的养护管理。对于不同类型的草坪，尽管在养护管理的次数和强度上有所差异，但其养护的主要内容和措施大体是一致的。其内容包括灌水、施肥、修剪、表施土壤、滚压、除草松土、病虫草害防治等养护管理技术。修剪、灌溉和施肥是最主要的三项草坪管理措施，合理运用这些管理措施是获得优质草坪的有效途径。其中草坪修剪是草坪管理中工作量最大的一项作业，是草坪养护管理的核心内容。

5.4.1 修剪

修剪是指为了维护草坪的美观以及充分发挥草坪的功能，为使草坪保持一定高度而进行的定期剪除草坪草多余枝条的工作。修剪草坪是草坪养护管理的核心内容，最重要，费用最高，是保证草坪质量的重要措施，是维持优质草坪的重要手段，特别是对于质量要求较高的草坪，修剪显得更加重要。当草坪草已全部返青，并且出现由于顶端生长过旺而阻碍了分蘖、根茎或匍匐茎的发育，或者草坪整体不平整的时候应立即开始修剪。修剪叶应根据不同类型的草坪，将修剪机调到适宜的高度，修剪高度一般为3～5cm，以使草坪保持低矮、致密。不要等到草长得过高，才进行修剪，这样对草坪造成伤害过大，伤口不易恢复，极易感染病害；也不能过度修剪，降低了营养物质的合成，阻碍根系发育。

5.4.1.1　草坪修剪原理和作用

（1）修剪原理。草坪耐频繁修剪的原因是草坪草的生长点低、再生能力强，又有留茬、匍匐茎、根系等储藏器官的营养物质供应做保障。修剪会剪去草坪枝条顶部的叶组织，对草坪来说是一个损伤，但它们又会因强的再生能力而得到恢复。草坪草的再生部位是剪后留存的上部叶片的老叶（可以继续生长）、未被伤害的幼叶（尚能继续长大）和基部的分蘖节（根颈）（不断产生新的枝条）。修剪对于所有草坪草都一样，但是，暖季型草坪草对于低修剪并没有冷季型草坪草敏感。暖季型草坪草春季的第一次修剪多在4月中下旬、草坪草开始旺盛生长时进行，修剪高度一般在3～5cm，以使草坪保持低矮、致密。但春季忌过度修剪，因为这样将减少营养物质的合成，进而阻碍春季草坪草根系的发育，春季贴地面修剪形成的稀疏且浅的根系必将减弱草坪草在整个生长季的表现。如果养护管理水平较高，则应尽快开始有规律的修剪，即每隔10～15天修剪一次。

(2) 修剪的目的。在特定的范围内控制营养生长和草坪草顶端生长，促进生长点生长，增加分枝分蘖，形成致密的绿色草毯，维持一个适于观赏、游憩和运动的草坪表面。

(3) 草坪修剪的作用。适当地修剪会给草坪草以适度的刺激，可平滑草坪表面，使草坪平坦均一，促进草坪的分蘖、分枝，利于匍匐茎、根状茎的伸长，增大草坪密度，形成致密的草毯；修剪还会控制草坪徒长和开花，抑制杂草的生长和入侵，降低叶片宽度，提高草坪质地，使草坪更加美观。另外，修剪还有利于日光进入草坪基垫层，使草坪健壮生长，充分发挥草坪的坪用功能。草坪草具有生长点低位、叶小、直立、健壮、致密生和生长较快的特性，这就为草坪的修剪管理提供了可能。

5.4.1.2　修剪的高度和频率

合理修剪，根据不同的季节确定修剪频率，采用不同的修剪方式，同时不断转换修剪方向，防止草坪退化和“纹理现象”发生。草坪修剪管理涉及多方面的因素，要做到适度修剪必须处理好下列问题。

1. 修剪高度

草坪的修剪高度也叫留茬高度，是指草坪修剪后地上枝条的垂直高度。因草坪质量要求、草种、利用强度、所处环境条件以及生长发育阶段的不同，修剪高度也是不相同的。因此，草坪的适宜留茬高度应依草坪草的生理、形态学特征和使用目的来确定，以不影响草坪正常生长发育和功能发挥为原则。一般草坪草的留茬为3～4cm，部分遮阴、胁迫和损害较严重草坪的留茬应高一些，以降低草坪单位面积上的密度，增加单株草坪草的光和面积，使草坪草更能适应遮阴的环境条件。确定草坪适宜的修剪高度是十分重要的，它是进行草坪修剪作业的依据。每次修剪时，剪掉的部分应少于叶片自然高度的1/3，即必须遵守“1/3原则”。修剪时不能伤害到坪草的根颈，否则会因地上茎叶与地下根系生长的不平衡而影响草坪草的正常生长。当然，可以根据草坪长势、种类、季节等予以适当调节。一般长势旺，留茬短些，长势弱，留茬高些；夏季冷季型草坪应提高修剪高度以弥补高温、干旱胁迫的影响，而暖季型草坪则在生长的前期和后期应提高修剪的高度以增强其抗冻性和提高光合能力。在实际工作中，通常剪草时草高为留茬高度的1.5倍。修剪过高或过低都会对草坪产生不良影响：若草坪留茬过高给人一种蓬乱、粗糙、柔软，甚至倒伏的感觉，表现为不整齐的外观，还会因引起枯草层过厚而影响草坪草正常生长。草坪草生长过高，会导致植株下层叶片因长期不能获取足够的光照而枯黄，同时草叶因过长而下垂弯曲，也使草坪密度下降，叶片宽度增加使草坪质地变得粗糙，草坪质量显著下降。若草坪被修剪得太低，会使草坪草根茎受到损伤，大量生长点被剪掉，从而损伤草坪草的再生力；同时，大量叶组织被剪除，削弱了植物的光合作用，导致草坪草光合能力的急剧下降。由于叶面积的大量损失，使得仅存有的光合产物主要被用于新的嫩枝组织生长，消耗了大部分贮存养分，使大量根系无足够养分维持而退化变浅甚至大量死亡，从而极大降低了草坪草从土壤中吸收营养和水分的能力，最终导致草坪逐渐衰退。另外，不按“1/3原则”操作，一次剪掉过多的绿色叶片，下层枯黄的叶片显现出来，就会出现黄斑，影响整体美观，也将使根系的作用下降到最低限度。

2. 修剪时期及频率

修剪的高度及频率直接影响草坪施肥、灌溉的频率和强度，在特定的范围内控制草坪草顶端生长，促进分枝，维持一个适于观赏、游憩和运动的草坪表面。“1/3原则”是确定修剪时间及频率的最重要的依据。生长过于旺盛会导致根部坏死，要获得优质草坪，在生长旺盛时期连续修剪是必要的。草坪的修剪时期与草坪草的生育相关，一般而言，冷季型草坪草修剪时间集中在生长旺盛的春季（4～6月）、秋季（8～10月）两季，暖季型草坪草修剪时间集中在夏季（6～9月），通常在晴朗的天气下进行。草坪修剪的次数应按照草坪草生育状态、草坪用途、草坪质量及草坪草种类等来决定。草坪修剪频率是指一定时期内草坪修剪的次数，取决于草坪草种类、生长速度、草坪用途、草坪质量、养护水平等因素。草坪草的高度是确定修剪与否的最好指标。

3. 修剪方式与质量

草坪每次修剪或滚压时，由于机械行走方向不同，使得草坪草茎叶倒伏的方向不同，从而叶片反射光出现差异，因而会形成深浅相间的花纹。同一块草坪，每次修剪要避免永远在同一地点、同一方向的多次重复修剪，否则草坪就会退化和发生草叶趋于同一方向的定向生长。草坪的修剪应按照一定的模式来操作，以保证不漏剪并能创造良好的坪用外观。另外，草坪修剪的质量取决于剪草机的类型及草坪生长状况。总原则是在满足草坪修剪质量要求的前提下，选择最经济实用的机型。通常运动场草坪和观赏草坪质量要求比较高，修剪高度低一般多在2cm左右，应选择滚刀式剪草机。一般绿化草坪如广场、公园、学校等，修剪高度较高，多在4～15cm，都选用旋刀式剪草机。而对于护坡地、公路两侧绿地的草坪管理极为粗放的，修剪高度超过20cm，草坪质量要求较低，可以人工割草或选择割灌机进行修剪。

剪草方式主要有机械修剪、化学修剪以及生物修剪3大类。

(1) 机械修剪。是指利用修剪机械对草坪修剪的方法，草坪修剪主要以修剪机修剪为主。随着社会的发展，科学技术的进步，草坪修剪机械也在不断地更新和改进，目前已有几十种适应不同场合的先进的、有效的、方便操作的修剪机械。大面积的修剪，特别是高水平养护的草坪，以机动滚刀式修剪机修剪为好，修剪出的草坪低矮、平整、美观；而小面积的修剪则可以用旋刀式修剪机修剪，但修剪出的草坪平整性、均一性较差。机械修剪要避免同一块草坪，在同一地点、同一方向多次修剪，因为如果每次修剪总朝一个方向，容易促使草坪草向剪草方向倾斜的定向生长，草坪趋于瘦弱，易于形成“斑纹”或“纹理”现象（草叶趋于同一方向的定向生长所致），降低草坪的质量，引起草坪退化。此外，要注意草坪修剪时严禁带露水修剪，保持刀片锋利，对草坪病斑处要单独修剪，防止交叉感染，修剪后对刀片进行消毒，病害多发季节可适当提高修剪高度。

(2) 化学修剪也称药剂修剪。主要是指通过喷施植物生长抑制剂（如多效唑、烯效唑等）来延缓草坪枝条的生长，从而降低养护管理成本。一般用于低保养的草坪，如路边草坪等，这使高速公路绿化带、陡坡、河岸等地的草坪修剪简单、安全、易操作，因此具有广阔的应用前景。随着草坪面积的扩大，草坪化学修剪也得到了重视，并取得了一些进展。但研究表明，药剂修剪会使草坪草的抵抗能力下降，容易感染病虫害，对杂草的竞争力降低，最终使草坪的品质下降。

(3) 生物修剪。是利用草食动物的放牧啃食，达到草坪修剪的目的的方式，该修剪主要适宜森林公园、护坡草坪等。

另外还有草屑处理问题。通过剪草机剪下的坪草枝条组织称为草屑或修剪物。当剪下的草过多时应及时清除出去，否则形成草堆引起下面草坪的死亡或害虫在此产卵，利于病害的滋生。修剪时一般是将草叶收集在附带在剪草机上的收集器或袋内。由于草屑内含有植物所需的营养元素，是重要的氮源之一，氮素占其干重的3%～5%，磷素约占1%，钾素大体占1%～3%。如果绿地草坪剪下的叶片较短，又没发生病害，就可直接将其留在草坪内进行分解，既可增加有机质，又能将大量营养元素归还到土壤中循环利用。如果剪下的草叶太长时或草坪发生病害，剪下的草屑要收集带出草坪或进行焚烧处理。对于运动场草坪，比如高尔夫球场果领区不宜遗留草屑（影响美观和击球质量）。

5.4.2 施肥

施肥是草坪养护管理中的一项重要的手段，是花时间、花工最少，花钱不多的措施之一。通过施肥可以为草坪植物提供自身所需要的营养元素、改善草坪质量和保证草坪持久性。

在草坪养护管理中，只要是施入土壤中或是喷洒于草坪地上部分，能直接或间接地供给草坪草养分，使草坪草生长茂盛、色泽正常，并逐步提高土壤肥力的各种物质，称为肥料。氮肥有利于增加草坪草绿色，磷肥有利于促进草坪草根系的生长，而钾肥则有利于提高草坪草的抗性。因此，草坪生长过程中要注意科学施肥，施用安全卫生的肥料，尽量不要单一施用氮肥，应施用氮、磷、钾配比合理的复混肥，有条件的地方可以进行配方施肥，同时可以结合表施土壤，增加有机肥料的施用，保持肥料养分全面均衡，可减少草坪病害的发生。全年施用草坪专用肥、卫生肥料等3～5次来补充草坪养分不足，保障其正常生长发育和营养平衡。

5.4.2.1 养分种类及作用

了解草坪营养特性、合理施肥是维持草坪正常颜色、密度与活力的重要措施。草坪同其他植物一样，正常生长所必需的17种营养元素，即碳、氢、氧、氮、磷、钾、钙、镁、硫、锌、铁、锰、铜、硼、钼、氯、镍，除碳、氢、氧主要来自空气和水外，其他的都主要靠土壤和肥料提供。氮、磷、钾为大量元素，草坪草生长需要量最多、最为关键的营养元素是氮，其次是钾，磷列第三，磷钾养分的丰缺常与草坪质量、发病率及草坪在胁迫条件下的抗性有关。

草坪草对养分的要求量与农作物、果树、牧草不同，栽培作物主要收获籽实籽粒，果树以果品、牧草为全部的生物产草量，而养分有利于草坪较长期地维持良好的覆盖和一定绿度。正常草坪草中，所含氮素占干物质总重的3%～5%，氮能促使草坪草茎叶繁茂，缺氮草叶失绿黄化，生长不良，但过量的氮会使植物细胞壁变薄、养分贮备下降，导致抗性降低。同时还刺激地上部分徒长而增加剪草工作量，影响到根系发育。由于氮素容易因挥发、淋失和反硝化造成损失，坪草对其需要量又大，因此比磷钾等元素更容易缺乏。草坪施肥要以氮钾为主，氮、钾、磷三要素配合，注意补充其他元素，以维持草坪营养平衡，提高草坪质量，保持草姿优美并可延长其使用寿命。磷钾在提高环境适应能力，增强草坪抗寒性、抗旱性、抗病性等对逆境的抗逆能力方面发挥重要作用，故为了提高草坪越冬、越夏的抗逆性，可加大磷钾用量。

5.4.2.2 施肥量确定

草坪需要施用多少肥料取决于许多因素，包括期望的草坪质量高低、气象条件、生长季节的长短、土壤质地、光照条件、利用强度、灌溉状况、修剪碎叶的去留等。施肥量可根据草坪草的生长状况、土壤的肥力高低、生长季节的长短、当地气温情况和践踏程度来调节确定。选择和施用肥料时，应充分了解和分析各种肥料的养分含量和烧伤草叶的可能性以及肥料特性，并根据草坪土壤情况确定适宜的化肥种类及施用量，制订施肥计划时要以土壤养分测定的结果和经验为根据。在贫瘠草坪土壤应多施肥，同时，生长季节越长，使用率越高的草坪施肥量越多，以保证草坪健康生长。一般来讲，土壤质地偏砂性土、砂壤土一次的施肥量以4～5kg/亩（1亩≈666.7m^2，下同），一年两次的施肥量以6～10kg/亩为准。氮素对草坪草的生命活动以及对草坪草的色泽和品质有极其重要的作用，合理施用氮肥是非常重要的。凭经验，常根据草坪密度、生长速度等来估算或估测氮肥的需要量，可通过试验方法或通过测定土壤有效氮含量来确定草坪对氮的需求量。草坪推荐施肥时，氮肥施用量最大，并且磷钾肥施用量通常以氮的用量为基础。一般施磷量为氮的1/10～1/5、施钾量为氮的1/3～1/2。草坪营养与施肥中，强调氮、磷、钾营养平衡，三者的比例一般为10:6:4或10:5:5为宜，还要根据实际要求配合其他营养物质。为避免施肥后立即产生不适当的刺激作用，并保证养分源源不断供给草坪，至少有一半的氮应是缓效氮。为了确保草坪养分平衡，不论是冷季型草，还是暖季型草，在生长季内至少要施1～2次复混肥等完全肥料或全价肥料。

5.4.2.3 施肥时间

冷季型草坪一年有两个生育高峰，因此，其最重要的施肥时间是晚夏和深秋，高质量的草坪最好是在春季应施肥1～2次。暖季型草坪一年只有夏季一个生育高峰，为满足生长对养分的要求，最重要的施肥时间是在春末，第二次施肥宜安排在夏天。草坪施肥最好安排在修剪之后、灌水之前进行。

5.4.2.4 施肥次数

施肥次数因养护管理水平、草坪草生长状况、土壤肥力水平等的不同而异，首先，对于低养护管理草坪，每年只施用1次全价肥料，冷地型草坪草于每年秋季施用，暖地型草坪草在初夏施用。其次，对于中等养护管理草坪，冷地型草坪草在春秋季两个生长高峰期各施一次肥料，一次在早春，一次在初秋，这样，草坪草可比3月或4月施肥的草坪提前2～3周开始生长。尽早施肥不仅可以使绿期提前，而且有助于冷季型草坪受到的各种伤害尽早恢复，同时可在一年生杂草得到适宜萌芽温度之前形成致密的草皮。在8月末或9月初施肥，不仅可以使绿期延长到秋末或冬初，而且可以刺激草坪草二年分蘖和产生地下根茎。这种施肥措施可给优良的草坪创造最佳生活条件，而对夏季早生杂草不利。暖地型草坪草在春季、仲夏、秋初各施用1次。最后，对于高养护管理的草坪，在草坪草快速生长季节，无论是冷季型草坪草还是暖季型草坪草最好每月施肥1次。施肥要少量、多次，使草能均匀生长。草坪旺盛生长期，特别是冷季型草坪，由于垂直生长速度快，大大增加修剪频率和次数，每年应进行若干次追肥，至少在春季和秋季两次施肥不可少，之后可根据情况在春秋两季增加施肥次数。夏季一般不施肥，如果需要可在夏初使用缓释肥（有机肥），春季第一次追肥和秋季最后一次施肥除施氮磷钾复混肥外，需要根据实际追施氮肥。夏季一般不施肥，不要因草衰弱，多次追施氮肥，以免诱发病害，降低抗性。钾肥可提高草的抗性，每次施氮肥都可加入一定量的钾肥。缓效肥养分源源不断地供给草坪平衡生长，同时减少施肥次数，节省工力，提高效率。

5.4.2.5 施肥方法

在草坪施肥的具体过程中，施肥方法也十分重要。方法不正确，施肥不均匀，常引起草坪色泽不均，影响美观，有的甚至引起局部灼伤。条件较好的应使用专用的施肥机械施肥，可使施肥量准确、撒施均匀，施肥效率高，效果好。常用草坪施肥方法有三种。一是颗粒撒施，把所有肥料直接撒在草皮表层，撒肥时要撒得均匀一些，否则未撒上的区域就不会得到肥料的营养。为避免某区域因施肥太多而过度刺激植物生长，可把肥料分成几份向不同方向撒，尽量撒匀，撒施后需马上对草坪浇水。二是叶面喷施，将肥料加水稀释成溶液，利用喷灌或其他设备工具喷洒在草皮表面。要求肥料溶解性能要好，不能过酸过碱，以免灼伤草叶，如速溶复合肥采用水溶法按0.5%浓度溶解后，用高压喷药机均匀喷洒，施肥量为80kg/m^2，尿素按0.5%的浓度，用水稀释后，用高压喷雾枪喷施。三是灌溉施肥，注意控制养分溶液浓度。如尿素的浓度一般为2%～3%，KH_2PO_4的浓度应在0.2%～0.3%的范围内，浓度过高也容易灼烧茎叶。肥料分布不均匀，易导致草坪草生长不一，甚至受害，尤其高浓度肥料或大剂量施用时，对其影响更为明显。

5.4.2.6 施肥要求

草坪施肥要按需施肥，均匀施肥。单株草坪植物的根系所占面积很小，若肥料分布不均匀，会导致草坪草生长不均一、不整齐，甚至受害，尤其高浓度肥料或大剂量施用时，对其影响更为明显，所以，施肥要均匀地施在草坪上，并注意少施、勤施。均匀施肥需要选用适宜的机具、有较高的技术水平，施肥的机具主要有两个类型：一是适用于液体化肥的施肥机，另一种是颗粒状化肥施肥机。通常小面积的草坪可以用人工撒施，但要求施肥人员特别有经验，能够把握好手的摆动和行走速度才能做到撒施均匀一致。施肥前草坪应干燥无露水，草坪施肥后需及时浇水，以促进养分的分解和草坪草的吸收，防止肥料“烧苗”。冷季型草坪草在高温热胁迫、杂草发生等逆境条件下，一般不施肥，尤其是氮肥。若春季追肥，应根据草坪生长状况，以氮肥为主，要少施或不施，过多使用氮肥会导致草坪草旺而不壮，使得草坪草抗性降低，容易发病，还要增加修剪频率，从而加大管理成本。秋季施肥，应以磷钾肥或基肥为主，最好施用缓释肥料等，增施磷钾肥，可减轻冻害，使草坪安全越冬。

5.4.3 灌水

5.4.3.1 灌水时间

草坪何时需要灌水，是草坪管理中一个复杂但又必须解决的问题。科学浇水，是按照草坪草生长发育需水规律和土壤水分状况，适时合理灌溉，促进生长，形成健壮、整洁、美观的草坪。根据实际情况，当表土层干旱时，就应及时浇水，直至灌到土壤深层湿润，而且喷水可以冲洗掉草坪叶片上的尘土，有利于光合作用。下次再浇水时，必须要等到土壤水分无法满足草坪草生长需要时才能进行，这样不但节约用水，而且促进根系向下扩展，增大营养面积，增强草坪抗旱性，更适宜草坪生长。大多数暖季型草坪草具有较强的抗旱性，需水量仅为冷季型草坪的1/3左右，一般情况下不需要浇水，但在遇到干旱或是使用频率较高的草坪（如运动场草坪）应加强灌水，以防水量的不足影响生长。由于冷季型草坪不耐热，夏季气温较高，草坪蒸发量较大，必须及时喷水或浇水。要避免傍晚浇水，以减少发病概率。

(1) 灌水时间确定。首先，观察植株，当叶片色泽会由亮变暗，进而萎蔫、卷曲，叶色灰绿，终至枯黄时，需要立即灌水。其次，观察土壤干湿度，当10～15cm土层呈现浅白色，无湿润感时需要灌水。另外，利用张力计法测量土壤含水量和草坪的耗水量。把蒸发皿放在开阔区域，粗略判断土壤中损失的水分（草坪的实际耗水量一般相当于蒸发皿内损失水深的75%～85%时需要灌水）。这种方法可在封闭的草坪内应用。

一天中草坪浇水的最佳时间是太阳出来之前，夏季应尽可能安排在早上，一般不在有太阳的中午和晚上浇水。前者容易使细胞壁破裂，引起草坪草的灼伤，而且蒸发损失大，降低水分的利用效率；而晚上浇水虽然水的利用率高，但由于草坪整夜处于潮湿状态下，利于细菌和微生物的滋生并侵染草坪草组织，引起草坪病害。因而许多草坪管理者喜欢早上浇灌，一般来说早晨是浇水最佳的时间，除了可以满足草坪一天生长发育需要的水分外，到晚间叶片就干燥了，还可以防止病菌的滋生。而对于运动场草坪，多在傍晚灌水，但要注意，应立即喷施杀菌剂，可有效预防因高湿引起的草坪病害。在我国南方地区越夏困难的冷季型草坪草，通常可在傍晚浇水以降温，有助于幼苗安全度过夏季的高温。

(2) 灌溉原则。草坪灌溉因草种、质量、季节、土壤质地不同遵循不同的灌水原则，同时灌溉还应与其他养护管理措施相配合。草坪灌水遵循以喷灌为主，尽量避免地面大水漫灌，这样省水效率高又不破坏土壤结构，利于草坪草的生长。应在草坪草缺水时灌溉，一次浇透，成熟草坪，应干至一定程度再灌水，以便带入新鲜空气，并刺激根向床土深层的扩展，喷灌时应遵循大量、少次的原则，以有利于草坪草的根系生长并向土壤深层扩展。单位时间浇水量应小于土壤的渗透速度，防止径流和土壤板结。控制总浇水量不应大于土壤田间持水量，防止坪床内积水，一般使土壤湿润深度达到10～15cm即可。浇水因土壤质地而宜，沙土保水性能差，要小水量多次勤浇，黏土与壤土要多量少次，每次浇透，干透再浇。

5.4.3.2 灌水量

(1) 水源。草坪灌溉通常采用地表水（河流、湖泊、池塘等）或地下水进行灌溉。在利用地表水进行草坪灌水时，水中往往会携带一定的杂草种子，若不加以处理和控制，常常会导致杂草的入侵。

(2) 灌水量的确定及影响的因素。草坪草种或品种、草坪养护水平、土壤质地，以及气候条件是影响灌水量的因素。每周的灌溉量应使水层深度达到30～40mm，湿润土层达到10～15cm，以保持草坪鲜绿。在炎热而干旱的地区，每周灌溉量在6mm以上为宜，最好是每周大灌水一两次。北方冬灌湿润土层深度则增加到20～25cm，适宜在刚刚要结冰时进行。灌冬水提高了土壤热容量和导热性，延长绿期，确保草坪越冬安全。

(3) 灌水方法。草坪的灌溉方法主要有人工管灌、地面漫灌、喷灌、微喷灌、滴灌。微喷是一种现代化的精密高效节水灌溉技术，具有节水、节能、适应性强等特点。微喷主要用于花卉、苗圃、温室、庭院、花坛和小面积、条形、零星不规则形状的草坪。微喷与喷灌并没有严格意义上的区别，但其水滴细小，雾化程度高。

5.4.3.3 灌水技术要点

初建草坪，最理想的灌水方式是微喷灌，出苗前每天灌水1～2次，土壤计划湿润层为5～10cm，随苗出、苗壮逐渐减少灌水次数和增加灌水定额。低温季节，尽量避免白天浇水。草坪成坪后至越冬前的生长期内，土壤计划湿润层深度按15～25cm计算，土壤含水量不应低于田间持水量的60%。为减少病虫害，在夏季高温季节草坪草胁迫期，应采取特殊管理技术措施喷水、灌水降温，但应减少灌水次数。灌水还应与施肥作业相配合，防止灼伤草叶，提高肥料的吸收利用率。在北方冬季干旱少雪、春季雨水稀少、土壤墒情差的地区，入冬前必须灌好“封冻水”，以充分湿润20～25cm土壤深度，在地表刚冻结时进行，以使草坪草根部贮存充足的水分，提高土壤热容量和导热性，增强抗旱越冬能力。对于土质偏沙性的土壤，由于蓄水保水能力较差，应在冬季晴朗天气，选择白天气温较高时灌冬水，灌至土壤表层湿润为适宜，切不可多灌形成积水，以免夜间因低温结冰形成冰盖，对草坪草造成危害。最后在早春土壤开始融化之前草坪开始萌动时灌好“返青水”，促进提早返青和生长，防止草坪草在萌芽期因春旱而影响其生长，还可以有效地抑制杂草。如果草坪践踏严重，土壤板结干硬，浇水时难以渗透，要先进行打孔疏松土壤，而后浇水，这样不影响高处草坪土壤水分的渗透，低洼地方也不致积水，利于草坪生长均匀一致。

5.4.4 辅助养护措施

除修剪、施肥、灌水等常规的养护措施以外，还有表施土壤、滚压、打孔、除土芯、划破草皮、松耙、清除枯草层、添加湿润剂和着色剂等辅助养护管理措施。

5.4.4.1 表施土壤

草坪使用过程中土壤会发生不同程度的减少，有的甚至出现凹凸不平、匍匐茎裸露、肥力低下的情况。为了促进草坪草正常生长，保证绿地平坦均匀，表施土壤十分重要。所谓表施土壤是指将土壤、有机质和砂按照一定的比例混合均匀施入草坪的作业项目，一般土壤、砂和有机质按照1:1:1或2:1:1的比例混合，这在草坪的建植和养护管理中用途较为广泛。

(1) 表施土壤的作用。表施土壤可以平整坪床、起到填低拉平的美化作用，促进草坪再生，有效防止其徒长，利于草坪更新，还可以促进枯草层分解，防止草坪冻害，保护草坪草，延长草坪绿期。对大量产生匍匐枝的草坪，先用机具进行高密度的划破后，表施土壤，有利于清除严重的表面繁结。

(2) 表施土壤的时期、次数。表施土壤一般在草坪草分蘖期或萌芽期和生长期。冷季型草坪在3～6月和10～11月，暖季型草坪在4～7月和9月。表施土壤的次数因草坪利用目的和生育特点的不同而有差异。普通草坪表施次数可少一些，可加大用量。通常一般草坪一年施1次，运动场草坪一年施用2～3次。表施土壤要在疏草之前、打孔之后进行最好。高尔夫球场的果岭为具有大量匍匐枝的匍匐翦股颖、杂交狗牙根等的高档草坪则需经常性的作业，应采取少量多次的作业方法。

(3) 表施土壤技术要点。表施细土的材料原则上应与原坪床土壤类似，且要含水分少，不含杂草种子、繁殖体、病菌或害虫等。通常土壤材料应干燥并进行过筛消毒处理，主要采用熏蒸法。常用于草坪的熏蒸剂有溴甲烷、氯化苦、棉隆、威百亩等。施土前必须先进行草坪修剪，施肥应在施细土前进行，一次表施土壤不宜超过0.5cm厚，施土后要拖平整。

5.4.4.2 土壤碾压

土壤碾压是指压辊或滚筒在草坪上边滚边压，滚压的重量依滚压的次数和目的而定，如为了修整坪床面适宜少次重压。可选用人力滚筒或机械进行。滚筒为空心的铁轮，筒内加水加沙，可调节滚轮的重量。一般手推轮重量为60～200kg，机动滚轮重量为80～500kg。

(1) 滚压的作用。生长季节滚压，使草坪生长点轻微受伤，枝条生长变慢，节间变短，减少修剪次数，降低养护成本，同时滚压可抑制开花、控制杂草入侵，减轻杂草危害，还可增加草坪草分蘖，增加草坪密度，促进匍匐茎生长，使匍匐茎上浮受到一定的抑制，使叶丛紧密而平整，提高草坪质量；草坪播种或铺植后滚压，使草坪种子或根部与坪床土壤紧密结合，有利于水分吸收，适宜萌发和产生新根，促进成坪；另外，还可对因结冰膨胀融化或蚯蚓等动物引起的土壤凹凸不平进行平整，可增加运动场草坪场地硬度，使场地平坦，同时滚压可使草坪形成花纹，提高草坪的使用价值和景观效果。

(2) 滚压时间、方法。可利用人工或机械方法，在生长季进行滚压，但通常要视具体情况而定。例如按栽培要求适宜在春夏生育期进行；按利用要求适宜在建坪后不久、降霜期或早春开始剪草时等。滚压可结合修剪、覆土，如运动场草坪比赛前要进行修剪、灌水、滚压，可以通过不同走向滚压，使草坪草叶反光，形成各种形状的花纹。

(3) 滚压注意问题。滚压一定不能过度，草坪弱小时不宜滚压，在土壤黏重、太干或太湿时不宜滚压，应结合修剪、表施土壤、灌溉等作业进行。对于用结缕草、沟叶结缕草、细叶结缕草建植的草坪在管理条件较差时很容易起丘，似馒头状，呈现凹凸不平状，此时并非土壤地面不平的缘故，所以需要加强打孔、垂直修剪、划破梳草等管理而不需要滚压。

5.4.4.3. 草坪打孔或划破梳草

草坪随着年限延长，由于枯枝落叶形成枯草层，以及人为过度践踏，造成根系自然死亡及土壤板结等，严重影响草坪的根系发育，最后导致草坪质量和观赏性下降。用草坪打孔机、切根梳草机，在土壤湿度适宜的情况下，进行打孔或划破梳草，然后撒施肥土并浇水，促进草坪的健康生长。

草坪的疏松作业项目主要有打孔、划破和穿刺、垂直刈割、梳草。

(1) 打孔。打孔就是在草坪上扎孔打洞，以利于土壤呼吸和水分、养分渗入坪床土壤中的作业。有条件的，可用草坪专用打孔机打孔。打孔分为实心打孔和空心打孔两种。常用空心打孔机可穿插入土层深度5～20cm，取出如手指状的土条，然后，用土壤破碎机耙平，并清除掉草叶上的泥土，有利于草坪草的生长，还方便草坪的修剪和进行击球等活动。同时，打孔之后还要进行表面施肥并马上浇水，这样能有效地防止草坪草脱水。打孔密度一般要求为36～50穴/m^2，穴深8～10cm，打孔直径一般要求1～2.5cm，应选择在草坪草旺长、恢复力强且没有逆境胁迫情况下进行，一般冷季型草坪在夏末秋初，暖季型草坪适宜在春末夏初。干旱季节，不宜打孔和取芯土，以免失水萎蔫影响草坪正常生长。如果没有条件，可用铁叉在草坪地上刺孔，刺孔20～30个/m^2。对于黏壤土、黏土或重黏土的绿化草坪地，疏松土壤是非常重要的措施。这将有利于提高雨水和肥料的渗透能力，并能刺激深层根系的生长发育。一般情况下，松土打孔应安排在施肥或补播前进行，也可以补播施肥相结合，以节约劳力和时间。

(2) 划破和穿刺。划破是指借助于安装在圆盘上的一系列“V”形刀片刺入草皮深7～10cm的作业，而穿刺与划破相似，只是深度在3cm以内。划破和穿刺没有取出芯土，草坪草不致脱水萎蔫，对草皮的破坏性较小，四季皆可进行，并且可切断草坪草的根状茎和匍匐茎，有助于新枝条的产生。在干旱季节，不宜打孔和取芯土，但可划破或穿刺。该措施常用于高尔夫球场球道和其他土壤板结的草坪，一般1～2周1次。

(3) 垂直刈割。借助于安装在调整旋转水平轴上的刀片进行近地面的垂直修剪，是清除草坪表面枯草层和改进草皮表层通气性的一种养护手段。垂直刈割机启动时，高速旋转的“V”形刀片切碎表土，改善土壤通气性，并拉走枯草层。该法对草皮的破坏性小，效果较好，宜用于草坪旺盛生长季节。

(4) 梳草。一般用草耙、弹齿耙及梳草机，将草皮层上的覆盖物清除，可抑制杂草和苔藓的生长，促进通气透水，增加养分。一般在干旱灌水不能很快渗入床土表层时进行，成坪草坪每年夏季应进行一次。草坪中少量的枯草层是有利的，因为它能提供草坪的弹性，能使地下土壤避免遭受极端温度的影响，干燥的枯草层可防止杂草种子发芽，减轻杂草的侵入和危害。但枯草层过多，厚度达到2cm时就明显影响草坪草的生长，且草坪外观欠佳，必须用梳草机或草耙清走。还可在草坪适宜时期采取打孔、划破草皮等措施来改善草坪通气透水性，加快枯草层的分解。对于冷季型草坪而言，初春松土应安排在施肥或修补前进行，这样，当春雨来临且温度适宜时，草坪草能够迅速进入旺盛生长阶段，进而有效地抑制杂草生长和防止病害的发生。

5.4.4.4 损坏草坪的修补

草坪在使用过程中，由于践踏、管理不到位等原因造成局部草坪的损害，草坪上如果出现秃斑、破裂的边缘、凹凸不平的表面，均会降低草坪的美学效果，这时应对其进行及时的修补。

5.4.5　退化草坪的修复与更新

5.4.5.1 草坪退化的原因及修复

草坪经过一段时间的使用后，会出现斑秃、色泽变淡、质地粗糙、密度降低、枯草层厚甚至整块草坪退化荒芜。造成这种现象的原因多种多样，如草种选择不当，草坪缺水干旱，地势低洼积水，排水不良，刈割高度，践踏严重，土壤板结，树林遮阴，阳光不足，病虫害、冻害、杂草的侵害以及草坪已到衰退期等。因此，不仅要改善草坪土壤基础设施，加强水肥管理，防除杂草和病虫害外，还要对局部草坪进行修补和更新。

(1) 草种选择不当。这种现象多发生在新建植的草坪上，盲目引种造成草坪草不适应当地的气候、土壤条件和施用要求，不能安全越夏、越冬。选用的草种生长特点、生态习性与使用功能不一致，致使草坪生长不良，会造成草坪稀疏、成片死亡，出现秃斑，严重影响草坪的景观效果。

(2) 草皮致密，形成的絮状草皮，致使草坪长势衰弱，引起退化，对此一般先应清除掉草坪上的枯草、杂物，然后进行切根疏草，刺激草坪草萌发新枝。

(3) 过度践踏，土壤板结，通气透水不良，影响草坪正常呼吸和生命活动，该种情况采用打孔、垂直修剪、划切、穿刺、梳草以疏松土壤，改善土壤通气状况，然后施入适量的肥料，立即灌水，以促使草坪快速生长，及时恢复再生。

(4) 阳光不足。由于建筑物、高大乔木或致密灌木的遮阴，使部分区域的草坪因得不到充足阳光而影响草坪草的光合作用，光合产物少使草难以生存。园林绿地中，乔木、灌木、草坪种植，遮阴非常普遍，不同草种及同一草种不同品种之间的耐阴性都有一定差异。第一，选择耐阴草种，如暖地型草种中，结缕草最耐阴，狗牙根最差，在冷地型草坪草中，紫羊茅最耐阴，其次是粗茎早熟禾。第二，修剪树冠枝条；间伐、疏伐促通风，降低湿度。一般而言，单株树木不会造成严重的遮阳问题，如果将3m以下低垂枝条剪去，早晨或下午的斜射光线就基本能满足草坪草生长的最低要求。第三，草坪修剪高度应尽可能高一些，要保留足够的叶面积以便最大限度地利用有限的光能，促进根系尽量向深层发展，保持草坪的高密度和高弹性。第四，灌水要遵循少餐多量的原则（叶卷变成蓝灰色时灌溉），每次应多浇水以促进深层根系的发育，避免用多餐少量的浇水方法，以免浅根化和发生病害。第五，氮肥不能太多，以免枝条生长过快而根系生长相对较慢，使碳水化合物贮量不足，同时施氮肥过多，草坪草多汁嫩弱，更易感病，耐磨、耐践踏能力下降。

(5) 土壤酸度或碱度过大，对此则应施入石灰或硫黄粉，以稳定土壤的pH值。石灰用量以调整到适于草坪生长的范围为度，一般是每平方米施0.1kg，配合加入适量过筛的有机质，则效果更好。

(6) 管理不当造成秃斑及凹凸不平。病虫草害的侵入会使草坪形成较多秃斑、裸斑，为此可采取播种法如补播草籽或用营养繁殖法如蔓植、塞植和铺植草皮对裸秃斑进行修复。具体做法：首先把裸露地面的草株沿斑块边缘切取下来，施入厚度要稍高于（6mm左右）周围草坪土层的肥沃土壤，然后整平土面；其次铺草皮块或播种，所播草种必须与原来草种一致，然后拍压地面，使其平整并使播种材料与土壤紧密结合；最后植草后浇足水分，保持湿润，加强修复草坪的精心养护，使之尽快与周围草坪外观质量一致。凸凹不平草坪中小的坑洼，可用表施土壤填细土的方法调整（每次填土厚度不要太厚，不超过0.5cm，可分多次进行）；突起或明显坑洼处，首先用铁铲或切边器将草皮十字形切开，分别向四周剥离掀起草皮，然后除去突起的土壤或填入土壤到凹陷处，整平压实后再把草皮放回铺平，浇水管理即可。

(7)杂草的侵害。草坪建植前没有预先充分除草，建植后养护措施粗放，不当施肥和灌溉等都易引起杂草侵害，最好进行人工除草，必要时进行化学除草。

5.4.5.2 草坪退化更新方法

如果草坪严重退化，或严重受到损害，盖度不足50%时，则需要采取更新措施。园林绿地草坪草、运动场草坪如高尔夫球场等更新复壮有以下几种方法。

（1）退化严重草坪的更新。一是逐渐更新法，适用于遮阴树下退化草坪的更新，可采用补播草籽的方法进行；二是彻底更新法，适用于因病虫草害或其他原因严重退化的草坪。通常是由于土壤表层质地不均一，枯草层过厚，表层3～5cm土壤严重板结，草坪根层出现严重絮结以及草坪被大部分多年生杂草、禾草侵入等现象引起的草坪退化。针对这类退化草坪，进行更新前，首先调查先前草坪失败的原因，测定土壤物理性状、肥力状况和pH值，检查灌溉排水设施，然后制订切实可行的方案，用人工或取草皮机清除场地内的所有植物，进行草坪土壤基础设施改善。坪床准备好以后进行草种选择，再确定种子直播还是铺草皮种植等一系列的建植措施，最后要吸取教训，加强草坪常规管理，如加强水肥管理、打孔通气、清除枯草层等。

(2)带状更新法。对具有匍匐茎、根状茎分节生根的草坪草，如野牛草、结缕草、狗牙根等，长到一定年限后，草根密集絮结老化，蔓延能力退化，可每隔50cm挖走50cm宽的一条草坪，增施泥炭土、腐叶土或厩肥、堆肥泥土等，结合翻耕改良平整空条土地，过一两年就可长满坪草，然后再挖走留下的50cm，这样循环往复，4年就可全面更新一次。

(3)断根更新法。由于土壤板结，引起草坪退化，可以定期在建成的草坪上，用打孔机将草坪地面扎成许多洞孔，孔的深度8～10cm，洞孔内撒施肥料后立即喷水，促进新根生长。另外，也可用齿长为3～4cm的钉筒滚压划切，也能起到疏松土壤、切断老根的作用，然后在草坪上撒施肥土，促进新芽萌发，从而达到更新复壮的目的。针对一些枯草层较厚、草坪草稀密不均、年限较长的地块，可采取旋耕断根更新措施，即用旋耕机普旋一遍，然后施肥浇水，既达到了切断老根的效果，又能促使草坪草分生出许多新枝条而更新。

(4)补植草皮。对于轻微的枯秃或局部杂草侵占，将杂草除掉后及时进行异地采苗补植。移植草皮前要进行修剪，补植后要踩实，使草皮与土壤结合紧密，促进生根，恢复生长。总之，造成草坪功能减弱或丧失的原因很多，归纳起来主要包括草种选择不当、养护管理不善、草坪已到衰退期和过度使用等方面，是草坪草内在因素和影响草坪正常生长的外界条件两方面原因综合作用的结果。

第6章
园林植物的土肥水管理

土壤是植物扎根立足之地，是园林植物根系生长、吸取养分和水分的物质基础，土壤质量及其水气热状况直接关系到植物生长的生态环境，进而影响园林植物的生长发育。本章将重点介绍园林植物的土壤状况、营养和施肥以及水分管理。

6.1 园林植物与土壤

6.1.1 植物要求的土壤状况

园林植物要求土壤保水、保肥性能较好，利于排除积水，土壤质量高，土层较深厚，养分充足，砾石含量低，具有一定基础肥力，生产力较高，土壤充分熟化，能为园林植物创造最适宜的土壤生态条件，对园林植物的健壮生长、持续增产、稳产具有极其重要的意义。

6.1.1.1 土壤与土壤肥力

农业是人类生存的基础，而土壤是农业生产的基础，是生物因素与非生物因素进行物质转化与能量流动的重要介质和枢纽，是进行农林业生产的基本资料。同时，土壤又是地球环境的重要组成部分，其质量与水、大气、生物的质量以及人类的健康密切相关。土壤具有能抵抗外界温热状况、湿度、酸碱性、氧化还原性变化的缓冲能力，对进入土壤的污染物能通过土壤生物代谢、降解、转化、消除或降低毒性，起着“过滤器”和“净化器”作用。所谓土壤是指覆盖于地球表面，由矿物质、有机质、水分、空气和生物组成，具有肥力特征，能够生长绿色植物的疏松表层。自然界里的土壤不论农地、林地、草地还是荒地，其基本物质组成都是由固体、液体、气体三相物质组成的疏松多孔体。土壤的三相物质组成及其比例，直接影响土壤肥力，是土壤肥力的物质基础。矿物质是岩石风化而成的矿物质颗粒，分为原生矿物和次生矿物，是建造土体的骨架和基本材料，是土壤中矿物养分的主要来源，也是土壤养分的最初来源。土壤有机质来源于动植物残体、微生物体和施用的有机肥料，它们好似土壤的“肌肉”，是土壤生产力的基础，是维持植物生长和农业可持续发展的物质基础。土壤的有机质含量通常作为土壤肥力水平高低的一个重要指标，它不仅是土壤各种养分特别是氮、磷的重要来源，对土壤理化性质如结构性、保肥性和缓冲性等有着积极的影响，并且有机质还在络合重金属离子，减轻重金属污染，对农药、除草剂等起到溶解、吸收、降解，减轻农药残毒及有毒有害物质的污染，净化土壤等生态环保方面发挥独特的作用。土壤水分和空气共同存在于土壤孔隙中，二者互为消长的关系，共同影响着土壤的热量状况，进而控制养分转化。土壤常常存在妨碍植物生长的各种限制因素，如侵蚀、砂化、盐碱化、肥力退化及污染物等，这就是所说的土壤的五大公害，存在这些限制因素的土壤就是逆境土壤。人类生活在自然环境中，以土壤为基地不断栽培植物，应针对园林植物的生物学特性和对土壤条件的要求，通过各种农业措施、技术手段等农林生产活动，人为调节和改善土壤环境条件，最大限度地满足其生长发育的要求，以实现人类的栽培目标，维持农业的可持续发展。对于园林土壤有机质含量一般低于1%，且土壤的结构性差，应当引起足够的重视，可以通过泥炭土、腐叶土及经处理的生活垃圾等有机肥的施入、归还园林植物的凋落物以及在公园、街道、广场的乔灌木下种草坪或观赏价值较高的绿肥植物等途径加以改善。随着农业科技推广工作的逐步深入，农民越来越关心土壤肥力状况的问题。土壤肥力是土壤区别于其他自然体的本质特征，是指土壤不断供给和协调植物生长发育所必需的水分、养分、空气、热量等生活因素的能力。侯光炯认为，土壤肥力是指在天地人物相互影响、相互制约的过程中，通过太阳辐射直接或间接作用于土壤胶体的情况下，土壤稳、匀、足、适地供应植物生长所需的水、肥、气、热的能力。土壤肥力是土壤的本质属性和基本特性，自然界任何土壤都具有肥力，土壤与肥力不可分。土壤通过水分、养分、空气、温度等影响植物的生长，其中水、肥、气、热称之为四大肥力要素。土壤肥力还具有生态相对性，它是构成肥力的基本内容，是建立在对土壤和土壤肥力认识的基础上产生的，是从植物生态特性所要求的土壤条件出发，来研究土壤肥力的基本原理。即是指不同生态条件下，植物所要求的土壤生态条件是不同的，通常说某种肥沃。依据土壤肥力的生态相对性，在农林业生产实践上，应当根据园林植物对土壤的生态要求，“因地制宜”“适地适树”，合理配置相适应的土壤，即把它们种植在适宜生存的土壤上，配合科学的农技管理，可以更好地发挥其生产潜力，也为科学种田打下坚实的基础。

6.1.1.2 土壤质量与土壤生产力

土壤是植物扎根立足之地，土壤肥力是土壤的本质特性、土壤质量的标志，植物生长得好坏，也就是植物产量的高低、品质的优劣状况，都与土壤因素有密切的关系。质量高而健康的土壤是产品安全生产的基础，也是构建无公害、绿色、有机生产技术体系、生产绿色环保产品的基本保障。所谓土壤质量是指土壤在生态系统界面内维持生产，保障环境质量，促进动物与人类健康行为的能力，就是指耕作土壤本身的优劣状况，这不仅包括土壤生产力、土壤环境，还包括食物安全及人类和动物健康，同时土壤质量在管理上要有降低污染物潜力的技术和方法。土壤肥力对土壤丰产至关重要，丰产的土壤一定是肥沃的，但肥沃的土壤不一定是丰产土壤，这就需要弄清什么是土壤的生产力，即在一定的养护管理制度下，土壤能生产某种产品的或某系列产品的能力，也就是土壤生产力，即土壤产出农产品的能力，它是由土壤肥力和发挥肥力的外界环境条件共同决定的，通常是由植物产量高低来衡量。土壤肥力是生产力的基础，而不是其全部，生产力高的土壤，土壤肥力一定是高的，而土壤肥力高的，土壤生产力不一定高，因此，要想提高土壤生产力，除了要从根本上提高土壤肥力基础外，还应加强环境条件的改善，改变影响农业生产的基本条件，控制和调节植物生长的养分、水分、空气、热量（温度）、光和机械支撑等生态因素，以满足植物高产、持续丰产和农业可持续发展的要求，为此必须正确利用土壤，认真保护土壤，努力改造以土壤为中心的农业生产条件，提高土壤肥力，增强土壤对各种自然灾害的抗逆能力，这是实现农业现代化的重要保证。

6.1.1.3 我国耕地的肥力状况

2015年国土资源公报数据显示，我国耕地总量大约为1.35×108hm^2。中国耕地质量总体偏低，中等和低等地共占耕地总面积的2/3以上，有针对性地改良中低产土壤、建设高产稳产田，是十分艰巨的任务。顾列铭认为，近年来随着城市化、工业化的发展，城市和村镇周边排灌条件好，经过多年培育的优质耕地被大量占用，中低产田比例大幅度上升，耕地总体质量持续下降。我国有大量的低产土壤，大部分是粗骨土、风沙土、盐碱土、石质土等。导致其低产的原因多是由于土壤的水肥气热状况不协调，是自然因素和人为因素综合作用的结果，具体表现为：一是不利的自然环境条件，包括坡地冲蚀、土层浅薄、有机质和矿质养分少、土壤质地过黏或过砂、不良土体构型、易涝怕旱、土壤盐化以及土壤过酸或过碱等；二是人类利用不合理，包括盲目开荒、滥砍滥伐、围湖造田、水利设施不完善、落后的灌溉方法及掠夺式的经营方式，导致土壤肥力不断下降。园林植物主要分布于中低产土壤，土壤肥力水平不高，培肥土壤是今后农林业生产的一项战略措施。这里以郑州市园林植物，主要是城市绿地、园林树木分布区的土壤类型为例进行介绍。

6.1.2　土壤类型

我国土壤类型众多，土壤资源丰实，为农林各业发展、经营提供了有利条件。园林绿地、经济林木种植区多分布于山丘地区的棕壤土类、褐土土类的粗骨土，河流沉积形成的风沙土以及城市绿地土壤等，山东丘陵山地的林业生产，几乎完全是在棕壤、褐土上进行的。

业发展、经营提供了有利条件。郑州市的园林绿地、经济林木种植区，几乎完全是在潮土、褐土上进行的。

6.1.2.1　潮土土类

郑州市是我国潮土的集中分布区之一，郑州市区大部分区域土壤属潮土。潮土是河流沉积物受地下水运动和耕作活动影响而形成的土壤，因有夜潮现象而得名。属半水成土纲。在中国，多分布于黄河中、下游的冲积平原及其以南江苏、安徽的平原地区和长江流域中、下游的河、湖平原和三角洲地区。

⑴成土条件。气候温暖，年均降水量400~1500毫米，由湿润、半湿润到半干旱，干湿季分明，土壤地下水一般在1.5～3.0米之间，可沿毛管孔隙上升到地表，随着干湿季变化上壤中存在着周期性的水分升降运动。母质是近代河流冲积物，砂粘层理明显，但各层理内质地却相当均一。潮土的自然植被为草甸植被。由于该地区农业历史比较悠久，多辟为农田，耕地面积占潮土总面积的86%以上，自然植被为人工植被所代替。

（2）成土特点。潮土大多数含有碳酸钙，具有石灰样反应，盐基饱和度高；土壤中有机质含量较低，速效性养分钾的含量较高。因土壤呈石灰样反应，所以速效磷含量较低。

（3）基本性状。表土为淡色表层，浅棕到灰棕，有机质含量10克/千克左右，但与母质质地砂粘程度和施肥熟化程度有重要关系；土壤中砂粘层理明显，有机质含量随深度呈不规则的变化；潮土一般含游离碳酸钙，其含量也受河流所处的沉积物影响。分布于黄河中、下游的潮土腐殖质含量低，多小于10克/千克，普遍缺磷，钾元素虽多属丰富，但近期高产地块普遍缺钾，微量元素中锌含量偏低。

⑷潮土类型。该土类包括六个亚类。

①黄潮土。分布在暖温带半干旱、半湿润或湿润地区，如黄淮海平原、辽河平原、汾

河、渭河等河谷平原，其面积在潮土中最大，春旱秋涝频繁，有机质含量10克/千克左右。因地下水矿化度较高，故易受盐碱的威胁。

②盐化潮土。分布在平原中地势相对低洼或洼地的边缘地区，常呈斑块状与黄潮土组成复区。地下水位较高，且矿化度也较高，旱季盐分随地下水上升并积聚于地表，形成盐霜，雨季受雨淋作用，盐分又随水下移而脱盐，积盐与脱盐交替进行。

③碱化潮土。多分布于洼地边缘或低洼地中微度高起部位，面积较小，与盐化潮土等一起呈斑块状插花分布，是潮土向碱土过渡的类型。

④褐土化潮土。分布在华北平原中地势较高起的部位，排水条件较好，地下水位在2.5~4.0米之间，心土层显块状结构，有轻度粘化现象，碳酸盐含量高于表土层，有时还可见少量假菌丝体，土壤发育已初具褐土的某些特征。

⑤湿潮土。潮土向潜育土或沼泽土的过渡类型。多分布在冲积平原中的洼地及其边缘地带，地下水埋深多在1米以内，雨季可接近地表。土壤质地普遍较粘，内外排水条件差。

⑥灰潮土。分布于长江中下游平原及长江支流河谷平原、湖积平原和三角洲。土壤物质的化学风化度较高，淋溶程度较强，碳酸盐含量比黄潮土的低。

(5)土地利用。潮土发布区地势平坦，土层深厚，水热资源较丰富，是我国主要的旱作土壤，但潮土分布区旱涝灾害时有发生，尚有盐碱危害，加之土壤养分低或缺乏，大部分属中、低产土壤，作物产量低而不稳。必须加强潮土的合理利用与改良。

①发展灌溉，建立排水与农田林网，是改善潮土生产环境条件，消除或减轻旱、涝、盐、碱危害的根本措施，也是发挥潮土生产潜力的前提。

②培肥土壤，扩大高产、稳产农田。首要是解决有机肥源，实践证明，种植绿肥是开辟有机肥源的重要途径。再者是增施磷肥的同时，注意施用磷肥效果，局部地区（块）开始缺钾，应适当补施，配合施用微肥。③改善种植结构，提高复种指数，适当配置粮食与经济作物、林业和牧业，提高潮土地产量产值和效益。

6.1.2.2　褐土土类

褐色森林土，属于半淋溶土纲，半湿暖温半淋溶土亚纲，是山区主要的土类，属于地带性土壤之一。主要分布在沉积岩组成的山地丘陵、钙质堆积物组成的山前平原及河谷阶地以及黄土与红土的堆积地区、沉积岩与变质岩相间并存区，其褐土常与棕壤呈交错分布，褐土垂直分布于棕壤带之下。

（1）成土条件。气候处于暖温带半湿润的山丘地区，受季风影响，夏季高温多雨，风化及成土作用多发生在夏季，一般降雨量为500～700mm。土壤发育在碳酸盐类母质、黄土及黄土性沉积物上，地形为低山丘岭、山麓平原、河谷阶地，植被以夏绿阔叶林为主，伴生旱生森林及灌木，但现在多数已被垦殖为次生林，也有少量针阔混交林，侧柏石质山地少有植被。

（2）成土特点。具有钙化作用、黏化作用和棕化作用，主要诊断层次为红褐色的黏化层和钙积层。

（3）基本性状。褐土剖面整体呈中性至微碱性反应，pH值一般为7.5～8.5，剖面具有碳酸钙反应，一般碳酸钙含量底土高于表土，底土中有的形成钙积层，土壤有机质含量平均为1%以上，保肥力较强，土壤阳离子代换量（CEC）为20～40cmol/kg土，土壤速效氮磷钾均比棕壤高，但Zn、B缺乏。土壤黏土矿物主要是伊利石和蛭石，蒙脱石较少，土壤盐基饱和，黏粒在B层含量最高。形成土壤的质地较黏重，通体褐色，上轻下黏，剖面中部为红褐色的黏化层，以具有核状结构、有黏粒胶膜或碳酸钙淀基层作为诊断特征。

（4）褐土类型该土类包括5个亚类。

①普通褐土。最具代表性，土壤黏化层与钙积层特征明显，分布在山地山前平原、山间盆地等。

②淋溶褐土。为淋溶作用较强的一个亚类，脱钙和黏化作用均明显，是褐土和棕壤之间的过渡类型，特别适宜黄烟种植，黄烟品质尚好。

③石灰性褐土。发育较弱，淋溶弱，黏化作用明显，钙化作用强，具有典型的钙积层、呈碱性反应等诊断特征，是土壤通体富含碳酸钙的一个亚类。

④潮褐土。受地下水影响且耕作熟化程度较高，是褐土中肥力较高的类型，适宜于进行农业生产。

⑤粗骨褐土。是坡度较大，土壤侵蚀最严重，在石灰岩、砂页岩坡积物上发育较弱的褐土亚类。

（5）土地利用。褐土中以淋溶褐土为主，潮褐土为农业利用土壤，褐土、石灰性褐土和淋溶褐土以农用为主，兼营林果生产，粗骨褐土是农林兼用土壤，注意加强土壤培肥和水土保持。褐土区天然植被是以辽东栎为代表的干旱明亮林以及以酸枣、荆条、菅草为代表的灌木草原，人工林则以油松、洋槐为主。低山丘陵地区现多已开垦为农田，栽培果树，种植小麦、玉米、大豆、棉花等。褐土适宜种植棉花、高粱、水稻、苜蓿、葡萄、梨、柿子、无花果、大豆、黄烟等。

6.1.2.3　风沙土类

主要分布于黄河决口沉积扇形地与古河道上、河流中下游两岸。

（1）成土条件。地貌多为砂质垄岗，地势相对较高，地下水埋深3～4m，自然植被多为沙生植被，风沙土的母质为河流沉积的松散的沙质堆积物。

（2）成土特点。成土过程较微弱，而且不稳定，经常受风蚀与沙压影响，通体为松沙或紧沙，土壤有机质含量较低，土壤剖面发育微弱或没有发育，剖面构型一般为A-C型。

（3）基本性状。风沙土质地轻，颗粒粗，易被风吹扬，容易漏水漏肥，所含养分少，土壤有机质低，昼夜温差大，易干旱，土壤肥力低，具有弱石灰反应，微碱性，土壤pH为7.5～8.2，下部有锈纹、锈斑等诊断特征，农业再利用困难，目前多为林业利用，种植农作物产量较低。今后应种植耐沙、固沙的林木，并有计划地发展经济林木（以生产果品、食用油料、饮料、调料、工业原料和药材等为主要目的的林木）。

6.1.2.4　城市绿地土壤

园林绿地和农田、林地不同，其来源很复杂，有新开发的农用地，也有荒山秃岭，更有代表性的是人们居住集中的城市绿地。所谓城市绿地土壤是指城市或城郊区域的一种非农业土壤，通过混合、回填、压实等城市建设过程中的人为因素，形成表层厚度在50cm以上的土壤，如公园、苗圃、街道绿地、行道树及一些专业绿地（居民小区等）。因此，城市绿地土壤不同于自然土壤，是较大程度改变自然土壤层次结构而形成的一种特殊的土壤类型。

1. 城市环境对其绿地土壤的影响

城市人口密集，人类活动对城市气候、土壤、水分、大气等生态环境产生较大的影响。城市发展，导致“热岛、干岛、湿岛、雨岛”的四岛现象加剧，使平均气温升高，风速减小，相对湿度降低，云雾天气增多，雨量增加，太阳辐射降低，晴天减少。城市不同地点光照、条件差异很大，这与周围建筑物、大小走向、道路宽窄、空间大小密切相关，这些都对园林植物的生长发育产生较大的影响。

2. 城市绿地土壤的特点

（1）绿地土壤原自然层次紊乱，土壤层次变异性大。城区大量的建筑物和施工活动，使大部分城市土壤的原土层被强烈扰动，土层中常掺入在建筑房屋、道路时挖出的底层僵土或生土，打乱了原有土壤的自然层次，致使城市绿地多数土壤层次混合杂乱，土壤腐殖质层多被剥离或者被埋藏，其他土层则破碎，深浅变化很大，层次之间过渡明显，土壤剖面中常含有颜色和厚度各异的人造层次。外来土壤、底层僵土或生土是不适宜植物生长的。

（2）土壤养分和有机质含量匮乏，致使土壤贫瘠化。土壤中混入的建筑垃圾和生土、僵土使土壤成分复杂，性状差，有机质和养分含量很低，加之城市植物的枯枝落叶往往当作垃圾除走，使得土壤养分不能循环利用，降低了养分含量，致使城市绿地土壤中的有机物质日益枯竭，土中的有机质含量通常在1%以下，不但土壤养分缺乏，也导致土壤物理性质恶劣、贫瘠化加重而限制园林植物的生长。

（3）城市土壤紧实度大。由于人类休闲娱乐活动等的影响，造成城市绿地土壤表层板结紧实、通气渗水能力差、含氧量低，土壤结构不好，物理性质差，不利于根系和土壤微生物的活动，导致园林植物生长不良，有时树木会发生烂根甚至死亡。

（4）土体中外来侵入体多。土壤多为外来土壤，土体中外来侵入体多而且分布深，常含有大量的砖瓦石块、煤渣、灰渣等渣砾。这些建筑垃圾、生活垃圾等对园林植物生长不利，影响了土壤的物理性状和根系的扩展。

（5）市政管道等设施多。地下电缆、水、燃气、排污等各类管道设施阻断了土壤毛管的整体联系，而且占据了园林植物尤其是树木根系的较大营养面积，影响园林植物水肥气热状况，对林木生长有较大妨碍作用。

（6）土壤pH高。土壤中混有石灰渣，有的自然土壤为石灰性土壤，pH为中性到微碱性。城市污水和积水，尤其下大雪后使用融雪剂造成土壤含盐量增加。

面对城市绿地土壤如此突出的特点，培养土壤的肥力是摆在园林工作者面前的首要任务。

3. 城市绿地土壤的改良措施

(1)换土。对渣砾含量过多的绿地土壤进行换土，将好土、细土配合有机肥、化肥合理施用，以提高土壤肥力，改善其物理性状，为园林植物生长营造良好的土壤生态环境。

(2)可设置围栏、改善植物特别是行道树体周围的铺垫状况。促进通气透水，更好地接纳雨水和灌溉水的滋润，利于植物的健壮生长。

(3)植树时按规范化要求挖坑。定植坑过小，会限制根系的生长，一般3m以下的乔木要挖直径60～80cm、深度60～80cm的树坑，以扩大其营养面积，根深才能叶茂。

(4) 植物凋落物经处理归还土壤。为防止园林植物病虫滋生蔓延，最好将枯枝落叶收集制作腐叶土，经无害化处理后施入土壤，既可扩大有机肥源，增加有机质含量，使土肥相融，改善土壤结构，又能变废为宝，促进有机废物的循环利用，同时加强配方施肥和缓控释肥料的推广应用，提高肥料利用率。

6.1.3 土壤（地）资源状况与利用保护

6.1.3.1 我国土壤（地）资源利用状况

土壤资源是具有农、林、牧业生产力的各种土壤类型的总称，是人类生存最基本、最广泛、最重要、不可代替的自然资源。土地即地球陆地的表面部分，它是人类生活和生产的主要空间场所，是人类赖以生存的物质基础，是由气候、地貌、岩石、土壤、植被和水文等自然要素共同作用下形成的自然综合体及人类生产劳动的产物。土壤是相对不可再生的自然资源，也是不可代替的自然资源，是人类社会最基本的生产资料与劳动对象。中国用占世界不到7%的耕地，生产了占世界总产量17%的谷物，解决了占世界近23%人口的吃饭问题，基本满足了人类生活需要。

1. 我国土壤资源特点

(1) 人均土壤资源占有率低。我国幅员辽阔，国土面积有960万km^2，土地资源总量丰富，但人均占有量不足。我国现有耕地大约1.35亿hm^2，约占土地总面积的15.1%，人均耕地不足1.5亩，不到世界人均的1/3，居世界第113位。人均林地面积不足2亩，不到世界人均的1/5，位居世界第121位。人均草地面积不足5亩，只有世界人均的1/3。“十分珍惜和合理利用每一寸土地，切实保护耕地”是我国的基本国策。

(2) 土壤资源区域性分布的差异明显。多分布于温带、暖温带和亚热带的湿润、半湿润地区的东部季风气候区，约占全国总土地面积的47.6%，却集中了90%的耕地、林地，居住着大约95%的农业人口，而内蒙古、新疆干旱地区占总土地面积的30%，耕地只占10%，农业人口占4.5%。由于地形、地貌等自然条件的差异性，使我国农业区域性、土地资源区域性分布的差异性明显，总的说来，我国人均耕地不仅少，而且分布也过于集中。

(3) 生态脆弱区范围大。由于自然环境因素恶劣，致使产生包括坡地冲蚀、土层浅薄、有机质和矿质养分少、土壤质地过黏或过砂、土体构型不良、易涝怕旱、土壤盐化、过酸或过碱等一系列问题，加之人为因素包括盲目开荒、滥砍滥伐、水利设施不完善、落后的灌溉方法、施肥不合理、掠夺性经营等，正是上述因素的综合影响，导致土壤生态环境恶化，如板结、酸化、盐化及次生盐碱化、污染等，使土壤肥力日益下降、植物生产力降低，土壤质量显著退化。我国因生态环境恶劣或土壤肥力低下而难于农林牧利用的土壤约占总面积的1/4，目前生态最脆弱的区域是西北地区，存在土地荒漠化、沙化、水土流失、森林覆盖率低等诸多较严重的问题。

(4) 耕地土壤质量总体较差，自我维持能力弱。我国高、中、低产田各占1/3，已利用土壤的肥力水平普遍偏低，缺乏营养元素、土层瘠薄和具有障碍层次等理化性质不良的中低产土壤面积占2/3以上。耕地质量差加速了生态环境质量的恶化，使生产力低下，必然提高农产品的成本，降低产品的经济效益，比如土壤保肥性差则使养分容易流失，还引起水体和空气污染，土壤蓄水性差则导致干旱威胁更加严重，对灌溉水要求更高，更容易造成水资源的短缺匮乏。正因如此，我国目前耕地质量差、退化严重的区域也就是我国生态环境恶化严重的区域。在集约化程度较高的地区，复种指数和土地利用系数较高，土壤主要养分消耗大，尤其是土壤有机质不断降低，加之化肥施用量较大，有机肥料、绿肥施用量显著减少，使土壤养分不平衡，土壤理化及生物学性状恶化，肥力减退，生产力降低，因此，开发、改造中低产土壤，提高其单位面积产量对增加我国总产潜力极大，具有十分重要的战略意义。

2. 我国土壤资源利用存在的问题

主要是地力下降补偿不足、土壤污染日趋严重、农田生态环境恶化，致使耕地面积锐减和可耕地人为地不合理占用等一系列问题，如现代文明和城镇化水平的发展同样破坏了土地，工业交通和城市建设扩展占用了大量的耕地，如此等等使人地矛盾更加突出。当前，我国农业用地质量退化严重，加上长期耗竭性利用，使土壤地力、生产力下降，甚至有许多地方出现了盐渍化现象。总的看来，土壤（地）退化严重，自然灾害频发，耕地土壤肥力水平低下，大约2/3以上中低产土壤，多分布于山地丘陵，坡度大，土层薄，砾石含量高，无灌水条件或有盐碱、涝洼、污染等危害，因此，加强土壤修复治理，防止“三废”以及农药和化肥施用不当造成的土壤污染，防止因土壤状况恶化而影响整个环境和生态系统的协调，加强水土保持，培肥地力，不断增强农业增长的后劲，是今后一项战略措施，是农业科技工作者长期而艰巨的任务。

3.我国土壤资源合理利用保护

土壤作为人类生存的基本的自然资源，不同于其他资源，它在农业生产上发挥其资源作用是长期的，不受时间限制，保持“地力常新”非常重要。这里重点讨论低产土壤、山岭薄地土壤的利用保护、治理改造，通过工程措施配合各项农业技术措施，从根本上改变山丘地区土壤生产条件，增强生产潜力。

（1）修建小型水利工程。闸沟打坝，修水库，层层拦截水源，结合深翻平整土地，推进修建梯田、梯地，控制水土流失和沙漠漫延，形成土体深厚、构型优良的土体构型。水资源好的可兴修水利，引水上山，以加强土壤资源保护，防止土壤侵蚀。

（2）加强有机物质的投入，促进土壤熟化。低产土壤土层薄、有机质偏低，应结合深耕翻加强有机肥料施用，如粪尿肥、圈肥、秸秆和青草田间覆盖、种植绿肥及商品有机肥等，使土肥相融，形成良好的结构体，熟化土壤，提高土壤有机质、土壤保肥性和供肥性，改善土壤肥力状况。

（3）轮作倒茬，养用结合。“换茬如上粪”，倒换茬口，可以避免植物对土壤养分的过度消耗，能够均衡营养，维持土壤养分平衡，同时立足实际和长远，种植养地植物要“见缝插针”，多利用荒山秃岭、沟渠坡地岸边、涝洼水塘等种养绿肥，以荒地、闲地养农田，拓宽了有机肥源，有效地提高土壤基础肥力，达到以养促用，养用结合。

（4）加强田间覆盖，保持水土。植树种草，绿化荒山秃岭，加强田间覆盖，加盖草苫子、草帘子、塑料薄膜等，较好地覆盖地面，调节温湿状况，改善土壤结构，减少土壤径流，有效保持水土。

6.1.3.2 合理利用土壤资源的依据和原则

土壤不仅是农业生产的基本资料，还是陆地生态系统的重要组成部分，它能通过与人类环境千丝万缕的联系，影响到人类生存的各个方面，利用不当影响到整个地球生态环境。因此，土壤合理利用要根据国民经济和现代农业发展的要求，考虑土壤本身的性质特点，还要从环境科学的角度，考虑生态平衡的问题，遵循“用养结合”的原则，合理 、科学地规划农林牧及其他各业用地结构，宜农则农，宜林则农，宜牧则牧。耕作土壤是不同的自然环境条件和人为因素综合影响下形成的，各自具有不同的土壤肥力、生产力，以及农、林、牧业发展的适宜性特点。我国丰富多样的土壤资源，对发展农、林、牧生产具有广泛的应用价值，人类生产技术是合理利用和调控土壤适宜性的有效手段。

宜农土壤的坡度小于25°，土体厚度大于60cm，砾石含量小于30%，无严重旱、涝、盐碱、风沙和污染的危害，待垦为农田的荒地，要有可利用的水源。宜林土壤的坡度小于35°，土体厚度大于30cm，砾石含量小于50%，无严重的盐害、污染等。大部分的粗骨土、风沙土、石质土等均可。山东省大约有2000万亩荒地，不宜农用，只可发展林牧业。为此，要因地制宜，植树种草，绿化荒山秃岭，“绿水青山就是金山银山”。

6.1.3.3 丰产土壤的特征与培肥

土壤是农业生产的基础，是物质循环和能量流动的场地，是进行农业生产的基本条件，要维持农林业生产的可持续发展，达到高产、高效、优质、低耗和生态环保要求必须认真保护土壤，合理利用土壤，努力改造以土壤为中心的农业生产条件，不断提高土壤肥力，增强土壤对各种自然灾害的抗御能力，这是实现农业现代化的重要保证，也是发展现代农业的根本要求。

1. 丰产土壤的肥力特征

我国土壤资源极为丰富，农业利用方式复杂多样，因此，高产、稳产肥沃土壤的性状也不尽相同，和一般土壤比较具有以下特征。

（1）耕作层深厚，田面平整。深厚的活土层，土壤疏松，水气协调，利于根系扩展，可增强抗旱抗涝能力。丰产、稳产土壤一般耕层厚度在20～30cm、菜园地可达30～40cm以上，土壤腐殖质含量高，颜色深暗，而且田面平整，可防止地表径流和水土流失。

（2）适量协调的土壤养分。通气透水性强，微生物活动旺盛，有效养分含量较高，各种肥力因素都比较协调，能全面、适时、足量地提供园林植物所需养分。一般北方高产旱作土壤，有机质含量在1.5%～2.0%以上，速效磷含量在10mg/kg以上，速效钾含量在150～200mg/kg以上，每千克干土阳离子交换量一般为20cmol/kg以上。

（3）良好的物理性质。肥沃旱地土壤的孔度应不低于50%，其中通气孔度一般在10%以上，以15%～20%最为理想，且大小孔隙的数量比例为1:(2～4)（南方多创造通气孔隙，北方多创造毛管孔隙），土壤容重为1.10～1.30g/cm^3，土壤水气热状况协调。

（4）良好的土体结构。土体构型是指土壤在1m深度内上下各土层的垂直排列状况，它包括土层厚度、质地和上下层次排列组合。土体深厚，构型优良，促进保肥保水及扎根。高度肥沃的旱地土壤一般都具有上虚下实的土体构造特征，即耕作层疏松、深厚（一般厚度在30cm左右），质地较轻，心土层较深厚紧实，质地较黏，保水，蓄水，托肥，这种土壤也就是通常所讲的“蒙金土”。

（5）水利设施完善。通过水利工程技术措施，改变不利于农业生产发展的自然条件，调节土壤水分状况，达到旱能浇，涝能排，使之满足现代农业发展的需要，为农业持续高产、稳产、高效创造有利条件。

2. 丰产土壤培肥的基本措施

实行科学耕作、灌溉和排水，重视有机肥料和化学肥料的配合施用，注意用地与养地相结合，推广精准施肥、水肥一体化技术，控制肥料对土壤和水源的污染，维护土壤生态平衡。

（1）增施有机肥料，培肥地力。增施有机肥料，为植物提供均衡营养，使土肥相融，促进团粒结构形成，有效改善土壤物理性质，不断提高土壤肥力水平。

（2）发展旱作农业，建设灌溉农业。旱作土壤为降水量低（年均降水量为250～500mm）或降水量虽然多（年均降水量为500～700mm），但分配不匀，而且无灌溉条件的农业土壤。发展灌溉，实现农业水利化是提高单产的重要措施。

（3）合理轮作倒茬，用地养地相结合轮作倒茬一方面要考虑茬口特性，另一方面要考虑作物特性，合理搭配耗地作物、自养作物、养地作物等，达到养用结合、以养促用的目的。

（4）合理耕作改土，加速土壤熟化。目前土壤翻耕多使用小型机械，可迅速灭茬破板，翻耕深度多在16cm以下，土壤耕作层较浅，犁底层逐渐抬高，这非常不利于作物的根系扩展以及保水保肥和抗旱防涝，所以，在土壤耕作中要每隔几年深耕一次，逐年加厚土层。对于园林树木应结合雨季、农闲季节深翻扩穴、改土、穴贮肥水。深耕结合有机肥料施用，是增肥改土的一项重要措施。深耕可以加厚营养层，改善土壤结构和耕性，降低土壤容重，促进微生物的活动，改善植物生长的环境条件，加速土壤熟化。

（5）防止土壤侵蚀，保护土壤资源。土壤侵蚀是指土壤在水和风等外力的作用下，发生冲刷或吹失的现象。土壤侵蚀不仅造成肥力下降，还会导致山洪暴发、泥石流、淤塞河道等一系列的问题。土壤资源的保护主要是防止土壤侵蚀，防治土壤沙化。严格执行退耕还林还草政策，大力搞好植树造林种草、封山育林、圈养牛羊、扩种绿肥、增加地面覆盖、恢复植被、培肥土壤，提高有机质和养分的含量，是改善土壤生态环境、保护土壤资源简单而有效的措施，今后在开发和利用土壤资源时应注意利用和保护相结合。

6.1.4 园林土壤的改良及管理措施

园林植物土、肥、水管理的关键是从土壤改良入手，通过实施各种农业措施改土培土，并结合松土除草、地面覆盖、施肥、灌水与排水等技术，改善土壤的理化性质，提高土壤肥力和土壤质量等，以满足园林植物生长发育的要求。

6.1.4.1 园林土壤的改良

1. 土壤质地改良

土宜是指适宜作物种植的土壤条件，是土壤的适宜性性状。在生产实践中，土壤的理化性状都能达到最佳或适宜种植、栽植条件的很少，因此，一般利用之前都要针对土壤的不良性状和障碍因素，采取相应的物理或化学措施，进行土壤改良，以满足园林植物对土壤条件的要求。

改良土壤质地是农田基本建设的一项基本内容，而土壤质地是指土壤中各级土粒的配合状况，或大小土粒的比例组合，是土壤稳定的自然属性，它常是决定土壤的蓄水性、保肥性、通气性、保温性和耕性等的重要因素，直接影响播种、耕作、施肥及灌水等，影响到土壤水、肥、气、热等各个肥力因素的协调。对于过沙过黏、性状不良土壤，可以通过改良，更好地发挥土壤生产潜力。

(1) 增施有机肥料。增施有机肥料是改良土壤过砂和过黏最简便易行的有效方法。采用秸秆还田，翻压绿肥，施用各类农家肥及商品有机肥。由于有机肥中含有大量的腐殖质，可以促进土壤形成团粒结构，能降低黏土的黏性，增强沙土的团聚性，克服沙土过于松散和黏土过黏僵硬的缺点，以增加砂土的保水保肥性，改善土壤板结，使黏土发暄变软，从而提高土壤肥力。

(2) 客土法。搬运别处的土壤（客土）掺在过砂或过黏的土壤中（本土），使之相互混合，以改良土壤质地的方法，称为客土法。掺砂掺黏、客土调剂，逐年改良达到沙黏比一般保持在7:3或6:4较适宜的范围内。对于栽种园林树木立地土层浅薄、土质不良的土壤，开挖树穴直径、深度至少要达60cm，将别处好土、细土与等量有机肥料和化肥混匀，配制定植时将全量的1/3撒入坑底，栽植时土壤埋到1/3处，再将剩余的肥土施入根的周围，上面再用客土填压，这样就为树木以后健壮的生长奠定了稳定的肥力基础。

(3) 翻沙压淤和翻淤压沙。一般要就地取材，因地制宜，通过耕作使沙黏掺和，如有的耕层土壤质地过沙或过黏，但其底层有黏土层或砂土层，可以通过深翻，把下层的黏土或沙土翻上来，与表土掺混均匀，以达到改良偏沙过黏土质的目的。

(4) 引洪放淤，引洪漫砂。在有条件的河流中下游两岸地区，可利用河流不同季节所携带泥沙的粗细的不同，分别将河水引入过沙或过黏的土壤上，使之沉积下来，对本土进行改良的方法。

2. 盐碱洼地的改良

盐碱洼地，土壤紧实，水分多，通气不良，土质多带盐碱，改良时首先应挖沟排水，降低地下水位，以防“盐随水来，水去盐留”，防止返盐返碱，危害植物的生长；其次，加强施用有机肥料，提高有机质的含量，改善土壤结构，使土壤疏松、水气协调。另外；综合利用其他农业措施如种植耐盐碱植物、增加土壤覆盖、种植绿肥、旱田改水田等都能达到抑盐压碱、改良盐碱土的效果。

3. 酸碱性土壤的改良

土壤的酸碱度是土壤的重要化学性质，土壤酸碱度的大小受生物气候条件和施肥性质等因素控制。“南酸北碱”，气候几乎起到决定性的作用。另外，施用酸性、生理酸性肥料会使土壤酸化，而碱性、生理碱性肥料的施用及碱性水（如石膏分布区的水碱性大）灌溉会使土壤碱化。pH在6～7之间的土壤中的营养元素，最容易被植物吸收，有效性高。对于酸碱性土壤，首先要因地制宜，合理种植耐酸或耐碱植物，如酸性土壤适于种植茶树、板栗、松类、甘薯、马铃薯和毛叶苕子等喜酸的植物，而碱性土壤可以选种甜菜、山楂、枣树、向日葵、蓖麻、苜蓿、田菁等耐碱植物，都能收到良好的效果。过酸过碱的土壤可以利用化学物质调节，酸性土壤应加强碱性物质或碱性肥料的施用，如石灰、草木灰或钙镁磷肥、硝酸钠等以中和酸性而改良酸土，而碱性土壤则多施用石膏粉、硫黄粉或明矾矿粉等进行改良，施用硫酸铵、过磷酸钙、硫酸亚铁等酸性肥料也能缓和土壤碱性。另外，综合利用其他农业措施如增加土壤覆盖、种植绿肥、合理灌水等都能达到抑制盐碱、改良盐碱地的目的。

6.1.4.2 土壤管理

（1）深翻改土，平整地面。园林植物生长地的土壤多为荒山薄地、城市紧实的土壤、工矿污染地及平原肥土等，种植前应当根据园林植物对土壤条件的要求，人为改良和调节土壤肥力因素，最大限度创造适于其生长的土壤条件。通过深翻整地，平整地面，促进土壤熟化，加厚营养层，去除障碍物（如砾石层、铁盘层、粘盘层等），增强土壤蓄水保肥，促进养分释放等。据研究表明，地下部分只要有1/4的根系处于适宜的土壤的状况下，植物根系吸收功能强大，生长旺盛，吸收的营养物质就能满足地上3/4部分的营养需要。为此，要严格细致、因地制宜，针对不同土壤深翻改造。一般平缓地区，全面耕翻结合加大有机肥料的投入，深度应达30cm，打造优质土壤环境，使保肥性与供肥性协调稳定，以增强农业生产的后劲；城市园林绿地、市政工程场地和居民建筑小区、道路两侧绿化地等，要去除杂物，客土调剂，加强松土，促进通气透水；荒山薄地，坡度大，土层薄，应深翻平整地面，深翻扩穴，下层生土翻上来，上层熟土翻到下层，去除枯树根，清除障碍物。深翻要结合使用有机肥和客土调剂改良，提高肥力，熟化土壤，整地采用沿低山等高线整成水平带状，以利于水土保持。

（2）加强培土改土，增厚营养层。像树木、苗圃等园林植物应于晚秋初冬后注意培土，厚度多在5～10cm，不超过15cm，可增厚土层，增加营养，保护根系，防止受冻，使其安全越冬。对于苗圃、棚室板结僵硬的土壤，应结合土壤结构改良剂，改土效果好。一般应用人工合成的结构改良剂，它是通过模拟天然土壤结构改良剂的分子结构人工合成。聚乙烯醇、聚丙烯酰胺及衍生物等的应用效果好，如聚丙烯酰胺除改良土壤结构外，还可蓄水保墒，用量为200～400kg/hm^2，遇水可形成水稳性团粒结构，且土壤的蓄水力提高100倍，在沙漠绿化中意义很大。

（3）中耕松土，疏松土壤。由于降水、灌溉、施肥等农事活动会使土壤紧实，树盘土壤板结，通气性差，影响养分物质的释放和园林植物生长，因此，应根据实际，中耕松土，改善土壤的通气透水状况，维持良好的空气质量，促进根系对土壤养分的吸收利用，促进土壤微生物活动和根系健壮生长，有利于有机物的分解。中耕还切断了土壤的毛管作用，减少土壤水分的蒸发，更好满足植物对水的要求，正是所谓的“锄头底下三分水”“旱耪地”等农谚蕴含的科学道理。通常选在盛夏前和秋末冬初进行中耕，要在土壤处于适耕状态下进行，中耕的深度一般在3～10cm，以不伤根为原则，具体因不同植物、根系的深浅及其分布状况有所不同。如高大乔木和木本花卉等中耕适宜深些，灌木、藤木、草本花卉适宜浅些，根系分布较深及远根处适宜深中耕，而根系浅及近根处宜浅中耕，以免伤根而影响植物生长。

（4）穴贮肥水。在土层较薄、无水浇条件的山丘地区应用效果尤为显著，是干旱果园重要的抗旱、保水技术。穴贮肥水技术简单易行，投资少见效大，具有节肥、节水的特点，一般可节肥30%，节水70%～90%。具体技术如下：秋季在树冠投影边缘向内50cm处挖深40cm、直径20～30cm的定植穴，依据树体、树龄每株可挖4～8个穴。随后将玉米、高粱等秸秆捆成直径15～25cm、长30～35cm的草把，放在5%～10%的尿素溶液中或人粪尿中浸泡透后，放入穴中央，草把要低于周围的土壤，然后每穴以5kg有机肥料肥（一般混合150g过磷酸钙、50～100g尿素或专用复合肥）与土壤按2:1的比例混合均匀回填踩实，最后浇足水分并覆盖地膜，地膜边缘用土压严，中央正对草把上端打一个孔洞，平时用石块或土封住洞穴，防止水分蒸发，以方便将来追肥浇水。这样只要平时降水，树盘内的水分就可从孔洞渗入土壤，遇到干旱可1～2周浇水一次，每次浇水2～2.5kg/穴。另外，一般根据树木生长状况，结合开花后、新梢停止期和采果后等生育时期，每穴可追肥50～100g尿素或复合肥，将肥料置于草把顶端，随即浇水3～4kg，进入雨季，可将地膜撤去，使穴内蓄存雨水。草把应每年换一次，发现地膜损坏应及时更换，营养穴可维持2～3年，下次再挖穴时应改变位置，逐渐实现全园改良。

（5）防除杂草。清除杂草，控制杂草蔓延，提高绿地景观效果，同时也减少了水分与养分的消耗，防止与园林植物争水、争肥而妨碍植物的生长。应在每次灌溉或降雨后及时进行除草、松土。杂草防除要遵循和掌握“预防为主，综合防治”以及“除早、除小、除了”的原则，可采用人工除草、化学除草等方法，定期对树木周边的杂草进行清除，保证树下无杂草，减少病虫害的发生。注意化学除草宜选择晴朗无风、气温较高的天气，可提高药效，增强除草效果，又可防止药剂飘落在树木的枝叶上，造成药害。在大面积化学除草前应进行药剂试验。

（6）地面覆盖与地被植物。园林植物在生长季节、土温较高和干旱时，应加强地面覆盖和种植地被植物，能防止地面水分蒸发、减少地面对太阳辐射能的吸收，降低土壤温度，从而改善土壤水热状况，调节小气候，利于园林植物的生长。秋冬季节植物尤其是经济林木，树盘覆草、树干绑草和基部培土或全园覆盖，防止冻害，覆草厚度保持15～20cm，对保湿、稳温、抑制杂草效果好。干旱地区可使用土壤增温保墒剂，以防止地表蒸发，增加地表温度，如国外生产的“TAB”是一种高效的土壤保湿剂，使用简单，稀释后直接喷洒在土壤表面，遇水时，微粒体积可膨胀30多倍，能吸收超过自身重300～1000倍的水分，其中绝大部分可供植物吸收。

6.2 园林植物营养和施肥

园林植物尤其是多年生园林树木的生长需要不断地从土壤中吸收营养物质，而土壤中蕴含的养分数量是有限的，随着植物生长过程的消耗必然会逐渐减少，所以必须不断地向土壤中施肥，以补充营养物质的不足，满足园林植物生长发育的需要。植物扎根于土壤，靠根系伸长固着于土壤中，并从土壤中获得必需的各种生活条件，完成生长发育的全过程。

6.2.1 植物养分与肥料种类

6.2.1.1 营养元素与植物生长

植物需要的氮、磷、钾及中量、微量元素主要来自土壤，而植物养分是指由土壤提供的植物生长所必需的营养元素。目前确定的高等植物所必需的营养元素有17种，它们在植物体内的含量相差很大，一般根据植物需要量的多少分为大量营养元素、中量和微量营养元素。大量营养元素有碳、氢、氧、氮、磷、钾和中量营养元素钙、镁、硫共9种，微量营养元素有铁、锌、锰、铜、钼、硼、氯和镍共8种。其中氮、磷、钾在土壤植物间的供求矛盾大，土壤有效的氮磷钾不能持续长期满足植物高产稳产的要求，限制植物生长，常需要施肥补充，氮磷钾通常被称为“肥料三要素”或植物营养“三要素”。

1. 氮磷钾与植物生长

(1) 氮。从世界范围来看，在所有必需营养元素中，氮是限制植物生长和产量建成的首要因素，它对改善产品品质有明显作用。一般植物体内含N量占干物重的0.3%～5%，主要分布在蛋白质和叶绿素中。氮还是多种酶、维生素、植物激素、生物碱等的成分，氮素与植物产量和品质的关系极大，被认为是“生命元素”，合理施用氮肥是保证植物高产、优质的有效措施。根系吸收氮的主要形态是NH_4^+和ON_3^-，还有少量的ON_2^-。氮素可促使植物的茎、叶茂盛生长，叶色浓绿（观叶植物），增大叶面积，提高光合作用。氮素缺乏，植株矮小，生长缓慢，叶片呈淡绿色或黄绿色，某些植物茎叶基部呈紫红色，症状先从老叶中出现，逐渐向上扩张蔓延，叶片与茎之间的夹角变小呈锐角，根量少、色白而细长，后期呈褐色，植株分蘖或分枝少，易早熟和早衰，叶小、果小，缺氮严重时造成早期落叶，落花落果，严重影响植物的产量和品质。但氮素过多会使茎叶疯长，叶色浓绿，贪青晚熟，茎秆柔弱，抗逆性差。

(2) 磷。磷是植物生长发育不可缺少的营养元素之一，它既是植物体内许多重要有机化合物的组分，同时又以多种方式参与植物体内各种代谢过程，磷对植物高产及保持品种的优良特性有明显作用。磷可促使植物根系发育，增强抗寒抗旱能力，促进植物成熟，穗粒增多，果大饱满（如观果植物），对植物高产及保持品种的优良特性有明显的作用。根系吸收磷的主要形态是正磷酸盐，即$H_2PO_4^-$和HPO_4^{2-}。磷不足的症状先从老叶中出现，植株矮小直立、僵苗不长，叶片呈暗绿色，缺乏光泽，叶茎基部呈现紫红色斑点或条纹，缺磷分枝少，结实不正常，品质差，延迟成熟。如缺磷果树的叶片常呈褐色，花芽分化速率低，开花和发育慢而弱，易过早落果，果实小，质量也差。如果磷过多，茎叶会受到抑制，植株早衰，多伴有缺锌、铁、锰症状。此外，还会出现叶用蔬菜的纤维素含量增加、烟草的燃烧性差等品质下降的情况。磷素利用率很低，因为磷素在各类土壤中都容易被固定。在中性、石灰性土中，速效磷与钙、镁发生化学反应形成难溶性盐；在强酸性土壤中，速效磷与铁、铝反应形成难溶性磷酸铁和磷酸铝，而微酸土壤中也会发生磷的吸附固定，这些都使磷素难利用而降低其有效性。只有中性土壤pH值在6.5～7.5时，磷的固定最弱，有效化程度较高，强酸土壤固磷最严重，磷的有效性最低，最容易缺磷，因此，加强磷肥的合理分配和施用很重要。

(3) 钾。钾有“品质元素”的美誉，在土壤及植物体内都以无机形态存在，以离子态K^+被植物吸收。钾能促使植物生长健壮，茎秆粗硬，增强病虫害和倒伏的抵抗能力，为许多酶的活化剂，促进多种代谢反应和ATP合成，促进光合作用，对植物稳产、高产有明显作用。我国钾矿资源极贫乏，钾肥进口量约占钾肥消费总量的85%，合理分配和科学施用有限的钾肥意义更大。植株缺钾首先表现在老叶上，通常叶片小而细长，有褐色斑点，柔软披散，根系生长不良，呈黑褐色，老叶叶尖、叶缘和叶脉间失绿发黄，进而变褐，逐渐枯萎，严重时焦枯呈火烧状；果树缺钾叶缘变黄，逐渐坏死脱落，果实成熟不均匀，着色程度差，果实小、不饱满、适口性差，不耐储藏。由于钾以无机形态存在，在植物体内流动速度快，缺钾症状多出现在生长中后期，因此应以预防为主。

2. 钙镁硫与植物生长

(1) 钙。钙在植物体内主要分布在老叶或其他老组织中，钙以Ca^{2+}形态被吸收，是细胞壁的重要组成成分，可增加植株的坚韧性。缺钙新生幼茎、幼叶受害严重，叶尖与叶尖粘连而弯曲，叶缘卷曲并破损呈锯齿状，严重时，生长点坏死。此外，钙对植物抗病有一定作用，据报道，至少有40多种水果和蔬菜的生理病害是因钙不足引起的，如水果的苦痘病、大白菜的干烧心等都是缺钙的典型症状。水果的苦痘病表现为果肉变褐色，干缩成海绵状，逐渐在果面上出现圆形稍凹陷的变色斑、表皮坏死，病部食之有苦味。

(2)镁。镁是叶绿素的重要组成成分，能促进光合作用，并且是许多酶的活化剂，能促进如维生素A、维生素C等各种物质的合成，进而提高果品和蔬菜质量。缺镁通常中下部叶片、叶脉间失绿黄化，始于叶尖和叶缘的脉间色泽变淡，随后向叶基部和中央扩展，但叶脉正常，在叶片上形成清晰的绿脉网，严重时叶片枯萎、脱落。

(3)硫。硫以硫酸根（SO_4^{2-}）的形式被植物吸收，移动性小，缺硫症首先在幼叶上出现。植物缺硫时，蛋白质含量降低，叶绿素合成受到影响，故缺硫植株呈现淡绿色，幼嫩叶片失绿黄化，细胞分裂受阻，植株较矮小，影响产量和品质。十字花科植物需硫最多，豆科、百合科植物次之，如葱、姜、蒜是需硫较多的作物，蒜薹缺硫会导致抽薹率降低。北方土壤如华北和西北地区的石灰性土壤，富含钙、镁碳酸盐和硫酸盐，有效钙、镁可满足植物生长的需要。南方土壤有效钙、镁不足，尤其是南方酸性土壤，土壤交换性钙、镁较少，应适量施用石灰或钙、镁矿质肥料加以补充。

3 微量元素与植物生长

微量元素是指植物体干重的0.1%以下的必需营养元素。土壤中微量元素的含量与土壤pH、土壤质地等有关。研究施用较多的为铁、锰、锌、铜、硼、钼，它们在土壤中的含量以铁为最高，其次是锰、锌、铜、硼、钼。检查是否缺乏微量元素，首先，观看发病的部位，铁、锰、钼、硼、铜均首先在新生组织出现，而缺锌最初表现为中下部叶脉间失绿。其次，看长势长相，缺锌叶小簇生，节间缩短，花芽减少，花朵少而色淡，不易坐果，产量低，典型的症状是“小叶病”“簇叶病”，发病部位沿主脉出现失绿条纹，呈明显黄绿相间的花叶；缺硼叶片肥厚、皱缩、变脆，典型症状表现为油菜“花而不实”、果树的“缩果病”、花椰菜的“褐心病”、萝卜的“黑心病”以及芹菜的“茎折病”等，如果园林树木缺硼，顶端枯梢，顶叶变黄，叶缘坏死，有畸形果、果面凹凸不平，果实外部和内部组织木栓化（缩果病）；缺铁顶端或幼叶失绿黄化，由脉间失绿发展到全叶呈淡黄白色，缺铁林木出现典型的“黄叶病”，新梢顶端幼嫩叶变黄绿，再变黄白色，叶脉仍为绿色，呈绿脉网纹状，严重时，新梢顶端枯死，出现枯梢现象；缺钼的叶片畸形、瘦长、出现褐斑，螺旋状扭曲，生长不规则，严重时，叶缘呈褐色枯焦状，焦边向下卷曲。如花椰菜、烟草的“鞭尾状叶”、豆科植物的“杯状叶”不结或少结根瘤；缺锰的幼叶脉间失绿黄化，有褐色小斑点散布于整个叶片，典型症状表现为燕麦的“灰斑病”、豆类的“褐斑病”、甜菜的“黄斑病”以及菠菜的“黄病”等；缺乏铜表现为生长瘦弱，新叶失绿发黄，叶尖发白卷曲，叶缘灰黄，叶片出现坏死斑点，枝条弯曲呈“S”形，果树上发生“枝枯病”。再看失绿部位，缺锌、铁、锰都会产生叶脉间失绿黄化，但叶脉仍为绿色。

6.2.1.2　园林植物营养

植物的营养特性是合理施肥的基础，植物营养有连续性，又有阶段性，不同植物营养的两个关键时期：一是营养临界期，是指某种养分缺乏、过多或比例不当对植物生长影响最大的时期，一般在生育前期（幼苗期）；二是植物营养的最大效率期，指某种养分能够发挥最大增产效能的时期，这一时期特点是植物生长迅速，吸收养分能力特别强，如能及时满足作物对养分的需要，增产效果将非常显著，一般在营养和生殖生长并进期。植物营养的两个关键时期，是施肥关键期，对提高产量有重要意义，为此，施肥实践上要施足基肥，重视种肥，及时追肥，以保证营养的连续性和关键时期对养分的要求，促进农业的持续丰产。

1. 植物营养特点

（1）生育时期营养要求。园林树木寿命长，各个生育时期对养分有不同要求。“氮长苗，磷长根”，为此，树木幼龄期，应施用适量的氮肥，扩大营养面积，增强光合作用，积累光合产物；磷肥供应要充足，促使根系生长，以促进树体旺盛生长；初果期，营养生长旺盛的树体，应以磷肥施用为主，配合钾肥，减少氮肥的施用；到盛果期以后，需要大量的营养物质，要氮磷钾肥配合施用。充足而协调的营养元素的补给，能促进植物树木健壮旺盛生长，增强光合能力，积累的光合产物增多，减少无效消耗，提高树体贮藏的营养物质，是保证园林树木丰产、稳产和优质高效的根本保证。

（2）不同物候期的营养特点。提倡配方施肥、平衡施肥技术，防止偏施氮肥。注意前期需氮肥较多，增大叶面积，增强光合作用，积累较多的合成物质，后期需要磷钾肥较多。植物生长过程追肥，多在萌芽前、开花前、坐果后、成熟前和采收后等几个关键时期满足对营养物质的要求。加强施用有机肥，但要充分腐熟，采取无害化处理。有机肥应与化学肥料（如硝酸铵、尿素、硝酸钾、过磷酸钙等）及生物肥料（比如根瘤菌肥、生物钾肥和酵素菌肥）等混合均匀，在采收后到落叶前做基肥施用效果好，另外，根外追肥对提高产量和质量有显著效果，而且方法简便，如过磷酸钙做根外追肥在开花前喷0.05%～0.1%的过磷酸钙溶液，幼果期和成熟期喷1%～3%的过磷酸钙溶液，能显著增加产量和提高品质。具体做法：过磷酸钙浸于10倍的水中，充分溶解10min，澄清取清液稀释后喷施，一般单子叶植物和果树喷施浓度为1%～2%，双子叶植物喷施浓度一般为0.5%～1%，具体因不同植物、不同生长发育阶段而异。

2. 植物营养类型

植物营养是指植物体从外界环境吸收营养物质并用以维持其生命活动。园林植物根据对养分吸收器官的不同，分为根部营养和根外营养。

（1）根部营养。植物生长的根基在土壤，植物60%～70%的养分是根系从土壤中吸收的。植物吸收利用营养元素的器官是根系和叶片，而根系是吸收养分的主要器官，植物需要的绝大部分营养物质是通过根系来吸收的，主要吸收利用离子态的养分，植物与外界环境之间的物质交换主要靠庞大的根系来完成。壮苗先壮根，根系粗壮发达，活力强，对营养物质的吸收和运转速度加快，植物生长健壮，养分利用率高。植物的根部营养吸收过程分两步：第一步是大量的无机态养分（矿物态养分）通过截获、质流和扩散迁移到根系表面；第二步是聚集于根系表面的无机态养分通过主动和被动吸收进入根细胞内进行各种同化反应。当土壤营养供应不足时，就要靠施肥来补充，以达到供肥和需肥的平衡。

（2）根外营养。根外营养是指通过地上部分（叶部）吸收养分的现象，在植物营养期内，根据植物生长状况将肥料配制成适宜的浓度，均匀喷洒在植物地上部分（主要是叶片），来满足植物营养要求的施肥方式，叫根外施肥。如尿素特别适宜根外施肥，因为尿素是人工合成的有机小分子物质，分子体积小，与水分子差不多，吸收快，而且对植物损伤小，造成的质壁分离现象少。尿素进入叶片速度是其他离子的10～20倍，在喷施微量元素肥料时常加入少量尿素可促进其吸收速率。常用肥料尿素的浓度为0.3%～0.5%，磷酸二氢钾的浓度为0.2%～0.3%，硼砂的浓度为0.1%～0.3%，最后一次叶面喷肥在距果实采收期20天前进行。根外施肥是根系吸肥的重要补充，特别是在逆境条件下，根部吸收功能受到阻碍，叶面施肥常能发挥特殊的效果。植物微量营养元素需要量少，在土壤微量元素不是严重缺乏的情况下，通过叶面喷施能满足其正常生长的要求。叶面追肥的浓度一般都较低，每次的吸收量是很少的，与植物的需求量相比要低得多。因此，叶面施肥的次数一般不应少于2～3次，同时，间隔期至少应在1周以上，喷洒次数不宜过多，防止造成肥害。而对需求量大的营养元素如氮、磷、钾等，据测定要通过10次以上叶面施肥才能达到根部吸收养分的总量，因此，叶面施肥不能完全替代根部施肥，必须与根部施肥相结合。为了满足植物所需的养分，还应以根部施肥为主，叶面施肥只能作为一种辅助措施。叶面喷肥是通过气孔和角质层进入叶片，而后输送到各个组织器官，一般幼叶较老叶、叶背较叶面吸收速度快，吸收效率也高，所以叶面施肥时一定要均匀喷于叶、花果，尤其是把叶背喷匀、喷到。对于硼、钙、铁、锰等移动性差、不移动或难移动的元素，喷肥时应增加喷肥的次数，尤其是喷于新叶上效果更好。单子叶植物蜡质层厚，吸收困难，要加大浓度。但在叶面喷肥时要严格把握浓度，注意喷洒均匀，以免烧伤叶片。营养液在叶片上附着时间长有利于对养分的吸收，湿润时间越长越好，一般叶片湿润时间在0.5～1h，吸收速度最快，可以在肥液中加入0.1%～0.2%洗涤剂或中性皂作为助剂，提高肥液在植物叶片上的黏附力，促进肥料的吸收。为使营养液吸收快，喷施时间一般选择无风傍晚或阴天，于上午10时以前或下午4时以后喷施，以免气温高，蒸发快，影响喷肥效果或导致肥害。喷肥后如果下雨，必须重喷。园林树木进行叶面追肥时，应根据生长期的实际需要，配制专用的营养液。在新叶为正常叶片的一半时开始喷雾，每隔10天喷一次，连喷4～5次，能收到很好的施肥效果。

6.2.1.3 肥料种类及选用

俗话说："庄稼一枝花，全靠肥当家。"科学合理施肥能有效提高植物产量和质量，使农民增产增收，提高经济效益。肥料是农业生产的重要物资，是植物的粮食，是农业优质高产的保证。施肥是植物丰产必不可少的手段，作物正常生长要消耗大量的营养，需要不断补充营养，才能保证农林业可持续发展，获取农业的丰产丰收。农谚有"有收无收在于水，收多收少在于肥"，恰恰说明了肥料在农林业生产中的地位。所谓肥料是指直接或间接供给植物所需养分，改善土壤性状，以提高作物产量和改善产品品质的物质，简言之是能直接或间接地补充环境养分供应不足的任何物质。肥料来源于人类生存环境中的资源、生活和生产的废弃物。高营养价值的食品是人类健康的最基本的物质条件，合理的植物营养与施肥是实现人类健康的最基本的手段。肥料在各项增产因子中起的作用最大，英国洛桑实验站长达150多年的长期定位试验结果表明：作物增产有1/2来自肥料；1/2来自种子、农药等。

肥料的种类繁多，分类的方法也没有严格规范和统一的分类，一般按肥料组分、性质分为有机肥料、无机肥料（化肥）和微生物肥料。

1. 有机肥料

有机肥料是指来源于动物和植物残体，含有丰富有机物质的一类肥料，其中绝大部分为农家就地取材、就地积制和施用的农家肥。有机肥料是农业中有限养分的再循环和再利用部分，由于含有病菌、虫卵、杂草种子等有害生物，需要进行无害化处理。一般根据来源和积制性质将有机肥料分为粪尿类、堆沤肥、绿肥和杂肥类，农家肥是其主体，有机肥料的商品化是其发展的趋势。有机肥料的主要作用是能够增加有机质、提高土壤肥力、增加作物产量、改善产品品质和提高土壤环境容量及改善农村生态环境等，因此，有机肥料在我国几千年来传统农业的发展、土壤肥力的维持和农村环境的安全方面发挥了不可替代的巨大作用。深刻理解有机肥料在农业生产中的重要地位、作用，尤其是在开发绿色产品、有机产品的生产中的重要性。发展前景广阔，应重视其使用。有机肥中不仅含有植物必需的大量元素、微量元素，还含有丰富的有机养分，但大部分的有机养分需经微生物矿化分解、缓慢释放，供应园林植物生长所需。我国有机肥料的资源丰富，数量巨大，每年有机肥料的总量为18亿～24亿吨，其中含氮700多万吨、$P_2O_5$500多万吨、K_2O1000多万吨，相当于我国化肥产量中氮肥的1/3、磷肥的2倍、钾肥的50倍。因此，巨大的有机肥源含有大量的养分，有机肥料的科学施用不仅可供给植物营养物质，熟化土壤，有效地提高土壤保水、保肥性能和缓冲能力，对改善土壤理化性状、耕性和土壤生物活性等方面都具有独特的作用，在提升地力及创造良好的土壤生态条件方面起到了积极的作用。有机肥料是完全肥料，具有养分全面、养分含量低、肥效长、含有大量的有机质、可培肥改土等优点，但由于养分含量低，比如1kg硫酸铵相当于人粪尿30～40kg，致使其体积大及积造施用费力费工等，影响农民农家肥积制和使用的积极性，应积极推广商品有机肥应用，这类肥料一般适宜作基肥施用。施肥实践中，积极引导农民发展绿肥、秸秆还田和施用农家肥、商品有机肥料，要广辟肥源，多积肥、积好肥和科学积肥，不断增加有机物质的投入，并做到科学合理利用。大量使用有机肥料的结果，一方面保护了土壤肥力，做到了地力长盛不衰，常用常新；另一方面形成了无废物排放的农业循环经济，能使有机废物变废为宝，节约了大量的化石能源，减轻了环境污染，保护了农村环境的安全。常用的有机肥料品种有人粪尿、厩肥、绿肥、堆肥、沤肥、沼气肥和饼肥等。

2. 无机肥料

无机肥料又称化学肥料，简称化肥，是指用化学的方法制造或开采矿石粉碎制成的肥料，主要包括氮、磷、钾、钙、镁、硫等大量元素肥料和微量元素肥料以及复混肥料等。化肥一般只含有一种或少数几种营养元素，便于针对植物及土壤情况选择使用，一般适合做追肥用，要遵循薄肥勤施的原则，贮存时要注意防潮，避免肥料中养分退化、损失和结块导致的施肥不便。生产中常用化肥种类主要有氮肥、磷肥、钾肥、微肥：氮肥主要有铵态氮肥（碳酸氢铵、硫酸铵、氯化铵等）、硝态氮肥（硝酸铵、硝酸钠、硝酸钙等）和酰胺态氮肥（尿素）；磷肥常用过磷酸钙、钙镁磷肥等；钾肥主要有硫酸钾、氯化钾和工农业的废弃物草木灰等；另外，常用微肥有硼酸、硼砂、硫酸锌、硫酸亚铁等以及磷酸胺、磷酸二氢钾、硝酸磷肥等各类复合（混）肥料等。应充分了解化肥的种类和性质，科学正确施用化肥，及时满足植物对营养物质的要求。与有机肥料相比，化学肥料则具有养分成分单一、肥效迅速、肥效短、体积小、养分含量高的特点，例如1kg过磷酸钙相当于厩肥60～80kg，1kg硫酸钾相当于草木灰10kg左右，所以，化肥的单位面积的使用量少，运输及使用方便，可节约劳力等。但长期单独使用化肥易使土壤板结，造成土壤盐渍化，破坏土壤结构。因此，农业生产上强调化学肥料与有机肥料配合施用，这也是我国现行的施肥制度和施肥方针，两者配合施用，养分的种类和含量各不相同及肥效快慢、长短各异，达到优缺点互补，缓急相济，既肥土又肥苗，协调土壤养分均衡供应，相互促进和补充，充分发挥其经济效益，保证植物营养的连续性，又能满足关键时期养分要求。土壤、动植物及其所处的环境构成了农业生态系统。微生物肥料对动植物、土壤、环境具有良好的协调作用。

3. 微生物肥料（菌肥）

微生物肥料利用土壤中的有益微生物制成的生物性制品，是农业生产中使用的一种肥料。微生物肥料主要是提供有益的微生物群落，而不是提供矿质营养养分，如根瘤菌肥、钾细菌肥和磷细菌肥等。随着农产品安全日益受到重视，生产无公害有机绿色食品的生态农业和有机农业正在快速发展，这就要求不用或少用化肥、化学农药和其他化学物资，以促进作物增长的同时不产生和积累有害物质，减少环境和土壤污染。微生物肥料本身不含大量营养元素，把微生物肥料中大量有益微生物接种到相应植物根际和土壤中，通过微生物的生命活动来改善植物生长的环境营养条件，刺激植物生长和抑制有害微生物的活动，达到提高其产量和品质、可不同程度减少化肥使用量、提高土壤肥力的目的，因此，在农业生态系统中微生物肥料对动植物、土壤、环境具有良好的协调作用。微生物肥料用量少，通常微生物菌剂使用量一般为0.5～1kg/亩，与种子相伴，阴干后播种。同时，要注意微生物肥料有有效期限，通常为0.5～1年。

6.2.2 肥料施用

6.2.2.1 施肥的原则

不同的园林植物、同一园林植物的不同生长发育阶段，对营养元素的需求不同，对肥料的种类、性质数量和施肥的方法要求均不相同，也与土壤条件、气候因素、植物生理状况有关。这里主要讨论园林树木的施肥状况。一般的原则应为及时满足植物需要，营养均衡、协调供应，提高肥料利用率，尽量减少施肥次数，节省劳力。要高效合理施用化肥，加强有机肥、无机肥的配合施用，推广配方施肥和缓控释肥料以及精准施肥、水肥一体化技术，控制肥料对土壤和水源的污染，提高肥料利用率，维护土壤生态平衡。

一般行道树、庭荫树等以观叶、观形为主的园林植物，生长季节多施用以氮为主的有机肥或化学肥料，追施缓控释肥，及时满足树木要求，可促进枝叶旺盛生长，叶色浓绿，但在生长后期，还应适当施用磷、钾肥，停施氮肥，促使植株枝条老化、组织木质化，使其能安全越冬，以利翌年生长；而秋冬季多施用腐叶土、泥炭及商品有机肥等有机物质，促进根系生长，积累贮存树体营养，以增强抗性，能够安全越冬。以观花、观果为主的园林树木，早春及花后多施以氮肥为主的肥料，促进枝叶的生长，在花芽分化期多施磷、钾肥，以利花芽分化，增加花量和坐果；冬季多施有机肥，积极推进有机废物综合利用，推广堆沤肥、沼肥、秸秆覆盖还田等技术，扩大有机肥源。根据植株生长情况和对土壤营养成分分析，补充相应缺乏的微量元素。

6.2.2.2　施肥的时期（方式）

传统施肥是把肥料施入土壤，补给植物最缺的养分，通常是土壤缺什么养分就施什么肥料。一般根据施用时期的不同分为基肥、种肥和追肥三种施肥方式。具体因地、因树体、栽种年限、植物而异，通常以秋施基肥较好。

（1）基肥。基肥是指播种（或定植）前结合土壤耕作施入的肥料，基肥的作用主要表现为培肥和改良土壤、供给植物整个生长发育时期所需要的养分，一般占总用肥量的2/3，基肥一般于采果后落叶前施入。对于乔木、灌木每年施基肥一次，施用时可将大量的肥料翻耕施入土壤，一般以有机肥料为主，配合化学肥料，其中磷、钾及微量元素常与有机肥混合深施至根系密集层，利于根系吸收。对于沙性大的土壤、岭坡地极易造成养分流失，施肥要稍深些。定植时应将定量肥料与等量土壤拌匀，将全量的1/3撒入坑底，栽植时土壤埋到树木的1/3处，再将剩余的肥料施入根的周围。

（2）追肥（补肥）。追肥是在植物生长发育期间施入的肥料，及时补充植物在生育过程中所需的养分。根据生长季节和园林植物的生长速度及时补充所需的肥料，一般多用速效化肥、腐熟有机肥料。追肥因气候、土质、树龄、树势等而有所不同：高温多雨地区或沙质土，肥料养分易流失，追施化肥应少量多次；幼树追肥次数宜少，随树龄增长、结果量增多，追肥次数和施肥量也相应增多。追肥方法包括撒施、条施、穴施、分层施肥、随水浇施、根外追肥、环状和放射状施肥等。对于果树、林木还可用涂刷、注射等施肥方法，比如土壤缺铁时用0.2%～0.5%的硫酸亚铁溶液注射入树干内或在树干上钻一小孔，用1～2g亚铁盐塞入孔内甚至用亚铁溶液涂刷树身。

成年结果树一般每年追肥2～4次：花前追肥（萌芽肥）。在春季萌芽期施用，主要是为了满足萌芽开花的需要，肥料种类以氮为主，配合适量磷肥；花后追肥（稳果肥）。在谢花后坐果期施用，目的是促进幼果发育，减少生理落果；果实膨大期追肥（壮果肥）。促进果实肥大，并为翌年结果打下基础，还可克服大小年结果问题，以氮、磷、钾配合施用；采果肥施用：在采果前后初秋时追施速效氮肥及钾肥，以及时补充营养，提高下年花芽分化质量。对于乔木、灌木每年春季追肥一次，追肥一般肥效较快，适宜浅施，供树木及时吸收。

（3）种肥。种肥是指播种（或定植）时施在种子附近或与种子混合播种的肥料，种肥给种子萌发和幼苗生长创造良好的营养条件和环境条件。比如硫酸铵特别适合做种肥，适宜各种作物，对喜硫作物（大蒜、洋葱等）施用效果更好，一般用量为2～5kg/亩，但要干种、干肥，随拌随用。种肥细而精，可用化肥，也可使用经充分腐熟、含营养成分完全的有机肥料，如腐熟的圈肥、堆肥、复合肥料等，常用拌种法、蘸秧根、浸种法和盖种肥等方法。

6.2.2.3 施肥的方法

（1）土壤施肥（见图6-1、图6-2）。

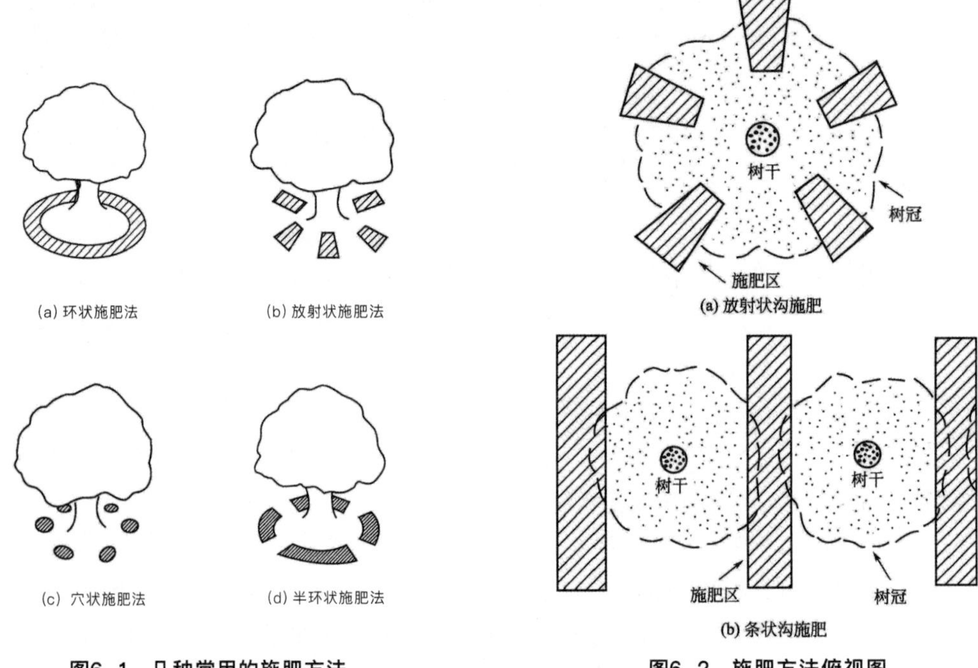

图6-1 几种常用的施肥方法

图6-2 施肥方法俯视图

①环状施肥：在树冠滴水线外围挖宽30～40cm、深30～60cm的环状沟施肥。

②半环状施肥：在树冠滴水线外围挖2～4个环沟，挖沟地点隔次轮换。

③放射沟施肥：在树冠投影下距树干1m处呈放射状方向挖6～8条宽30～50cm、深20～40cm，长达树冠外缘的沟，隔次更换位置。

④条沟施肥：在果园行间、株间或隔行开沟施肥。

⑤全园施肥：将肥料均匀撒布在园内，再深翻入土中。

（2）茎叶施肥。该法简单易行，用肥经济，肥效快，且不受养分分配中心的影响，能及时满足园林植物的需要，并可避免土壤施肥时某些元素被土壤化学或生物固定。根外追肥见效快，增产显著，一般1～2天就见效，土壤施肥则需要5～7天以上。根据资料统计分析，中等肥力的土壤上，喷施叶面肥料，可使作物平均增产5%～10%，果树增产5%～15%，蔬菜增产幅度最大，平均增产达到20%～30%。茎叶施肥特别适合有明显脱肥现象、出现营养缺素症时使用。一般大量元素喷施浓度为0.5%～2%，微量元素喷施浓度为0.02%～0.5%，苗木喷洒尿素浓度为0.1%～0.5%。

（3）灌溉施肥。灌溉施肥与喷灌、滴灌结合起来进行施肥，也就是水肥一体化技术，它是将可溶性固体或液体肥料按土壤养分含量和作物需肥规律和特点配兑，配兑成的肥液与灌溉水一起相溶后利用可控管道系统，通过管道和滴头形成滴灌。它可均匀、定时、定量浸润作物根系发育生长区域，使主要根系分布区土壤始终保持疏松和适宜的含水量，同时根据不同的园林植物的需肥特点、土壤环境和养分含量状况、不同生长期需水、需肥规律情况进行不同生育期的需求设计，把水分、养分定时定量、按比例直接提供给作物。“水肥一体化技术”是农业生产上的一项革命性技术。

6.2.2.4　施肥量

施肥量的确定要依据植物种类及品种、产量水平、土壤肥力状况、肥料种类、施肥时期及气候条件等。园林植物尤其是园林树木是多年生的，长期固定于同一地点吸收营养物质。不同植物、不同生育时期及不同土壤状况对肥料的种类、数量的需求不同，在施肥时应根据园林植物种类、生长阶段、土壤状况进行有针对性的施肥，并针对不同植物采取不同的施用方法。

1. 测土配方施肥的含义

测土配方施肥是以土壤测试和肥料田间试验为基础，根据作物需肥规律、土壤供肥性能和肥料效应，在合理施用有机肥料的基础上，提出氮、磷、钾及中微量元素等肥料的施用品种、数量、施肥时期和施用方法。通俗地讲，就是在农业科技人员指导下科学施用配方肥。在缺肥的中低产地区。施肥增产幅度大，而高产地区，施肥技术要求比较严格。肥料的过量投入，不论是哪类地区，都会导致肥料效益下降，以致减产的后果，因此，确定最经济的肥料用量是配方施肥的核心。施肥量的确定，就像“医生”为你的耕地“看病开方下药”，根据土壤缺什么，确定补什么，施肥技术的核心是调节和解决作物需肥与土壤供肥之间的矛盾，同时有针对性地补充作物所需的营养元素，植物缺什么元素就补充什么元素，需要多少补多少，实现各养分之间的平衡供应，满足需要，提高肥料利用率和植物产量，达到改善产品品质、节支增收的目的。配方施肥技术是一项较复杂的技术，农民掌握起来不容易，只有把该技术物化后，才能够真正实现集测、配、产、供、施一条龙服务，由专业部门进行测土、配方，由化肥企业按配方进行生产并供给农民，由农业技术人员指导科学施用，简单地说，就是农民直接买配方肥，再按具体方案施用。这样，就把一项复杂的技术变成了一件简单的事情，这项技术才能真正应用到农业生产中去，才能发挥出它应有的作用。

2. 施肥量的确定

依据植物计划产量的养分需求总量、土壤供肥量和肥料利用率确定施肥量：

$$\text{计划施肥量}=\frac{\text{目标产量所需的养分总量}-\text{土壤养分供给量}}{\text{肥料的养分含量（\%）}\times\text{肥料的利用率（\%）}}$$

$$\text{目标产量所需的养分总量}(\text{N、}P_2O_5\text{、}K_2O,\ \text{kg/亩})=\frac{\text{目标产量（kg）}}{100}\times\text{百千克产量所需养分量}$$

目标产量（kg/亩）=（1 + 递增率）x 前3年平均单产，一般递增率为 5%~15%

土壤供肥量（kg/亩）=土壤测定值（mg/kg）x 0.15 x土壤养分校正系数

$$\text{上壤养分正系数（\%）}=\frac{\text{缺素区地上部分吸收该元素量（kg/亩）}}{\text{该元素土壤测定值（kg/亩）}}\times 0.15$$

$$\text{肥料利用率（\%）}=\frac{\text{施肥区吸收养分量（kg/亩）}-\text{缺素区吸收养分量（kg/亩）}}{\text{肥料施用量（kg/亩）}}\times\text{肥料中养分含量（\%）}$$

一般经济林木有机肥用量应掌握在复土用量的1/6～1/5，不宜过大，有机肥料通常掌握0.5kg、果施0.75～1kg肥，用时一定要与回填土充分搅拌均匀。无机肥的用量要注意控制，一般视树木的规格大小而定，掌握在每株0.2～2kg。

6.3 园林植物水分管理

土壤水是土壤的重要组成部分，是全球水分循环和平衡当中一个非常重要的环节。水是农业的命脉，土壤水分多少对养分的形态、运输、转化以及土壤空气和热量状况都有直接的影响。水分是植物各种器官的重要组成部分，植物生长需要大量的水分，植物对养分物质的吸收、运输转化，以及进行光合、呼吸、蒸腾等生理作用，都必须在有水分的参与下才能进行，所吸收的水分大约有99%消耗于蒸腾作用，因此，必须有充足的水分供应，才能维持园林植物的正常生长发育和体内水分平衡。

6.3.1 园林植物的水分要求

6.3.1.1 灌溉水的选择与水分消耗

自然条件下，园林植物的需水由大气降水和土壤水供给，土壤水是土壤肥力诸因素中最重要、最活跃的因素，土壤水分状况直接影响植物对养分的吸收。土壤中有机养分的矿质化作用离不开水分，施用的化学肥料只有溶解在水中才能被利用，各种养分离子向根表的迁移和根系对养分的吸收等都必须以土壤水分为介质。试验证明，当土壤水分含量适宜时，土壤中养分的扩散速率就高，从而能够提高养分的有效性。因此，生产上通常以水调气、调温、调肥，协调水肥气热状况，为植物丰产营造良好的生态环境条件。植物的耗水量主要受气候和土壤条件的影响，水分损失包括地表蒸发、地表径流、地下渗漏等。农业生产实践中，自然降水往往满足不了植物生长发育的需要，需要进行灌溉补足。灌溉用水主要有自来水、地表水、地下水三类，以清洁的地表水为佳，废水、污水需经处理符合要求方能利用。灌溉用水的质量在于水中所含物质类型及浓度大小，主要影响因素是所含盐分浓度高低、钠离子及其他阳离子的相对浓度。旱季降雨中，一次降足比分几次降小雨对土壤贮水更有利，相应地，灌溉也应该是一次灌足比多次灌更好，当然，所谓灌足就是使灌水达到有效水的最高限，即田间持水量。

6.3.1.2 园林植物水分要求

养分的释放、迁移和植物吸收养分都与水分有关。不同的气候和不同时期对水分的要求有所不同，有喜湿的，有耐旱的，具体因园林植物种类、土壤质地、种植年限、长势长相的差异等对水分的需求大不相同。喜湿的树种比如柳树、水杉、观花与观果的树种，尤其是花灌木类，对水分的需求比一般树种多，需要的灌水量、灌水次数较多，对排水要求则不高。较耐旱的如桃树类、针叶松类、刺槐及柏树类（圆柏、侧柏）等，其灌水的次数、灌水量较少，甚至有的不需要灌水，还应加强排水；另外，如旱柳、乌柏等对水分条件适应性较强，既耐干旱，又耐潮湿。对于新栽植园林树木，先浇定根水，定根水一定要立即浇透浇足，2～3天内再次浇水，如树穴周围出现土壤下沉塌陷时应及时填平，栽植后应保持其周围环境的湿润，特别是树干，根据具体情况对其采取喷雾式洒水，因此，一般栽植后至少1个月内，注意加强树冠喷雾和树干保湿，促进根系生长，定期抽查土壤水分，促进移栽成活。同时，新种树木不宜栽种过深，要勤松土，保持其透气，以免影响根的呼吸，阻止其发根，影响成活。人流量大的地方应铺设透气材料，以防土壤板结，也可在树盘种植地被植物等。总之，要根据树种、栽植年限、土壤情况等进行灌水和排水，同时灌水应与施肥、土壤管理相结合，水肥结合效果好。其他园林植物常常根据不同生育期对水的需求状况进行灵活灌溉。

6.3.2 园林植物灌水技术

6.3.2.1 灌水时间

(1)根据季节确定。

①春季灌水：早春越冬植物尽早灌水，促使提早返青萌芽、健壮生长和促进花芽早分化。春季是树木生理活动旺盛，水分是否充足对植物的生长影响较大。遇到春旱时注意加强灌水抗旱。

②夏季灌水：此时是植物生长旺盛期，同时也是植物蒸腾量最大的时期，需消耗大量的水分与养分，是灌溉的重要时期。

③秋季灌溉：秋季气温下降，植物生长减慢，应适当控水，促进植物组织生长充实与枝梢木质化，结合秋施基肥以利于植物根系生长和积累营养物质，确保安全越冬。

④冬季灌溉：入冬前必须灌好封冻水，以充分湿润根区土层，提高土壤热容量和导热率，增强抗冻性，使其安全越冬。在地表刚冻结时进行灌溉，冬季多数植物需水量减少，应控制灌溉。

(2) 根据时间确定。一天中的灌溉一般在早晚进行，以清晨太阳出来之前最佳。园林植物尤其是草坪草一般不在晚上浇水，由于整夜处于潮湿状态下，细菌和微生物就容易发展并侵染植物组织，引起病害。夏季高温天气忌正午灌溉，蒸发量大，50%的水分可能在到达地面时就被蒸发掉了，同时还会造成植物灼伤。冬季气温较低时宜在中午前后灌溉，以免土温下降较快而影响植物生长。

对于移栽苗木、新植树木要加强灌水，由于根系受损伤影响其吸水。根系分布范围缩小，需要一定时间的恢复，对水分的需求更多地依赖于灌溉，特别是新植树木需充足、科学地灌溉。在生长期灌水、花前灌水、花后灌水和花芽分化期灌水，最大限度地满足园林植物生长和开花对水分的要求。

6.3.2.2 灌水需注意的问题

遵循“不干不浇，浇则浇透”的浇水原则，在夏秋干旱季节应加强灌水，在雨季则不灌或少灌；在高温时期，中午切忌灌水，宜早晚进行；冬季气温低，灌水宜少，并在晴天上午十点以后灌水；幼苗生长弱灌水少，旺盛生长期需灌水多，开花结果时灌水不能过多；春天灌水宜在中午前后进行。每次灌水不宜直接灌在根部，要浸润根区周围，以诱导根系向外围伸展。每次都要按照“初宜细、中宜大、终宜畅”的原则进行灌水，以免表土冲刷、土壤板结。根系不发达的树种，浇水量宜较多；肉质根系树种，浇水量宜少。

6.3.2.3 灌水量

灌水量因植物种类、生长发育阶段、土壤性质、天气状况的不同而异，应根据植物的需水量及土壤含水状况确定灌溉量。

一般黏性土壤保水性强，宜少次多量浇水，砂质土壤应少灌勤灌。灌水前要做到土壤疏松，土表不板结，以利水分渗透，待土表稍干后应及时加覆盖或中耕松土，减少水分蒸发。一般大树比幼树要多灌水，沙地果园由于保水性较差，因此，适合少量多次灌水。通常林木的灌水量，以完全浸湿根系分布的土壤为原则，浇至湿润深度可达80～100cm，为土壤田间持水量的60%～80%，通常成年果树的灌水深度为100cm左右。

灌水定额是指单位面积的一次灌水量，其计算公式为：

灌水定额（m^3/m^2）=灌溉面积（m^2）×土壤湿润深度（m）×土壤容重（1000kg/m^3）×［田间持水量（%）–灌前土壤含水量（%）］

6.3.2.4 灌水方法

灌溉的方法很多，栽植后应在略大于种植穴直径的周围灌水，应使水分分布均匀，以提高利用率和便于作业为原则，可节约用水，减少土壤冲刷，保持土壤的良好结构，并充分发挥水效。

（1）沟灌。沟灌是在树木行间挖沟，引水灌溉，灌溉结束后，将沟整平，是地面灌溉的一种较合理的方法。沟灌具有浸润土壤较均匀，水分损失小，较节约用水，又能防止土壤板结，利于通气等优点，多用于苗圃水分管理。

（2）分区灌溉。分区灌溉是在树木群植或片植时，或株行距不规则，地势较平坦时，划分多个长形或方形的小区，纵横做成土埂，将各区分开，通常每棵树单独成为一个小区。分区大水漫灌，此法既浪费水，又易使土壤板结，一般不宜采用。

（3）筑堰浇水（树盘灌溉）。灌溉前首先疏松盘内土壤，利于水分渗透，然后筑土埂高15～20cm的灌水围堰，堰埂应筑实，不应漏水。堰内灌水，待水分渗入土中后，将土堰扒平，覆土保墒，一般用于行道树、庭荫树、孤植树，以及分散栽植的花灌木、藤本植株等。该法用水较经济，但浸润区域的范围小，同时大水树盘灌满仍会使表土板结，破坏土壤结构，应注意灌溉后及时疏松表土或用草覆盖，以减少水分蒸发，防止土壤板结。北方地区新栽树木种植后浇水不少于3遍，可提高栽植成活率，一般应在24小时内浇透第1遍水，3天后浇第2遍水，再过7～10天后浇第3遍水。浇水时要防止水流过急，以免造成跑水漏水。浇水后若出现土壤下陷，而使树木歪斜或倒地时，应及时扶正、培土。同时，对人员集散较多的广场、人行道，树木种植后，种植穴区应铺设透气护栅，以防止土壤紧实、通透性变差而影响树木的生长。

（4）滴灌。滴灌是集机械化、自动化等多种先进技术于一体的灌溉方式，是将灌溉水通过节水器或滴头逐滴地湿润植物根区的土壤，分为地面滴灌、地下滴灌两种类型，是所有灌溉方法中最为节水的灌溉方法，它比喷灌省水25%以上，且使土壤水、气比例协调，是节水、高效的灌溉方式，但缺点是投资大，管道和滴头容易堵塞且滴灌管道在冬季容易发生冻害。一般用于名贵树木园、保护地种植园等。

（5）喷灌。用移动或固定的喷灌设施，以人工或自动化的控制方式进行灌溉，是目前城市绿地灌溉采用较多的灌溉方法。具有省水、省工、省时的特点，适用于大片的灌木丛、经济林区和草坪地等。另外，利用洒水车进行道路两侧绿化带灌溉时应接输水软管，缓流浇喷灌，保证一次浇足浇透。

6.3.2.5 排水

长期阴雨、地势低洼渍水或浇水太多，容易造成渍水缺氧，使园林植物比如桃树类受涝，根系变褐腐烂，枝叶变黄、萎蔫枯枝，产生落叶、落花，严重的会导致整株死亡。为减少涝害损失，对排水不良的种植穴，可在穴底铺10～15cm的砾石或铺设渗水管、盲沟等，以利排水。在雨水偏多时期或对在低洼地势又不耐涝的园林植物要及时排水，通常采用的排水方法有地表排水法、明沟排水法、暗沟排水法和机械排水法。

地表排水法是利用自然坡度排水，是最常用也是最经济的排水方法。明沟排水法，即开挖明沟，需进行一定的景观化处理。暗沟排水法是在绿地下开挖暗沟或铺设管道排水。机械排水法是在地势低洼地，采用沟、管排水有困难时，采用抽水泵进行排水的方法。此外，在特殊情况下需采取应急措施，如积水无法排除时应及时扒土，使部分根系露出保证其正常呼吸，以减低涝灾所造成的损失。

第7章
园林树木的整形修剪

整形修剪是提高城市绿化水平的一项很重要的技术措施，是园林绿化栽培及养护中的经常性工作之一。园林树木的景观价值需要通过树形、树姿来体现，园林树木的生态价值要通过结构来提高。一个好的植物景观，一定要经常进行修剪和维护才能长时间地保持良好的观赏效果。所有这些，都可以在整形修剪技术的应用中得以调整和完善。

7.1 园林植物整形修剪的涵义

7.1.1 整形修剪的概念

整形，是指通过对树木施行修剪等措施，使之形成栽培者需要的树体结构和造型的过程。

修剪，是对树木的部分枝、叶等器官采取剪截、疏删的技术措施。它是调节树体结构、培养树木造型、促进生长平衡、恢复树木生机的手段。

整形是目的，修剪是手段。整形修剪也可以作为一个词来理解，是贯穿园林树木整个生命周期的管理措施。对于幼树来说，整形修剪是通过修整树姿将其培养成骨架结构合理，具有较高观赏价值的树形。对于成年树和老树，整形修剪是通过枝芽的除留来调节树木器官的数量，促进整株均衡生长，达到调节或恢复树木生长势、维持或更新造型的目的。

7.1.2 整形修剪的作用

（1）培养良好的树形，增强景观效果。园林绿化通常讲究其观赏效果，一方面强调绿化布局中的树木配置，另一方面也重视树形树姿。任何树木如果不采取整形修剪措施，放任生长，难以达到园林绿化的设计要求。整形修剪可以表达树木自然生长所难以完成的不同栽培功能，创造和保持合理的树体结构，培养形成优良的树形树姿，使树木能够充分发挥其景观效果。

（2）调控树体结构，保障树木健壮生长。整形修剪通过调控树体结构，合理配备枝叶，可以调节养分和水分的运转与分配，调节树体各部分的均衡关系，保证树木的健康生长；可以改善通风透光，调节树木与环境的关系，适应不同的立地环境，减少病虫害。

（3）塑造特殊造型。在一些儿童乐园或小游园等园林，模仿动物、建筑或其他物体的形态，可以将树木培养成绿门、树屏、绿塔、绿亭、熊猫、孔雀等各种几何或非几何图形，构成具有一定特色的园景。在盆景制作中，通过修剪、蟠扎、雕琢等手法，可以控制树体的大小，将大自然中的大树微缩到盆钵中，形成优美的造型。

（4）调控开花结实。花和果实是大多数园林植物突出的观赏特征，但开花结果与植物枝叶的生长常常出现养分的竞争。修剪可以调节营养生长与开花结实的矛盾，调控开花结实。

（5）延长树木的寿命。自然生长的树木，结构乱、树形差、寿命短、最佳观赏期短。通过修剪可以使之生长健壮，促进老树的复壮更新，延长其寿命和最佳观赏期。

（6）预防和避免安全隐患。园林中有的树木会出现结构不稳、树冠偏斜，以及因病虫危害或风雪造成的枝叶干枯、腐烂等现象，给行人、车辆或市政设施造成危害。修剪可以及时解决树木与环境之间的矛盾，预防和避免这些安全隐患，保障人们的生命财产安全。

7.1.3　整形修剪的原则

（1）依据园林绿化规划设计的要求。园林植物的栽培目的不同，对整形修剪的要求也不同。所以应该依据园林绿化规划设计对树木的要求和具体树木在景观配置中的要求，因地制宜，按需修剪。例如，行道树要求整体效果，树高、树形相似，最低分枝点应在2m以上。

（2）依据树种的生长发育习性。习性不同的树种具有不同的生物学特性，所以整形修剪要依据树种的生长发育习性，随树作形，因枝修剪。生长习性不同，采用不同的修剪、整形方式。对顶芽生长势特别强的树种，应保留中央领导干，以形成圆柱形或圆锥形树冠；对顶芽生长势弱的树种，多采用圆球形或开心形树冠。对于观花观果的树种，要根据花芽着生的方式和开花习性进行修剪。

不同树种的萌芽力、成枝力及生长势也有很大的差异。对萌芽、发枝能力及愈合能力弱的树种，应少修剪或仅进行轻度修剪；对萌芽、发枝能力很强的树种，可进行多次修剪。

对生长过旺的树，可借助“强枝强剪，弱枝弱剪”的原则，均衡调节；对强主枝强剪（短留），对弱主枝弱剪；对强侧枝弱剪，对弱侧枝强剪。通过整形修剪来调节树形与树势，形成主从分明，树势均衡的状态。

（3）依据树龄及生长发育阶段。树龄不同，方法有别。幼龄树，以整形为主，为今后的生长及充分发挥园林功能打下基础，如配好主侧枝，扩大树冠等。成年树则以保持良好优美的树形与完整稳定的树冠为主，维持树木持续发挥其应有的景观效果与生态效益。

（4）依据树木生长地点的环境条件。不同的环境条件，树木的整形也不同。在肥沃的土壤条件下，树木生长高大，一般以自然式整形为主；在瘠薄的土壤条件下，树木低矮，整形时应使树木矮小。在无大风袭击的地方，可采用自然式树高和树冠；在风害较严重的地方，宜截顶疏枝，进行矮化和窄冠栽培。在春夏雨水多的南方，易发生病虫害，应采用通风良好的树形；在气候干燥、降水量少的内陆，修剪不宜过重。

7.1.4　整形修剪时期

（1）冬季修剪。冬季修剪也叫休眠期修剪，是大多数落叶树种的修剪时期，宜在树木落叶休眠到春季萌芽开始前进行修剪。此期内树木生理活动缓慢，秋季叶片制造的光合产物大部分回流到主干、多年生枝、根部贮藏起来，所以冬季修剪造成的营养损失最少，伤口不易感染，对树木生长影响较小。

冬季修剪的具体时间，应根据当地的寒冷程度和最低气温来决定。如冬季寒冷的北方地区，修剪后伤口易受冻害，故以早春修剪为宜；对一些需要越冬保护的花灌木，应在秋季落叶后立即修剪，然后埋土或包裹树干防寒。

在温暖的南方地区，自落叶后到立春萌芽前，都可以进行冬季修剪。因为伤口虽不能很快愈合，但不易遭受冻害。

对于一些有伤流现象的树种，一定在伤流期以前进行修剪。伤流是树木体内的养分与水分在树木伤口处外流的现象，流失过多会造成树势衰弱，甚至枝条枯死。例如葡萄，必须在落叶后防寒前修剪，核桃、枫杨、元宝枫以在10月落叶前修剪为宜。

(2) 夏季修剪。夏季修剪是指自春季萌芽后，到秋季落叶前进行的修剪。夏季修剪主要是改善树冠的通风、透光性能，一般采用抹芽、环剥、扭梢、摘心、曲枝、疏过密枝条、调整主枝角度等修剪方法。

对于观叶、赏形的树木，夏季可随时去除扰乱树形的枝条；开花的树种，应在开花后及时修剪，避免养分消耗；常绿树种因冬季修剪伤口易受冻害而不易愈合，因此，在春季枝叶开始萌发后进行修剪。棕榈等应及时将破碎的枯老叶片剪去。绿篱夏季修剪，可保持树形的整齐美观。

7.2 园林植物常用的造型

7.2.1 自然式造型

基本保持树木的自然形态，只在幼年期根据其生长习性略加整形，在成年期只是疏除及回缩破坏树形和有损树体健康与行人安全的过密枝、徒长枝、交叉枝、重叠枝、病虫枝、枯死枝等，维护树冠的匀称完整。自然式造型在园林绿化中应用最为普遍，最省工、最容易获得良好的观赏效果。行道树、庭荫树等乔木类多采用自然式造型。

7.2.2 规则式造型

在规则式园林绿地中，选用树形美观、规格一致的树种，按固定的株行距配植，通过整形修剪形成整齐一致的几何图形或设计要求的特殊造型，称为规则式造型。这种整形方式基本不考虑植物的生长发育习性，对其自然形态改变较大。需选用萌芽力强、枝叶繁茂、比较耐修剪的树种，如黄杨、圆柏、榆树、火棘、大叶黄杨等。

7.2.2.1 几何形体的整形

按几何形体的构成标准进行修剪整形，包括单株树和花坛，如球形、蘑菇形、圆锥形、圆柱形、正方体、葫芦形、城堡式等。

7.2.2.2 非几何式整形

(1) 垣壁式。在庭院、建筑物附近为垂直绿化墙壁或建造绿墙以分隔空间而进行的整形。常见的形式有鱼刺形、十字形、U字形等。

(2) 雕琢形。模仿人物、动物、建筑等，对树木进行人工修剪、蟠扎、雕琢而成各种复杂的形体，如门框、树屏、绿柱、绿塔、熊猫等。

7.2.3 混合式造型

在园林植物固有的自然形态基础上，稍加人工措施改造而成的造型。常见的造型有自然杯状形、自然开心形、多主干形和多主枝形、中央领导干形、圆球形、伞形等，如图7-1所示。

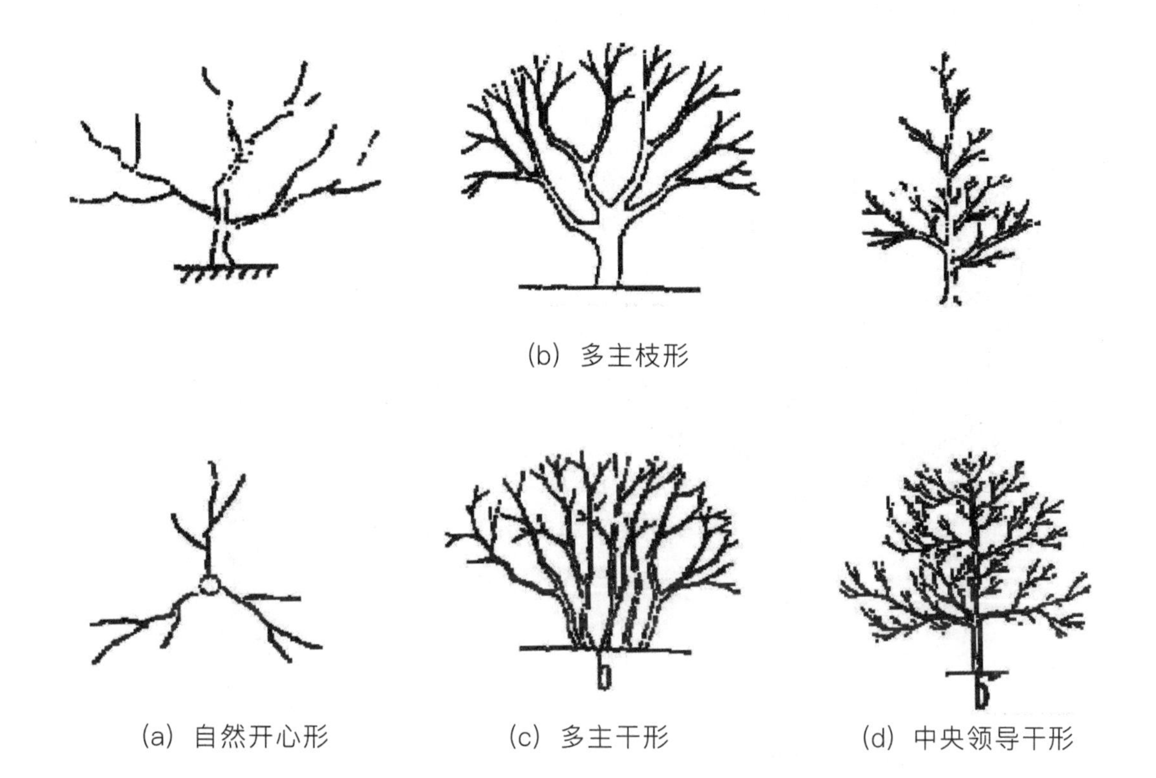

图7-1　园林树木常用的几种树形

(1) 自然杯状形。此树形是杯状形的改良树形，杯状形即是“三主、六枝、十二叉”，如图7-2所示。这种树形无中心主干，仅有相当高度的一段主干，自主干上部均匀地配置三大主枝，主枝之间夹角约为120°，每个主枝上根据需要选留2～3个侧枝。要求同级侧枝留在不同方向，在侧枝上再适当选留枝组。目前园林中，有很多观赏桃采用自然杯状形整形。

(2) 自然开心形。此树形是由自然杯状形改造发展而来，无中心主干。主干上部留三大主枝，水平夹角120°，主枝在主干上错落着生，主枝上适当地配置侧枝2～3个。此树形整形修剪容易，又符合树木的自然发育规律，生长势强，骨架牢固，能较好地利用立体空间，充分利用光能，有利于开花结果，故为园林中桃、梅、石榴等观花树种所采用。

(3) 多主干形和多主枝形。这两种整形方式基本相同，其区别是具有低矮主干的，称为多主枝形；无主干的，称为多主干形。最宜为观花乔木、庭荫树、园路树等采用。

① 多主干形。不留低矮的主干，则可直接选留多个主干，其上依次递增配置主枝和侧枝，此为多主干形。

② 多主枝形。在苗圃期间，先留一个低矮的主干，其上均匀地配置多个主枝。在主枝上选留外侧枝（一般不留内侧枝），使其形成匀称的树冠，此为多主枝形。

(4) 中央领导干形。留一强大的中央领导干，在其上着生疏散的主枝。本树形适用于干性强的树种，能形成高大的树冠，最适宜用于行道树、庭荫树、独赏树，如松柏类乔木的整形，如图7-3所示。

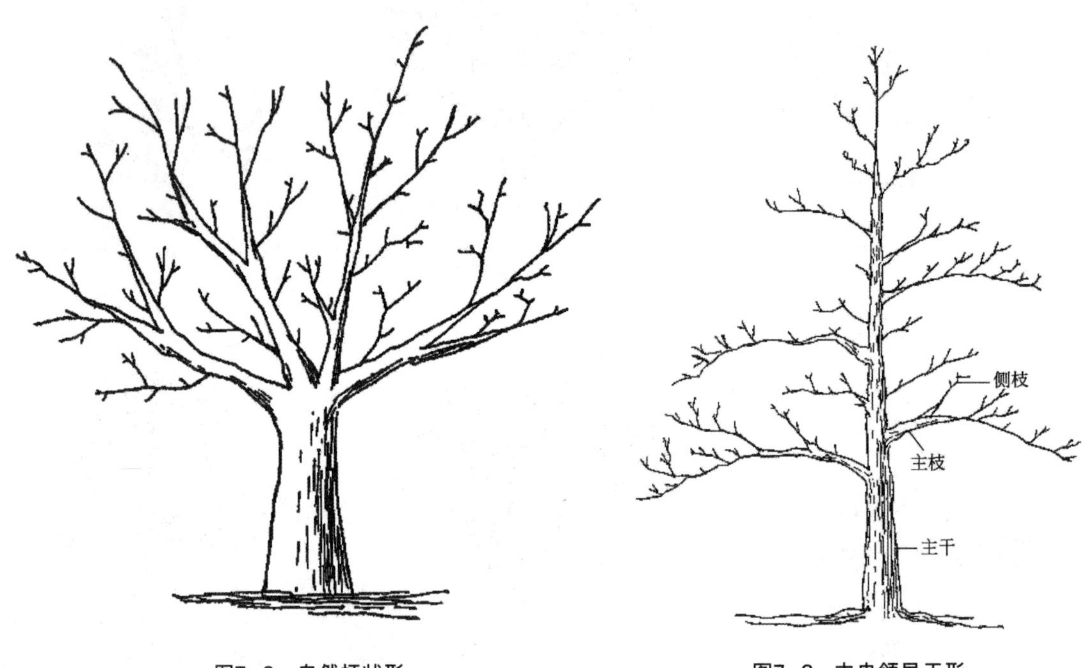

图7-2　自然杯状形

图7-3　中央领导干形

(5) 圆球形。此树形在园林绿化中广为应用，其特点是有一段极短的主干，在主干上分生多数主枝。各级主枝、侧枝均匀错落着生，有利于通风透光，故叶幕层较厚，绿化效果好。本树形多用于小乔木及灌木的整形，如黄杨类、杨梅、海桐、龙柏等。

(6) 伞形。此树形在园林或厂矿绿化中，常用于建筑物出入口处两侧或规划式绿地的出入口，两两对植，起导游提示作用。在池边、路角等处，可点缀取景，效果很好。它的特点是有一明显主干，所有侧枝均下弯倒垂，由上方芽继续向外逐年延伸，扩大树冠，形成伞形，如龙爪榆、龙爪槐、垂枝桃等。

7.3　修剪技术及运用

7.3.1　修剪的基本方法及其作用

由于修剪时期和修剪部位的不同，采用的修剪方法也不一样。归纳起来，修剪的基本方法有短截、疏剪、回缩、长放、环剥、环割、刻芽、扭梢等，根据修剪对象的实际情况灵活运用。

7.3.1.1 短截。

将一年生枝条剪去一部分叫短截。生产上常分不同程度短截，其反应规律不同。如图7-4所示。

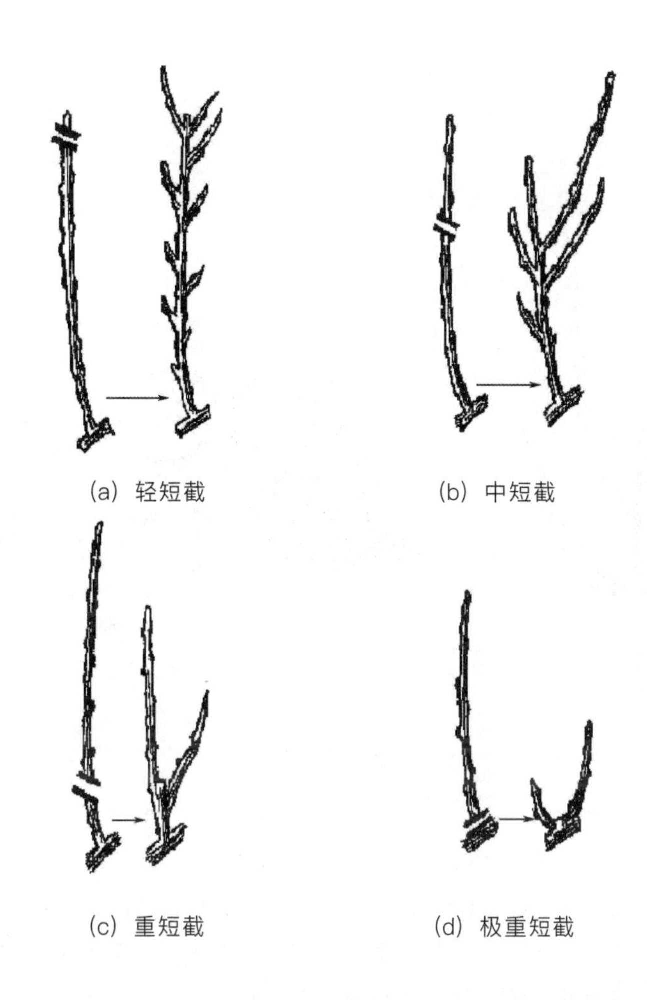

(a) 轻短截　(b) 中短截

(c) 重短截　(d) 极重短截

图7-4　短截

短截可刺激剪口下的侧芽萌发，增加枝条数量；改变主枝的长势，短截越重抽枝越旺；改变顶端优势；控制花芽形成和座果，促进营养生长和开花结果。

（1）轻短截。剪去枝条的1/5～1/4，剪后形成中短枝多、单枝长势弱、可缓和树势。主要用于观花、观果类树木的强壮枝修剪。修剪后，形成大量中短枝，易分化更多的花芽。

（2）中短截。剪去枝条的1/3～1/2，剪在枝条中上部饱满芽部位，剪后中长枝多，成枝力高，长势旺。主要用于各级骨干枝、延长枝的培养，及某些弱枝的复壮。

（3）重短截。在枝条的中下部剪截，一般剪去枝条的2/3～3/4，重短截对局部的刺激大，对全树生长都有影响，主要适用于弱树、老树和老弱枝的复壮更新。

（4）极重短截。在春梢基部留2～3个芽，其余全部剪去，修剪后萌发1～2个弱枝，但有可能抽生一根特强枝，去强留弱，可控制强枝旺长，缓和树势。一般生长中等的树木反应较好，多用于改造直立旺枝和竞争枝。

7.3.1.2 疏剪

将一年生枝或多年生枝从基部剪除，也叫疏枝，如图7-5所示。

图7-5　疏剪

疏剪主要疏去膛内过密枝，减少树冠内枝条的数量，使枝条均匀分布，改善树冠内通风透光条件，增强光合作用；控制强枝，控制增粗生长，疏剪量的大小决定着长势削弱程度；疏去病虫枝、伤残枝等，减少病虫害发生；枝叶生长健壮，有利于花芽分化和开花结果；疏剪轮生枝，防止掐脖现象；疏剪重叠交叉枝，为留用枝生长腾出空间。

疏枝的对象主要是疏去病虫枝、伤残枝、干枯枝、弱枝，影响树形的交叉枝、重叠枝、并生枝、衰老下垂枝、竞争枝、徒长枝、根蘖枝等。

注意，疏枝对全树的总生长量有削弱作用，但对树体的局部有促进作用。疏强留弱或疏剪枝条过多，会对树木的生长产生较大的削弱作用；疏剪多年生的枝条，对树木生长的削弱作用较大，一般宜分期进行。

7.3.1.3 回缩

回缩又叫缩剪，是指对多年生枝进行剪截，如图7-6所示。在树木生长势减弱、部分枝条开始下垂、树干中下部出现光秃现象时，在多年生枝的适当部位，选一健壮侧生枝做当头枝，在分枝前剪截除去上部枝条。

回缩能改变主枝的长势，有利于更新复壮；改变发枝部位，转主换头；改变延伸方向，改善通风透光。

7.3.1.4 环剥与环割

用刀在树干或枝条基部的适当位置，剥去一定宽度的一圈树皮，称为环剥，如图7-7所示。环剥宽度掌握在枝干粗度的1/10左右。如图7-7所示。

用刀在树干或枝条基部的适当位置，环状切割几圈，深达木质部，割断韧皮部而不剥去树皮，称为环割。

图7-6 回缩

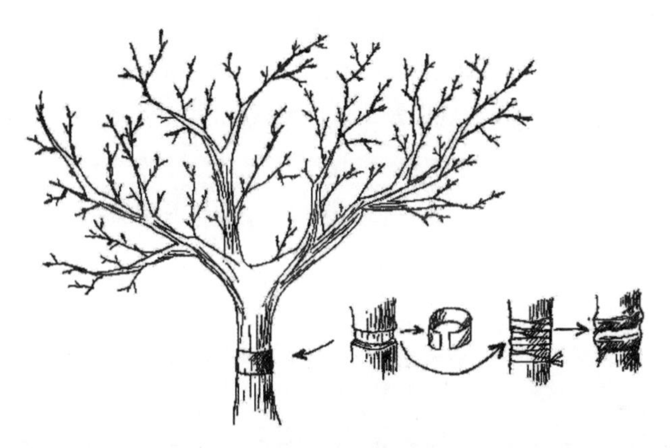

图7-7 主干环剥

剥去枝干上的一圈树皮或割断韧皮部，切断了皮层向下的运输线，阻碍了叶片光合产物下运，提高了环剥口以上部位有机营养的含量，抑制了根系的旺盛生长，削弱了生长势较旺的树木或枝条的生长势，抑制了树木的营养生长，因而有利于开花结果。

7.3.1.5 刻芽

在短枝或芽的上方，用刀横刻皮层，深达木质部，这叫刻芽，也叫目伤。在芽的上部刻伤，可以暂时阻碍养分向上运输，而使刻伤下部的芽得到充足的养分，有利于芽的萌发抽枝。

7.3.1.6 扭梢与折梢

在生长季内，将生长过旺的枝条，特别是背上直立枝、徒长枝，在枝条的中下部（半木质化时）将其扭曲下垂，称为扭梢。将枝条折伤而不折断，称为折梢。扭梢与折梢，只伤其木质部，不破坏韧皮部；阻碍了水分、养分向生长点输送，削弱生长势，利于形成短花枝。

7.3.1.7 开张角度

常用开张角度的方法有拉枝、连三锯法、撑枝或吊枝、转主换头、里芽外蹬。

（1）拉枝。为加大开张角度可用绳索等拉开枝条，一般经过一个生长季，待枝的开张角基本固定后解除拉绳。

（2）连三锯法。多用于幼树，在枝大且木质坚硬，用其他方法难以开张角度的情况下采用。其方法是在枝的基部外侧一定距离处连拉三锯，深度不超过木质部的1/3，各锯间相距3～5cm，再行撑拉，这样易开张角度。但影响树木骨架牢固，尽量少用或锯浅些。

（3）撑枝或吊枝。大枝需改变开张角度时，可用木棒支撑或借助上枝支撑下枝，以开张角度。如需向上撑抬枝条，缩小角度，可用绳索借助中央主干把枝向上拉。

（4）转主换头。转主时需要注意原头与新头的状况，两者粗细相当可一次剪除；如粗细悬殊应留营养桩分年回缩。

（5）里芽外蹬。可用单芽或双芽外蹬，改变延长枝延伸方向。

除上述基本方法外，还包括摘心、摘叶、除芽（抹芽）、摘蕾、摘果、去蘖、断根等。

7.3.2 常用的整形修剪术语

（1）分枝点。主干与树冠交界的区域。

（2）冠高比。树冠高度与主干高度的比值。

（3）不同生长方向的枝条。直立生长的枝，叫直立枝；和水平线有一定角度，向上斜生的枝，叫斜生枝；成水平生长的枝叫水平枝；先端向下垂的枝叫下垂枝；枝条向树冠中心生长的称为向内枝。

（4）互相影响的枝条。两个枝条在同一平面内，上下重叠的枝条称为重叠枝；两个枝条在同一水平面，平行生长的枝条称为平行枝；两个枝条相互交叉生长的称为交叉枝；从一节或一芽并生二枝或二枝以上的称为并生枝。

（5）整形带。在苗木主干上要求形成下级主枝的发枝部位，每一整形带要求有6～8个充实饱满的芽。

（6）层距。每层主枝中最上一个主枝的上方至上一层主枝中最下一个主枝的下方之间的距离。

（7）方位角。以中央领导干为中心向圆的水平方向分布，两个主枝间的夹角。方位角可用来说明主枝分布方向及其在树冠中所占的空间大小。

（8）开张角。主枝斜向上生长与主干间形成的分杈角度。由于主枝生长过程中受到风、雨、光及修剪等因素影响，使其延伸方向发生变化，通常主枝基部与主干的夹角称为基角；中部与主干平行线形成的夹角称为腰角；前部枝梢与主干平行线形成的夹角称为梢角。

（9）竞争枝。在骨干枝先端的强旺枝上短截时，剪口下的两个或三个芽萌发新梢，其长势相当，第二三芽抽生的旺枝与第一芽抽生的强枝争夺养分和水分，称为竞争枝。

（10）剪口芽。剪截枝条时剪口下的第一芽。短截时剪口芽的选留很重要，需促发强枝应选择壮芽，剪口芽为弱芽可缓和树势。

（11）延长枝。骨干枝上最先端的枝，起到引导树冠向外扩展、骨干枝向所需方位延伸的作用。

（12）主枝邻近。同层主枝相距较远，不会出现掐脖现象，但因位置高低差异，各主枝的长势不同，修剪时应注意平衡主枝长势。

（13）主枝邻接。同层主枝着生于中央领导干上，枝与枝之间距离很近，长粗后如同在同一圆周线上，称为主枝邻接。类似轮生枝，使主枝着生部位以上的主干增粗，生长转慢，中央主干长势转弱，这种现象称作掐脖。为此，在养护中如主枝邻接应加大开张角，控制主枝增粗，防止掐脖。

（14）轮生枝。在骨干枝上（一般在中央领导干上）着生于同一圆周线上的一些枝，紧密排列成一圈，称为轮生枝。

（15）转主换头。主枝延伸方向常因修剪反应、风、光等影响，发生开张角、方位角的不恰当变化，或与侧枝、其他上下左右的枝条发生矛盾，选用方向适宜的枝来代替原主枝头进行的缩剪方法，称作转主换头。

（16）营养桩。缩剪大枝时为了辅养换主枝，采取分年分段缩剪，所留用的一段枝称作营养桩。当换主枝生长到一定粗度后，疏除营养桩。

（17）抬枝和压枝。主枝的前部生长旺盛，为促进后部生长和形成花芽进行使枝开张角度的处理称作压枝；而主枝过度开张，生长衰弱时，选用向上枝为枝头进行缩剪，称为抬枝。

7.3.3　整形修剪技术的具体运用

7.3.3.1 骨干枝的培养与更新

（1）骨干枝的培养。定植后当年恢复生长，多留枝叶，进入休眠后对适当位置选留主枝，轻剪留壮芽，其他枝条要开张角度，防止与主枝竞争。

平衡主枝的长势，次年休眠期选强枝做延长枝，壮芽当头短截，如枝多可适当疏枝，控制增粗，使各主枝生长平衡；防止中央领导干长势过旺。

控制主干与主枝的生长势平衡。主干上部生长强旺时，为避免抑制主枝，应采取措施削弱顶端优势；主枝生长强旺时，影响侧枝形成，可加大主枝梢角，选留斜生侧枝，平衡主侧枝的长势。主要通过调整角度大小，利用延长枝或剪口芽的强弱、方向及疏枝等方法加以调节，防止主强于侧或主侧倒置的情况出现。

（2）骨干枝的更新。树体生长显著衰弱，新梢很短，内膛枝大量枯死，树冠外围不发长枝，修剪反应迟钝，表明树体出现衰老症状，应及时更新骨干枝，恢复树势，延长寿命。

更新前控制结实，多留枝叶，深垦土壤，重施肥水，恢复树势，通常需2～3年；轻剪多用短截，选留壮枝、壮芽，适当抬高枝的角度，促发新枝；疏剪细弱密枝，尽量利用徒长枝。

更新准备完成后应根据骨干枝的衰弱程度进行回缩，回缩到生长较好的部位，用斜生枝壮枝或壮芽当头。对留下的所有分枝都要做相应的回缩与短截，壮枝、壮芽当头；对徒长枝进行改造利用。

更新过程中萌发的一年生枝应部分长放，部分短截，促发新枝。同时，对全树整体营养有所安排，控制生殖生长，防止复壮更新后形成昙花一现，再度衰老。

7.3.3.2 侧枝短截法

短截时，先选择正确的剪切部位，应在侧芽上方约0.5cm处，以利于愈合生长；剪口平整略微倾斜；短截枯枝时要剪到活组织处，不留残桩；短截时要注意选留剪口芽，一般多选择外侧芽，尽量少用内侧芽和傍侧芽，防止形成内向枝、交叉枝和重叠枝；有些树种如白蜡、茶条槭等其侧芽对生，为防止内向枝过多，在短截时应把剪口处的内侧芽抹掉。

7.3.3.3 侧枝疏剪法

疏枝时必须保证剪口下不留残桩，正确的方法是应在分枝的结合部隆起部分的外侧剪切，剪口要平滑，利于愈合。

7.3.3.4 大枝锯切法

大枝通常枝头沉重，锯切时易从锯口处自然折断，将锯口下母枝或树干皮层撕裂。为防止出现这种现象，可从待剪枝的基部向前约30cm处自下向上锯切，深至枝径的1/2，再向前3～5cm自上而下锯切，深至枝径的1/2左右，这样大枝便可自然折断，最后把留下的残桩锯掉。如图7-8所示。

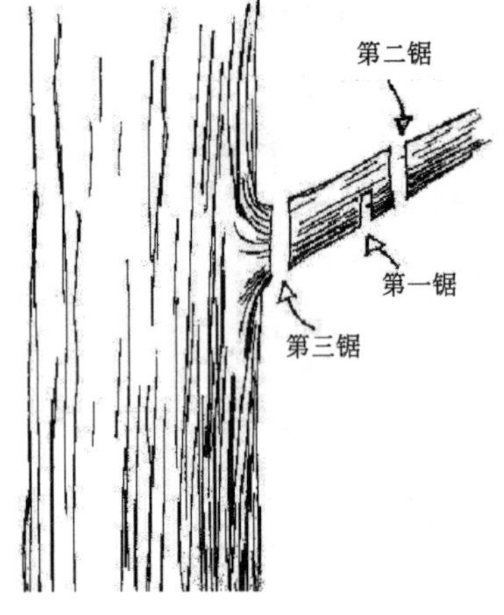

图7-8 大枝锯切法

7.3.3.5 修剪伤口的处理

修剪小枝可不进行伤口的保护处理，而修剪中大枝时（一般伤口直径在2～3cm以上），必须在修剪后做好伤口的保护处理，即使伤口平滑，消毒后涂抹保护剂。一般剪口的斜切面与芽的方向相反，其上端与芽端相齐，下端与芽之腰部相齐。如图7-9所示。

剪口芽方向是将来延长枝的生长方向。剪口芽方向向内，可填补内膛空位；剪口芽方向向外，可扩张树冠。垂直方向，每年修剪其延长枝时，所留的剪口芽的位置方向与上年的剪口芽方向相反。斜生的主枝，剪口芽应留外侧或向树冠空疏处生长的方向。剪口应平滑，不得劈裂。枝条短截时应留外芽，剪口应位于留芽位置上方0.5cm。

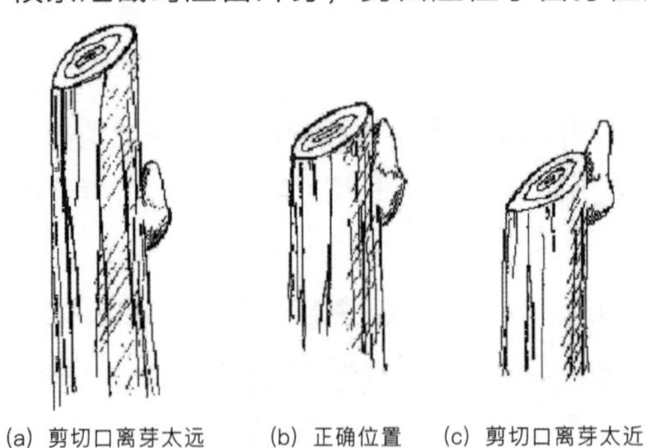

(a) 剪切口离芽太远　(b) 正确位置　(c) 剪切口离芽太近

图7-9 剪口方式

7.4 不同类型园林树木的整形修剪

7.4.1 行道树的整形修剪

行道树是指以美化、遮阴和防护为目的，在人行道、分车道、公园或广场游径、滨河路、城乡公路两侧成行栽植的树木。行道树和其他树一样，具有防护、美化、改善城区的小气候，以及夏季增湿、降温、滞尘和遮阴等功能。它在城市绿化中，还有其独特的作用。行道树是城市绿化的骨架，它将城市中分散的各类型绿地有机地联系起来，构成美丽壮观的绿色整体。行道树既能反映城市的面貌，又能呈现出地方的色彩，还有组织交通的作用。

行道树一般是用主干通直、树体高大的乔木树种，要求枝条伸展，树冠开阔，枝叶浓密。

主干的高度与街道的宽窄有关。街道较宽的行道树，其主干高度以3～4m或更高为宜；窄的街道，行道树主干应为3m左右。公园内的园路树或林荫路上的树木，主干高度以不影响游人行走为原则。通常枝下高为2m左右，同一条干道上枝下高保持整齐一致。

定植后的行道树要每年修剪，扩大树冠，调整枝条的伸出方向，增加遮阴保温效果。一般用4～6年时间完成整形任务，同时应考虑建筑物的适用与采光。

行道树距车道边缘的距离不应少于70cm，以100～150cm为宜，树距房屋的距离不宜小于500cm，株间距离以800～1200cm为宜，树池约150cm见方。在有条件的地方可用植物带方式，带宽大于100cm。植树坑中心与地下管道的水平距离应大于150cm，与煤气管道的距离应大于300cm，树木的枝条与地上部高压电线的距离应在300cm以上，树木的枝下高为280～300cm。

（1）杯状形行道树的整形修剪。其枝下高2.5～4m，以二球悬铃木为例，在树干2.5～4m处截干，萌发后选3～5个方向不同、分布均与主干成45°夹角的枝条做主枝，其余分期剪除。主枝延长枝，剪留80～100cm长，剪口芽，留侧芽。第二年冬季或第三年早春，于主枝两侧发生的侧枝中，选1～2个做延长枝，并在80～100cm处短截，剪口芽留在枝条的侧面。如此反复修剪，最终得到杯状形树冠。

（2）开心形行道树的整形修剪。多用于无中央主干，成自然开展冠形的树种。定植时，主干截留3m，将方位、角度合适的枝条作为主枝培养，进行短截，其余枝条疏除。生长季对主枝进行抹芽，培养3～5个方向合适、分布均匀的侧枝，冬剪时进行短截。

（3）有中央领导主干行道树的整形与修剪。如杨树、银杏、水杉、侧柏、雪松等，分枝点高度按树种特性及树木规格而定。注意保护主干顶梢，及时控制顶梢的竞争枝。主要选留好树冠最下部的3～5个主枝，一般要求几大主枝上下错开，方向匀称，角度适宜，及时剪掉主枝基部贴近树干的侧枝。如毛白杨，修剪时应保持与树干的适当比例。一般树冠高占3/5，树干（分枝点以下）高占2/5。

（4）无中央领导主干行道树的整形修剪。适用于干性较弱的树种，如旱柳、榆树等，分枝点高度一般为2～3m，留5～6个主枝，各层主枝间距要短，以利于自然长成卵圆形或扁圆形的树冠。每年修剪的任务主要是密生枝、枯死枝、病虫枝和伤残枝等。

7.4.2 庭荫树的整形修剪

庭荫树是指栽植于庭院、绿地或公园以遮阴和观赏为目的的树木，所以又称为遮阴树、绿荫树。庭荫树的枝下高无固定要求，若依人在树下活动自由为限，以2～3m以上较为适宜；若树势强旺，树冠庞大，则以3～4m为好，更好地发挥遮阴作用。以遮阴为目的的庭荫树，冠高比以2/3以上为宜。

庭荫树强调单株树的树形，树冠整齐美观，分枝匀称，通风透光，要求树冠应开阔宽大，呈圆锥形、尖塔形、垂枝形、风致形或圆柱形等。在庭院中勿用过多常绿庭荫树，否则易终年阴暗，有抑郁之感，距窗不宜过近，以免室内阴暗，种植不易受病虫侵染的种类。常用树种包括雪松、南洋杉、松、柏、银杏、玉兰、凤凰木、槐、垂柳、樟、栎等。

树形管理应按照不同树种的习性分别施行，注意保持自然树冠的完整。

7.4.3 藤本植物的整形修剪

藤本植物可应用于庭院的入口处，形成花门、拱门；或应用于假山石，增加山石的自然生气；或应用于庭院中的花架、棚架、亭、榭、廊等处，形成花廊或绿廊，如栽植花色丰富的爬蔓月季、紫藤等形成花廊，栽植葡萄、木香等形成绿廊，创造幽静美丽的小环境。

在园林绿化中，藤本植物可以起到遮蔽景观不佳的建筑物、防日晒、降低气温、吸附尘埃、增加绿视率的作用。整形修剪上对藤本植物应诱引枝条使之能均匀分布；对篱垣式整枝的应调节各枝的生长势；对吸附及钩搭类植物应注意大风后的整理工作。藤本植物常用的造型有棚架式、凉廊式、篱垣式、附壁式和直立式。

（1）棚架式常用于卷须类及缠绕类植物。应在近地面处重剪，使发生数条强壮主枝，然后垂直诱引主枝至棚架的顶部，并使侧枝均匀地分布架上，使之尽快形成荫棚。除隔数年将病枝、老枝或过密枝疏剪外，一般不必每年修剪。

（2）凉廊式常用于卷须类及缠绕类植物，主枝不宜过早引至廊顶。

（3）篱垣式常用于卷须类及缠绕类植物。水平诱引侧枝后，每年对侧枝施行短剪，形成整齐的篱垣形式，包括水平篱垣式和垂直篱垣式。其中水平篱垣式为长而较低矮的篱垣形式，又可依其水平分段层次数量而分为二段式、三段式等。垂直篱垣式为距离短而较高的篱垣形式。

（4）附壁式常用于吸附类植物。修剪时应使壁面基部全部覆盖，各枝在壁面上应分布均匀，勿使相互重叠交错。

（5）直立式常用于茎蔓粗壮的植物，幼年树结合扶架修剪成直立灌木状。

7.4.4 花灌木的整形修剪

7.4.4.1 新栽灌木的修剪

新栽灌木一般不带土球，为保证树木成活、减少消耗，一般应较重修剪。尤其是北方地区，春天栽花椒、海州常山，成活较困难，应重剪。对于2～3年生小苗，常只留一根高30～40cm的主干，其余全部剪掉。如玉兰等珍贵花灌木，为保成活，应带土球移植，可适当轻剪。

（1）有主干灌木修剪。如榆叶梅、木槿等，除保留主干外，还应保留3～5个主枝。保留的主枝应短截1/2左右。较大的苗木，如主枝上有侧枝，也应疏去2/3，其余的侧枝短截，只留1/3。

（2）无主干灌木修剪。如玫瑰、黄刺梅、紫荆、连翘等，常自地面长出许多粗细不等的枝条，应留4～5个分布均匀的枝条做主枝，其余的齐根剪去。保留的主枝应短截1/2，并使各主枝高矮一致。

7.4.4.2 根据树木生长习性和开花习性进行修剪

（1）春季观花树种。连翘、榆叶梅、碧桃、迎春、牡丹等先花后叶的树种，是在前一年夏季进行花芽分化，经过冬季低温阶段，于第二年春季开花。应在花残后叶芽开始膨胀尚未萌发时，进行修剪。修剪部位因植物种类、纯花芽或混合花芽的不同而有所不同。连翘、榆叶梅、碧桃、迎春等，可在开花枝条基部留2～4个饱满芽进行短截。牡丹，则仅将残花剪除。

（2）夏秋季开花的树种。花芽着生在当年生枝条的花乔木，如紫薇、木槿、珍珠梅等，是在当年生枝上形成花芽。修剪应在休眠期进行。可在二年生枝基部留2～3个饱满芽重剪，能萌发健壮的枝条，花枝会少些，但由于营养集中，会产生较大花朵。

（3）一年多次抽梢，多次开花的灌木。如月季，可于休眠期对当年生枝条进行短剪或回缩强枝，同时剪除交叉枝、病虫枝、并生枝、弱枝及内膛过密枝。生长期可多次修剪，花后在新梢饱满芽处短剪（通常在花梗下方第2～3芽处），可促发新枝多次开花。寒冷地区，可进行重剪，必要时埋土防寒。

（4）花着生在多年生枝上的灌木。如紫荆、贴梗海棠等，在冬季修剪时应将枝条先端枯干部分剪除，在夏季修剪时对当年生枝条进行摘心，并逐年选留部分根蘖，疏掉部分老枝，以保证枝条不断更新。

（5）花着生在开花短枝上的灌木。如西府海棠等，应在花后剪除残花，在夏季修剪时对当年生枝条进行摘心，并将过多的直立枝、徒长枝进行疏剪。

7.4.4.3 根据树龄、树势整形修剪

（1）幼年树以整形为主，宜轻剪。疏剪病虫枝、干枯枝、人为破坏枝、徒长枝。

（2）壮年树在冬季修剪时，对秋梢进行短截，同时逐年选留部分根蘖，并疏掉部分老枝，以保证枝条不断更新。

（3）衰老树以更新复壮为主，采用重短截的方法，萌发壮枝，及时疏除细弱枝、病虫枝、枯死枝。

7.4.5 绿篱的整形修剪

绿篱是将树木密植成行，按照一定的规格修剪或不修剪，形成绿色的墙垣。绿篱一般利用萌芽力、成枝力强，耐修剪的树种，密集呈带状栽植而成，起防护、美化、组织交通和分隔功能区的作用。适宜做绿篱的植物很多，如紫叶小檗、女贞、大叶黄杨、小叶黄杨、桧柏、侧柏、卫矛、野蔷薇等。

（1）绿篱高度修剪。绿篱的高度依其防范对象来决定，包括绿墙（160cm以上）、高篱（120～160cm）、中篱（50～120cm）和矮篱（50cm以下）。对绿篱进行高度修剪，一是为了整齐美观，二是为了使篱体生长茂盛，长久保持设计的效果。

（2）绿墙、高篱和花篱。以自然式修剪为主，适当控制高度，并疏剪病虫枝、干枯枝，任枝条生长，使其枝叶相接紧密成片，提高阻隔效果。中篱和矮篱，用于草地、花坛镶边，或引导游人，多采用规则式的整形修剪，应每年多次修剪。

为了美观和丰富园景，绿篱多采用几何图案式整形修剪，如矩形、梯形、半圆形等。绿篱种植后，剪去高度的1/3～1/2。绿篱带宽窄、高度要一致，形成紧枝密叶的矮墙，显示立体美。

绿篱每年最好修剪2～3次，使绿篱下部分枝匀称、稠密，上部枝冠密接成型，保持上面平整，边角整齐，线条流畅。

7.4.6　花坛的修剪

2～3月重剪一次，保留30～50cm，之后每月修剪1～2次，中间高，四周低。

花坛与其他绿地之间修边30cm，4～5月和8～9月各进行一次修边，要求线条流畅。

7.4.7　造型树的整形修剪

如垂榕柱、桩景树、树球等，要求规则、整齐、统一，经常修剪，维持良好的形状。生长季节一般每月修剪1～2次，非生长季节每1～2个月修剪一次。

7.4.8　苗木阶段的整形修剪

7.4.8.1 园林苗木在苗圃阶段的整形修剪

苗木在苗圃期间，主要根据将来的不同用途和树种的生物学特性，进行整形修剪，使苗木定植后可更好地发育，为培养良好的树型结构打下基础，以便更好地起到绿化、美化的作用。

(1) 观赏乔木。在苗圃期间，要培养合适高度的主干与分布匀称的主枝，其主干高度根据树种和用途来决定。行道树主干高度一般在3.0m以上，庭荫树主干高度一般为1.8～2.0m。因此，培养行道树、庭荫树苗木关键是培育一定高度的主干，主干要通直向上延伸形成中干，主枝和各级侧枝均匀分布在中干上。全树从属关系要明确，树体结构要合理。

(2) 丛生花灌木。通常，顺其自然修剪成丛球形。在苗圃期间，需要培养出合适的多个主枝，从地面选出3～5个主枝，留3～5个芽短截，促其多抽生分枝，成形快，起到观赏作用。

(3) 藤本类植物。在苗圃期间，主要是培养强大的根系，并培养一至数条健壮的主蔓，多采用重短截或平截。

(4) 绿篱。在苗圃期间，要求分枝多，特别注意要从基部培育出大量分枝形成灌丛，以便定植后能进行任何形式的修剪。一般重剪两次防治下部光秃，在苗圃内形成一定形状。

7.4.8.2 苗木在栽植时的整形修剪

苗木在栽植时的整形修剪与在苗圃期间的整形修剪截然不同。园林苗木在苗圃期间的整形修剪，主要目的是培养合适的主干高度和良好的树形结构，为定植后生长成形打下基础。栽植时的修剪，主要目的是为了调节根冠比，维持根冠水分代谢的相互平衡，有利于成活，提高栽植成活率；同时进一步修整树形，提高观赏价值。种植前应进行苗木根系修剪，将劈裂根、病虫根、过长根剪除，并对树冠进行修剪。

(1) 对具有明显主干的高大落叶乔木，应保持原有树形，适当疏枝，对保留的主侧枝进行短截，可剪去枝条的1/3；常绿乔木，只剪除病虫枝、枯死枝、生长衰弱枝、过密的轮生枝和下垂枝；用做行道树的乔木，整形修剪应符合《行道树栽植及修剪技术规章》

DB3702/T 069—2005的规定。

(2) 乔木型灌木在修剪时应保持原有树型，主枝分布均匀，主枝短截长度应不超过1/2；丛枝型灌木预留枝条大于30cm，并适当疏枝；用做绿篱的苗木，种植后应按设计要求整形修剪；藤木类苗木应剪除枯死枝、病虫枝、交叉枝、徒长枝。

对苗圃内选留的主枝可进行重截。丛生花灌木，一般萌芽力较强，所以栽植时修剪均较重。根蘖发达的种类，多采用疏枝促其更新。较高大的树木，应在种植前进行修剪，栽植稍加调整，特别是行道树栽植后，要检查主干高度和树高，彼此是否基本一致，相差不能超过50cm。如果相差太大，必须进行修剪调整。

生长季移植的落叶树，在保持树形的前提下应重剪，可剪去枝条的1/3～2/3，并适当加大土球体积；常绿树修剪时应留茬1～2cm。

7.5 园林树木损伤与修复

7.5.1 自然灾害及其防治

我国地域辽阔，自然条件非常复杂，树木种类繁多，分布区域又广，常会遇到各种自然灾害，必须进行很好的防治，才能保证树木健壮生长。我国北方地区遇到的自然灾害有冻害、霜害、雪害、日灼、雷击、风害等，有些频繁发生，危害严重，常给树木生长造成很大的损失。

(1) 冻害。温度降到0℃以下会对树木造成伤害。冻害是指树木因受低温的伤害而使细胞和组织受伤，甚至死亡的现象，常发生在树木休眠期。低温使树木组织细胞间隙结冰甚至发生质壁分离、细胞膜或细胞壁破裂。一般是由于秋季新梢停长晚，树体贮藏养分少，组织不充实，抗寒性弱，抵御不了冬季过度低温的侵袭而受冻害。花芽受冻是在春季花芽开始活动或萌发时遇到早春回寒而受冻。冻害的表现有冻拔、冻裂、冻旱等。

①冻拔，是由于土壤含水量过高，土壤结冻膨胀连同根系一同带起，翌春开化，土壤下沉造成根系裸露，严重影响树木生长发育的现象。

②冻裂，又称破肚子，由于树木内外受热不均，当外部已开始冷却收缩，却正值内部高温膨胀时，干体发生裂缝的现象。冻裂致使树液外流或感染病虫，常发生于多年生大径木树干部。

③冻旱，又叫抽条，是指冬春期间因土壤水分冻结，树木根系不能吸收，而地上枝条的蒸腾作用却持续进行，造成枝条失水过多，树体水平失衡。当枝条失水超过一定限度时，便逐渐干缩死亡，生产上把这种灾害现象称“抽条”。抽条在我国北方冬春寒冷干燥地区普遍发生，严重影响着园林树木的生产发展。

低温不是冻旱抽条的直接原因，因为发生抽条地区的冬季极端低温远没有达到枝条严重受冻的温度。因此，低温使土壤冻结，且冻层加厚（70～100cm以上），影响根系正常吸水，加剧枝条水分吸收少、失去多的生理平衡失调。所以，抽条实际上是冬季的生理干旱，是冻害的结果。

幼树在秋季因肥水过多，枝条往往贪青徒长，组织不充实，成熟度低。当低温出现时，枝条受冻害后表现自上至下脱水、干缩，即发生抽条。这是冻旱抽条的主要内在因素。

比较而言，对园林树木构成严重威胁的是前两种伤害。

建园时，做到适地、适温、适树，或选择小气候好、不易发生冻害的地段栽植，或用砧木建园法栽植。在水肥管理上，促前控后，并采用摘心或喷布多效唑的方法控制秋梢生长，增加树体贮藏养分，提高抗寒力。秋末根颈培土防寒，或全株埋土防寒，灌“冻水”、浇“春水”。

(2) 霜害，霜害是指早春或晚秋由于急剧降温至0℃甚至更低，空气中的饱和水汽与树体表面接触，凝结成霜，使幼嫩组织或器官产生伤害的现象。

北方地区，多属大陆性气候，冬春温度变幅很大。春季气温回升较快，但时有寒流袭击，由于寒流入侵而剧烈降温，水汽凝结成霜，使花芽、花蕾、花器或幼果受冻而形成灾害，俗称晚霜。秋冬季由于温度低，生长推迟，枝芽来不及老化，突然降温，易受秋霜的危害，又称早霜。热带树种没有做好防寒措施，也容易受到霜冻危害。

花芽受到霜冻后，芽体变为褐色或黑色，鳞片松散或芽体爆裂，不能萌发，而后干枯脱落。花蕾和花器受到霜冻后，萼片变成深褐色，花瓣和柱头萎蔫，进而脱落。幼果受到霜冻后，轻者畸形，重者干枯脱落。幼叶受到霜冻后，叶缘变色，叶片萎蔫，甚至干枯。

霜冻应采取以下预防措施：

①正确选择园地，防止霜冻。选择空气畅通，地势较高的丘陵、斜坡地和阳坡地，以防冷空气沉积，造成霜害。

②选择抗寒品种，抵御霜冻。在品种选择上，应选择抗寒性能好、适应气温波动能力强、开花期晚的品种。也可考虑搭配早、中、晚花期不同的品种，以防严重霜害造成全园绝收。

③重视营造防护林带，创造良好的小气候。

④延迟萌动，避开霜冻：其一是春季多次灌水或喷灌，可显著降低温度，延迟萌芽；其二是树枝、树干涂白，可延迟萌芽3～5天；其三是树冠喷布生长调节剂。

⑤改善林园霜冻前的小气候，减轻霜冻可用熏烟、喷水、加热、鼓风等。

⑥遮盖防霜。在低矮树种或幼树的树冠上面，用苇席、草帘、苫布、塑料膜等材料覆盖，可阻挡外来冷空气侵袭，保留地面辐射热量，保持树冠层温度，可收到很好的防霜冻效果。但这种方法需人力、物力较多，操作难度大，不适宜大面积的林园。

为了有效防霜，降低防霜成本，准确预测林园气温，掌握春季花芽发育至开花、长出幼果等不同阶段遭受冻害的临界温度是十分必要的。

(3) 雪害。降雪是我国北方地区常见的一种天气现象，它既能给冬春干旱寒冷的大地带来可贵的水分和被褥，也能给树体及其生长发育造成危害。树体越冬期间，雪量较大的地区，常因树冠上积雪过多而使大枝被压裂或压断。常绿树受害比较严重，竹子经常被压折，单层纯林比复层混合林受害严重。可采取以下方法防止雪害。

①在积雪易成灾地区，应在雪前给树木大枝设立支柱。

②枝条过密者应进行适当修剪。

③在雪后及时振落积雪。

(4)日灼。日灼又称日烧，是由太阳辐射热引起的生理病害。在夏季，由于温度高、水分不足，蒸腾作用减弱，致使树体温度难以调节，造成枝干的皮层或果实的表面局部温度过高而灼伤，严重者会引起局部组织死亡。

夏季当土壤温度高至40℃以上时，会灼伤小树根颈的形成层，在根颈处形成一个几毫米宽的坏死环带，若是幼苗会死亡。

七叶树幼树修枝过重，主干暴露，因皮层薄很容易在夏季高温发生日灼，受伤后不能愈合，极易再感染真菌病害。

对此类树木修剪时，应注意向阳面保留枝条，有叶遮阴，则降低日晒程度，可以避免日灼发生；合理调整树冠与树高的比例，减少树干被直接照射的危险；移植时尽量保留多的根系，可以提高其抗逆性；树干涂白也能起到保护作用。

(5) 雷击。全国每年都有许多树木遭雷击。遭雷击的树木树皮可能被烧伤或剥落；树干可能劈裂；上部枝条可能被劈伤，而下部树干完好；木质部可能破碎或烧毁而外部无症状。

防治雷击，对珍贵的树木应安装避雷针；撕裂的树皮应削至健康的部分，并进行整形、消毒、涂漆；劈裂的大枝应及时复位加固并进行合理的修剪，对伤口进行处理。

(6) 风害。在多风地区，树木会出现偏冠和偏心现象。偏冠会给树木整形修剪带来困难，偏心的树木易遭受冻害和日灼。北方冬季和早春的大风，易使树木枝梢抽干枯死。春季旱风常将新梢嫩叶吹焦，吹干柱头，不利于授粉受精，并缩短花期。

预防风害可采取以下措施：

①在风口风道易遭风害地区选择深根性、耐水湿、抗风力强的树种，如枫杨、无患子、柳树、香樟等。株行距要适度，采用低干矮冠整形。

②改良栽植地（土质偏沙）土壤质地，大穴换土，适当深栽。

③培育壮根良苗，大树移栽时，根盘不能起挖过小，栽后立即立支柱。

④合理疏枝，控制树形。树冠庞大招风，根冠比失调。

⑤对幼树、名贵树种可设置风障。

7.5.2 市政工程对树木的危害

大多数情况下，市政工程对树木的影响不可能被完全消除，我们的目标是将伤害程度尽可能减小。在我国，一些城市已经注意到市政施工对现有树木的伤害，并建立了保护条例。例如，北京在2001年颁发了城市建设中加强树木保护的紧急通知，明确规定“凡在城市及近郊区进行建设，特别是进行道路改扩建和危旧房改造中，建设单位必须在规划前期调查清楚工程范围内的树木情况，在规划设计中能够避让古树、大树的，坚决避让，并在施工中采取严格保护措施”。国外城市在这方面有很好的经验，现做简单介绍。

7.5.2.1 地形改变对树木的伤害

几乎每一项工程建设都可能涉及对地形的改造，于是伴随着挖土、填土、削土和筑坡，造成对土壤的破坏。它不仅表现在对地层构造或地形地貌的影响上，更严重的是会导致树木根系的失调，损伤树体生长。

（1）填土。填土是市政建设中经常发生的行为。如果靠近树体填土，必须考虑为什么要填土、是否能限制填土或填土远离树体。如果必须填土，则应将保持树体健康的价值与堆放这些土方的花费进行比较，或寻找其他远离树体的地方处理这些土方。一般情况下，填土层低于15cm且排水良好时，对那些生根容易和能忍受、抵御根颈腐烂的长势旺盛的幼树，危害不大。一些树木被填埋后，可能会萌发出一些新根，暂时维持树体的生命，但随着原有根系的必然死亡，最终仍将危及树体存活。

许多树木栽培学文献都强调了保持树体基部土壤自然状态的重要性，在那些高程必须被提升的地方，通常可采取以下措施：设法调整周边高程与树木根颈基部的高程尽可能一致；高程必须被抬升的地方，应确定填土的边界结构，附加必需的辅助建筑，如高程变化在树体保护圈内，考虑在填土边缘设置挡土墙；如果树木被植地低洼、有积水，应在尽可能远离树体（靠近挡土墙）的地方挖排水沟，或做导流沟、筑缓坡以利排水；如果恰当的树体保护圈不能被保留，则考虑移树，或创造适宜的高程变化，改植树种。

（2）取土。从树冠下方取土会严重损伤树体根系，甚至可能危及树体的稳固性。如果树体保护圈内的整个地面被降低15cm，树的存活将受到威胁。如果必须在树下取土，则根据树木的种类、年龄、特有生根模式及该地域的土壤条件，保留适当的原始土层厚度，当然未被损坏的土壤保留得越多越好。如果取土和挖掘必须在树体保护圈内进行，应首先探明根系的分布，小心地从树冠投影外围向树干基部逐步移土。大多数情况下，在距树干2～3m以外范围，吸收根系分布虽明显减少，但为了保持树体的良好稳固状态，仍应尽量少地切断根系。

（3）高程变更。大多数情况下，竣工的地面高程和自然高程间有一变更。如果位于高程变化附近的树值得抢救，可以采取建造挡土墙的办法来减少高程变化后的垂直距离。挡土墙的结构可以是混凝土、砖砌、木制或石砌，但墙体必须带有挖掘到土层中的结构性脚基。如果脚基将伸入根系保护圈内，可使用不连续脚基，以减少对根系生长的影响。在挡土墙建构过程中，为预防被切断、暴露的根系干枯，可采用厚实的粗麻布或其他多孔、有吸水力的织物，覆盖在暴露的根系和土壤表面，特别是对于木兰属这一类具有肉质根的树种，可有效预防根系失水。令人遗憾的是，甚至在高温干燥的气候条件下，对敏感树种的这种保护措施，也很少被建设施工方采用，故必须加强施工过程中的绿化监理。在高程变更较小（30～60cm）的情况下，通常采用构筑斜坡过渡到自然高程的措施，以减少对根系的损伤。斜坡比例通常为2:1或3:1。

7.5.2.2 地下市政设施建设对树木的伤害

地下公用设备、设施埋设对树木根系的严重损伤，与附属建筑物限制所带来的结果相似。根据美国的一项研究报道，在伊利诺伊州的桥公园，埋设水管后的12年，262株被侵扰过的成年行道树中，92株已死亡，27株的树冠顶部明显回缩。在这些地区，管道通过树下的附加费用为150～215美元/m，而树木损失和移去死树、重新栽植的代价，则4倍于挖掘地下坑道所产生的附加费用。因此，该市现在采用在树下挖坑道施工的办法来避免对树木的伤害，并颁布了地下坑道施工规范。加拿大的多伦多市也有地沟和坑道的操作规范。英国标准协会（BSI）于1989年公布了地下公用设施挖掘深度的最低限度，并建议在树体下方直接挖掘。

地沟可以在树体保护圈外侧采用机械化挖掘，直至遇到较粗的大根时为止，或根据操作规范施工；坑道将在树体中央根系的下部继续行进到另一边的地沟。一些国家制定了坑道深度的规范，如多伦多市，依据树的体量确定为0.9～1.5m；伊利诺伊州，则要求坑道深度至少应有0.6m；英国则建议坑道挖掘尽可能深为好。

在根系主要保护范围的下方挖掘，任何直径大于3～5cm的根都应尽可能避免被切断。

7.5.2.3 铺筑路面对树木的伤害

大多树木栽培专家认为铺筑的路面有损于树体生长，因为它们限制了根际土壤中水和空气的流通。一株树可以容忍的铺筑路面量，取决于在铺筑过程中有多少根系干扰发生、树木的种类、生长状况、生长环境、土壤孔隙率、排水系统，以及树木在路面下重建根系的潜能。国外的一些树木保护指南建议在树下使用通透性强的路面，若铺设非通透性路面时，建议采用某些漏孔的类型或透气系统。一种简单的设计是:在道路铺筑开工时，沿线挖一些规则排列、有间隔的、直径为2～5cm的洞。另一种设计是，铺一层砂砾基础，在其上竖一些PVC管材，用铺设路面的材料围固；路面竣工后将其切平，管中注入砂砾，安上格栅，其形状可依据通气需求设计成长条形或格栅状。另外，在铺设路面上设置多条伸缩缝，也可以达到同样的功效。

事实上大多铺设的道路可被认为是多孔的，特别是在多年后，沥青和混凝土路面都产生许多水和空气能被渗透的小龟裂，而用混凝土铺设的道路，更设计有增加间隙的伸缩缝。铺设路面以下的土壤通常比裸露的土壤要湿润，许多树木的根系在其中生长当然没有太大困难，由此而来的问题是根系抬升并爆裂铺设的路面。但根系保护圈的设置，仍然是必须保证的。

路面铺设中，保护树木的最重要措施是避免因铺设道路而切断根系和压实根际土壤所造成的损害。合理的设计可以把这些因素限制在最低程度内。实际施工中有以下几种常用的有效方法:

（1）采用最薄断面的铺设模式，如混凝土的断面要比沥青薄。

（2）将要求较厚铺设断面的重载道路设置在尽可能远离树木的地方。

（3）调整最终高程，以使铺设路面的路段建在自然高程的顶部。路面高于周围的地形，可使用“免挖掘”设计。

（4）增加铺设材料的强度，以减少在施工过程中对亚基层（土壤）的压实，这通常通过在表层中添加加固材料来实现。

高程变更掌握得如何会明显影响根系的生长，挡土墙可以用来减少因取土或填土而导致高程变更所产生的水平距离，以此减少对根系的影响。

提供从自然高程到终结高程过渡的斜坡。斜度用斜坡的长度除以高度来表示，例如2:1、3:1。注意在距树体较近处取土时，高程变化所需的最长水平距离。

普通墙和沉箱墙的不连续脚基，依据桩基的体量和间隔距离，可以减少对邻近树木的根系的伤害。连续脚基需要沿桩基墙的长度方向挖掘地沟。

公用事业管道和电缆的地沟挖掘，在到达指示的距离或遭遇到树根时，可以转为坑道挖掘。

标准的铺设道路断面包含表层（砖、混凝土、沥青）、基层（砂、砾石、石料）、亚基层（选择性填方，但并不总是必需的）和地基（被剥离、压实的自然土壤）。各层的厚度取决于土壤特性和铺设路面将要承受的载荷。铺设道路的断面决定终结高程的距离，即挖掘的深度必须高于原始高程。

7.5.3 树体的保护和修补

7.5.3.1 树干涂白

（1）作用。减弱地上部分因吸收太阳辐射而造成的树干局部日灼（盛夏），延迟树木的萌芽，避免早春（冬春）霜害。防治蛀干害虫、蚂蚁等危害。为了减轻树干冻裂、冻伤及日灼，并防治在树干粗皮下越冬的害虫，于冬春季给树干上刷涂白剂。

（2）涂白剂配方。常用10kg水、3kg生石灰、0.5kg食盐、0.5kg石硫合剂原液，可加少量动植物油配制而成。配置时先化开石灰，倒入油脂搅拌均匀，再加入水拌成石灰乳，最后放入石硫合剂及盐水。

（3）方法。涂白1m高。先用粉笔定一横线，然后涂刷。5月、9月各涂一次。树木根颈部分由于停止生长晚、翌春解除休眠早，此时抗寒力较低，易受低温伤害。

7.5.3.2 树干包扎

（1）缠草绳。在冬季，野兔和牲畜时常侵入林园啃食树皮，采食细枝，严重影响树体的正常生长和结果。因此，在树干上缠草绳。

（2）缠草绳加塑料膜。对于抗寒力较差的树种，特别是从南方引种到北方的树种，冬季需要对树干缠草绳加塑料膜来保温防寒。对于一些珍贵树种或古树名木，最好搭建棚架防寒。

7.5.3.3 树体支撑

为防止各种原因造成树木倾斜，在树木主干或主枝的下方或侧方设立硬质支杆，承托上方的重量来减轻主枝或树干的压力。要求下端不动摇，上端止于重力支点。

（1）上端可以使月牙枕、凹形手。

（2）上端也可以从支撑点向上钻孔，用螺栓固定。螺栓孔应钻穿树干，在上端用垫片及螺栓帽固定（埋头孔）。此法适用于小树。

（3）在支撑点位置水平钻孔，横向插入螺栓，两头突出几厘米。也可用月牙枕顶住树干及螺栓二端。

7.5.3.4 皮部伤口的治疗

伤口是因病虫害、兽害、风折、日灼、不合理修剪等造成。树木受伤后，会在伤口的形成层长出愈合组织，覆盖整个伤面，使树皮得以修复。愈伤组织生长的速度，一般每年长宽1.2～1.3cm，快的可达到2cm。

（1）旧伤口。先刮净腐朽部分，再用利刃将健全皮层边缘削平呈弧形，然后用药剂（2%～5%硫酸铜溶液、0.1%汞溶液、石硫合剂原液）消毒，最后再涂保护剂。常用的保护剂有铅油、紫胶、沥青、树木涂料、液体接蜡、桐油、聚氨酯、虫胶清漆、树脂乳剂等。

松香、酒精、油脂和松节油按8:3:1:0.5的比例配置。配置时将松香和油脂一起文火加热融化，稍冷后，慢慢加入松节油和酒精的混合物，充分搅拌冷却后即可使用。

（2）新伤口。用含有0.01%～0.1%的萘乙酸膏涂抹在伤口表面，促其加速愈合。

一般每年检查或重涂1～2次。发现涂料起泡、开裂或剥落就要及时采取措施。对老伤口重涂时，最好先用金属刷轻轻去掉全部漆泡和松散的漆皮，除愈合体外，其余暴露的伤面都应重涂。

7.5.3.5 树洞

（1）树洞形成的原因。木质部伤口长期受风吹雨淋导致木质部腐朽，形成树洞。树洞是树木的边材或心材，或从心材到边材出现的任何孔穴，主要发生在大枝分叉处、干基、根部。

（2）进程。由木腐菌引起的腐朽进展很慢，其速度与树木的年生长量相当。尽管心材空洞并不会影响树木的生长，但会削弱树体的结构。

（3）树洞处理的原则。尽可能保护伤面附近的自我保护系统，抑制蔓延造成新的腐朽；尽量不破坏树木的输导系统，不降低树木的机械强度，必要时可加固树洞；对树洞进行科学的整形与处理，加速愈伤组织的形成与洞口的覆盖。

（4）树洞处理的方法。小的树洞目前常用填充法：先将树洞口周围切除0.2～0.3cm的树皮带，露出木质部后注入填料，使外表面与露出的木质部相平。聚氨酯塑料是一种最新的填充剂，材料坚韧、结实、稍有弹性，易与心材和边材黏合；操作简便，容易灌注，膨化与固化迅速，易于形成愈伤组织。

中科院广州化学所研制的弹性环氧胶加50%水泥、50%细沙填补树洞，能使伤口愈伤组织紧密结合生长，色泽光亮，效果好。

大的树洞总的趋势是保持洞口的开口状态，对其内部进行彻底清理、消毒、刷涂料。清理时应在保护好自我保护系统（障壁保护系统）的情况下清除腐朽的木质部。

7.6 园林树木综合管理

7.6.1 园林树木的管理标准

园林树木能否生长良好，并尽快发挥设计要求的色艳、香浓、形佳的观赏效果，或参天覆地、绿翠莹然的生态效益，在很大程度上取决于是否能根据树体的年生长进程和生命周期的变化规律，进行适时、经常和稳定的其他养护管理，为各个年龄期的树体生长创造适宜的环境条件，使树体长期维持较好的生长势。为此，应制定养护管理的技术标准和操作规范，使养护管理工作目标明确，措施有力，做到养护管理科学化、规范化。

目前，国内的一些城市在城市绿地与园林树木的管理、养护方面，已采用招标的方式，吸收社会力量参与，因此城市主管部门更应制订相应的办法来加强管理，采用分级管理是较好的管理方法。例如北京市园林管理局，根据绿地类型的区域位势轻重和财政状况，对绿地树木制定分级管理与养护的标准，以区别对待，不失为现阶段条件下行之有效的措施之一。

7.6.1.1 一级管理

（1）生长势好。生长超过该树种、该规格的平均年生长量（指标经调查后确定）。

（2）叶片完整、光亮、色鲜、质厚、具光泽、不黄叶、不焦边、不卷边、不落叶，叶面无虫粪、虫网和积尘。被虫咬食叶片，单株在5%以下。

（3）枝干健壮，枝条粗壮，越冬前新梢已木质化程度高。无明显枯枝、死杈，无蛀干害虫的活卵、活虫。介壳虫最严重处，主干、主枝上平均成虫数少于1头/100cm，较细枝条的平均成虫数少于5头/30cm。受虫害株数在2%以下。无明显的人为损坏。绿地草坪内无堆物、搭棚或侵占等。行道树下距树干1m内无堆物、搭棚、圈栏等影响树木养护管理和树体生长的物品。树冠完整美观，分枝点合适，主侧枝分布均称，内膛不乱，通风透光。绿篱类树木，应枝条茂密，完满无缺。

（4）缺株在2%以下。

7.6.1.2 二级管理

（1）生长势正常。正常生长达到该树种、该规格的平均生长量。

（2）叶片正常，叶色、大小、厚薄正常。有较严重黄叶、焦叶、卷叶以及带虫粪、虫网、蒙尘叶的株数在2%以下。被虫咬食的叶片，单株在5%～10%。

（3）枝、干正常，无明显枯枝、死杈。有蛀干害虫的株数在2%以下。介壳虫最严重处，主干上平均成虫数少于1～2头/100cm，较细枝条平均成虫数少于5～10头/30cm。有虫株数在2%～4%。无较严重的人为损坏，对轻微或偶尔发生的人为损坏，能及时发现和处理。绿地草坪内无堆物、搭棚、侵占等；行道树下距树干1m内无影响树木养护管理的堆物、搭棚、圈栏等。树冠基本完整，主侧枝分布匀称，树冠通风透光。

（4）缺株在2%～4%。

7.6.1.3 三级管理

（1）生长势基本正常。

（2）叶片基本正常，叶色、大小、厚薄基本正常。有较严重黄叶、焦叶、卷叶、带虫粪、虫网、蒙尘叶的株数在2%～4%。虫食叶单株在10%～15%。

（3）枝、干基本正常，无明显枯枝、死杈。有蛀干害虫的株数在2%～10%。介壳虫最严重处，主干主枝上平均成虫数少于2～3头/100cm，较细枝条的平均成虫数少于10～15头/30cm。有虫株数在4%～6%。对人为损坏能及时进行处理。绿地内无堆物、搭棚、侵占等；行道树下没有堆放石灰等对树木有烧伤、毒害的物质，无搭棚、围墙、圈占树等。90%以上的树木树冠基本完整。

（4）缺株在4%～6%。

7.6.1.4 四级管理

（1）被严重吃花树叶（被虫咬食的叶面积、数量都超过一半）的株数达20%。被严重吃光树叶的株数达10%。严重焦叶、卷叶、落叶的株数达20%。严重焦梢的株数达10%。

（2）有蛀干害虫的株数在30%。介壳虫最严重处，主干、主枝上平均成虫数多于3头/100cm。较细枝条上平均成虫数多于15头/30cm。有虫株数在6%以上。

（3）缺株在6%～10%。以上的分级养护质量标准是根据现时的生产管理水平和人力、物力等条件采取的暂时性措施。今后，随着对生态环境建设投入的加大，随着城市绿化养护管理水平的提高，应逐渐向一级标准靠拢，以更好地发挥园林树木的景观生态环境效益。

7.6.2 园林树木综合养护技术

园林树木保护性管养技术工作应遵循树种生物学特性、树体生长发育规律及当地的环境气候条件等进行。如在季节性比较明显的地区，保护性管养技术大致可依四季而行。

(1) 冬季（12月～翌年2月）。亚热带、暖温带及温带地区有降雪和冰冻现象。露地栽植的树木进入或基本进入休眠期，此期主要进行树木的冬季整形修剪、深施基肥、涂白防寒和防治病虫害等工作。在春季干旱的华北地带，冬季在植株根部堆积降雪，既可防寒又可用融化的雪水补充土壤内的水分，缓解春旱。

(2) 春季（3～5月）。气温逐渐回升，树体开始陆续解除休眠，进入萌芽生长阶段，春花树种次第开花。此期保护性管养技术工作，应逐步撤除防寒措施，进行灌溉与施肥，及时进行常绿树篱和春花树种的花后修剪。春季是防治病虫害的关键时刻，可采取多种形式消灭越冬成虫，为全年的病虫害防治工作打下基础。

(3) 夏季（6～9月）。气温高，光照时间长、光量大，南、北雨水都较充沛。树体光合作用强、光合效率高，树体内各项生理活动处于活跃状态，是园林树木生长发育的最旺盛时期，也是需肥最多的时期，花果木应增施磷、钾为主的肥料。夏季蒸腾量大，要及时进行灌水，但雨水过多时，对低洼地带应加强排水防涝工作。晴天进行中耕除草，有利于土壤保墒。行道树要加强修剪、抽稀树冠，并及时修剪树木与架空电线或建筑物之间有矛盾的枝干，防风、防台和防暴雨。花灌木开花后，及时剪除残花枝，促使新梢萌发。未春剪的绿篱，补充整形修剪。南方亚热带地区抓紧雨季进行常绿树及竹类带土球的补植。

(4) 秋季（9～11月）。气温开始下降，雨量减少，园林树木的生长已趋缓慢，生理活动减弱，逐渐向休眠期过渡，肥水管理应及时停止，防止晚秋梢徒长。10月份开始对新植树木进行全面的成活率调查。全面整理绿地园容，更植死树，清除枯枝。对花灌木、绿篱进行整形修剪。

树木落叶后至封冻前，应对抗寒性弱或引进的新品种进行防寒保护，灌封冻水。大多园林树木可进入秋施基肥和冬剪等工作，南方竹林进行深翻。

7.6.3　化学处理方法在园林树木栽培中的应用

园林树木的养护过程中不可避免地要应用一些化学处理方法，除农药、化肥外，可能经常采用的还有植物生长调节剂、保水剂等，所有化学物品的使用多少都会对环境产生负面的影响。近年来提出与环境友好的化学处理方法（environment-friendly treatment），主要是指使用对环境影响最小的化学制剂、在封闭的环境中使用，以及不直接排放含有化学物的废水、废物等方法。本节主要介绍园林树木栽培与养护过程中可以采用的一些化学处理方法。

7.6.3.1　植物生长调节剂

应用生长调节剂控制树体的生长发育，在园林树木的现代栽植中，日益受到重视，进展很快。这是因为到20世纪六七十年代已确认了至少有五类激素，它们在植物不同发育阶段的相互平衡关系对调节植物的生长发育有重要作用。另外，由于科研和化学工业的发展，合成并筛选出了有特异效应的生长调节剂，如B-9、乙烯利（CEPA）等。

生长调节剂，又叫植物生长调节剂，泛指体外施用于植物以调节其内部生长发育的非营养性化学试剂。它可以从植物体内提取，如赤霉素（GA）；也可以模拟植物内源激素的结构人工合成，如吲哚丁酸（IBA）、6-苄基腺嘌呤（BA）；还有些在化学结构上与植物内源激素毫无相似之处，但具有调节植物生长发育效应的物质，如西维因、石硫合剂。它们既是农药，也可作为化学疏果或疏花的制剂。因目前在园林树木栽植中，有些问题用一般农业技术不易解决或不易在短期内奏效，而用生长调节剂确为方便有效的途径，如促进生根，促进侧枝萌发，调节枝条开张角度，控制营养生长，促进或抑制花芽分化，提高座果率，促进果实肥大，改变果实成熟期，增强树体抗逆性，打破或延长休眠，辅助机械操作等。应用生长调节剂还可以提高养护管理效率，降低成本。

7.6.3.2 主要生长调节剂的种类及应用

1. 生长素类

生长素类物质在园林树木栽植上的应用，主要为促进生根，改变枝条角度，促发短枝，抑制萌蘖枝的发生，防止落果等。生长素类物质的生理促进作用，主要是使植物细胞伸长而导致幼茎伸长，促进形成层活动、影响顶端优势，保持组织幼年性、防止衰老等，其作用机制是影响原生质膜的生理功能、影响DNA指令酶的合成，或影响核酸聚合酶的活性，因而促进RNA合成。

（1）吲哚乙酸及其同系物。在植物体内天然存在的主要是吲哚乙酸（IAA），此外还有吲哚乙醛（IAAID）、吲哚乙腈（IAN）等。人工合成的有吲哚丙酸（IPA）、吲哚丁酸（IBA）、吲哚乙胺（IAD）。应用最多的是IBA，它活力强、较稳定、不易遭受破坏，价格亦较低廉，主要用于促进生根等方面。

（2）萘乙酸及其同系物。萘乙酸（NAA）有α型与β型，以α型活力较强，作用广。因其生产容易，价格低廉，为目前使用范围最广的生长素类物质。NAA不溶于水而溶于酒精等有机溶剂，其钾盐或钠盐（KNAA、NaNAA）及萘乙酰胺（NAD）溶于水，作用与萘乙酸相同，但使用浓度一般高于NAA。此外尚有萘丙酸（NPA）、萘丁酸（NBA）及苯氧乙酸（NOA）等，NOA的β型活力比α型高，与NAA相反。

（3）苯酚化合物。主要有2，4-二氯苯氧乙酸（2，4-D）、2，4，5-三氯苯氧乙酸（2，4，5-T）等，且活力比IAA强100倍。

在这三种生长素类物质中，其活力和持久力的一般表现为：吲哚乙酸<萘乙酸<苯酚化合物。不同类型的生长素类物质对树体不同器官的具体活力，亦有一定的差别。如促进插条生根，2，4-D>IBA，NAA>NOA>IAA。IBA的活力虽不如2，4-D，但它适用范围广，所以商品制剂仍以IBA为主。

2. 赤霉素类

1938年，日本第一次从水稻恶苗病菌中分离出赤霉素（GA）结晶，至1983年已发现有70种含有赤霉烷环的化合物，常见的有GA1、GA3、GA4、GA7、GA8等。在植物活体内，它们可以互相转变，其中GA8的葡萄糖甙可能是一种贮藏形态。

赤霉素只溶于醇类、丙酮等有机溶剂，难溶于水，不溶于苯、氯仿等。作为外源赤霉素商品生产的主要是GA3及GA4+7。不同的赤霉素所表现的活性不同，不同树种对赤霉素的反应也不尽相同，故有其特异性。赤霉素有如下效应:

（1）促进新梢生长，节间伸长。美国用GA来克服樱桃的一种病毒性矮化黄化病，处理后植株恢复正常生长。GA也可打破种子休眠，使未充分休眠而矮化的幼苗恢复正常生长。

（2）GA不像生长素类物质那样呈现极性运转，GA对树体生长发育的效应，有明显的局限性，即在树体内基本不移动。甚至在同一果实上，如只处理1/2，则只有被处理的1/2果实增大。GA作用的生理机制，其显著特点是促进α淀粉酶的合成，抑制吲哚乙酸氧化酶的产生，从而防止IAA分解。其近期的调节功能可能是通过激活作用使已存在的酶活化、改变细胞膜的成分和某些构造；其较长期的调节作用可能是促进RNA合成，从而影响蛋白质的合成。

3. 细胞分裂素类

1956年发现的细胞激动素——6-糠基氨基嘌呤或N6-呋喃甲基腺嘌呤是DNA降解的产物，1963年又发现第一种天然的细胞分裂素——玉米素（Zt）。现已知高等植物体内存在的天然细胞分裂素有13种，它们主要在根尖和种子中合成。人工合成的细胞分裂素有6种，常用的为BA（6-苄基腺嘌呤）。此外还有几十种具有细胞分裂素活性作用的化合物。细胞分裂素的溶解度低，在植物体内不易运转，故它的应用受到一定限制。

细胞分裂素类物质可促进侧芽萌发，增加分枝角度和新梢生长。细胞分裂素可防止树体衰老，较长时间地维持叶片绿色。细胞分裂素在有赤霉素存在时，有强烈的刺激生长作用，它可改变核酸、蛋白质的合成和降解。在评价细胞分裂素的功能时，应当考虑到细胞分裂素还可导致生长素、赤霉素和乙烯含量的增加。

4. ABT生根粉

ABT生根粉是一种广谱高效的植物生根促进剂。用ABT生根粉处理插穗，能补充插条生根所需的外源激素，使不定根原基的分生组织细胞分化成多个根尖，呈簇状爆发生根。新植树的根系用生根粉处理，可有效促进根系恢复、新生。用低浓度的ABT生根粉溶液浇灌成活树木的根部，能促进根系生长。

ABT生根粉忌接触一切金属。在配制药液、浸条、浸根、灌根和土壤浸施时，不能使用金属容器和器具，也不能与含金属元素的盐溶液混合。配好的药液遇强光易分解，浸条、浸根等工作要在室内或遮阴处进行。如在植物上喷洒，最好在下午4时后进行。

ABT生根粉，1～5号是醇溶性的，配制时先将1g生根粉溶在500g95%的工业酒精中，再加蒸馏水至1000g，即配成浓度为1000mg/L的原液。6、7、8号生根粉能直接溶于水，原液配制时，先将1g生根粉用少量的水调至全部溶解，再加水至1000g，即配成1000mg/L的原液。

1～5号ABT生根粉在低温（5℃以下）避光条件下可保存半年至1年。6～10号生根粉在常温下避光保存可达1年以上。1～10号ABT生根粉，均可在冰箱中贮藏2～3年。

5. 乙烯发生剂和乙烯发生抑制剂

至20世纪60年代，乙烯才被确认为是一种植物激素，但作为外用的生长调节剂，是一些能在代谢过程中释放出乙烯的化合物，主要为乙烯利（ethrel），即2-氯乙基膦酸，商品名又叫乙烯膦（CEP、CEPA）。自1968年发现乙烯利能显著诱导菠萝开花以来，乙烯利的应用研究工作迅速发展。

乙烯利有如下主要作用：

（1）抑制新梢生长。当年春季施用CEPA，可抑制新梢长度仅为对照的1/4；头年秋天施用，也可使翌年春梢长度变短。CEPA还可使枝条顶芽脱落，枝条变粗，促进侧芽萌发，抑制萌蘖枝生长。

(2) 促进花芽形成。可促进多种花果木形成花芽。

(3) 延迟花期、提早休眠、提高抗寒性。可延迟多种蔷薇科树种的春季花期，并可使樱桃提早结束生长、提早落叶而减轻休眠芽的冻害，同样可增强某些李和桃品种的耐寒性。

乙烯利的作用受环境pH的影响，pH>4.1即分解产生乙烯，其分解速度在一定范围内随pH值的升高而加快。树种不同、树体发育状态不同、器官类别不同，其组织内部的pH也不同，因而乙烯利分解、产生乙烯速度也各异。最适作用温度为20～30℃，低于此温度则须较长时间作用或提高浓度。乙烯利容易从叶片移向果实，在韧皮部移动多由顶部向基部进行，或因受生长中心的作用而由基部向顶部移动。乙烯利可由韧皮部向木质部扩散，但它不随蒸腾流上升。乙烯的作用机制还不十分清楚，它能引起RNA的合成，即能在蛋白质合成的转录阶段起调节作用，而导致特定蛋白质的形成。但这并不是说乙烯的所有作用须完全通过调节核酸和蛋白质的合成，而后才能发挥。

6. 生长延缓剂和生长抑制剂

主要抑制新梢顶端分生组织的细胞分裂和伸长的，称为生长延缓剂；若完全抑制新梢顶端分生组织生长、高浓度时抑制新梢全部生长的，则称为生长抑制剂。应用类型如下。

(1) 比久（B-9）。其化学名为琥珀酸-2、2-二甲酰肼（SADH），是一种生长延缓剂。自1962年被发现以来，迅速引起人们的重视。其作用主要是抑制枝条生长和促花芽分化。

①抑制枝条生长。主要是抑制节间伸长，使茎的髓部、韧皮部和皮层加厚，导管减少，故茎的直径增粗。由于节间短，单位长度内叶数增多，叶片浓绿、质厚，干重增加，叶栅状组织延长、海绵组织排列疏松。虽然叶片变绿、变厚，但按单位叶绿素重量计算的光合作用却下降，同时光呼吸强度也下降。

B-9对茎伸长的抑制作用，与增加茎尖内ABA（脱落酸）水平和降低GA类物质含量有关，其抑制生长的效应在喷后1～2周开始表现，并可持续相当时日，具体数据视当地气温、雨量、树势、营养、修剪轻重等条件而异。一般使用浓度为2000～3000mg/L，可用于抑制幼苗徒长，培育健壮、抗逆性强的苗木，也可作为矮化密植时控制树体的一种手段。在抑制效应消失后，新梢仍可恢复正常生长。

②促进花芽分化、B-9可促进樱桃、李和柑橘的花芽分化，于花芽分化临界期喷施1～3次，浓度同上。B-9促进花芽分化与延缓生长有关，但有时新梢生长未见减弱而花量增加，这似乎与B-9改变内源激素平衡有关。

B-9可通过叶、嫩茎、根进入树体。B-9的处理效应可影响下一年的新梢生长、花芽分化和座果等，这种特点与B-9在树体内的残存有关。在生长期，花芽内的B-9残留量高于果实和顶梢；在休眠期内累积量的顺序是：花芽>叶芽>花序基部>一年生枝韧皮部和木质部。B-9在树体内的残留量，受气候条件的影响，在年积温高的地区残留量低，在年积温低的地区则残留量高，这也正是在低积温区其延期效应较强的原因。加用渗透剂，会增加树体内残留量。B-9在土中虽不易移动，但易被某些土壤微生物所分解，故不宜土施。纯B-9，在干燥条件下贮藏三年，成分不变；在水中的稳定性，为75天以上。

（2）矮壮素（CCC），即2-氯乙基三甲铵氯化物，商品名为Cycocel，是一种生长延缓剂。1965年报道矮壮素增进葡萄坐果后，引起广泛注意。

矮壮素有抑制新梢生长的效应，使用浓度高于B-9，为0.5%～1.0%，但过高的浓度会使叶片失绿。受矮壮素抑制的新梢，节间变短，叶片生长变慢、变小、变厚，可取代部分夏季修剪作业；因新梢节间短，有利于花芽分化，可增加第二年的开花量和大果率。新梢成熟早，新梢内束缚水含量增高，自由水含量下降，因而可提高幼树的越冬能力。矮壮素的作用机制是可阻遏内源赤霉素的合成，促进细胞激动素含量的增加，而细胞激动素的增多对开花座果有利。

（3）多效唑（PP333），可抑制新梢生长，而且效果持续多年；可使叶色浓绿，降低蒸腾作用，增强树体抗寒力。与树体的内源GA互相拮抗，可促使腋芽萌发形成短果枝，提高座果率。由于它持效性长，抑制枝梢伸长效果明显，且有提早开花、促进早果、矮化树冠等多种效应，应用推广极快。

多效唑能被根吸收，可土施，不易发生药害，使用浓度可高达8000mg/L。但如使用不当，也会给树体造成不良影响。使用对象必须是花芽数量少、结果量低的幼旺树及成龄壮树，中庸树、偏弱树不宜使用。药液应随用随配，以免失效，短时间存放要注意低温和避光。秋季和早春施药，以每平方米树冠投影面积施0.5～1g粉剂为宜。叶面喷施应在新梢旺盛生长前7～10天进行，使用500～1000mg/L的可湿性粉剂。喷药应选无风的阴天，晴天要在上午10点前或下午2点后进行，以叶片全湿、药滴不下落为宜。对于施用过量的树体，可在萌芽后喷施25～50mg/L的赤霉素1～2次，同时施肥灌水，以恢复生长。树体年龄、树种不同，对多效唑的反应不同，桃、葡萄、山楂对其敏感，处理当年即可产生明显效果，苹果和梨要到第2年才能看出效果，一般幼树起效快，成龄树起效慢，黏土和有机质含量多的土壤对其有固定作用，效果较差。花果木使用多效唑后，树体花芽量增加，挂果量提高，树体对养分的需求也会增高，除秋施基肥、春夏追肥外，于开花期、坐果期、幼果膨大期和果实采收后都要向叶面喷施0.1%～0.3%的尿素或磷酸二氢钾溶液，并注意疏花疏果。

7.6.3.3　植物抗蒸腾保护剂

如何解决新植树木的树冠蒸腾失水、提高树木的栽植成活率，一直是园林工作者的科研方向。北京市园林科研所2001年研制出的植物抗蒸腾剂，可有效缓解高温季节栽植施工过程中出现的树体失水和叶片灼伤。植物抗蒸腾剂是一种高分子化合物，喷施于树冠枝叶，能在其表面形成一层具有透气性、可降解的薄膜，在一定程度上降低树冠蒸腾速率，减少因叶面过分蒸腾而引起的枝叶萎蔫，从而起到有效保持树体水分平衡的作用。新移栽树木，在根系受到损伤、不能正常吸水的情况下，喷施植物抗蒸腾剂可有效减少地上部的水分散失，显著提高移栽成活率。2001年，北京市园林科研所先后多次在大叶女贞、大叶黄杨等树种上进行了喷施试验，结果表明，喷施植物抗蒸腾剂的树体落叶期较对照晚15～20天，且落叶数量少，在一定程度上增强了观赏效果。在其后的推广试验中，对新移栽的悬铃木、雪松、油松喷施后，树体复壮时间明显加快，均取得了良好的效果。植物抗蒸腾剂不仅可以有效降低树体水分散失，还能起到抗菌防病的作用。

北京裕德隆科技发展有限公司与清华大学生态科学工程研究所研制的抗蒸腾防护剂，

主要功能是在树体的枝干和叶面表层形成保护膜，有效提高树体抵抗不良气候影响的能力，减少水分蒸腾以及风蚀造成的枝叶损伤。抗蒸腾防护剂中含有大量水分，在自然条件下缓释期为10～15天，形成的固化膜不仅能有效抑制枝叶表层水分蒸发，提高植株的抗旱能力，还能有效抑制有害菌群的繁殖。据介绍，该产品形成的防护膜，在无雨条件下有效期限为60天，遇大雨后可以自行降解。抗蒸腾防护剂有干剂和液剂2种，使用效果相同。液体制剂可用喷雾器喷施，如果与杀虫剂、农药、肥料、营养剂一起使用，效果更佳。一般情况下，一亩林地使用液体抗蒸腾防护剂的参考用量为30～150kg。

7.6.3.4　土壤保水剂

早在20世纪60年代初，人们就开始将吸水聚合物用于农业和园艺，达到改良土壤的目的。但早期产品常带有毒副作用，试用结果不理想。80年代初，安全无毒、效果显著、有效期长的新一代吸水聚合物开发面世。

保水剂是一类高吸水性树脂，能吸收自身重量100～250倍的水，并可以反复释放和吸收水分，在西北等地抗旱栽植效果优良，在南方应用效果更为显著。南方空气湿润，表土水分蒸发量小；降雨间隔不会太长久，中小雨频率高，为保水剂完全发挥作用带来了可能。年均降水达900mm以上的地区，施用保水剂后基本不用浇水。对于丘陵山区，雨水不易留存，配合传统节水措施适当增大保水剂拌土比例，也十分有效。实践证明，拌土施用保水剂可节水50%，节肥30%。

目前使用的保水剂大致有2类：一类是由纯吸水聚合物组成的产品，如美国的“田里沃”；另一类是复合型保水剂，如比利时的Terra Cottem，简称TC。

1. TC土壤改良剂由6大类20多种不同物质构成，在树体生长的全过程中协同作用

（1）生长促进剂。刺激根细胞的扩展，促进根系向有更多水分的土壤深层生长。同时，也促进叶的发育与新陈代谢。

（2）吸水聚合物。高度吸水的聚合物–接触到水，便协同作用，吸收水分子，很快形成一种类似水凝胶的不溶物质，具有吸存100倍于自身重量的水的能力，可经受从湿到干的无数次循环，增加土壤的贮水保肥能力，供树体生长长期利用。

（3）水溶性矿质肥料。由水凝胶吸收土壤矿质元素形成一种典型的氮–磷–钾盐混合物，供树体移植初期生长所需。

（4）缓释矿质肥料。可在一年时间里不断提供树体生长所需养分，对增强土壤肥力有显著作用。这一作用不依赖于土壤pH值，也不受降雨量和灌溉水量的影响。

（5）有机肥料。促进土壤中微生物的活力，有效释放氮和其他生长促进剂，全面改善土壤状况。

（6）载体物质无论大面积撒放还是穴施，包括二氧化硅在内的硅砂石（最小颗粒只有63μm），能使多种成分均匀分布、均衡供给，同时还可增加土壤透气性。

TC具有节水、节肥、降低管理费用、提高绿化质量的优点，其主要作用在于促进树体根部吸收水分和营养，强壮根系。在国外，TC不但被成功地用于市政绿化、屋顶花园、高档运动场草坪（如足球场、高尔夫球场），而且在绿化荒地、治理沙漠和土壤退化方面均有独特的作用。

2. TC土壤改良剂的施用方法

（1）施用比例。TC是复合型保水剂，是一种强有力的产品，对使用比例的要求比单一保水剂更高，只有适量施用才能产生明显的效果；使用不当，反而会产生相反效果，使树体生长变慢。土质对TC的用量有影响，一般情况下，沙质土用量为1.5kg/m^3，沃土用量为1kg/m^3，黏土用量为0.5kg/m^3。考虑到气候和树种对TC用量的影响，如在炎热的气候条件下以及种植不耐旱植物时，TC的用量可能增加1倍。TC的有效施用深度为20cm，如果施放在土壤表面或埋得过深，将影响使用效果。

（2）施用方法。将定植穴内挖出的土分成大堆与小堆，将TC与大堆土拌和均匀，将其一部分混合土垫入坑底，树体放入坑内后，填入其余混合土；把预留的小堆土做成1cm厚的覆盖层，以限制土壤水分蒸发，避免TC的损失。并做成一个约5cm高的围堰，浇透水，以使吸水聚合物充分发挥功能。

南方黏壤土地区，最好使用0.5～3mm粒径的保水剂，以干土重0.1%的比例拌土，可达到最佳成本效益比。南方降水多、雨量大，只要土壤含水率不低于10%，就可将干保水剂直接拌土，拌土后浇一次水。干旱季节再拌土，不必浇水。如果是丘陵地区，可将保水剂吸足水呈饱和凝胶后，放于塑料袋或水桶中，运到目的地，用饱和凝胶拌土后再掺肥。为防止水分蒸发，应将其施于20cm以下土层中，最好在土表覆盖3cm厚的作物秸秆。对于幼树，可挖30cm深、50cm底径的树穴，每株施用40～80g。成龄树，挖60cm深穴底直径，每株施100～140g。为防止苗木在运输过程中失水，可用保水剂蘸根：将40～80g粉状保水剂投入容器中，加1000倍水，经20min充分吸水后，将树木根部置于其中，浸泡半分钟后取出，再用塑料薄膜包扎，可提高15%～20%的成活率。

第8章 园林植物的病虫草害防治

园林植物在生长发育的过程中，不可避免会受到各种病虫及杂草的危害，导致园林植物生长不良，叶、花、果、茎、根会出现坏死斑或发生畸形、变色、腐烂、残缺、凋萎及落叶等现象，失去观赏价值，降低绿化效果，甚至引起整株死亡，如果控制不当，可能会导致较大面积的病虫害传播，给城市绿化和景区造成很大的损失。

研究园林植物的病害、害虫及杂草的形态特点、症状识别、发生规律、生活习性、预测预报，同时研究在环境条件作用下病虫草害的消长规律及园林植物对病虫草危害的反应，进而探索综合防治的方法，是园林植物栽培与养护的重要内容之一。通过对园林植物的病虫草害进行有效防治，可以确保园林植物茁壮成长，更好地美化人们的工作生活环境。

8.1 园林植物常见的病害类型

8.1.1 叶、花、果病害

8.1.1.1 叶斑病类

叶斑病是叶片组织受局部侵染，导致出现各种形状斑点病的总称。但叶斑病并非只是叶上发生，有一部分病害既在叶上发生，也在枝干、花和果实上发生。

叶斑病常见的类型有黑斑病、褐斑病、圆斑病、角斑病、斑枯病、轮斑病等，如丁香叶斑病、月季黑斑病、大叶黄杨褐斑病、香石竹叶斑病等。

(1) 丁香叶斑病，包括丁香褐斑病、丁香黑斑病和丁香斑枯病3种。丁香感染叶斑病后，叶片早落、枯死、生长不良，影响观赏效果。

丁香褐斑病症状：主要危害叶片，病斑为不规则形，多角形或近圆形，病斑直径5～10mm。病斑呈褐色，后期病斑中央组织变成灰褐色。病斑背面可生灰褐色霉层，即病菌的分生孢子和分生孢子梗。病斑边缘呈深褐色。发病严重时病斑相互连接成大斑。

(2) 月季黑斑病。常在夏秋季造成黄叶、枯叶、落叶，影响月季的开花和生长。

月季黑斑病主要危害月季的叶片，也危害叶柄和嫩梢。感病初期叶片上出现褐色小点，以后逐渐扩大为圆形或近圆形的斑点，边缘呈不规则的放射状，病部周围组织变黄，病斑上生有黑色小点，即病菌的分生孢子盘，严重时病斑连片，甚至整株叶片全部脱落，成为光杆。嫩枝上的病斑为长椭圆形、暗紫红色、稍下陷。

(3)菊花褐斑病。发生严重时，叶片枯黄，全株萎蔫，叶片枯萎、脱落，影响菊花的产量和观赏性。

发病初期叶片病斑近圆形，呈紫褐色，背面呈褐色或黑褐色。发病后期，病斑近圆形或不规则形，直径可达12mm，病斑中间部分呈浅灰色，其上散生细小黑点，为病菌的分生孢子器。一般发病从下部开始，向上发展，严重时全叶变黄干枯。

防治叶斑病要注意发病初期及时用药，可选用下列药剂：70%甲基托布津可湿性粉剂1000倍液，10%世高水分散粒剂6000～8000倍液，50%代森铵水剂1000倍液，10～15天喷施一次，连续喷施3～4次。

8.1.1.2　白粉病类

病症初期，呈白粉状，最明显的特征是有表生的菌丝体和粉孢子。

白粉病是在园林植物中发生极为普遍的一类病害。多发生在寄主生长的中后期，可侵染叶片、嫩枝、花和新梢。在叶上初为褪绿斑，继而长出白色菌丝层，并产生白粉状分生孢子，形成白色粉末状物，在生长季节进行再侵染。秋季时，白粉层上出现许多由白而黄，最后变为黑色的小颗粒——闭囊壳。重者可抑制寄主植物生长，使叶片卷曲，萎蔫苍白。已报道的白粉病种类有155种。白粉病可降低园林植物的观赏价值，严重者可导致枝叶干枯，甚至可造成全株死亡。

(1) 黄栌白粉病。主要危害叶片，也危害嫩枝。叶片被害后，初期在叶面上出现白色粉点，后逐渐扩大为近圆形白色粉霉斑，严重时霉斑相连成片，叶正面布满白粉。发病后期，白粉层上陆续生出先变黄、后变黄褐、最后变为黑褐色的颗粒状子实体（闭囊壳）。秋季叶片焦枯，不但影响树木生长，而且受害叶片秋天不能变红，影响观赏红叶。

(2) 月季白粉病。发病严重时造成落叶、花蕾畸形，严重影响切花产量和观赏效果。除月季外，还有蔷薇、玫瑰等也容易发生此病害。主要危害新叶和嫩梢，也危害叶柄、花柄、花托和花萼等。被害部位表面长出一层白色粉状物（分生孢子），同时枝梢弯曲，叶片皱缩畸形或卷曲，上下两面布满白色粉层，渐渐加厚，呈薄毡状。发病叶片加厚，为紫绿色，逐渐干枯死亡。老叶较抗病。发病严重时叶片萎缩干枯，花少而小，严重影响植株生长、开花和观赏。花蕾受害后布满白粉层，逐渐萎缩干枯。受害轻的花蕾开出的花朵畸形。幼芽受害不能适时展开，比正常的芽展开晚且生长迟缓。

(3) 紫薇白粉病。发病时紫薇叶片干枯，影响树势和观赏效果。该病主要危害紫薇的叶片，嫩叶比老叶易感病，嫩梢和花蕾也能受害。叶片展开即可受到侵染，发病初期叶片上出现白色小粉斑，后扩大为圆形并连接成片，有时白粉覆盖整个叶片。叶片扭曲变形，枯黄脱落。发病后期白粉层上出现由白而黄，最后变为黑色的小粒点——闭囊壳。

可采取以下措施防治白粉病:

(1) 加强管理。选栽抗病品种，适度修剪，以创造通风透光的环境；及时施肥、浇水，避免偏施氮肥，促使植株健壮；温室中重视通风透光，避免闷热潮湿的环境，减少叶面淋水，随时摘除病叶，病梢烧毁，以增强抗病能力，防止或减少侵染和发病。

(2) 消灭病源。白粉病多通过闭囊壳随病叶等落到地面或表土中，应及时清除病落叶，烧毁病梢，并进行翻土，在植株下覆盖无菌土等，以减少初侵染源。

(3) 药剂防治。在生长季节，要注意检查，抓准初发病期喷药控制。在早春植株萌动之前，喷洒波美3～5度的石硫合剂等保护性杀菌剂或50%的多菌灵600倍液；展叶后，可喷洒50%的多菌灵或75%的甲基托布津1000倍液，隔半个月喷一次，连续喷2～3次。可喷洒15%的粉锈宁可湿性粉剂1500～2000倍液、40%的福星乳油8000～10000倍液、45%的特克多悬浮液300～800倍液。温室内可用10%的粉锈宁烟雾剂熏蒸。近年来生物农药发展较快，BO-10（150～200倍液）、抗霉菌素120对白粉病也有良好的防效。

8.1.1.3 锈病类

锈病是由担子菌亚门冬孢子菌纲锈菌目的真菌引起的，典型病症是出现黄粉状锈斑。叶片上的锈斑较小，近圆形，有时呈泡状斑。在症状上只产生褪绿、淡黄色或褐色斑点。锈病主要危害园林植物的叶片，引起叶枯及叶片早落，严重影响植物的生长。锈病多发生于温暖湿润的春秋季，在不适宜的灌溉、叶面凝结雾露及多风雨的天气条件下最容易发生和流行。

1. 玫瑰锈病

为世界性病害，全国各地都有发生，是影响玫瑰生产的重要因素。玫瑰的地上部分均可受害，主要危害叶和芽。春天新芽上布满鲜黄色的粉状物，叶片正面有褪绿的黄色小斑点，叶背面有黄色粉堆——夏孢子和夏孢子堆；秋末叶背出现黑褐色粉状物，即冬孢子堆和冬孢子。受害叶早期脱落，影响生长和开花。

2. 海棠、桧柏锈病

该病影响海棠、桧柏的生长和观赏效果。春夏季主要危害贴梗海棠、木瓜海棠、苹果、梨。叶面最初出现黄绿色小点，逐渐扩大呈橙黄色或橙红色有光泽的圆形油状病斑，直径6～7mm，边缘有黄绿色晕圈，其上产生橙黄色小粒点，后变为黑色，即性孢子器。发病后期，病组织肥厚，略向叶背隆起，其上长出许多黄白色毛状物，即病菌锈孢子器（俗称羊胡子）。最后因病斑枯死。

转主、寄主为桧柏，秋冬季病菌危害桧柏针叶或小枝，被害部位出现浅黄色斑点，后隆起呈灰褐色豆状的小瘤，初期表面光滑，后膨大，表面粗糙，呈棕褐色，直径0.5～1.0cm，翌春3～4月遇雨破裂，膨为橙黄色花朵状（或木耳状）。受害严重的桧柏小枝上病瘿成串，造成柏叶枯黄、小枝干枯，甚至整株死亡。在海棠、苹果与桧柏混栽的公园和绿地等处发病严重。

3. 菊花白色锈病

发病影响切花产量和品质。主要危害叶片，初期在叶片正面出现淡黄色斑点，相应叶背面出现疱状突起，由白色变为淡褐色至黄褐色，表皮下即为病菌的冬孢子堆。严重时，叶上病斑很多，引起叶片上卷，植株生长逐渐衰弱，甚至枯死。

4. 毛白杨锈病

主要危害幼苗和幼树。严重发病时，部分新芽枯死，叶片局部扭曲，嫩枝枯死。该病危害植株的芽、叶、叶柄及幼枝等部位。感病冬芽萌动时间一般较健康芽早2～3天。若侵染严重，往往不能正常展叶。未展开的嫩叶为黄色夏孢子粉所覆盖，不久即枯死。感染较轻的冬芽，开放后嫩叶皱缩、加厚、反卷、表面密布夏孢子堆，像一朵黄花。轻微感染的冬芽可正常开放，嫩叶两面仅有少量夏孢子堆。正常芽展出的叶片被害后，感病叶上病斑呈圆形，针头至黄豆大小，多数散生，之后在叶背面产生黄色粉堆，为病原菌的夏孢子堆。

可采取以下方法防治锈病类：

（1）避免栽植距离过近。对转主寄生的病菌，如桧柏、海棠锈病，桧柏、梨锈病等，不将两种寄主植物种在一起或距离太近。树木勿栽植过密。注意修剪和林间排水，使林间通风透光；调控湿度，勿过高，可大量减轻发病。

（2）药剂防治。有转主寄生的锈病，如桧柏、海棠锈病等，可于三四月桧柏上冬孢子堆（病瘿）成熟时，往桧柏树枝上喷一两次1～3波美度的石硫合剂，或1:3:100的石灰多量式波尔多液，抑制过冬病瘿破裂，放出孢子侵染海棠等叶片。发病初期，可喷洒15%的粉锈宁可湿性粉剂1000～1500倍液，喷1～2次能基本控制。另外，还可喷洒70%的敌锈钠原粉200～250倍液，65%的福美铁可湿性粉剂1000倍液，70%的甲基托布津可湿性粉剂1000倍液等。

8.1.1.4　灰霉病类

灰霉病是园林植物中常见的病害，寄主范围广泛，各类花卉都可被灰霉病菌侵染。病害主要表现为花腐、叶斑和果腐，但也能引起猝倒、茎部溃疡，以及块茎、球茎、鳞茎和根的腐烂。受害组织上产生大量灰黑色霉层，因而称之为灰霉病。灰霉病在发病后期常有青霉菌和链格孢菌混生，导致病害的加重。

（1）仙客来灰霉病，危害仙客来叶片和花瓣，造成叶片、花瓣腐烂，降低观赏性。叶片受害呈暗绿色水渍斑点，病斑逐渐扩大，使叶片呈褐色干枯。叶柄和花梗受害后呈水渍状腐烂，之后下垂。花瓣感病后产生水渍腐烂并变褐色。在潮湿条件下，病部均可出现灰色霉层。发病严重时，叶片枯死，花器腐烂，霉层密布。

（2）四季海棠灰霉病，主要危害花、花蕾和嫩茎。在花及花蕾上初为水渍状不规则小斑，稍下陷，后变褐腐烂，病蕾枯萎后垂挂于病组织之上或附近。在温暖潮湿的环境下，病部产生大量灰色霉层，即病原菌的分生孢子和分生孢子梗。

灰霉病防治措施：生长季节喷施50%的扑海因可湿性粉剂1000～1500倍液、50%的速克灵可湿性粉剂1000～2000倍液、45%的特克多悬浮液300～800倍液、10%的多抗霉素可湿性粉剂1000～2000倍液等杀菌剂。也可用一熏灵Ⅱ号（有效成分为百菌清及速克灵）进行熏烟防治，具体用量为0.2～0.3g/m³，每隔5～10天熏烟1次。烟剂点燃后，吹灭明火。

8.1.1.5　炭疽病类

在发病部位形成各种形状、大小、颜色的坏死斑，比较典型的症状是常在叶片上产生明显的轮纹斑，发病后期病斑上会出现小黑点。

1. 兰花炭疽病

（1）分布与危害。在兰花生产地区普遍发生，可发展为严重的病害。主要危害春兰、蕙兰、建兰、墨兰、寒兰，以及大花蕙兰、宽叶兰等兰科植物。

（2）症状。主要危害兰花叶片。叶片上的病斑以叶缘和叶尖较为普遍，少数发生在基部。病斑呈半圆形、长圆形、梭形或不规则形，有深褐色不规则线纹数圈，病斑中央呈灰褐色至灰白色，边缘呈黑褐色。后期病斑上散生有黑色小点，为病菌的分生孢子盘，病斑多发生于上中部叶片。

果实上的病斑为不规则、长条形黑褐色病斑。病斑的大小、形状因兰花品种不同而有差异。

2. 君子兰炭疽病

（1）症状。成株及幼株均可受害，多发生在外层叶基部，最初为水渍状，逐渐凹陷。发病初期，叶片产生淡褐色小斑，随着病害发展，病斑逐渐扩大呈圆形或椭圆形，病部具有轮纹，后期产生许多黑色小点，在潮湿条件下涌出粉红色黏稠物，即病原物的分生孢子。

（2）病原。病原为半知菌亚门、腔孢纲、盘长孢属（Gloeosporium）。

（3）发病规律。病菌以菌丝在寄主残体或土壤中越冬，翌年4月初老叶开始发病，5～6月22～28℃时发展迅速，高温高湿的多雨季节发病严重。分生孢子靠气流、风雨、浇水等传播，多从伤口处侵入。植株在偏施氮肥，缺乏磷、钾肥时发病重。

3. 橡皮树炭疽病

橡皮树炭疽病主要危害叶片。发病叶片初期长出淡褐色或灰白色而边缘呈紫褐色或暗褐色圆形或不规则斑点。常发生于叶尖或叶缘，后期病斑较大，甚至扩大可占叶的大部分，严重时使大半叶片枯黑，有时也危害新梢。病斑多发生在基部，少数发生在中部，呈椭圆或梭形，略下陷，边缘呈淡红色。后期病斑呈褐色，中部带灰色，有黑色小点（分生孢子盘）及纵向裂纹。病斑环梢一周，梢部即枯死，甚至会危害老枝与树干。

4. 炭疽病类的防治

（1）加强养护管理，增强植株的抗病能力。选用无病植株栽培；合理施肥与轮作，种植密度要适宜，以利通风透光，降低湿度；注意浇水方式，避免漫灌；盆土要及时更新或消毒。

（2）清除病原。及时清除枯枝、落叶，剪除病枝，刮除茎部病斑，彻底清除根茎、鳞茎、球茎等带病残体，消灭初侵染来源。休眠期喷施3～5°波美的石硫合剂。

（3）发病期间采用药剂防治，特别是在发病初期及时喷施杀菌剂。可选用的药剂有50%的炭疽福美可湿性粉剂500～700倍液，或65%的代森锰锌可湿性粉剂500~700倍液，或70%的甲基托布津可湿性粉剂1000倍液，或75%的百菌清可湿性粉剂500～1000倍液等。根据不同病情和植物的抗病性的不同，一般每隔10天左右喷1次，共喷4次左右。

（4）选育或使用抗病品种。

8.1.1.6　霜霉病（疫病）类

该病典型的症状特点是叶片正面产生褐色多角形或不规则形的坏死斑，叶背相应部位产生灰白色或其他颜色疏松的霜霉状物。病原物为低等的鞭毛菌，低温潮湿的情况下发病重。

1. 月季霜霉病

（1）分布与危害。霜霉病是月季栽培中较重要的病害之一，发生较普遍。除月季外，还危害蔷薇属中的其他花卉。引起叶片早落，影响树势和观赏。

（2）症状。该病危害植株所有地上部分，叶片最易受害，常形成紫红色至暗褐色不规则形病斑，边缘色较深。花梗、花萼或枝干受害后形成紫色至黑色大小不一的病斑，感病枝条常枯死。发病后期，病部出现灰白色霜霉层，常布满整个叶片。

2. 紫罗兰霜霉病。

该病主要危害叶片，使得叶片正面产生淡绿色斑块，后期变为黄褐至褐色的多角形病斑，叶片背面长出稀疏灰白色的霜霉层。叶片萎蔫，植株枯萎。病菌也侵染幼嫩的茎和叶，使植株矮化变形。

3. 葡萄霜霉病

（1）分布与危害。葡萄霜霉病是一种世界性病害，各葡萄产区都有此病发生。主要危害葡萄，发病严重时提早落叶，甚至枯死。

（2）症状。主要危害叶片，也危害嫩梢、花序和幼果。发病初期，叶片正面出现油渍状黄绿色斑块，叶片背面对应部位生出白霜样霉层。随病斑扩大，渐形成黄褐色或红褐色枯斑。病斑较多时，病叶变黄脱落。嫩梢偶尔发病，出现油渍状斑，潮湿时生霜霉层，病梢扭曲变形。

4. 霜霉病（疫病）类的防治

（1）加强栽培管理。及时清除病枝及枯落叶。采用科学浇水方法，避免大水漫灌。温室栽培应注意通风透气，控制温度湿度。露地种植的月季也应注意阳光充足，通风透气。

（2）药剂防治。花前，结合防治其他病害喷施1:0.5:240的波尔多液、75%的百菌清可湿性粉剂800倍液、50%的克菌丹可湿性粉剂500倍液。6月从田间零星出现病斑时，开始喷施58%的瑞毒霉锰锌可湿性粉剂400～500倍液、69%的安克锰锌可湿性粉剂800倍液、40%的疫霉灵可湿性粉剂250倍液、64%的杀毒矾可湿性粉剂400～500倍液、72%的克露可湿性粉剂750倍液。7月份再喷施1次即可基本控制危害。

发病后，也可用50%的甲霜铜可湿性粉剂600倍液、60%的琥·乙磷铝可湿性粉剂400倍液灌根，每株灌药液300g。

8.1.2　枝干病害

8.1.2.1　枯黄萎病

1. 香石竹枯萎病

（1）分布与危害。全国各地都有发生。引起植株枯萎死亡。

（2）症状。香石竹整个生长期都可发生此病。发病初期植株顶梢生长不良，植株逐渐枯萎死亡。发病后期，叶片变成稻草色。有时植株一侧生长正常，一侧萎蔫。剖开病茎时，可见到维管束中变褐的条纹，一直延伸到茎上部。

2. 合欢枯萎病

（1）分布与危害。我国华东、华北等地区都有发生，引起合欢枯萎死亡。

（2）症状。发病植株叶片首先变黄、萎蔫，最后叶片脱落。发病植株可一侧枯死或全株枯萎死亡。纵切病株木质部，其内变成褐色。夏季树干粗糙，病部皮孔肿胀，可产生黑色液体，并产生大量分生孢子座和分生孢子。

3. 月季枝枯病

（1）分布与危害。月季枝枯病是世界性病害，可引起月季枝条干枯，甚至引起全株枯死。

（2）症状。病害主要发生在枝干和嫩茎部，发病部位出现苍白、黄色或红色的小点，后扩大为椭圆形至不规则形病斑，中央呈浅褐色或灰白色，边缘清晰呈紫色，后期病斑下陷，表皮纵向开裂，病斑上着生许多黑色小颗粒，即病原菌的分生孢子器。发病严重时病斑常可环绕茎部一周，引起病部以上部分变褐枯死。

4. 枯黄萎病防治措施

（1）拔除病株销毁。

（2）在苗圃实行轮作3年以上。

（3）用40%的福尔马林100倍液浇灌土壤，比例为36kg/m^2，然后用薄膜覆盖1～2周，揭开3天以后再用。

（4）月季发生枝枯病应及时剪除病枝并销毁。发病初期可选用50%的退菌特可湿性粉剂500倍液、50%的多菌灵可湿性粉剂800～1000倍液、70%的甲基硫菌灵可湿性粉剂1000倍液,或喷洒0.1%的代森锌可湿性粉剂与0.1%的苯来特可湿性粉剂混合液。

8.1.2.2 枝干腐烂、溃疡病类

1. 杨树烂皮病

（1）分布与危害。杨树烂皮病也称杨树腐烂病，我国杨树栽培区都有发生。杨属各常见园林植物均可发生，也危害柳树、板栗、樱等常见园林树木。常可引起行道树大量枯死。

（2）症状。主要危害枝干和枝条。表现为枯梢和干腐2种症状类型。

①枯梢型。主要发生在幼树及大树的小枝上。小枝发病后迅速死亡。溃疡症状不明显，但后期可长出橘红色分生孢子角，后期的死亡枝上可长出黑色点状的壳。

②干腐型。为常见症状类型。主要发生在主干和侧枝上。发病后病部皮层腐烂变软，初期病部呈水肿状、暗褐色，过一段时间后，病部失水下陷，有时发生龟裂。后期病斑可产生许多针头状小突起，即病菌的分生孢子器，潮湿或雨水天气，在病部可产生橙黄色或橘红色卷丝状的分生孢子角。病斑边缘明显，呈黑褐色。病部发病严重时，皮层腐烂，纤维组织分离如麻状，与木质部容易脱离。当病部环绕树干一周时，病部以上枝条即干枯死亡。当环境条件不利于病害发生时，病斑停止扩展。有时秋季在病部可长出一些黑色小粒点，即病原菌的子囊壳。

2. 杨树溃疡病

（1）分布与危害。我国辽宁、河北、吉林、山东等省都有发生，以天津、北京等地危害最重。该病又称水泡性溃疡病，主要危害杨树的枝干，引起杨树生长衰退，可造成大量杨树枯死。除危害杨树外，还可危害柳树、国槐和刺槐等。

（2）症状。病害主要发生在主干和小枝上。症状表现有溃疡和枯斑2种类型。

①溃疡型。发病时树皮上出现直径1cm的水泡，为圆形或椭圆形，颜色与树皮相近、水泡质地松软，泡内充满褐色臭味液体，破裂后液体流出，水泡处形成近圆形的凹陷枯斑。

②枯斑型。树皮上先出现水渍状近圆形病斑，近红褐色，稍隆起。病斑可环绕树干，致使上部枝梢枯死。发病部位可产生小黑点。

3. 仙人掌茎腐病

该病害多发生在茎基部，可向上逐渐扩展，也能发生在上部茎节处。初期产生水渍状暗灰色或黄褐色病斑，并逐渐软腐；后期烂肉组织腐烂失水，剩下一层干缩的外皮，或病部组织腐烂后仅留下一个髓部，最后全株死亡。病组织上出现灰白色或深红色霉层，或黑色粒状物，即为病菌的子实体。

4.防治方法

①栽培养护预防 适地适树，选用抗病性强及抗逆性强的树种，培育无病壮苗；加强栽培养护措施，提高树木的抗病能力；在起苗、假植、运输和定植的各环节，尽量避免失水。清除严重病株及病枝、保护嫁接及修枝伤口，在伤口处涂药保护。秋冬和早春用硫黄粉涂白剂涂白树干，防止病原菌侵染。

②药剂防治用50%多菌灵300倍液，加入适当的泥土混合后涂于病部，或用50%的多菌灵、70%的甲基托布津、75%的百菌清500~800倍液喷洒，有较好的效果。

8.1.2.3 丛枝病类

1. 泡桐丛枝病

(1) 分布与危害。泡桐丛枝病又名泡桐扫帚病，分布极广，一旦染病，在全株各个部位均可表现出受害症状。染病的幼苗、幼树常于当年枯死，大树感病后，常引起树势衰退，材积生长量大幅度下降，甚至死亡。

(2) 症状。常见的丛枝病有以下2种类型。

①丛枝型。发病开始时，个别枝条上大量萌发腋芽和不定芽，抽生很多小枝，小枝上又抽生小枝，抽生的小枝细弱，节间变短，叶序混乱，病叶黄化，至秋季簇生成团，呈扫帚状。冬季小枝不脱落，发病的当年或第二年小枝枯死，若大部分枝条枯死会引起全株枯死。

②花变枝叶型。花瓣变成小叶状，花蕊形成小枝，小枝腋芽继续抽生形成丛枝，花萼明显变薄，色淡无毛，花托分裂，花蕾变形，有越冬开花现象。

2. 防治措施

(1) 加强预防。培育无病苗木，采用种子育苗或严格挑选无病的根条育苗。据观察，感染丛枝病植株的种子并没有病原。因此，实生苗发病率很低。如采用根条育苗，应挑选无病根条，且严格消毒。将根条晾晒1～2天后，放入500～1000单位的四环素水溶液中浸6～10h，再进行育苗。另外，要尽量选用抗病良种造林，一般认为白花泡桐、毛泡桐抗病能力较强；山明泡桐和楸叶泡桐抗病能力较差。

(2) 加强管理。在生长季节不要损坏树根、树皮和枝条，初发病的枝条应及早修除。改善水肥条件，增施磷肥，少施钾肥。据观察，土壤中磷含量越高，发病越轻；钾含量越高，发病越重，而且发病轻重与磷、钾比值成反相关。其比值在0.5以上的很少发生丛枝病。

(3) 修除病枝和环状剥皮。在秋季发病停止后、树液回流前修除病枝；在春季树液流动前进行环剥，环剥宽度为被剥病枝处的径长。

(4) 药物治疗。用兽用注射器，把每毫升含有10000单位的盐酸四环素药液，注入病苗主干距地面10～20cm处的髓心内，每株注入30～50mL。2周后可见效。注药时间在5～7月。也可直接对病株叶面每天喷200单位的四环素药液，连续5～6次，半月之后效果显著。用石硫合剂残渣埋在病株根部土中并用0.3波美度石硫合剂喷射病株，能抑制丛枝病的发展。

(5) 用药剂防治传病的蝽象、叶蝉等刺吸式口器介体昆虫。

8.1.2.4 松材线虫病

(1) 症状。被侵染的松树针叶失绿，并逐渐黄萎枯死，变红褐色，最终全株迅速枯萎死亡，但针叶长时间内不脱落，有时直至翌年夏季才脱落。从针叶开始变色至全株死亡约30天。外部症状，首先表现为树脂分泌减少，直至完全停止分泌，蒸腾作用下降，继而边材水分迅速降低。病树大多在9～10月上中旬死亡。

(2) 防治措施。

①加强检疫，严禁疫区松苗、松木及其产品外运（包括原木、板材、包装箱等），并防止携带松墨天牛出境。

②尽量消灭媒介体松墨天牛。

③及时伐除和处理被害树。

④选用和培育抗病树种。

⑤在生长季节的5～6月，即松墨天牛补充营养期，喷洒50%的杀螟松乳油200倍液。可在树干周围90cm处开沟施药或喷药保护树干。也可用飞机喷洒3%的杀螟松，每公顷约喷60L，可以保持1个月左右的杀虫效果。

8.1.2.5　寄生性种子植物

1. 菟丝子

（1）分布与危害。菟丝子主要危害植物的幼树和幼苗。全国各地都有分布。常寄生在多种园林植物上，轻则使花木生长不良，影响观赏，重则花木和幼树可被缠绕致死。一二年生花卉及宿根花卉中，一串红、金鱼草、荷兰菊、旱菊、菊花等，在天津、呼和浩特、乌鲁木齐、济南等市受害严重，扶桑、榆叶梅、玫瑰、珍珠梅、紫丁香等花灌木在个别城市受害亦严重。我国广西南部有12科22种树木被菟丝子寄生，其中台湾相思树、千年桐、木麻黄、小叶女贞、八面果及红花羊蹄甲等16个树种受害严重，受害率一般达30%。20世纪70年代中期，新疆玛纳斯平原林场的榆树幼林受害率达80%以上，致使榆树大片死亡，而不得不毁林改种其他作物。

（2）症状。菟丝子为寄生种子植物，以茎缠绕在寄生植物的茎部，并以吸器伸入寄生植物茎或枝干内与其导管、筛管相连接，吸取全部养分，因而导致被害花木发育不良，生长受阻碍。通常表现为生长矮小和黄化，甚至植株枯萎死亡。

2. 桑寄生科植物

桑寄生科植物具有鲜艳而又带黏性的果实，鸟类食后，种子随鸟类的粪便或黏附而传播，因而鸟类活动频繁的村头、水边、灌丛等处的树受害较重。唯一有效的方法是连续砍除被害枝条。因为寄生植物的吸根深入寄主体内，如果仅仅砍除寄生植物，寄生根还会重新萌发。冬季寄生植物的果实尚未成熟，寄主植物又多已落叶，使寄生植物更加明显，是进行防治的好时机。

3. 寄生性种子植物的防除

（1）加强对菟丝子的检疫，其种源可能是来自商品种苗地中，在购买种苗时必须到苗圃地上去实地踏看，以免将检疫对象带入。另一个常见发生地，往往是在老的苗圃地，历年都种植菊花的地域中，在购买盆花或苗木时也应注意防止菟丝子带入。

（2）减少侵染来源。种子一是落入土中，二是混杂在寄主植物的种子中。因此，冬季深翻，使种子深埋土中不易萌发。

（3）对已经传入的寄生植物，可以利用它和寄主建立了寄生关系之后根茎逐渐向上枯萎死亡，依靠寄主营寄生生活时，采用人工连叶带柄全部拔除，不留下一丝菟丝子的营养体和吸器。拔除的叶、叶柄和菟丝子的残茎，可以置于水泥地上晒干，以防再次寄生。如果是在菊花或月季等苗木中，也要清除枝叶上所有的缠绕茎及吸器，否则难以奏效。3月下旬发现少数菟丝子发芽，即行拔毁，连同未发芽的种子一起拾除。秋季开花未结子前，摘除所有菟丝子花朵，杜绝次年再发生。

(4) 对一些珍贵的苗木，不宜采用杀头去顶的方式去处理，在春末、夏初检查栽培植物，及时在种子成熟前清除寄生物。可以用鲁保1号真菌孢子喷洒到菟丝子茎上，使孢子在菟丝子体内寄生，最后由真菌杀死菟丝子。

(5) 对那些每年都要反复发生，而且有大量菟丝子休眠种子的地块，可以改种狗芽根，利用植物间的生化他感效应来控制菟丝子的危害。

(6) 对那些空白地或高大木本植物地（无地被植物），可在菟丝子种子萌发季节（温度在15～40℃），在萌芽的初期使用除草剂，将萌芽喷杀在寄主关系建立以前。

8.1.3 根部病害

8.1.3.1 线虫病

下面主要介绍仙客来根结线虫病。

1. 分布与危害

仙客来根结线虫病在我国发生普遍，使植株生长受阻，严重时，全株枯死。寄主范围很广，除仙客来外，还可危害桂花、海棠、仙人掌、菊、大理菊、石竹、大戟、倒挂金钟、栀子、鸢尾、香豌豆、天竺葵、矮牵牛、蔷薇、凤尾兰、旱金莲、堇菜、百日草、紫菀、凤仙花、马蹄莲、金盏花等。

2. 症状

该线虫侵害仙客来球茎及根系的侧根和支根，在球茎上形成大的瘤状物，直径可达1～2cm。侧根和支根上的瘤较小，一般单生。根瘤初为淡黄色，表皮光滑，以后变为褐色，表皮粗糙。若切开根瘤，则在剖面上可见有发亮的白色点粒，此为梨形的雌虫体。严重者根结呈串珠状，须根减少，地上部分植株矮小，生长势衰弱，叶色发黄，树枝枯死，以致整株死亡。症状有时与生理病害相混淆。根结线虫除直接危害植物外，还使植株易受真菌及细菌的危害。

3. 防治措施

(1) 加强植物检疫，以免疫区扩大。

(2) 及时清除、烧毁病株，以减少线虫随病残体进入土壤；线虫的卵和幼虫在土壤中存活的时间有限，用非寄主植物进行轮作，轮作期限根据线虫的存活期限而定，一般为3年；改善栽培条件，伏天翻晒几次土壤，可以消灭大量病原线虫；清除病株、病残体及野生寄主；合理施肥、浇水，使植株生长健壮。

土壤处理常用的药剂：二溴氯丙烷（80%的乳剂30kg/hm^2、兑水525～750kg沟施，20%的颗粒剂15～20g/m^2）。染病球茎在46.6℃温水中浸泡60分钟，或在45.9℃温水中浸泡30分钟，可有效去除病害；种植期或生长期可将10%的克线磷施于病株根际附近，比例为45～75kg/hm^2，可沟施、穴施或撒施，也可把药剂直接施入浇水中。

8.1.3.2 幼苗猝倒和立枯病

1. 分布与危害

幼苗猝倒和立枯病是世界性病害，也是园林植物最常见的病害之一。各种草本花卉和园林树木在苗期都可发生幼苗猝倒和立枯病，严重时发病率可达50%～90%。经常造成园林植物苗木的大量死亡。

2. 常见的症状

（1）种子或尚未出土的幼芽，被病菌侵染后，在土壤中腐烂，称腐烂型。

（2）出土幼苗尚未木质化前，在幼茎基部呈水渍状病斑，病部萎缩、变褐腐烂，在子叶尚未凋萎之前，幼苗倒伏称猝倒型。

（3）幼茎木质化后，造成根部或根颈部皮层腐烂，幼苗逐渐枯死，但不倒伏，称立枯型。

3. 防治措施

（1）播种前对土壤和种子进行消毒。

（2）加强园林养护管理，注意及时排除积水，松土，以利通风；培育壮苗，提高抗病性。

（3）发病初期，以1∶1∶200倍波尔多液喷洒，每10～20天喷1次。

8.1.3.3 花木白绢病

1.分布与危害。花木白绢病大多发生在南方各省。该病可侵染200多种花卉和木本植物。植物受害后严重的易整株死亡。

2.症状。发病多在根茎交界处，受害部位出现水渍状褐色病斑，并产生白色菌丝束，后期在根部产生白色至黄褐色油菜籽大小的菌核。受害植株叶片变黄、萎蔫，最后全株枯死。

3.防治措施。

（1）盆栽花卉进行土壤消毒。发现病株立即拔除，并及时用苯来特、萎锈灵等药剂处理土壤。

（2）发病初期可用25%的敌力脱乳油3000倍液、10%的世高水分散粒剂1000倍液或12.5%的烯唑醇可湿性粉剂2500～3000倍液喷雾。

8.1.3.4 花木紫纹羽病

1.分布与危害。紫纹羽病又叫紫色根腐病，分布于世界温带地区，主要危害松、芒果、番薯等100多种树木，是常见的根部病害。花木受紫色根腐病病菌危害后，可导致植株死亡。

2.症状。其症状先是幼嫩的细根染病腐烂，后扩展到粗根。5月初，病根表面布满紫褐色网状菌丝束或绒布状菌丝体。后期，菌丝体中有紫褐色颗粒状小菌核。病根皮层腐烂，容易剥落。病根木质部也呈紫褐色。病害扩展到根茎部后，菌丝体继续向上蔓延，裹着干基。病株随着根部腐烂的加重而逐渐枯死。树龄长的大树，侵染紫色根腐病病菌后，不易引起植株枯死，但会出现不正常的落叶。初发生于细支根，逐渐扩展至主根、根茎，主要特点是病根表面缠绕紫红色网状物，甚至满布厚绒布状的紫色物，后期表面着生紫红色半球形核状物。病根皮层腐烂，木质朽枯，栓皮呈鞘状套于根外，捏之易碎裂，烂根具有浓烈蘑菇味，苗木、幼树、结果树均可受害。

3. 防治措施

（1）对林地进行调查。实地查看枯死或不明原因的落叶现象，如有的话，再经挖根查看，确定为紫色根腐病病菌所致，此处即为“发病中心”。要立好标志，做好记录，按照现场划定发病范围。

(2) 做好处理工作。对枯死的花木，要连根挖起，集中烧毁；挖树后的土坑内要进行消毒。

(3) 如遇土壤过湿或排水不良容易烂根，轻则影响植株生长，重则植株死亡。所以，造林地的选择很重要。

(4) 药物防治。防治时间应在发病前，即3月中旬至4月中旬，天气晴朗，隔一周时间用药液灌浇一次，连续防治两次。经试验证明，可使用70%的甲基托布津1000倍液、2%的石灰水、1%的硫酸铜液、1%的波尔多液、5%的菌毒清100倍液等防治真菌类的农药。

8.1.3.5 白纹羽病

1. 症状

其危害多种果树、花木。初侵细根，然后扩展到侧根、主根。病根表面有白色或灰白色网状菌丝层或根状菌索，在腐烂木质部产生圆形黑色菌核。

2. 发病规律

白纹羽病在排水不良的果园或种植过深时易发生。梅雨季节，土壤中病原菌侵入根部形成层和木质部，造成根系腐烂，地上部枝叶枯萎。该病为真菌性病害，一般是土壤带菌。

3. 防治措施

(1) 调运苗木时要严格检疫。

(2) 加强清沟排水和培肥管理，增施有机肥料或施用抗生菌肥料及饼肥。增强树势，提高抗病力。

(3) 挖除病株、掘除病根，进行土壤消毒。切除菌根，消毒晾根，换上无菌新土。轻病树可在主干周围地面淋施70%的甲基托布津，每株320g，或苯来特160g，在5～6月和9～10月施药。主根病部应刮除，用上述药液洗根，然后覆土。

(4) 用药剂消毒。施用五氯酚钠250～300倍液、70%的甲基托布津1000倍液、50%的苯来特1000～2000倍液、70%的五氯硝基苯，小树每株用药液50～100g，大树每株用药液150～300g，与新土混合施于根部。

8.1.3.6 根癌病类

1. 月季根癌病

(1) 分布与危害。月季根癌病分布在世界各地，在我国分布也很广泛。除危害月季外，还危害菊、大理菊、樱花、夹竹桃、银杏、金钟柏等。寄主多达300余种。

(2) 症状。月季根癌病主要发生在根颈处，也可发生在主根、侧根，以及地上部的主干和侧枝上。发病初期病部膨大呈球形或半球形的瘤状物。幼瘤为白色，质地柔软，表面光滑。之后，瘤渐增大，质地变硬，呈褐色或黑褐色，表面粗糙、龟裂。由于根系受到破坏，发病轻的造成植株生长缓慢、叶色不正，重则引起全株死亡。

2. 樱花根癌病

(1) 分布与危害。在我国上海、南京、杭州、济南、郑州、武汉、成都都有分布。本病是一种世界性病害，在日本十分普遍。

（2）症状。病害发生于根颈部位，也发生在侧根上。最初病部出现肿大，不久扩展成球形或半球形的瘤状物，幼瘤为乳白色或白色，按之有弹力，以后变硬，肿瘤可不断增大，表面粗糙，呈褐色或黑褐色，表面龟裂。严重时地上部分生长不良、叶色发黄。苗木受害后根系发育不良，细根极少，根的数量减少，植株矮化，地上部生长缓慢，树势衰弱，严重时叶片黄化、早落，甚至全株枯死。肿瘤可以2倍或几倍大于生长部位的茎和根的粗度，有时可大到拳头状，引起幼苗迅速死亡。樱树的根癌病菌是通过各种伤口侵入植株，通常土壤潮湿、积水、有机质丰富时发病严重。碱性土壤有利于发病。不同品种的樱花抗病性有明显差异，如染井吉野、八重红枝垂樱易发病，则关山、菊樱品种较抗病。防治上需要及时给土壤消毒，利用腐叶土、木炭粉及微生物改良土壤。

3. 紫叶李根癌病

紫叶李根癌病主要发生在植物根颈处，也可发生在根部及地上部。发病初期出现近圆形的小瘤状物，以后逐渐增大变硬，表面粗糙龟裂，颜色由浅变为深褐色或黑色，瘤内部木质化。瘤体多为扁球形或球形，大小也不一样。瘤体开始时光滑质软，以后逐渐变硬，且表面粗糙并有龟裂状。瘤大小不等，大的似拳头大小或更大，数目几个到十几个不等。该病除危害月季、樱花以及桃、李等果木花卉外，还能为害大丽花、丁香、秋海棠、天竺葵、蔷薇、梅花等300多种植物。

4. 根癌病类防治措施

（1）花木苗栽种前最好用1%的硫酸铜液浸5～10min，再用水洗净，然后栽植;或利用抗根癌剂（K84）生物农药30倍液浸根5min后定植；或4月中旬切瘤灌根。用放射形土壤杆菌菌株k84处理种子、插条及裸根苗，浸泡或喷雾。处理过的材料，在栽种前要防止过干。用这种方法可获得较理想防效。

（2）对已发病的轻病株可用抗菌剂“402”300～400倍液浇灌，也可切除瘤体后用500～2000mg/L链霉素或500～1000mg/L土霉素或5%的硫酸亚铁涂抹伤口。对重病株要拔除，在株间向土面每亩撒生石灰100kg，并翻入表土，或者浇灌15%的石灰水，发现病株集中销毁。还可用刀锯切除癌瘤，然后用尿素涂入切除肿瘤部位。据报道，这种方法在日本已成功。也可用甲冰碘液（甲醇50份、冰醋酸25份、碘片12份）涂瘤，有治疗作用。

（3）对床土、种子进行消毒。每平方米用70%的五氯硝基苯粉8g混入细土15～20kg，均匀撒在床土中，然后播种。对病株周围的土壤也可按每平方米50～100g的用量，撒入硫黄粉消毒。

（4）花木定植前7～10天，每亩底肥增施消石灰100kg或在栽植穴中施入消石灰，与土拌匀，使土壤呈微碱性，有利于防病。

（5）病土需经热力或药剂处理后方可使用。最好不在低洼地、渍水地、稻田种植花木，或用氯化苦消毒土壤后再种植。病区可实施2年以上的轮作。

（6）细心栽培，避免各种伤口。注意防治地下害虫。因为地下害虫造成的伤口容易增加根瘤病菌侵入的机会。

（7）改劈接为芽接，嫁接用具可用0.5%的高锰酸钾消毒。

（8）加强检疫。对怀疑有病的苗木可用500～2000mg/L的链霉素液浸泡30min或用1%的硫酸铜液浸泡5min，清水冲洗后栽植。

8.1.4 病毒病

我国常见的花卉或其他植物几乎都有病毒病发生，同时一种病毒病可感染几种、几十种至上百种不同植物，其中一些优势种被感染已成为生产上的严重问题。1971年以后，在过去人们统称为病毒病的病原中，又发现了类病毒。在已知的类病毒病害中，菊矮缩类病毒病和菊褪绿斑驳类病毒病为花卉病害，二者在我国均有存在。

植物病毒病害几乎都属于系统的病害，先局部发病，或迟或早都在全株出现病变和症状。病毒病害的症状变化很大，同一病毒在不同的寄主或品种上都有所不同，有的可不表现症状，成为无症带毒者，有的在高温或低温下成为隐症，同时病毒常发生复合感染；或由于寄主的龄期不同，幼苗往往发病重，症状显著，老龄期病轻或不表现症状，因此单靠症状很难鉴别病毒种类，往往要靠鉴别（诊断）寄主，主要是能产生局部枯斑的寄主、及其他系统侵染的寄主作为鉴别的对象。当然，进一步的鉴定还要用电镜和血清学的方法。植物病毒病没有病征，易同生理病害相混淆，但前者多分散呈点状分布，后者较集中呈片状发生。病毒没有主动侵入寄主的能力，只能从机械的或传播介体所造成的伤口侵入（产生微伤而又不使细胞死亡）。多数病毒在自然条件下借介体传播，主要是蚜虫、叶蝉及其他昆虫；其次是土壤中的线虫和真菌。传病的另一重要途径是无性繁殖材料，这在观赏植物中更为突出，病毒通过接穗、块根、块茎、鳞茎、压条、根蘖、插条而广为传播；其他传播途径还有种子、花粉等。豆科、葫芦科、菊科植物种子传播病毒比较普遍。

8.1.4.1 杨树花叶病毒病

1.分布与危害。杨树花叶病毒病是一种世界性病害，分布在国内的北京、江苏、山东、河南、甘肃、四川、青海、陕西、湖南，发病后很难防治。

病叶较正常叶短1/2，且氮、磷、钾含量明显降低。幼苗生长受阻，幼树生长量至少降低30%。严重发病的植株木材比重和强度降低，木材结构也发生异常。近年来，随着国外杨树品种的不断引进和推广，我国局部地区已有该病发生。我国曾从意大利引进的I-63/51、I-69/51、I-72/58和加龙等杨树品种上发现带有花叶病毒。

2. 症状。该病初期于6月上中旬在有病植株下叶片上出现点状褪绿，常聚集为不规则少量橘黄色点。至9月，从下部到中上部叶片呈下列明显症状：边缘褪色发焦，沿叶脉为晕状，叶脉透明，叶片上小支脉出现橘黄色线纹，或叶面布有橘黄色斑点；主脉和侧脉出现紫红色坏死斑（枯斑）；叶片皱缩、变厚、变硬、变小，甚至畸形，提早落叶。叶柄上也能发现紫红色或黑色坏死斑点，叶柄基部周围隆起。顶梢或嫩茎皮层常破裂，发病严重的植株枝条变形，分枝处产生枯枝，树木明显生长不良。高温时叶部出现隐症。

8.1.4.2 美人蕉花叶病

1. 分布与危害

美人蕉花叶病分布十分广泛，欧洲、美洲、亚洲等许多温带国家都有记载。我国上海、北京、杭州、成都、武汉、哈尔滨、沈阳、福州、珠海、厦门等地区均有该病发生。病毒病是美人蕉的主要病害。被该病害侵害的美人蕉植株矮化，花少、花小；叶片着色不匀，撕裂破碎，丧失观赏性。

2. 症状

该病侵染美人蕉的叶片及花器。发病初期，叶片上出现褪绿色小斑点，或呈花叶状，或有黄绿色和深绿色相间的条纹，条纹逐渐变为褐色坏死，叶片沿着坏死部位撕裂，叶片破碎不堪。某些品种上出现花瓣杂色斑点和条纹，呈碎锦。发病严重时心叶畸形、内卷呈喇叭筒状，花穗抽不出或很短小，其上花少、花小；植株显著矮化。

3. 花叶病类的防治措施

（1）淘汰有毒的块茎。秋天挖掘块茎时，把地上部分有花叶病症状的块茎弃去。

（2）生长季节发现病株应立即拔除销毁，清除田间杂草等野生寄主植物。

（3）防治传毒蚜虫，可以定期喷洒乐果、马拉硫磷等杀虫剂。

（4）用美人蕉布景时，不要把美人蕉和其他寄主植物混合配置，如唐菖蒲、百合等。

8.1.4.3 香石竹病毒病

1. 分布与危害

香石竹病毒病是世界性病害。我国上海、厦门、广州、常州、武汉、南京、北京、昆明等地均有该病发生。

香石竹病毒病是香石竹上几种病毒病的总称，主要包括香石竹叶脉斑驳病、香石竹坏死斑病、香石竹潜隐病毒病及香石竹蚀环病。病毒病的侵害使香石竹植株矮化，叶片缩小、变厚、卷曲，花瓣呈碎锦，降低香石竹的切花产量及观赏性，造成经济损失。引起香石竹病毒病的病毒种类很多，国外已报道有10余种，较常见的有5～6种。我国已发现4种病毒，即香石竹叶脉斑驳病毒、香石竹潜隐病毒、香石竹坏死斑点病毒及香石竹蚀环病毒。每种病毒在香石竹上引起的症状都有特异性，但在自然界常出现几种病毒的复合侵染，使症状复杂化。

2. 香石竹病毒病防治措施

（1）加强检疫，控制病害的发生。对从国外引进的香石竹组培苗要进行严格的检疫，检出的有毒苗要进行彻底销毁，或处理后再种植。

（2）建立无病毒母本园，以供采条繁殖。根据上海的经验，从健康植株上取0.2～0.7mm的茎尖做脱毒组培的材料，组培苗成活率高，脱毒率也高。

（3）改进养护管理，控制病害的蔓延。母本种源圃与切花生产圃分开设置，保证种源圃不被再侵染。修剪、切花等操作工具及人手必须用3%～5%的磷酸三钠溶液、酒精或热肥皂水反复洗涤消毒，以保证香石竹切花圃大规模商品生产有较好的卫生环境。

（4）治蚜防病。用乐果等杀虫剂防治传毒昆虫。防治时间选在蚜虫尚未迁飞扩散前，才能取得较好的防治效果。

8.1.4.4 郁金香碎色病

1. 分布与危害

别名为郁金香白条病。这是一种世界性病害，各郁金香产区都有发生。除危害郁金香外，还危害很多种百合、水仙、风信子等花卉。上海种植的郁金香大多从荷兰进口，有些品种碎色病发病率高达90%以上，有些品种达20%左右。郁金香碎色病是造成郁金香种球退化的重要原因之一。

2. 症状

其症状主要表现在花上。花瓣颜色产生深浅不同的变化，这种变化使花瓣表现为镶色，人们称之为“碎色”。叶片也可受害，受害叶出现浅绿色或灰白色条斑，有时形成花叶；在红色或紫色品种上产生碎色花，花瓣上形成大小不等的淡色斑点或条斑，这往往增加了观赏价值。历史上曾经误将这种得病的植株作为新的良种栽培，同时导致了该病的广泛传播。淡色或白色花品种的花瓣碎色症状并不明显，这是由于花瓣本身缺少花色素的缘故。根部也可受害，使鳞茎变小，花期推迟，严重影响其正常生长和观赏价值。危害严重时，植株生长不良。郁金香碎色病毒危害麝香百合时，花叶或无症状。

3. 防治方法

（1）注意选择和保存无病毒植株做繁殖材料，可在防虫室或隔离温室里播种无毒种球来繁殖。采用严格卫生措施，尽可能减少病毒的再次感染。繁殖无病毒的繁殖材料，采用茎尖培养脱毒和组织培养繁殖无毒苗。单瓣郁金香品种往往比重瓣的抗病。挖收时，将带病的鳞茎、叶片集中焚毁，并把附近土壤打扫干净，彻底消毒。

（2）铲除杂草，减少侵染源。消灭传病介体，如昆虫、线虫和真菌等。在管理操作过程中，注意人手和工具的消毒，以减少汁液接触传染；注意与百合科植物隔离栽培，以免互相传染。田间种植期间，及时除去重病株和瘦弱退化株并烧毁。

（3）蚜虫对郁金香危害甚大，为防止蚜虫飞袭并传染病害，可用防虫网隔离，或用40%的氧化乐果乳油1000倍液、80%的敌敌畏乳油1500倍液喷洒，以减少蚜虫传毒机会。每半月用20%的病毒A可湿性粉剂500倍液、5%的菌毒清水剂30倍液、1.5%的植病灵水剂800倍液喷洒。

（4）在鳞茎贮藏前，用80%的敌敌畏乳油80倍液喷洒贮藏地点和器具等，或用2.5%的溴氰菊酯乳油2000倍液喷洒，杀死存在的蚜虫，以防传毒。

8.1.4.5 菊花矮化病

1. 分布与危害

菊花矮化病也称矮缩病、丛矮病，是一种世界性病害，此病分布范围很广，在国外发生很普遍，美国、加拿大、澳大利亚、欧洲许多国家都有报道。目前，我国只有个别地方发生，如上海、广州、常德、杭州等。该病是菊科植物上的一种重要病害。在美国和加拿大的一些花圃中发病率高达50%～100%。20世纪40年代中期该病在美国大流行，使许多花商破产。该病在我国有潜在的危险性。

2. 症状

菊花矮化病是系统性症状。叶片和花朵变小、植株矮化，是该病的典型症状。粉色花和红色花品种色泽减退，花瓣透明。与光线不足、遮阴栽培的情况相似。病株比健株抽条早、开花早。某些品种还有腋芽增生和匍匐茎增多的现象。许多品种的叶片上出现黄斑，或叶脉上出现黄色线纹等症状。

3. 病毒病防治措施

(1) 繁育无毒苗木，从健康植株上采条扦插，有病株或可疑病株不能做繁殖材料。对外表健康、生长旺盛的植株进行二次挑选；扦插枝条用手折断，不用刀切断。有病植株在36℃的热风中处理4周可以康复。热处理后的植株用做组织培养的材料，可以培养出脱毒苗。但也有人持相反的观点。

(2) 菊花矮化病极易通过摘头、采花等农事操作而引起汁液传播。因此，注意田间卫生，注意操作传毒，以减轻病害发生。在菊花的整枝、摘心、剪切等日常管理中，要注意工具、手的消毒。

(3) 减少侵染来源，清除有病的枯落叶，及时拔除田间的病株及野生寄主，注意清除菊花栽培区四周有矮黄症状的野菊、杂草及菟丝子，特别是携带此类病毒的寄主植物。

8.2 园林植物常见的虫害类型

8.2.1 食叶类害虫

食叶类害虫是指以咀嚼式口器咬食叶片的昆虫。多以幼虫（鳞翅目和膜翅目）或成幼（若）虫（鞘翅目、直翅目）危害健康的植株，导致植株生长衰弱。大多数害虫营裸露生活，容易受环境条件的影响，天敌种类多，虫口数量波动明显；繁殖能力强，产卵量一般比较大，易于暴发成灾，并能主动迁移扩散；某些虫害的发生表现为周期性。

园林植物食叶类害虫种类很多，主要分属于四个目，常见的主要有鳞翅目的刺蛾、袋蛾、舟蛾、毒蛾、灯蛾、天蛾、夜蛾、螟蛾、卷蛾、枯叶蛾、尺蛾、大蚕蛾、斑蛾及蝶类，鞘翅目的叶甲、金龟甲、芫菁、象甲、植食性瓢虫，膜翅目的叶蜂，直翅目的蝗虫等。

8.2.1.1 蝶类

代表种：菜粉蝶，又称菜青虫、菜白蝶，属粉蝶科。全国各地均有分布。主要危害十字花科植物的叶片，特别嗜好叶片较厚的甘蓝、花椰菜等。幼苗期危害可引起植株死亡。

成虫体呈灰黑色，头部、胸部有白色绒毛，前后翅都为粉白色。卵呈长瓶形，表面有规则的纵横隆起线，初产时为黄绿色，后变为淡黄色。幼虫全体青绿。蛹呈纺锤形，体背有3条纵脊，体色有青绿色和灰褐色等。

其他蝶类：柑橘凤蝶、香蕉弄蝶、茶褐樟蛱蝶、曲纹紫灰蝶等。

8.2.1.2 刺蛾类

代表种：黄刺蛾，又称刺毛虫，危害石榴、月季、山楂、芍药、牡丹、红叶李、紫薇、梅花、腊梅、海仙花、桂花、大叶黄杨等观赏植物，是一种杂食性食叶害虫。初龄幼虫只食叶肉，4龄后蚕食整叶，常将叶片吃光，严重影响植物生长和观赏效果。

其他刺蛾：褐边绿刺蛾（青刺蛾）、扁刺蛾、褐刺蛾。

8.2.1.3 袋蛾类

代表种：大袋蛾。分布于我国长江以南，危害茶、樟、杨、柳、榆、桑、槐、栎（栗）、乌桕、悬铃木、枫杨、木麻黄、扁柏等。幼虫取食树叶、嫩枝皮。袋蛾大量发生时，几天能将全树叶片食尽，残存秃枝光干，严重影响树木生长，使枝条枯萎或整株枯死。

其他袋蛾：白囊袋蛾、茶袋蛾、桉袋蛾等。

8.2.1.4 螟蛾类

代表种：黄杨绢野螟，又称黄杨野螟，分布于浙江、江苏、山东、上海、陕西、北京、广东、贵州、西藏等地。危害黄杨、雀舌黄杨、瓜子黄杨等黄杨科植物。幼虫常以丝连接周围叶片作为临时性巢穴，在其中取食，发生严重时，将叶片吃光，造成整株死亡。

成虫的前胸，前翅前缘、外缘，后翅外缘均有黑褐色宽带，前翅前缘黑褐色宽带在中室部位具2个白斑，翅其余部分均为白色，半透明，并有紫色闪光。腹部为白色。幼虫的头部呈黑褐色，胸腹部呈黄绿色。中后胸背面各有1对黑褐色圆锥形瘤突。腹部各节背面各有2对黑褐色瘤突。各节体侧也各有1个黑褐色圆形瘤突，各瘤突上均有刚毛着生。

其他常见螟蛾：樟叶瘤丛螟、棉大卷叶螟、竹织叶野螟、双突绢须野螟。

8.2.1.5 卷蛾类

代表种：茶长卷蛾，又称茶卷叶蛾、褐带长卷叶蛾，危害茶、栎、樟、柑橘、柿、梨、桃等。初孵幼虫缀结叶尖，潜居其中取食上表皮和叶肉，残留下表皮，致卷叶呈枯黄薄膜斑，大龄幼虫食叶成缺刻或孔洞。

其他卷蛾：杉梢小卷蛾、苹黑痣小卷蛾等。

8.2.1.6 灯蛾类

代表种：人文污灯蛾，又名红腹白灯蛾、人字纹灯蛾，分布范围北起黑龙江、内蒙古，南至台湾、海南、广东、广西、云南。寄主主要有木槿、芍药、萱草、鸢尾、菊花、月季等。幼虫食叶，吃成孔洞或缺刻。

其他灯蛾：美国白蛾、星白雪灯蛾等。

8.2.1.7 夜蛾类

代表种：斜纹夜蛾，又名莲纹夜蛾，分布于全国各地，以长江、黄河流域各省危害最重。危害荷花、香石竹、大丽花、木槿、月季、百合、仙客来、菊花、细叶结缕草、山茶等200多种植物。初孵幼虫取食叶肉，2龄后分散危害，4龄后进入暴食期，将整株叶片吃光，影响观赏。

其他夜蛾：银纹夜蛾。

8.2.1.8 舟蛾类

代表种：黄掌舟蛾，又称榆掌舟蛾，分布于我国东北地区以及河北、陕西、山东、河南、安徽、江苏、浙江、湖北、江西、四川等省。寄主有栗、栎、榆、白杨、梨、樱花、桃等。幼虫危害栗树叶片，把叶片食成缺刻状，严重时将叶片吃光，残留叶柄。

其他舟蛾：杨二尾舟蛾、栎黄掌舟蛾。

8.2.1.9 金龟甲类

金龟甲类属鞘翅目金龟甲科。成虫触角为鳃片状，前足胫节端部扩展，外缘有齿。幼虫称为“蛴螬”，体肥胖，呈“C”字形弯曲。成虫取食植物叶片，幼虫危害植株根部。

代表种为大绿金龟。其他金龟甲包括铜绿丽金龟，大云鳃金龟，小青花金龟，琉璃弧丽金龟，大栗鳃角金龟，白星花金龟，东南大黑鳃金龟。

8.2.1.10 蝗虫类

代表种：短额负蝗。在华北1年1代，江西年生2代，卵在沟边土中越冬。5月下旬～6月中旬为孵化盛期，7～8月羽化为成虫。喜栖于地被多、湿度大、双子叶植物茂密的环境，在灌渠两侧较多。

8.2.1.11 食叶类害虫综合防治措施

（1）加强检疫。美国白蛾是检疫对象，严禁从疫区调动苗木，防止其扩散蔓延。

（2）人工防治。人工摘除虫卵、虫苞，捕杀幼虫。结合冬季养护管理，清除枯枝落叶，铲除越冬虫茧。

（3）生物防治。食叶类害虫天敌很多，自然界中捕食性的有蜘蛛、蝽象、蚂蚁、螳螂等，采用生物防治的方法，通过保护利用这些食叶害虫的天敌进行防治。以菌治虫，在幼虫期喷施青虫菌粉（100亿/g）500倍液。

（4）黑灯光诱杀。成虫有趋光性，在成虫发生季节，可用黑光灯诱杀成虫。

（5）化学防治。在幼虫未分散之前，及时喷洒药剂消灭低龄幼虫，以提高防虫效果。常用药剂有20%的灭幼脲1号胶悬剂、40%的菊·杀乳油、50%的杀螟松乳油、10%的溴·马乳油、2.5%的溴氰菊酯乳油等。

8.2.2 刺吸类害虫

刺吸类害虫是指利用刺吸式口器刺吸植物体汁液的昆虫。主要种类有同翅目的蚜虫、木虱、粉虱、叶蝉、蚧壳虫；半翅目的蝽象、网蝽；缨翅目的蓟马；蜱螨目的螨类等。危害特点：吸取植物体汁液，掠夺其营养，造成生理伤害，使受害部分褪色发黄、畸形、营养不良，甚至整株枯萎死亡。有的会引起煤污病，有的会传播病毒病、类菌质体病害。一般个体小而发生的数量很大。

8.2.2.1. 蝉类

（1）代表种：大青叶蝉，同翅目，叶蝉科，别名青叶跳蝉、青叶蝉、大绿浮尘子等。分布在全国各地。寄主有160种植物。成虫和若虫危害叶片，刺吸汁液，造成褪色、畸形、卷缩，甚至全叶枯死。此外，还可传播病毒病。

（2）形态特征：成虫体长7～10mm，雄虫较雌虫略小，呈青绿色。头呈橙黄色，左右各具1个小黑斑，单眼2个，红色，单眼间有2个多角形黑斑。前翅革质，绿色微带青蓝，端部色淡近半透明；前翅反面、后翅和腹背均为黑色，腹部两侧和腹面为橙黄色。足呈黄白至橙黄色。

（3）其他蝉类: 斑衣蜡蝉、黑蚱蝉。

8.2.2.2. 蚜虫类：

（1）代表种：桃蚜，又名桃赤蚜、烟蚜、菜蚜、温室蚜。分布于全国各地。主要危害桃、樱花、月季、蜀葵、香石竹、仙客来及一二年生草本花卉。

（2）形态特征：无翅孤雌成蚜体长2.2mm。体色呈绿、黄绿、粉红、褐色。尾片圆锥形，有曲毛6～7根。有翅孤雌蚜体长同无翅蚜，头、胸呈黑色，腹部呈淡绿色。卵呈椭圆形，初为绿色，后变黑色。若虫近似无翅孤雌胎生蚜，呈淡绿或淡红色，体形较小。

（3）其他蚜虫：竹茎扁蚜、紫薇长斑蚜、月季长管蚜、菊小长管蚜、秋四脉绵蚜、夹竹桃蚜。

8.2.2.3 蚧类

（1）代表种：日本龟蜡蚧，属同翅目，蜡蚧科，别名枣龟蜡蚧、龟蜡蚧。寄主有茶、山茶、桑、枣、柿、柑橘、无花果、芒果、苹果、梨、山楂、桃、杏、李、樱桃、梅、石榴、栗等100多种植物。若虫和雌成虫刺吸枝、叶汁液，排泄蜜露常诱致煤污病发生，削弱树势，重者枝条枯死。

（2）形态特征：雌成虫成长后体背有较厚的白蜡壳，呈椭圆形，长4～5mm，背面隆起似半球形，中央隆起较高，表面具龟甲状凹纹，边缘蜡层厚且弯卷，由8块组成。雄体长1～1.4mm，淡红至紫红色，眼呈黑色，触角丝状，翅1对，白色透明，具2条粗脉，足细小，腹末略细，性刺色淡。卵椭圆形，长0.2～0.3mm，初淡橙黄，后紫红色。若虫初孵体长0.4mm，椭圆形，扁平，呈淡红褐色，触角和足发达，呈灰白色，腹末有1对长毛。固定1天后开始泌蜡丝，7～10天形成蜡壳，周边有12～15个蜡角。后期蜡壳加厚，雌雄形态分化，雌若虫与雌成虫相似，雄蜡壳长，椭圆形，周围有13个蜡角似星芒状。雄蛹呈梭形，长1mm，棕色，性刺呈笔尖状。

（3）其他蚧类。日本松干蚧、角蜡蚧、吹绵蚧、糠片盾蚧、拟蔷薇白轮蚧、日本纽绵蚧、矢尖蚧、草履蚧、红蜡蚧、康氏粉蚧。

8.2.2.4 木虱类

（1）代表种：梧桐木虱，是青桐树上的重要害虫。该虫的若虫和成虫多群集青桐叶背和幼枝嫩干上吸食，破坏输导组织。若虫分泌的白色絮状蜡质物，能堵塞气孔，影响光合作用和呼吸作用，致使叶面呈苍白萎缩症状；且因同时招致霉菌寄生，使树木受害更甚。严重时树叶早落，枝梢干枯，表皮粗糙，易风折，严重影响树木的生长发育。

（2）其他木虱：樟木虱。

8.2.2.5 蝽类

（1）代表种：杜鹃花冠网蝽，又名梨网蝽、梨花网蝽，花属半翅目、网蝽科。分布全国各地。以若虫、成虫危害杜鹃、月季、山茶、含笑、茉莉、蜡梅、紫藤等盆栽花木。成虫、若虫都群集在叶背面刺吸汁液，受害叶背面出现很多似被溅污的黑色黏稠物。这一特征易区别于其他刺吸害虫。整个受害叶背面呈锈黄色，正面形成很多苍白斑点，受害严重时斑点成片，以至全叶失绿，远看一片苍白，提前落叶，不再形成花芽。

（2）形态特征：成虫体长3.5mm，体形扁平，呈黑褐色。触角丝状，有4节。前胸背板中央纵向隆起，向后延伸成叶状突起，前胸两侧向外突出成羽片状。前翅略呈长方形。前翅、前胸两侧和背面叶状突起上均有很一致的网状纹。静止时，前翅叠起，由上向下正视整个虫体，似由多翅组成的“X”形。若虫初孵时呈乳白色，后渐变暗褐色，长约1.9mm。3龄时翅芽明显，外形似成虫，在前胸、中胸和腹部3～8节的两侧均有明显的锥状刺突。

（3）其他蝽：绿盲蝽、樟脊网蝽、亮冠网蝽。

8.2.2.6 综合防治措施

（1）加强植物检疫，禁止带虫卵苗木输入或输出。

（2）人工防治，清除花木周围的杂草；结合修剪，剪除有产卵伤痕的枝条，并集中烧毁；清除越冬虫源。冬季彻底清除落叶、杂草，并进行冬耕、冬翻。

（3）适时施药，采用药物进行防治。可用药物有40%的乐果乳油、20%的杀灭菊酯、2.5%的溴氰菊酯乳油、50%的杀螟松、20%的灭扫利乳油、20%的拟除虫菊酯类等。

（4）保护利用天敌，采用生物防治措施。

8.2.3 钻蛀类害虫

钻蛀类害虫是指以幼虫或成虫钻蛀植物的干、枝、果实及种子等，并藏匿其中的昆虫。

常见的钻蛀类害虫有鞘翅目的天牛类、小蠹类、吉丁虫类、叩甲类、象甲类；鳞翅目的木蠹蛾类、辉蛾类、透翅蛾类、夜蛾类、螟蛾类、卷蛾类；膜翅目的茎蜂类、树蜂类；等翅目的白蚁；双翅目的瘿蚊类、花蝇类等。

钻蛀性害虫生活隐蔽，除在成虫期进行补充营养、觅偶、寻找繁殖场所等活动时较易发现外，均隐蔽在植物体内部进行危害。受害植物表现出凋萎、枯黄等症状时，已接近死亡，难以恢复生机，危害性很大。虫口稳定。

8.2.3.1 天牛类

（1）代表种：菊小筒天牛，又称菊虎。危害菊花、金鸡菊、欧洲菊等菊科植物。成虫啃食茎尖10cm左右处的表皮，出现长条形斑纹，产卵时把菊花茎鞘咬成小孔，造成茎鞘失水萎蔫或折断。幼虫钻蛀取食，造成受害枝不能开花或整株枯死。天敌有赤腹茧蜂、姬蜂、肿腿蜂等。

（2）其他天牛：星天牛、桑天牛、双条杉天牛、云斑天牛、薄翅天牛、光肩星天牛、桃红颈天牛、双斑锦天牛。

8.2.3.2 小蠹类

（1）代表种：松纵坑切梢小蠹，属鞘翅目、小蠹科。松纵坑切梢小蠹遍布我国南北各省区，危害马尾松、赤松、华山松、油松、樟子松、黑松等。以成虫和幼虫蛀害松树嫩梢、枝干或伐倒木。凡被害梢头，易被风吹折断。

（2）其他小蠹：柏肤小蠹。

8.2.3.3 吉丁虫类

（1）代表种：金缘吉丁虫，属于鞘翅目、吉丁甲科。主要危害梨、苹果、沙果、桃等果树。分布于黄河故道和山西、河北、陕西、甘肃等省。

（2）症状：蛀食皮层，被害组织颜色变深，被害处外观变黑。蛀食的隧道内充满褐色虫粪和木屑，破坏输导组织，造成树势衰弱，后期常成纵裂伤痕以至干枯死亡。

天敌有两种蛹寄生蜂和一种幼虫寄生蜂，在冬季，啄木鸟等是其天敌。

8.2.3.4 象虫类

（1）代表种：一字竹象虫，又称杭州竹象虫、竹笋象虫。分布于湖南、江苏、安徽、福建、江西、陕西等地区。危害毛竹、刚竹、桂竹、淡竹、红竹等。雌成虫取食竹笋来补充营养；幼虫蛀食笋肉，使竹笋腐烂折倒，或笋成竹后节距缩短，竹材易被风折。

（2）其他象虫：臭椿沟眶象。

8.2.3.5 木蠹蛾类

（1）代表种：咖啡木蠹蛾，又称咖啡豹蠹蛾。危害广玉兰、山茶、杜鹃、贴梗海棠、重阳木、冬青、木槿、悬铃木、红枫等。初孵幼虫多从新梢上部芽腋蛀入，沿髓部向上蛀食成隧道，不久被害新梢枯死。幼虫钻出后重新转迁邻近新梢蛀入，经多次转蛀，当年新梢可全部枯死，影响观赏价值。

（2）其他种类：芳香木蠹蛾、六星黑点蠹蛾。

8.2.3.6 钻蛀类害虫防治措施

（1）加强园林植物养护管理，合理施肥，合理灌溉，合理修剪；及时剪除被害枝梢，减少虫害发生；被害园地，要进行土壤消毒，冬季翻耕，消灭土中越冬的幼虫。

(2) 人工防治。成虫羽化期间设置灯光、性外激素诱捕器诱杀；及时剪除被害枝条或伐除虫害木；树干涂白，防止成虫产卵。

(3) 药剂防治。韧皮部的防治：在天牛幼虫期用40%的乐果乳油或50%的杀螟松乳油喷树干；熏杀木质部幼虫：找新鲜虫孔，用注射器注入40%的乐果乳油或50%的杀螟松乳油。用50%的杀螟松乳油1:100倍液涂于树干，防治吉丁虫；防治小蠹虫类，可喷洒80%的敌敌畏乳油1000倍液等。

(4) 注意保护、利用天敌。招引益鸟、释放寄生蜂。

8.2.4 地下害虫

地下害虫是指一生的大部分时间在土壤中生活，主要危害植物根系或地面附近根茎部的一类害虫。主要有鳞翅目的地老虎类、鞘翅目的蛴螬类和金针虫类、直翅目的蟋蟀类和蝼蛄类、等翅目的白蚁、双翅目的根蛆等。

8.2.4.1 蛴螬

蛴螬是鞘翅目金龟甲总科幼虫的总称。金龟甲按其食性可分为植食性、粪食性、腐食性3类。植食种类中以鳃金龟科和丽金龟科的一些种类为主，食性较杂，发生普遍。幼虫终生栖居土中，喜食刚刚播下的种子、根、块根、块茎及幼苗等，造成缺苗断垄。成虫则喜食果树、林木的叶和花器。这是一类分布广、危害重的害虫。

形态特征：蛴螬身体肥大、弯曲近C形，体大多呈白色，有的呈黄白色。体壁较柔软，多皱。体表疏生细毛。头大而圆，多为黄褐色或红褐色，生有左右对称的刚毛，常作为分种的特征。胸足3对，一般后足较长。腹部10节，第10节称为臀节，其上生有刺毛，其数目和排列也是分种的重要特征。

8.2.4.2 蝼蛄类

(1) 代表种：东方蝼蛄，直翅目，蝼蛄科，别名非洲蝼蛄、小蝼蛄、拉拉蛄、地拉蛄、土狗子、地狗子、水狗。分布在全国各地。危害多种植树的种子和幼苗。危害造成枯心苗，植株基部被咬，严重的咬断，呈撕碎的麻丝状，心叶变黄枯死，受害植株易拔起。

(2) 形态特征：成虫体长30～35mm，呈灰褐色，腹部色较浅，全身密布细毛。头呈圆锥形，触角丝状。前胸背板呈卵圆形，中间具有一明显的暗红色长心脏形凹陷斑。前翅呈灰褐色，较短，仅达腹部中部。后翅呈扇形，较长，超过腹部末端。腹末具1对尾须。前足为开掘足，后足胫节背面内侧有4个刺，区别于华北蝼蛄。卵初产时长2.8mm，孵化前长4mm呈椭圆形，初产呈乳白色，后变黄褐色，孵化前呈暗紫色。若虫共8～9龄，末龄若虫体长25mm，体形与成虫相近。

8.2.4.3 白蚁类

(1) 代表种：黑翅土白蚁，属等翅目，白蚁科。危害果树、橡胶树、杉、松、桉树等。白蚁主要咬食茎内组织，形成平行多条的隧道，致叶色变黄，通风易倒折，造成全株枯死。

(2) 形态特征：白蚁群体中分蚁王、蚁后、工蚁和兵蚁等。兵蚁体长6mm，头长2.55mm，头部呈暗黄色，卵形，长大于宽，头最宽处常在后段，咽颈部稍曲向头的腹面，上颚镰刀形，左上领中点的前方具有1齿。体、翅呈黑褐色。单眼和复眼之间的距离等于或小于单眼的长。触角有15～17节。前胸背板前部窄、斜翘起，后部较宽。

8.2.4.4 蟋蟀类

(1) 代表种：大蟋蟀。分布于广东、广西、福建、江西、云南、台湾等省区。杂食性，林、果及多种经济作物都受其害。成虫和若虫均咬食切断寄主植物的幼茎，造成断垅缺苗。丘陵山地新栽种的柑橘、桃、李等果树幼苗，常被咬断嫩茎或顶梢，影响正常的生长发育。

(2) 形态特征：大蟋蟀属直翅目、蟋蟀科。成虫体长30～40mm，呈暗褐色或棕褐色。触角呈丝状，长于体。翅革质，棕褐色，前翅花纹复杂。后足腿节发达，呈卵圆筒形，微弯，长约4.5mm，浅黄色。若虫外形与成虫相似，3龄翅芽显露。若虫共7龄。

8.2.4.5 金针虫类

代表种：沟金针虫，又名沟叩头虫、沟叩头甲、钢丝虫。分布于辽宁、河北、内蒙古、山西、河南、山东、江苏、浙江、安徽、湖北、陕西、甘肃、青海等地。危害松柏类、青桐、悬铃木、丁香、元宝枫、海棠及草本植物。幼虫在土中取食播种下的种子、萌出的幼芽、幼苗的根部，致使植物枯萎死亡，造成缺苗断垅，甚至全田毁种。

8.2.4.6 综合防治措施

(1) 加强圃地管理。秋季土地深耕翻土，施用充分腐熟的有机肥，必要时施用辛硫磷颗粒剂，毒杀越冬虫源。

(2) 利用黑光灯诱杀金龟子、蝼蛄、金针虫等。

(3) 对于在土壤中，咬食播下种子的蝼蛄、金针虫等地下害虫，播种时可用35%的克百威等种衣剂拌种，以防止或减少受害。

(4) 施用毒饵。生长期受害时采取的补救措施，一般把麦麸等饵料炒香，每亩用饵料4～5kg，加入90%的敌百虫30倍水溶液150mL左右，再加入适量的水拌匀成毒饵，于傍晚撒于苗圃地面。

(5) 用50%的辛硫磷乳油、25%的爱卡士乳油、40%的乐果乳油、30%的敌百虫乳油或80%的敌百虫可溶性粉剂等药剂喷洒或灌杀。

8.3 园林植物病虫害综合防治

园林植物病虫害防治工作应该坚持“预防为主，综合防治”的方针。病虫害的种类有很多，防治的方法也有很多，各有针对性和局限性。单一方法很难对植物的病虫害进行有效控制，特别是较大范围的园林绿地，实际情况更是复杂。因此，应该采取多种防治方法，综合运用各种措施，才能达到较好的防控效果。

8.3.1 综合防治的涵义

综合防治是对有害生物进行科学管理的体系。它从农业生态系统总体出发，根据有害生物与环境之间的相互关系，充分发挥自然控制因素的作用，因地制宜地协调运用必要的措施，将有害生物控制在经济允许损害水平之下，以获得最佳的经济、社会效益和生态。

病虫综合治理是一种方案，它能控制病虫的发生，避免相互矛盾，尽量发挥有机的调和作用，保持经济允许水平之下的防治体系。

8.3.2 综合防治的主要措施

8.3.2.1 植物检疫

植物检疫是指一个国家或地方政府颁布法令，设立专门机构，禁止或限制危险性病、虫、杂草等人为地传入或传出，或者传入后为限制其继续扩展所采取的一系列措施。

（1）报检。调运和邮寄种苗及其他应受检的植物产品时，应向调出地有关检疫机构报验。

（2）检验。检疫机构人员对所报验的植物及其产品要进行严格的检验。到达现场后凭肉眼和放大镜对产品进行外部检查，并抽取一定数量的产品进行详细检查，必要时可进行显微镜检及诱发试验等。

（3）检疫处理。经检验如发现检疫对象，应按规定在检疫机构监督下进行处理。一般采取禁止调运、就地销毁、消毒处理、限制使用地点等方法。

（4）签发证书。经检验后，如不带检疫对象，则检疫机构发给国内植物检疫证书放行；如发现检疫对象，经处理合格后，仍发证放行；无法进行消毒处理的，应停止调运。

8.3.2.2 园林技术措施

通过适宜的栽培措施降低有害生物种群数量或减少其侵染可能性，培育健壮植物，增强植物抗害、耐害和自身补偿能力，避免有害生物危害。

8.3.2.3 抗性育种

选育抗病品种是预防园林植物病虫害的重要措施。选育方法除常规育种外，单倍体育种、化学诱变、辐射育种及遗传工程的研究，也为选育抗病虫品种提供了可靠的途径。

8.3.2.4 生物防治

生物防治是利用生物及其代谢产物来控制病虫害的一种防治方法。

优点：大多数天敌对人、畜、植物无毒无害；选择性强，不污染空气、土壤和水域；病虫不会产生抗性；能长期控制病虫；天敌资源丰富，材料易得，可以就地取材。

局限性：防效缓慢，在高虫口密度下使用不能起到迅速压低虫口的目的；技术要求高，受环境条件限制大。

生物防治包括以虫治虫、以菌治虫、以鸟治虫、以蛛螨类治虫、以激素治虫、以菌治菌等措施。

（1）以虫治虫是指以天敌昆虫防治害虫。

①天敌昆虫种类。捕食性天敌昆虫，如瓢虫、食蚜蝇、草蛉、胡蜂、蚂蚁、食虫虻、猎蝽、步甲、螳螂等；寄生性天敌昆虫，如寄生蜂类（姬蜂、小蜂、小茧蜂）、寄生蝇类。

②天敌昆虫的利用途径和方法：当地自然天敌昆虫的保护和利用，移放天敌；保护天敌越冬；改善昆虫天敌的营养条件；合理使用农药包括药剂选择、施药期选择、浓度选择、施药方法选择等方面。

③人工大量繁殖释放天敌昆虫。成功的决定因素包括培养材料、繁殖速度、特性保持。

④引进天敌昆虫。需要注意原产地、控制力、生态要求等问题。

（2）以菌治虫包括以真菌治虫和以细菌治虫

①以真菌治虫。真菌类群主要为接合菌亚门的虫霉属，半知菌亚门的白僵菌属、绿僵菌属及拟青霉属。较为广泛应用的为白僵菌，可有效控制鳞翅目、同翅目、膜翅目、直翅目等目的害虫。

②以细菌治虫。细菌类群已发现的有90余种，多属芽孢杆菌科、假单孢杆菌科、肠杆菌科。目前我国应用最广泛的细菌制剂为苏云金杆菌。

（3）以病毒治虫。防治应用较广的有核型多角体病毒、颗粒体病毒、质型多角体病毒。

（4）以鸟治虫。我国食虫鸟类有500多种，目前主要采用保护和招引的办法进行利用。

（5）以激素治虫。激素包括外激素和内激素两大类。

①外激素。外激素的种类很多，目前应用最广泛的是性外激素，其在害虫防治上有诱杀成虫、害虫预测预报、迷向法干扰成虫交配、绝育等作用。

②内激素。内激素包括脑激素、脱皮激素、保幼激素。

保幼激素有防治上的应用，其作用主要是妨碍正常变态，打破滞育，成虫不孕或卵不孵化。

（6）以菌治病。利用竞争作用、拮抗作用、寄生作用来进行交叉保护，形成菌根。

8.3.2.5 物理防治

（1）捕杀法。

（2）阻隔法。涂毒环、胶环、挖障碍沟、设置障碍物、纱网隔离、土表覆盖强盖草。

（3）诱杀法。灯光诱杀、食物诱杀（毒饵、饵木、植物）、潜所诱杀、色板诱杀。

（4）高温处理。繁殖材料、土壤处理。

（5）电磁波处理。微波、高频处理、辐射处理。

8.3.2.6 化学防治

化学防治是指运用化学农药来防治病虫害、杂草及其他有害生物的一种方法。该法具有作用快、防效高、经济效益高、使用方法简单、不受地域和季节限制、便于大面积机械化操作等优点，为及时有效地控制农林生物灾害发挥了积极作用；其缺点是污染环境、毒性大、易杀伤天敌，经常使用会使病虫产生抗药性和药害。

化学防治也存在一定问题，概括起来可称为“3R”问题，即抗药性、再猖獗和农药残留。

8.4 草坪杂草的综合防除

近几年来，园林植物园圃、草坪化学除草技术发展很快，它与传统的人工除草相比较，具有简单、方便、有效、迅速的特点，得到了人们的认可。然而，由于除草剂品种繁多、特点各异，再加上杂草类型复杂，生物学特性差异较大，尤其是许多杂草与被保护对象之间在外部形态及内部生理上非常接近，因而化学除草技术比一般的用药技术要求严格。若用药不当，往往不仅达不到除草的目的，还有可能对园林植物产生药害。

8.4.1 常见杂草种类构成

园林植物园圃、草坪内的杂草有3个类型：一年生、两年生和多年生杂草。不同地区的杂草种类不同，不同生态小环境的杂草种类不同，不同季节杂草的主要种类也不同。

1.不同地区杂草的主要种类不同。我国幅员辽阔，南北地区气候差别较大，杂草的主要种类不同。

北方地区杂草的主要种类：一年生早熟禾、马唐、稗草、金色狗尾草、异型莎草、藜、反枝苋、马齿苋、蒲公英、苦荬菜、车前、刺儿菜、委陵菜、堇菜、野菊花、荠菜等。

南方地区杂草主要种类：升马唐、稗、皱叶狗尾草、香附子、土荆芥、刺苋、马齿苋、蒲公英、多头苦菜、阔叶车前、繁缕、阔叶锦葵、苍耳、酢浆草、野牛草等。

2. 不同的生态小环境杂草种类不同。如在草坪中，新建植草坪与已成坪草坪由于生态环境、管理方式等方面的差异，主要杂草的种类也不同。如北方地区新建植草坪杂草的优势种群为马唐、稗草、藜、苋菜、莎草和马齿苋等；已成坪老草坪的主要杂草种类是马唐、狗尾草、蒲公英、苦荬菜、苋菜、车前、委陵菜及荠菜等。

地势低洼、容易积水的园圃以香附子、异型莎草、空心莲子草、野菊花等居多；地势高燥的园圃则以马唐、狗尾草、蒲公英、堇菜、苦菜、马齿苋等居多。

3. 不同季节杂草优势种群不同

不同的杂草由于其生物特性不同，其种子萌发、根茎生长的最适温度不同，因而形成了不同季节杂草种群的差异。一般春季杂草主要有蒲公英、野菊花、荠菜、附地菜及田旋花等；夏季杂草主要有稗草、牛筋草、马唐、莎草、藜、苋、马齿苋、苦荬菜等；秋季杂草主要有马唐、狗尾草、蒲公英、堇菜、委陵菜、车前等。

8.4.2 草坪杂草的综合防除

草坪杂草的防除方法很多，依照作用原理可分为人工拔除、生物防除和化学防治。从理论上讲，生物防除是杂草防除的最佳方法，即对草坪施行合理的水肥管理，以促进草坪的生长，增强与杂草竞争的能力，并通过科学的修剪，抑制杂草的生长，以达到预防为主、综合治理的目的。

8.4.2.1 人工拔除

人工拔除杂草目前在我国的草坪建植与养护管理中仍普遍采用，它的最大缺点是费工费时，还会损伤新建植的幼小的草坪植物。

8.4.2.2 生物拮抗抑制杂草

生物拮抗抑制杂草是新建植草坪防治杂草的一种有效途径，主要通过加大草坪播种量，或播种时混入先锋草种，或通过对目标草坪的强化施肥（生长促进剂）来实现。

1.加大播种量，促进草坪植物形成优势种群　在新建植草坪时加大播种量，造成草坪植物的种群优势，达到与杂草竞争光、水、气、肥的目的。通过与其他杂草防除方法如人工拔除及化学除草相结合，使草坪迅速郁闭成坪。由于杂草种子在土壤中的分布存在一定的位差，可以使那些处于土壤稍深层的杂草种子因缺乏光照而不能萌发。

2.混配先锋草种，抑制杂草生长。先锋草种如多年生黑麦草及高羊茅出苗快，一般6～7天就可以出苗，而且出苗后生长迅速，前期比一般杂草的出苗及生长均旺盛，因此可以在建植草坪时与其他草坪品种进行混播。绝大部分杂草均为喜光植物，种子萌发需要充足的光照，而早熟禾等冷季型草坪植物均为耐阴植物，种子萌发对光的要求不严格。由于先锋草种的快速生长，照射到地表的太阳光减少，这样就抑制了杂草种子的萌发及生长。而冷季型早熟禾等草坪植物种子萌发和生长没有受到较大的影响，从而达到防治杂草的目的。但先锋草种的播种量最好不要超过10%～20%，否则也会抑制其他草坪植物的生长。

3.对目标草种强化施肥，促进草坪的郁闭。目标草坪植物如早熟禾等达到分蘖期以后，先采取人工拔除、化学除草等方法防除已出土的杂草，在新的杂草未长出之前，采取叶面施肥等方法，对草坪植物集中施肥，促进草坪地上部分的快速生长及郁闭成坪，以达到抑制杂草的目的。喷施的肥料以促进植株地上部分生长的氮肥为主，适当加入植物生长调节剂、氨基酸及微量元素。

8.4.2.3 合理修剪抑制杂草

合理修剪可以促进草坪植物的生长，调节草坪的绿期及减轻病虫害的发生。同时，适当修剪还可以抑制杂草的生长。大多数植物的分蘖力很强，耐强修剪，而大多数的杂草，尤其是阔叶杂草则再生能力差，不耐修剪。

8.4.2.4 化学防除

1.除草剂的应用。化学防治禾本科草坪中的阔叶杂草，目前生产上应用的主要有2，4–D、麦草畏、溴苯腈和使它隆等。

由于禾本科草坪植物与单子叶杂草的形态结构和生物学特性极其相似，采用化学除草剂防治杂草有一定的困难，需要将时差、位差选择性与除草剂除草机理相结合。目前主要以芽前除草剂为主，近几年又陆续开发了芽后除草剂，在草坪管理的应用中取得了较好的效果。

此外，氟草胺、灭草灵、恶草灵、施田补、西玛津、大惠利、地乐胺等广谱性除草剂可以芽前防治单、双子叶杂草，但一般只能应用于生长多年的禾本科草坪，新建植的草坪上应慎重使用。

目前，在草坪杂草防治的实践中，经常采用复配制剂来防治草坪中的杂草，如2，4–D与二甲四氯混合、2，4–D与麦草畏混用可以扩大防治双子叶杂草的杀草谱；溴苯腈与芽后除草剂的交替使用可以在一个生长季内科学地防除杂草；如果使用地乐胺或大惠利等进行土壤封闭，可以同时防治马唐、稗草、狗尾草、藜、苋、马齿苋等；每年的6～9月采用2，4–D及骠马（一种除草剂）等处理茎叶，可以防治萌后的单、双子叶杂草。

2.草坪杂草化学防除的发展趋势。在相当长的一段时间里，草坪杂草的防治主要是采取化学防治。在除草剂的使用上，有以下发展趋势。

①发展价格低廉的选择性除草剂。

②连续少量使用萌前除草剂，接着在合适时期施用萌后除草剂，如早春使用施田补除草剂，而马唐等单子叶杂草在1～3叶期时使用骠马除草剂。

③芽前及芽后对除草剂进行复配，如施田补与骠马混合，在马唐1～3叶期使用，既可以防治已出土的马唐，又可以抑制土壤内马唐种子的萌发。

(3) 防止苗木产生药害还要注意以下几点。

①试验和推广化学除草的园林苗圃，应坚持科学、严谨、积极的态度，一定要遵循“一切经过试验”的原则；试验规模和计划由小而大，由易而难，以免贪大造成意外损失。

②固定专人做好化学除草工作，要求既要掌握基础理论，又必须有熟练的操作技能。

③要建立完整的技术档案，详细记载树种、栽培方式、苗龄、药名、药量、施药方式、除草效果等，为以后除草积累经验。

随着农药环境污染问题的日益严重，人类最终可通过生物技术解决杂草问题，如通过转基因技术培育出对环境污染较少或生物降解较快的除草剂（如草甘膦）、具有抗性的草坪新品种。同时也可能培育出一些在较低的养护管理水平上应用，具有很强的生物竞争力的草坪栽培品种。

第9章 古树名木的保护与管理

古树名木素有“绿色文物”“绿色活化石”之美誉，是大自然赐予人类的宝贵财富，是不可再生的自然资源。古树名木是自然与人类历史文化的宝贵遗产，是中华民族悠久历史和灿烂文化的佐证，具有很高的观赏和研究价值。我国地形复杂，古树名木的资源极其丰富，如闻名中外的黄山“迎客松”、泰山“卧龙松”、北京市中山公园的“槐柏合抱”等，都是国宝级的文物。

随着经济社会的不断发展，古树名木越来越受到社会各界的关注和重视，其中大量的保护与管理工作归属于城市的园林部门。

9.1 古树名木的涵义

9.1.1 古树名木的概念

古树名木是指在人类历史发展过程中保存下来的年代久远或具有重要科研、历史、文化价值的树木。

一般进入缓慢生长阶段的树木，干径增粗，生长极慢，同时从形态上能够给人以历经风霜、苍劲古老之感，则可称为古树。

名木，即具有历史意义、教育意义或在其他方面具有社会影响而闻名于世的树木。其中有的以姿态奇特、观赏价值极高而闻名。

中华人民共和国建设部于2000年9月1日发布实施的《城市古树名木保护管理办法》规定：古树是指树龄在100年以上的树木。名木是指国内外稀有的以及具有历史价值和纪念意义及重要科研价值的树木。

古树名木分为一级和二级。凡树龄在300年以上，或者特别珍贵稀有，具有重要历史价值和纪念意义，以及重要科研价值的古树名木，为一级古树名木，其余为二级古树名木。

古树是林木资源中的瑰宝，是大自然和前人留下的珍贵文化遗产，也是社会文明与历史进步的见证。它具有重要的科研、文化、生态、历史价值。一棵古树就是一部历史，蕴藏着极为珍贵的历史信息，如气象资料等，是不可再生的宝贵资源。我国的古树分布之广，树种之多，树龄之长，数量之大，均为世界罕见，所以极应保护，加强深入研究，使之永葆青春，为我国园林事业创造更大的价值。

古树名木一般包含以下几个含义：①已列入国家重点保护野生植物名录的珍稀植物；②天然资源稀少且具有经济价值；③具有很高的经济价值、历史价值或文化科学艺术价值；

④关键种，在天然生态系统中具有主要作用的种类。

在我国众多的名木古树中，有的以姿态奇特，观赏价值极高而闻名，如黄山的"迎客松"、泰山的"卧龙松"、北京市中山公园的"槐柏合抱"等；有的以历史事件而闻名，如拉萨大昭寺前的"唐柳"，传说是文成公主亲手栽植的，距今已经有1000多年的历史了，可以说是汉藏友谊的千年见证者，而南京东南大学梅庵的"六朝松"（桧柏）也见证了南京这个六朝古都的千年风雨；有的以奇闻轶事而闻名，如北京市孔庙的侧柏，传说其枝条曾将权奸魏忠贤的帽子碰掉而大快人心，故后人称之为"除奸柏"。

9.1.2 保护与研究古树名木的意义

古树名木是当地悠久历史的见证和历史变迁的证明。保护好这些古树名木，就是保护一个民族、一个地区的文明历史，是对历史的尊重，对自然的尊重。

1. 古树名木是历史的见证

我国传说有周柏、秦松、汉槐、隋梅、唐杏（银杏）、唐樟，这些均可以作为历史的见证，当然对这些古树还应进一步考察核实其年代；景山上崇祯皇帝上吊的古槐（目前之槐已非原树）是记载农民起义伟大作用的丰碑；北京颐和园东宫门内有两排古柏，八国联军火烧颐和园时曾被焚烧，靠近建筑物的一面从此没有树皮，它是帝国主义侵华罪行的记录。

2. 古树名木为文化艺术增添光彩

不少古树名木曾令历代文人、学士为之倾倒，吟咏抒怀。它们在文化史上有其独特的作用。例如"扬州八怪"中的李鲤，曾有名画《五大夫松》，是泰山名木的艺术再现。此类为古树而作的诗画，为数极多，都是我国文化艺术宝库中的珍品。

3. 古树名木是历代陵园、名胜古迹的佳景之一

古树名木苍劲古雅，姿态奇特，使万千中外游客流连忘返，如北京天坛公园的"九龙柏"，团城上的"遮荫侯"，香山公园的"白松堂"，戒台寺的"活动松"等等，它们把祖国的山河装点得更加美丽多娇。

又如陕西黄陵"轩辕庙"内有两棵古柏：一棵是"黄帝手植柏"，柏高近20m，下围周长10m，是目前我国最大的古柏之一；另一棵叫"挂甲柏"，枝干斑痕累累，纵横成行，柏液渗出，晶莹夺目，游客无不称奇，相传是汉武帝挂甲所致。这两棵古柏虽然年代久远，至今仍枝叶繁茂，郁郁葱葱，毫无老态，此等奇景，堪称世界无双。

山西晋祠的"卧龙柏"，据说西周所植，已有3000年的历史，树高18m，干围5.6m，直径1.8m，向南倾斜45°。不仅使游人看到奇特的风姿，若能听到美好的传说则会大大增加了游兴。

4.古树名木是研究古自然史的重要资料

古树名木复杂的年轮结构，常能反映过去气候的变化情况，植物学家可以通过古树名木来研究古代自然史和古树存活下来的原因。此外，古树名木中有各种子遗植物，如银杏、金钱松、鹅掌楸、伯乐树、长柄双花木、杜仲等，在地史变迁、古气候、古地理、古植物区系等方面有重要研究意义，在群落结构、植物系统演化中也具有较高的学术价值。

5. 古树对于研究树木生理具有特殊意义

树木的生长周期长，而人的寿命却很短，对它的生长、发育、衰老、死亡的规律我们无

法用跟踪的方法加以研究，古树的存在就能把树木生长、发育在时间上展现为空间上的排列，使我们能以处于不同年龄阶段的树木作为研究对象，从中发现该树种从生到死的总规律。

6. 古树对于树种规划，有很高的参考价值

古树多为乡土树种，对当地气候条件和土壤条件有很高的适应性，因此，古树是树种规划的最好的依据。例如：对于干旱瘠薄的北京市郊区种什么树最合适？在以前频有争议：解放初期认为刺槐比较合适，不久证明它虽然耐旱，幼年速生，但它对土壤肥力反应敏感，很快生长出现停滞，最终长不成材；20世纪60年代认为油松最有希望，因为解放初期的油松林在当时正处于速生阶段，山坡上一片葱翠，但到70年代也开始平顶分杈，生长衰退，这时才发现幼年并不速生的侧柏、桧柏却能稳定生长。北京市的古树中恰以侧柏及桧柏最多，故宫和中山公园都有几百株古侧柏和桧柏，这说明它们是经受了历史考验的北京地区的适生树种。如果早日领悟了这个道理，在树种选择上就可以少走许多弯路。所以，古树对于城市树种规划有很大的参考价值。

9.2 古树名木的调查研究

在古树的生长过程中，最重要的工作就是养护管理。养护与管理是一项经常性的工作，即一年四季均要进行，同时又是一项无尽无休的长期性工作。在养护过程中，要根据这些古树的生物学特性，了解其生长发育规律，并结合当地的具体生态条件，制订一套符合实情的科学的养护管理措施，这样能起到事半功倍的效果。

9.2.1 古树名木的调查、登记、存档

古树名木是我国的活文物，是无价之宝，大多数名木古树数量稀少，分布零散或局限于小区域，天然资源有限。各省市应组织专人进行细致的调查，摸清我国的古树资源。

调查内容主要包括以下几个方面。

(1) 分布区的基本情况，包括地理位置、气候条件和小气候环境、土壤类型、生态类型起源。

(2) 群落的特征，包括生态系统类型和群落结构、目的种在群落中的位置、建群种和主要伴生种的组成、目的种的组成结构。

(3) 母树资源情况，包括树种、树龄、树高、树冠、胸径、生长势、开花结实情况。

(4) 资源和利用情况，包括可利用的种子资源、幼树幼苗资源、抽穗资源，或可利用程度。

(5) 其他资料，包括古树名木对观赏及研究的作用、养护措施等。同时还应搜集有关古树的历史资料，如有关古树的诗、画、图片及神话传说等。

总之，只有群策群力才能建立和健全我国的古树资源档案。

在调查、分级的基础上要进行分级养护管理，对于生长一般，观赏及研究价值不大的，可视具体条件实施一般的养护管理；对于年代久远，树姿奇特兼有观赏价值和文史等及其他研究价值的，应拨专款、派专人养护，并随时记录备案。

9.2.2 古树年龄的判定

古树树龄有真实年龄、传说年龄和估测年龄3种情况。比较准确的方法是用生长锥数年轮，但一般不能采用；也可查阅有关文献记载，或访问当地老人；必要时请专家鉴定。古树树龄的鉴定常采用以下几种方法：

1.访谈估测法。在古树的调查中，一般可以通过实地考察、走访当地老人（长者）的方法来推测古树大致年龄。访谈法是一种比较简单的社会调查方法，作为乡村社区古树年龄鉴定的辅助手段，具有较大的误差和局限性，只适合对树龄较小的古树进行鉴定。

2.文献追踪法。古树的树龄都在百年以上，所以对较老树龄的古树就不适宜用访谈法。要了解当地古树的年龄，除用年轮测定和访谈估测法外，也许某些地方历史文献资料（如地方志、族谱以及历史名人游记）对当地古树名木也有相关的文字记载。因此，可以通过查阅文献资料来推测这些古树的年龄，这种方法称为文献追踪调查法。可以在一定程度上弥补访谈法的缺陷。

3. 实地勘测法。就是在深入调查了解当地气候地理背景、掌握有关材料的基础上，现场对当地古树的有关形态及生理指标进行测量（分析测试），然后运用研究者所学的专业知识，根据所测古树的生长状况、形态特征、外观老化程度、树种的生物学特性及相关的测量（测试）结果对其进行综合分析，推断其树龄。

郑州市于2005年8月出台了《郑州市古树名木保护管理办法》（郑州市人民政府令第145号），加强了全市范围内古树名木的分类保护。根据2017年全市古树名木资源普查数据，郑州市现存古树名木4055株，共35科76属324种（其中古树3962株，名木93株）。按照树龄分，国家一级古树891株，国家二级古树915株，国家三级古树2156株。另有包括登封市少林初祖庵、法王寺、会善寺、新郑孟庄等地古树群26处。

9.3 古树的衰老与复壮

9.3.1 古树衰老的原因

任何树木都要经过生长、发育、衰老、死亡等过程，也就是说树木的衰老、死亡是客观规律。但是可以通过人为的措施使衰老以致死亡的阶段延迟到来，使树木最大限度地为人类造福，为此有必要探讨古树衰老的原因，以便有效地采取措施。

1. 土壤密实度过高

从初步了解的古树生长环境的情况看，条件都比较好，它们一般生长在宫、苑、寺、庙或是宅院内、农田旁，一般来说土壤深厚，土质疏松、排水良好，小气候适宜。但是近年来，人口剧增，随着经济的发展，人民生活水平的提高，旅游已经成为人们生活中不可缺少的部分，特别是有些古树姿态奇特，或因其具有神奇的传说，招来大量的游客，由此造成土壤环境恶劣的变化，致使土壤板结，密实度高，透气性降低，机械阻抗增加，对树木的生长十分不利。

2. 树干周围铺装面过大

有些地方为了美观和方便行人行走，用水泥、砖或其他材料铺装，仅留很小的树池，这样就会影响地下部分与地上部分的气体交换，使古树根系处于透气性很差的环境中，不利于古树的生长发育。

3. 土壤理化性质恶化

近年来，有不少人在公园古树中搭帐篷开各式各样的展销会、演出会或是其他形式的群众性集会，这不仅使该地土壤密度增高，同时这些人在古树木中乱扔杂物、乱倒污水，有些地方还增设临时厕所而造成土壤的含盐量增加，对古树的生长非常有害。

4. 根部的营养不足

有些古树栽在殿基土上，植树时只在树坑中换了好土，树木长大后，根系很难向坚土中生长，由于根活动范围受到限制，营养缺乏，致使树木衰老。

5. 人为的损害

由于各种原因，在树下乱堆东西（如建筑材料、水泥、石灰、砂子等），特别是石灰，堆放不久后，树就会受害死亡。更有甚者，因为建房、施工、修路、建立交桥等将古树人为砍伐，造成古树的消亡。古树除了遭到恣意砍伐和移植外，很多还正遭遇着焚香烟熏、乱刻乱划、拴绳挂物、乱搭棚架等破坏。例如在深圳新洲二街十字路一棵榕树下总有许多神龛，由于榕树有600多年的树龄，很多人视之为神树，每逢节假日就在此焚香、烧纸，烟熏火燎。虽然古树边上竖了一块“古树名木”的大理石标示牌，说明其保护价值，而且周围砌起了2m多高的围墙保护，古树的枝干下部还是被熏黑了。在其他落后的地区，这种现象更是常见。

6. 病虫害

任何树木都不可避免会有病虫害的发生，但因古树高大、防治困难而失管，或因防治失当而造成更大危害，这在古树的生长发育中是很常见的。如洞庭西山有一株古罗汉松，因白蚁危害请房管所防治，结果施用高浓度农药后，古树被药害而死亡。所以，用药要谨慎，并应加强综合防治以增强树势。古树中比较常见的虫害有白蚁、蠹蛾、天牛等，其中，受白蚁危害率几乎达到100%。但是，由于白蚁防治技术力量不足，大部分古树没有专业队伍为其进行防治。另外，一些新的病虫，如银杏超小卷叶蛾、黄化病等应注意及早防治。

7. 自然灾害

雷击雹打，雨涝风折，都会大大削弱树势。如苏州文庙的一株明代银杏便因雷击而烧伤半株。台风伴随大雨的危害更为严重，苏州6214号台风阵风达12级以上，过程性降雨413.9mm，拙政园百年以上的枫杨被刮倒，许多大树被刮折；承德须弥福寿之庙妙高庄严殿前三株百年油松，于1991年夏被大风吹倒。

诸如以上原因，古树生长的基本条件日渐变坏，不能满足树木对生态环境的要求，树体如再受到破坏摧残，古树就会很快衰老，以致死亡。要保护好古树，就要投入经费和人力，做好日常管理、防病灭虫、施肥、复壮等养护管理工作。

9.3.2 古树复壮的理论基础

1. 古树是寿命极长的树木

所有生物都有生、老、病、死的生命规律，也都有一定的生命期限，在此生命期限中采用各种有效的措施，使之健康长寿都是符合科学原理的。古今中外有许多树木长寿的记载，山东莒县浮来山定林寺一株银杏，根据《莒志》记载：春秋鲁隐公八年鲁公与莒子曾会盟于树下；清顺治甲午（公元1654年）莒守陈全国又刻石立碑于树前，碑文中有：“浮来山银杏一株，相传鲁公莒子会盟处，盖至今三千余年。树叶扶苏，繁荫数亩，自干至枝，并无枯朽，可为奇观。”可见该树龄有3000年是可信的。陕西黄帝陵轩辕庙前的“黄帝手植柏”“挂甲柏”，虽无法确证其为黄帝亲手所植，但至少有2000年树龄。从这些长寿树种的树龄来看，树木的寿命是极长的，可以以世纪来计数。目前园林中常见的百年树种，生命潜力正旺，确实具有长寿的潜力。

2. 生理方面

从活性氧防御酶系统的酶活性、非酶类活性氧清除剂含量来看，老幼树间的差异并不明显，且能随生长势的增强而提升其活性，说明老树的生理代谢机能依然正常，联系木本植物的生长方式：顶端分生组织、侧生分生组织的分生能力是无限的。即在没有外界伤害的条件下，树木的生长是不会自行停止的。由此启示我们排除各种干扰，加强养护工作，老树是完全可以复壮的。例如：吴江市梅埝乡有一老橘园，园中东北侧有三株合抱粗的柿树，据村民称，此三株柿树是被太平天国军队烧毁后又自行萌发侧枝，逐渐成长为大树。

3. 生物学特性

从古树的生物学特点来看，古树都源于种子繁殖，根系发达、萌发力强、生长缓慢、树体结构合理，木材强度高。

4. 环境条件

古树生长的环境条件较好。位于自然风景区、自然山林的古树名木，原生的环境得以很好地保护；位于名胜古迹的古树、名木，受到人们的刻意保护；有的处于特殊的立地条件，土壤格外深厚、人兽活动不易干扰、水分与营养条件较好、生长空间大等，有利于树体的良好发育。

9.4 古树名木复壮技术

古树是几百年乃至上千年生长的结果，一旦死亡则无法再现，因此，我们应该非常重视古树的复壮与养护管理，避免造成不可挽回的损失与遗憾。

9.4.1 地下部分复壮措施

地下部分复壮目标是促使根系生长，可以做到的措施是土地管理和嫁接新根。一般地下复壮的措施有以下几种。

1. 深耕松土

操作时应注意深耕范围应比树冠大，深度要求在40cm以上，要重复两次才能达到这一深度。园林假山上不能进行深耕的，要察看根系走向，用松土结合客土覆土保护根系。

2. 埋条法

埋条法分为放射沟埋条和长沟埋条两种方法。

放射沟埋条法是在树冠投影外侧挖放射状沟4～12条，每条沟长120cm，宽为40～70cm，深80cm。沟内先垫放10cm厚的松土，再把剪好的树枝缚成捆，平铺一层，每捆直径20cm左右，上面撒少量松土，同时施入粉碎的麻酱渣和尿素，每沟施麻酱渣

1kg、尿素50g。为了补充磷肥可入少量动物骨头和贝壳等物，覆土10cm后放第二层树枝捆，最后覆土踏平。

如果株行距大，也可以采用长沟埋条。沟宽70～80cm，深80cm，长200cm左右，然后分层埋树条施肥、覆盖踏平。应注意埋条的地方不能低，以免积水。

3. 开挖土壤通气井（孔）

在古树林中，挖深1m、四壁用砖砌成40cm×40cm的孔洞，上面覆水泥盖，盖上铺浅土植草伪装。各地可根据当地材料就地取材，在天目山和普陀山可利用当地毛竹，取1m多长的竹筒去节，相隔50cm埋插一根毛竹。若用有裂缝的旧竹筒，筒壁不需打孔，腐烂后可直接做肥料。

4. 地面铺梯形砖和草皮

在地面上铺置上大下小的特制梯形砖，砖与砖之间不勾缝，留有通气道，下面用石灰砂浆衬砌，砂浆用石灰、砂子、锯末按1∶1∶0.5的比例配制。同时，还可以在埋树条的上面种上花草，并围栏杆禁止游人践踏，或在其上铺带孔的或有空花条纹的水泥砖。此法对古树复壮都有良好的作用。

5. 耕锄松土时埋入发泡聚苯乙烯

将废弃的塑料包装撕成乒乓球大小，数量不限，以埋入土中不露出土面为度、聚苯乙烯分子结构稳定，目前没有分解它的微生物，故不会刺激根系。渗入土中后土壤容重减轻，气相比例提高，有利于根系生长。

6. 挖壕沟

一些名山大川上的古树，由于所处地位特殊，不易截留水分，常受旱灾，可以在距树上方10m左右处的缓坡地带挖水平壕，深至风化的岩层，平均为1.5m，宽2～3m，长7.5m，向外沿翻土，筑成截留雨水的土坝，底层填入嫩枝、杂草、树叶等，拌以表土。这种土坝在正常年份可截留雨水，同时待填充物腐烂后，可形成海绵状的土层，更多地蓄积水分，使古树根系长期处于湿润状态。如果遇到大旱之年，则可人工浇水到壕沟内，使古树得到水分。

7. 换土

古树几百年甚至上千年生长在一个地方，土壤里肥分有限，常呈现缺肥症状；再加上人为踩实，通气不良，排水也不好，对根系生长极为不利，因此造成古树地上部分日益萎缩的状态。北京市故宫园林科从1962年起开始用换土的办法抢救古树，使老树复壮。如1962年在皇极门内宁寿门外有一古松，幼芽萎缩，叶子枯黄，好似被火烧焦一般，工作人员在树冠投影范围内，对大的主根部分进行换土。换土时深挖0.5m，并随时将暴露出来的根系用浸湿的草袋子盖上，以原来的旧土与沙土、腐叶土、粪肥、锯末、少量化肥混合均匀之后填埋其上。换土半年后，古松终于死而复生。

8. 施用生物制剂

可对古树施用农抗120和稀土制剂灌根，根系生长量明显增加，树势增强。

9.4.2 地上部分复壮措施

地上部分的复壮，指对古树树干、枝叶等的保护，并促使其生长，这是整体复壮的重要方面，但不能孤立地不考虑根系的复壮。

1. 抗旱与浇水

古树名木的根系发达，根冠范围较大，根系很深，靠自身发达的根系完全可以满足树木生长的要求，无需特殊浇水抗旱。但生长在市区主要干道及烟尘密布，有害气体较多的工厂周围的古树名木，因尘土飞扬，空气中的粉尘密度较大，影响树木的光合作用。在这种情况下，需要定期向树冠喷水，冲洗叶面正反两面的粉尘，利于树木同化作用，制造养分，复壮树势。浇水时一般要遵循以下原则。

（1）不同气候和不同地区对浇水和排水的要求有所不同。现以北京为例说明这个问题。4～6月是干旱季节，雨水较少，也是树木发育的旺盛时期，需水量较大，在这个时期一般都需要浇水，浇水次数应根据树种和气候条件决定。此时就应根据条件决定是否浇水，这个时期是由冬春干旱转入少雨时期，树木又是从开始生长逐渐加快达到最旺盛，所以土壤应保持湿润。在江南地区因有梅雨季节，在此期不宜多浇水。7～8月为北京地区的雨季，本期降水较多，空气湿度大，故不需要多浇水，遇雨水过多时还应排水，但如遇大旱之年，在此期也应浇水。9～10月是北京的秋季，在秋季应该使树木组织生长更充实，充分木质化，增强抗性准备越冬。因此，在一般情况下，不应再浇水。但如过于干旱，也可适量浇水，特别是名贵树种，以避免树木因为过于缺水而萎蔫。11～12月树木已经停止生长，为了使树木很好地越冬，不会因为冬春干旱而受害，所以于此期在北京应灌封冻水，特别是在华北地区越冬尚有一定困难的边缘树种，一定要灌封冻水。地区不同，气候不同，则浇水也不同，如在华北灌水宜在土地将封冻前，但不可太早，因为9～10月灌大水不利于树木安全越冬，但在江南，9～10月常有秋旱，故在当地为安全越冬起见，在此时亦应浇水。

（2）树种不同，年限不同，浇水的要求也不同。古树名木数量大，种类多，加上目前园林机械化水平不高、人力不足，全面普遍浇水是不容易做到的。因此，应区别对待，例如，观花树种，特别是花灌木的浇水量和浇水次数均比一般的树要多，对于樟子松、锦鸡儿等耐干旱的树种则浇水量和次数均要少。有很多地方因为水源不足，劳力不够，则不浇水，而对于水曲柳、枫杨、赤杨、水松、水杉等喜欢湿润土壤的树种，则应注意浇水。应该了解到耐干旱的树木不一定常干，喜湿者也不一定常湿，应根据四季气候不同，注意经常相应变更。同时，我们对于不同树种相反方面的抗性情况也应掌握，如最抗旱的紫穗槐，其耐涝性也很强。而刺槐同样耐旱，但却不耐水湿。总之，应根据树种的习性而浇水。不同栽植年限浇水次数也不同。古树一般在大旱年份才需浇水，一般情况则根据条件而定。此外，树木是否缺水，需不需要浇水，比较科学的方法是进行土壤含水量的测定，也可根据多年的经验进行目测，例如早晨看树叶上翘或下垂，中午看叶片萎蔫与否及其程度轻重，傍晚看恢复得快慢等。

（3）根据不同的土壤情况进行浇水。浇水除应根据气候、树种外，还应根据土壤种类、质地、结构以及肥力等。盐碱地，就要"明水大浇""灌耪结合"（即浇水与中耕松土相结合），浇水最好用河水。对砂地生长的树木浇水时，因砂土容易漏水，保水力差，浇水次数应当增加，应小水勤浇，并施有机肥增加保水保肥性。低洼地也要"小水勤浇"，注意不要积水，并应注意排水防碱。较黏重的土壤保水力强，浇水次数和浇水量应当减少，并施入有机肥和河沙，增加通透性。

（4）浇水应与施肥、土壤管理等相结合。在全年的栽培和养护工作中，浇水应与其他技术措施密切结合，以便在互相影响下更好地发挥每个措施的积极作用。例如，灌溉与施肥，做到“水肥结合”是十分重要的，特别是施化肥的前后，应该浇透水，既可避免肥力过大、过猛，影响根系吸收或遭毒害，又可满足树木对水分的正常要求。

此外，浇水应与中耕除草、培土、覆盖等土壤管理措施相结合。因为浇水和保墒是一个问题的两个方面，保墒做得好可以减少土壤水分的消耗，满足树木对水分的要求并减少经常浇水的麻烦。

根据以上原则，古树名木一般在春季和夏季要灌水防旱，秋季和冬季浇水防冻。如遇特殊干旱年份，则需根据树木的长势、立地条件和生活习性等具体情况进行抗旱。要特别注意以下几点。

①不要紧靠树干开沟浇水，需远离树干，最好至树冠投影外围进行。因为吸取水分的根主要是须根，而主根只起支撑树木的作用。

②浇则浇透，抗旱一定要彻底，可分几次浇，不要一次完成。大多数浇水应令其渗透到80～100cm深处。适宜的浇水量一般以达到土壤最大持水量的60%～80%为标准。一定要灌饱灌足，切忌表土打湿而底土仍然干燥。

③抗旱要连续不断，直至旱情解除为止，不要半途而废。

④坡地要比平地多浇水，因坡地不易保留水分，所以如果古树生长在坡地，要比平地多浇水。

2. 抗台防涝

台风对古树名木危害极大，深圳市中山公园一株110年的凤凰木，因台风吹倒致死。台风前后要组织人力检查，发现树身弯斜或断枝要及时处理，暴雨后及时排涝，以免积水，这是防涝保树的主要措施。土壤水分过多，氧气不足，抑制根系呼吸，减退吸收机能。严重缺氧时，根系进行无氧呼吸，容易积累酒精致使蛋白质凝固，引起根系死亡。特别是对耐水能力差的树种更应抓紧时间及时排水。松柏类、银杏等古树均忌水渍，若积水超过两天，就会发生危险。忌水的树种有银杏、松柏、蜡梅、广玉兰、白玉兰、桂花、枸杞、五针松、绣球、樱花等；忌干的树种有罗汉松、香樟等。

3. 土壤管理

古树名木绝大部分生长在游人密集处，丘陵山坡不易蓄水，建筑物、道路旁地面大多因水泥封闭而硬化，土壤密实、通气性差，立地条件极差，影响古树名木的正常生长发育，加之常年缺乏管理，无人过问，长期处于自生自灭状态，所以，有必要对古树名木进行定期松土施肥。首先要拆除水泥封闭的地面，清除混凝土等杂物，换上新土，再铺上草皮和其他地被植物，而游人密集处可改水泥地面，增加地面的通透性，有利于根系正常生长。每年冬季要结合施肥松一次土，深度30cm以上，范围在树冠投影1m左右，没有条件的至少在投影一半以上。根系裸露的需覆土保护。具体方法包括施腐叶土、土壤翻晒，设置复壮沟、换土。

（1）施腐叶土。腐叶土是用松树、栎树、槲树、紫穗槐等落叶（60%腐熟落叶加40%半腐熟落叶混合），再加少量N、P、K、Fe、Mn等元素配成。

（2）土壤翻晒。由于周围地上铺冷季型草坪，水分过多、通气不良而引起土壤透气性差。

先移走草坪，将表土起出，放在一边，然后顺着主根深挖，将其土放在另一边，深度20cm，晾晒4～7天，将原土加入松针土（1∶1）拌匀，再加入70%的五氯硝基苯（5g/m²）或托布津（2.5g/m²）或多菌灵（2.5g/m²）等，药与50～100倍的细土拌匀，如有菌剂最好一起填入，再铺种草。

（3）设置复壮沟（孔）。排水通气，复壮沟深80～100cm，宽80～100cm。复壮沟的位置在古树树冠投影外侧。回填处理从沟底开始，共分6层：沟底先垫20cm厚粗沙；其上铺10cm厚树枝；在树枝上填入20cm厚的腐叶土；在上面又铺10cm厚的树枝；上面又填入腐叶土20cm；最上一层为10cm厚的素土。

安装的通气管为金属、陶土或塑料制品，管径10cm，管长80～100cm，管壁有孔。外面包棕片等物，以防堵塞。每棵树2～4根，垂直埋设，下端与复壮沟的树枝层相连，上部开口加带孔的铁箅盖，既便于开启通气、施肥、灌水，又不会堵塞。

（4）换土。北京故宫曾在古松树冠投影范围内，对大的主根部分进行换土。换土时深挖0.5m（随时将暴露的根系用浸湿的草袋子盖上），原来的旧土与沙土、腐叶土、大粪、锯末、少量化肥混合均匀之后回填。同时还挖了深达4m的排水盲沟，其沟内最下层填大卵石，中层填碎石和粗沙，上面以细沙和园土填平，以使排水顺畅。目前，故宫里凡是经过换土的古松，均已返老还童，郁郁葱葱，很有生气。

4. 施肥

在对古树名木施肥时首先要考虑以下几个方面的因素。

（1）掌握树木在不同物候期内需肥的特性。树木在不同物候期需要的营养元素是不同的。在充足的水分条件下，新梢的生长很大程度取决于氮的供应，其需氮量从生长初期到生长盛期是逐渐提高的。随着新梢生长的结束，植物的需氮量有很大程度的降低，但蛋白质的合成仍在进行。树干的加粗生长一直延续到秋季。并且，植物还在迅速地积累蛋白质以及其他营养物质。所以，树木在整个生长期都需要氮肥，但需要量的多少是有很大不同的。

在新梢缓慢生长期，除需要氮、磷外，也还需要一定数量的钾肥。在此时期内，树木的营养器官除进行较弱的生长外，主要是在植物体内进行营养物质的积累。叶片加速老化，为了使这些老叶还能维持较高的生命能力，并使植物及时停止生长和提高抗寒能力，此期间除需要氮、磷外，充分供应钾肥是非常必要的。在保证氮、钾肥供应的情况下，多施磷肥可以促使芽迅速通过各个生长阶段，有利于分化成花芽。

开花、座果等生殖生长的旺盛时期，植物对各种营养元素的需要都特别迫切，而钾肥的作用更为重要。钾肥能加强植物的生长和促进花芽分化。

树木在春季和夏初需肥多，但在此时期内由于土壤微生物的活动能力较弱，土壤内可供吸收的养分恰处在较少的时期。解决树木在此时期对养分的高度需要和土壤中可给养分含量较低之间的矛盾，是土壤管理和施肥的任务之一。

（2）掌握树木吸肥与外界环境的关系。树木吸肥不仅决定于植物的生物学特性，还受外界环境条件（光、热、气、水、土壤反应、土壤溶液的浓度）的影响。光照充足，温度适宜，光合作用强，根系吸肥量就多，如果光合作用减弱，由叶输导到根系的合成物质减少了，则树木从土壤中吸收营养元素的速度也变慢。而当土壤通气不良时或温度不适宜时，同样也会发生类似的现象。

土壤水分含量与发挥肥效有密切关系，土壤水分亏缺，施肥有害无利。由于肥分浓度过高，树木不能吸收利用，而受毒害。积水或多雨地区肥分易淋失，降低肥料利用率。因此，施肥应根据当地土壤水分变化规律或结合灌水施肥。

土壤的酸碱度对植物吸肥影响较大。在酸性反应的条件下，有利于阴离子的吸收，在碱性条件下，有利于阳离子的吸收。在酸性反应的条件下，有利于硝态氮的吸收，而在中性或微碱性条件下，则有利于铵态氮的吸收。土壤的酸碱反应除了对树木的吸肥有直接作用外，还能影响某些物质的溶解度，因而也间接地影响植物对营养物质的吸收。

（3）掌握肥料的性质。肥料的性质不同，施肥的时期也不同。易流失和易挥发的速效性或施后易被土壤固定的肥料，如碳酸氢铵、过磷酸钙等宜在树木需肥前施入；迟效性肥料，如有机肥料，因需腐烂分解后才能被树木吸收利用，故应提前施用。同一肥料因施用时期不同而效果各异，因此，肥料应在经济效果最高时期施入。故决定各种肥料的施用时期，应结合树木营养状况、吸肥特点、土壤供肥情况以及气候条件等综合考虑，才能收到较好的效果。

具体施肥方法，首先，应考虑树木生物学特性、栽培的要求与土壤条件，古树名木是多年生植物，长期生长在同一地点，从肥料种类来说应以有机肥为主，同时适当施用化学肥料，施肥方式以基肥为主，基肥与追肥兼施。其次，古树名木种类繁多，作用不一，观赏、研究、经济效用互不相同。因此，就反映在施肥种类、用量和方法等方面的差异。在这方面各地经验颇多，需要系统的分析与总结。另外，古树名木生长地的环境条件是很悬殊的，有高山，又有平原肥土，还有水边低湿地及建筑周围等，这样更增加了施肥的困难，应根据栽培环境特点采用不同的施肥方式。同时，对树木施肥时必须注意园容的美观，避免发生恶臭有碍游人的活动，应做到施肥后立即覆土。对生长势特别差的古树名木，施肥浓度要稀，切忌过浓，以免发生意外。对它们可先进行叶面施肥，用浓度为0.1%～0.5%的尿素和0.1%～0.3%的磷酸氢二钾混合液于傍晚或雨后施肥，以免无效或产生药害。喜肥的树种有香樟、榉树、榆树、广玉兰、白玉兰、鹅掌楸、桂花、银杏等。

5. 修剪、立支撑

古树由于年代久远，主干或有中空，主枝常有死亡，造成树冠失去均衡，树体倾斜，有些枝条感染了病虫害，有些无用枝过多耗费了营养，需进行合理修剪，达到保护古树的目的。对有些古树结合修剪进行疏花果处理，减少营养的不必要浪费；又因树体衰老，枝条容易下垂，因而需要进行支撑。在复壮时，可修去过密枝条，有利于通风，加强同化作用，且能保持良好树形；对生长势特别衰弱的古树一定要控制树势，减轻重量，台风过后及时检查，修剪断枝，对已弯斜的或有明显危险的树干要立支撑保护，固定绑扎时要放垫料，以免发生缢束，以后酌情松绑。对某些体形姿态优美或具有一定历史意义的枯古木，过去均一概挖除，这无疑损失不少风景资源，具有积极意义的做法是首先将枯木进行杀虫杀菌、防腐以及必要的加固处理，然后在老干内方边缘适当位置纵刻裂沟，补植幼树并使幼树主干与古木干嵌合，外面用水苔缠好，再加细竹，然后用绳绑紧。如此经过数年，幼树长粗，嵌入部长得很紧，未嵌入部向外增粗遮盖了切刻的痕迹，宛若枯木逢春了。

6. 堵洞、围栏

古树的树干和骨干枝上，往往因病虫害、冻害、日灼及机械操作等造成伤口，这些伤口如不及时保护、治疗、修补，经过长期雨水浸泡和病菌寄生，易使内部腐烂形成树洞。因此，要及时补好树洞，避免被雨水侵蚀，引发木腐菌等真菌危害，日久形成空洞甚至导致整个树干被害，具体方法有填充法、开放法和封闭法3种。

（1）填充法。大部分木质部完好的局部空洞用此法。先将空洞杂物扫除，刮除腐烂的木质，铲除虫卵，先涂防水层，可用油漆、煤焦油、木焦油、虫胶、接蜡等，再用1%浓度的甲醛液（福尔马林溶液）消毒，市场售的浓度为35%，需用3～5倍水稀释后使用。也可用1%的波尔多液（硫酸铜10g+生石灰10g+2kg水混合而成）或用硫酸铜溶液（硫酸铜10g+水10g搅拌溶解后再加10kg水调和即成）消毒。消毒后再填入木块、砖、混凝土，填满后用水泥将表面封好。洞的宽度较狭时，将其空洞先涂防水层，形成新的组织。填洞这项工作最好在树液停止流动时，即秋季落叶后到翌年早春前进行。此外要注意2点。

①水泥。涂层要低于树干的周皮层，其边缘要修削平滑，水泥等污染物要冲洗干净，以利于生长包裹涂层。

②树洞要修削平滑，并修削成竖直的梭子形，使周皮层下、韧皮部上的形成层细胞，较易按切线方向分裂，较快地将伤口包被。因此，伤口边缘要光滑清洁。

（2）开放法。树洞不深或树洞过大都可采用此法。如伤孔不深无填充的必要时可按伤口治疗的方法处理：首先应当用锋利的刀刮净削平四周，使皮层边缘呈弧形，再用药剂（2%～5%的硫酸铜，0.1%的升汞溶液、石硫合剂原液）消毒，然后修剪造成的伤口，应先将伤口削平再涂保护剂。选用的保护剂要容易涂抹，黏着性好，受热不熔化，不透雨水，不腐蚀树体组织，同时又有防腐消毒的作用，如铅油、接蜡等均可。

如树洞很大，给人以奇特之感，欲留做观赏时可采用此法。将洞内腐烂木质部彻底清除，刮去洞口边缘的死组织，直至露出新的组织为止，用药剂消毒并涂防护剂。同时改变洞形，以利排水，也可以在树洞最下端插入排水管。以后需经常检查防水层和排水情况，防护剂每隔半年左右重涂一次。

（3）封闭法。树洞经处理消毒后，在洞口表面钉上板条，以油灰和麻刀灰封闭（油灰是用生石灰和熟桐油以1∶0.35的比例制成的，也可以直接用安装玻璃的油灰），再涂以白灰乳胶、颜料粉面，以增加美观，还可以在上面压树皮状纹或钉上一层真树皮。

7. 防治病虫害

古树名木因长势衰退，极易发生病虫害，病虫的危害直接影响其观赏价值，同时也影响其正常生长发育。因此，要有专人定期检查，做好虫情预测预报，做到治早、治小，把虫口密度控制在允许范围内。主要虫害有松大蚜、红蜘蛛、吉丁虫、黑象甲、天牛等。主要病害有梨桧锈病、白粉病。

8. 装置避雷针

据调查，千年古树大部分都受到过雷击，严重影响树势。有的在雷击后未采取补救措施甚至很快死亡。所以，凡没有装备避雷针的古树名木，要及早装置，以免发生雷击损伤古树名木。如果遭受了雷击，应立即将伤口刮平，涂上保护剂。

9.5 古树名木的管理与利用

9.5.1 古树名木的管理

1. 古树名木的分级管理

国家颁发的《城市古树名木保护管理办法》规定：一级古树名木由省、自治区、直辖市人民政府确认，报国务院建设行政主管部门备案；二级古树名木由城市人民政府确认，直辖市以外的城市报省、自治区建设行政主管部门备案，其档案也应作相应处理。

2. 明确管理责任

古树名木保护管理工作要加强组织领导，明确责任分工，实行专业养护部门保护管理和单位、个人保护管理相结合的原则，对每一株古树名木的保护都具体落实到责任单位、责任人。各地城建、园林部门和风景名胜区管理机构要根据调查鉴定的结果，做好古树名木的登记、存档备案，对本地区所有古树名木进行挂牌，标明树名、学名、科属、树种、管理单位等。

3. 保障管理经费

城市人民政府应当每年从城市维护管理经费、城市园林绿化专项资金中划出一定比例的资金用于城市古树名木的保护管理。

4. 加大宣传教育力度

各级政府、各有关部门，尤其是城市绿化管理部门和科研院所要通过不断研究和学习，加强对古树名木的认识和了解，并通过电台、电视台、报刊等新闻媒体进行广泛宣传，使广大市民充分了解古树名木保护的重要意义，并积极参与到保护活动中，形成良好的舆论氛围。

5. 加大保护管理的执法力度

各级城市管理行政执法局、园林管理部门在古树名木保护过程中，要加强巡查，及时发现并制止有关损坏古树名木的行为，对砍伐、买卖、转让、移植古树名木的行为进行严肃查处，确保古树名木有一个良好的生长环境。

9.5.2 古树名木的利用

古树名木不仅是当地悠久历史的见证和历史变迁的证明，而且还具有较高的科研和观赏价值。一株古树，就是一处优美的景观；一株名木，就有一段神奇的故事。

1. 古树名木是优良的旅游资源

古树名木是历代陵园、名胜古迹、风景区的佳景之一，如黄山的“迎客松”、泰山的“卧龙松”、北京市中山公园的“槐柏合抱”等。

2. 古树名木具有重要的研究价值

古树名木是研究古自然史的重要资料。古树对于研究树木生理具有特殊意义。古树的存在能够把树木生长、发育在时间上展现为空间上的排列，使我们能以处于不同年龄阶段的树木作为研究对象，从中发现该树种从生到死的总规律。任何开发与建设，必须从保护和利用好自然和历史留给我们的文化遗产出发。对古树名木的保护和利用，是人与自然和谐相处的最好体现。

第10章

郑州市森林公园主要园林植物养护与管理

10.1 常绿乔木的养护与管理

五针松(*Pinus parviflora*)

形态特征

松科松属常绿针叶乔木。树皮灰褐色，老干有不规则鳞片状剥裂，内皮赤褐色，叶针状，细弱而光滑，每5枚针叶簇生为一小束，多数小束簇生在枝顶和侧枝上。花期5月，球花单性同株。球果卵圆形，翌年10~11月种子成熟，种子为倒卵形，具三角形种翅，淡褐色。

生长习性

五针松是喜光树种，对光照要求很高，喜欢温暖湿润的环境，栽植土壤不能积水，排水透气性要好，在阴湿之处生长不良，不适于砂地生长。

养护管理

五针松的浇水要注意适度，夏季气温高，一般早晚各浇水一次，而早晨一次必须浇足，傍晚则应视干湿情况而定。五针松对肥力要求不高，施肥不宜过多和过浓，施肥过多，会使枝梢徒长，针叶变长，妨碍观赏价值。需每年进行整形修剪。但五针松的修剪应在其冬季休眠期进行，切不可在盛夏季节修剪，否则伤口会大量流出松脂，影响五针松的生长。

五针松常见病虫害有锈病、蚧壳虫、红蜘蛛、蚜虫等。

园林应用

五针松姿态端正，是观赏价值很高的树种，既适合庭园点缀布置，又是盆栽或做盆景的重要树种;可列植园路两侧作园路树，亦可在园路转角处2、3株丛植；种植于庭园或花坛，与山石相配更为合宜；孤植配奇峰怪石，整形后在公园、庭院、宾馆作点景树，适宜与各种古典或现代的建筑配植。

白皮松(*Pinus bungeana* Zucc.)

形态特征

松科松属常绿乔木，有明显的主干，塔形或伞形树冠。叶背及腹面两侧均有气孔线，先端尖，边缘细锯齿。雄球花卵圆形或椭圆形，球果通常单生，成熟前淡绿色，熟时淡黄褐色，种子灰褐色，近倒卵圆形。4~5月开花，第二年10~11月球果成熟。

生长习性

喜光树种，耐瘠薄土壤及较干冷的气候；在气候温凉、土层深厚、肥润的钙质土和黄土上生长良好。生长温度范围−30~40℃，对于−30℃低温、pH值7.5~8的土壤也能适应。

养护管理

生长季节浇水，必须本着“以需供水，浇则浇透”原则。树落青叶，水分过少；树落黄叶，水分过多或长期慢性干旱。雨季做好排水工作，积水最好不超过24小时，应注意地势低洼处积水的及时处理。本着“薄施勤施”的原则，每年施肥2~4次。施肥时间控制在春夏两季，秋后不要施肥，以免苗木冬季遭受冻害。根据规格大小，每次施肥量100~300g/棵。春季施速效肥（尿素），夏季施缓效肥（复合肥），复合肥选择N:P:K=17:17:17。施肥前应查看土壤的干湿度，土壤湿度低的施肥后必须浇水。修剪时间应控制在11月至翌年3月进行，否则，剪后易成伤流。一般不过多的修剪，主要间疏过密嫩枝条、拖地枝、病残枝等，调整主枝角度，以均衡树势，改善树冠通风透光条件，促使树冠丰满匀称。

白皮松病虫害较少，常见的有松赤落叶病、赤枯病、松大蚜、红脂大小蠹等。

园林应用

白皮松树姿优美，树皮奇特，可供观赏。在园林配置上用途十分广阔，它可以孤植、对植、丛植成林或作行道树，也可用于庭院中堂前、亭侧栽植。

油松（*Pinus tabulaeformis* Carr.）

形态特征

松科松属常绿乔木，树皮灰褐色或褐灰色，裂成不规则较厚的鳞状块片，幼时微被白粉。冬芽矩圆形，顶端尖，边缘有丝状缺裂。雄球花圆柱形，在新枝下部聚生成穗状。球果卵形或圆卵形，有短梗，向下弯垂，种子卵圆形或长卵圆形。花期4~5月，球果第二年10月成熟。

生长习性

油松为喜光、深根性树种，喜干冷气候，在土层深厚、排水良好的酸性、中性或钙质黄土上均能生长良好。

养护管理

油松抗旱能力较强，对水分的要求不是很严格，一般来说树木成活后可靠自然降水生长。夏天大雨后，应及时排水，以免因积水而导致苗木死亡。值得提醒的是，如果赶上连续几个月干旱，也应及时浇水缓解旱情，过于干旱也不利于生长。油松耐瘠薄，但亦喜肥，充足的肥料可使苗子生长旺盛。在生长期，合理适量施用追肥，前期施用氮肥，后期施用磷钾肥，对加速苗木生长有较好的作用，不会发生肥害。冬季可结合浇冻水施用一些牛马粪。自然树形的油松对修剪要求不高，可注意将过密枝条进行疏除，对于一些内向枝、病虫枝、下垂枝、交叉枝及时进行疏剪。造型苗则应按应用要求来进行修剪，修剪造型应注意循序渐进，不可求快，贪图一步到位。

油松常见病虫害有油松立枯病、油松松针锈病、油松毛虫、油松球果螟等。

园林应用

油松树干挺拔苍劲，姿态优美，四季常春，不畏风雪严寒。在园林配植中，除了适于作独植、丛植、纯林群植外，亦宜行混交种植。

雪松（*Cedrus deodara* (Roxb.) G. Don）

形态特征

松科雪松属常绿乔木，高可达30m左右，胸径可达3m，树冠尖塔形。叶针形，质硬，灰绿色或银灰色，在长枝上散生，短枝上簇生。10~11月开花。球果翌年成熟，椭圆状卵形，熟时赤褐色。雄球花长卵圆形或椭圆状卵圆形，雌球花卵圆形。

生长习性

雪松比较适合在气候温和的环境中生长，耐寒性不强，它喜欢光照充足，并且比较耐阴。土壤要求排水性良好，并且呈现酸性。不耐水湿，并且不耐污染，容易受到环境污染的伤害。

养护管理

雪松有一定的抗旱性，怕涝，坚持干透浇透，但要避免积水。雨后注意要及时排水，防止雪松烂根。施肥时间最好控制在4~5月，切忌肥水过浓，可分次2~3次施薄肥。在浇水或大雨过后，要对树穴适时进行松土，以增加土壤的透气性，人工除草可以结合松土进行。雪松的修剪可在冬季休眠期进行，剪除重叠枝、交叉枝、枯枝和徒长枝。冬季大雪过后及时将树冠上的积雪振落，防治枝干被压折。

雪松病害主要有立枯病、叶枯病、红蜘蛛、松毒蛾、红蜡蚧等。

园林应用

雪松是世界著名的庭园观赏树种之一。它具有较强的防尘、减噪与杀菌能力，也适宜作工矿企业绿化树种。雪松树体高大，树形优美，最适宜孤植于草坪中央、建筑前庭之中心、广场中心或主要建筑物的两旁及园门的入口等处。

蓝冰柏（*Cupressus Blue Ice*）

形态特征

柏科柏木属，是欧美传统的彩叶观赏常绿树种。树形垂直、整洁且紧凑，整体呈圆形。鳞叶蓝色或蓝绿色，小枝四棱形或圆柱形，通常不排成一个平面,鳞叶小，交叉对生,雌雄同株,球花单生枝顶；球果翌年成熟，球形或近球形。种鳞4~8对，木质、盾形，成熟时张开，中部发育，各对种鳞具5粒以上种子，种子长圆形或长圆状倒卵形，稍扁，有棱角，两侧具窄翅。

生长习性

蓝冰柏喜光,在全日照至50%遮阴的光照条件下均能生长；耐寒也耐高温，喜温暖湿润气候，适宜温度-15~35℃；对土壤条件要求不严，耐酸碱性强，pH5.0~8.0之间均能生长良好，耐干旱瘠薄又略耐水湿，喜疏松、排水性较好的土壤。蓝冰柏主根不明显，而侧根系较发达，萌芽力强，耐修剪。

养护管理

蓝冰柏从4月底进入生长期，6月进入生长高峰，夏季高温生长减缓，10月再次进入生长高峰期，冬季土壤封冻后进入停长期。因此，要根据其生长规律，进行水肥管理，生长期要经常浇水，但要掌握好水分控制，以免造成沤根。生长期高峰期施肥以氮肥为主，夏施钾肥，冬季及早春穴施复合肥，施肥后浇水。大雨或浇水后要进行松土，人工除草可结合松土进行，但不能离苗太近，以免伤害苗木根系。蓝冰柏枝条紧凑，自然形状较好，一般不作大的修剪，发现病虫枝、瘦弱枝、干枯枝及时剪去，保持树体整洁。

蓝冰柏抗性较强，病虫害发生较少。偶见有红蜘蛛发生危害。

园林应用

蓝冰柏株型垂直，是制作圣诞树的主要树种；它可用于大型租摆盆栽和公园、广场等场所景观绿化，孤植、片植或列植，均有高雅、素净的效果。

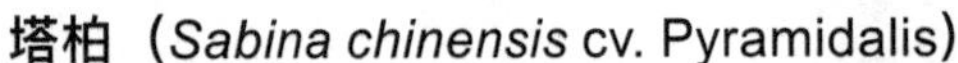

塔柏（*Sabina chinensis* cv. Pyramidalis）

形态特征

柏科圆柏属常绿乔木或小乔木，树皮深灰色，纵裂，成条片开裂。幼树的枝条通常斜上伸展，形成尖塔形树冠，老则下部大枝平展，形成广圆形的树冠。叶二型，即刺叶及鳞叶。

雌雄异株，稀同株，雄球花黄色，椭圆形。球果卵圆形或近球形，种子1粒，卵圆形。花期4月，球果当年10月成熟。

生长习性

塔柏为温带阳性树种，喜于温润肥沃排水良好的钙质土壤，耐寒、耐旱、抗盐碱，易于存活。

养护管理

塔柏浇水不可偏湿，不干不浇，做到见干见湿，天气变暖时应该在早晚进行浇水，高温期间浇水更为重要，每次都应浇透，雨季应注意排水防涝，不应让塔柏栽植处或树穴中积水。塔柏不宜多施肥，每年的春季3~5月施稀薄腐熟的有机肥2~3次，秋季施1~2次，可以保持叶鲜绿浓密，生长健壮。成型修剪以摘心为主，对徒长枝可进行打梢，剪去顶尖，促生侧枝。

塔柏常见病虫害有霉菌病、圆柏梨锈病和红蜘蛛等。

园林应用

塔柏为普遍栽培的庭园树种，除作观赏外，尚少用作大规模造林者。盆栽的塔柏经过特殊的修剪之后，可变成苍劲的盆景。

广玉兰（*Magnolia grandiflora* L.）

形态特征

木兰科木兰属常绿乔木，树皮淡褐色或灰色，薄鳞片状开裂。叶厚革质，椭圆形，长圆状椭圆形或倒卵状椭圆形。花白色，有芳香，聚合果圆柱状长圆形或卵圆形，种子近卵圆形或卵形。花期5~6月，果期9~10月。

生长习性

弱阳性，喜温暖湿润气候，抗污染，不耐碱土。在肥沃、深厚、湿润而排水良好的酸性或中性土壤中生长良好。根系深广，颇能抗风。

养护管理

广玉兰肉质根，浇水要适量，浇水后及时松土。要根据土壤和天气情况适时浇水，春旱时多浇水，若夏季降水过多，还需开排水槽，以免根部积水，导致广玉兰烂根死亡。广玉兰对于肥料的要求相对较高，一般遵循勤施稀肥的原则，生长期为促进花芽分化可施薄肥1~2次，生长旺盛期可每半个月施一次花肥。在生长期或谢花后，可施稀薄粪水1~2次，促进花芽分化，这样才可使其叶绿花繁，第二年花大香浓，增强植株的抗病能力。随时剪去枯枝、病枝或过密枝，以及砧木上的萌蘗枝，集中养分保蕾保花。花后及时摘去败蕾，以减少树木养分的消耗。

广玉兰常见病虫害有叶斑病、炭疽病、草履蚧、白蚁等。

园林应用

广玉兰为美丽的园林绿化观赏树种，可做园景、行道树、庭荫树。宜孤植、丛植或成排种植；广玉兰还能耐烟抗风，对二氧化硫等有毒气体有较强的抗性，故又是净化空气、保护环境的好树种。

枇杷（*Eriobotrya japonica* (Thunb.) Lindl.）

形态特征

蔷薇枇杷属常绿小乔木。枇杷高可达10m，小枝粗壮，黄褐色，密生锈色或灰棕色绒毛。叶片革质，披针形、倒披针形、倒卵形或椭圆长圆形， 圆锥花序顶生，果实球形或长圆形，黄色或桔黄色，外有锈色柔毛，不久脱落，种子球形或扁球形。花期10~12月，果期5~6月。

生长习性

枇杷喜光，稍耐阴，喜温暖气候和肥水湿润、排水良好的土壤，稍耐寒，不耐严寒，生长缓慢，平均温度12~15℃以上，冬季不低–5℃，花期，幼果期不低于0℃的地区，都能生长良好。

养护管理

枇杷喜欢相对湿润的土壤条件，养护时需要及时浇水，不能让土壤过于干燥。在5~6月，每10天施肥一次，以氮肥为主，在7~8月，增施磷钾肥。9月之后，需要停止施肥。修剪分为两个时期，春季修剪和夏季修剪，春季修剪在每年3月份，修剪范围要在总枝数量的10%之内，主要剪除密生枝、纤弱枝，病虫枝以利改善光照，对部分外移的主枝进行回缩，疏除果桩或结果枝的果轴，以促发夏梢；夏剪的修剪量在总枝的20%以内。

枇杷常见病虫害有灰斑病、污叶病、根颈腐烂病、黄毛虫、舟形毛虫、黄毒蛾、刺蛾等。

园林应用

枇杷树形整齐美观，叶大荫浓，四季常青，春萌新叶白毛茸茸，秋孕冬花，春实夏熟，在绿叶丛中，累累金丸，古人称其为佳实。常应用于小区、学校、事业单位、工厂绿化，配置在山坡、庭院、路边、建筑物前。

大叶女贞(*Ligustrum compactum* (Wall. ex G. Don) Hook. f.)

形态特征

木犀科女贞属常绿大灌木或乔木，树皮灰褐色，光滑不裂。叶革质，椭圆状披针形或卵状披针形，渐尖，基部通常宽楔形，下面主脉明显隆起。圆锥花序长 7~16cm，有短柔毛。核果椭圆状，蓝黑色,4~5月开花，11~12月种子成熟。

生长习性

阳性树种，喜光，喜温暖环境。对土壤的适应性强，酸性、中性及轻度盐碱土均可生长。深根性，侧根广展，抗风力强。忌积水，不耐干旱和贫瘠。

养护管理

养护期要及时浇水，但也要严格控制浇水量，浇水量过多会引起病害，日常可视土壤的墒情来确定是否浇水和浇水量，以保持土壤大半墒状态为好。大叶女贞喜肥，可根据土壤情况适时施肥，以秋末施农家肥为主。大叶女贞的整形修剪目的，是要其保持完美、丰满的树形。首先，去除树冠内的密集枝、干枯枝、病弱枝。其次，根据侧枝的生长方向，需要的侧枝进行保留，不需要的侧枝根据树木冠形的需要来确定短截或去除。

大叶女贞常见病虫害有褐斑病、煤污病、斑衣蜡蝉、女贞卷叶绵蚜、白蜡蚧、女贞天蛾、绒星天蛾等。

园林应用

大叶女贞是优良的绿化树种，用途广，因其树冠圆整优美，树叶清秀，终年常绿，常做行道树，是少见的北方常绿阔叶树种之一，也可作为庭院树和绿篱。

飞蛾槭（*Acer oblongum* Wall. ex DC.）

形态特征

槭树科槭树属常绿（或半常绿）乔木，高10~20m。小枝细瘦，近于圆柱形。当年生嫩枝紫色或紫绿色，近于无毛，多年生老枝褐色或深褐色。叶革质，长圆卵形，长5~7cm，宽3~4cm，全缘，基部钝形或近于圆形，先端渐尖或钝尖，叶柄长2~3cm，黄绿色，无毛。花杂性，绿色或黄绿色，雄花与两性花同株，常成被短毛的伞房花序，花瓣5，倒卵形，长3mm，花梗长1~2mm，细瘦。翅果嫩时绿色，成熟时淡黄褐色，小坚果凸起成四棱形，长7mm，宽5mm。花期4月，果期9月。

生长习性

飞蛾槭喜阳耐阴，喜湿怕涝，喜土壤肥厚疏松，较耐寒，在平原地区能耐-10℃的低温。

养护管理

生长期多浇水，保持土壤湿润，注意不要积水。6~7月份追肥1~2次，能加速生长。9月底停止施肥、浇水，以利安全越冬。秋冬季及时剪去病虫枝、重叠枝、交叉枝。

飞蛾槭常见病虫害为白粉病、天牛、蚜虫等。

园林应用

飞蛾槭树形清秀宜人，是庭院绿化的好树种。同时，飞蛾槭适应性广、生长快、抗性强，是荒山荒地、矿山开采区、边坡和黄土裸露地、石漠化地区等生态脆弱区实施“复绿工程”和“廊道绿化”的优良乡土树种。

香樟（*Cinnamomum camphora* (L.) Presl.）

形态特征

樟科樟属常绿乔木，高可达30m，直径可达3m，树冠广卵形。枝、叶及木材均有樟脑气味，树皮黄褐色，有不规则的纵裂。叶互生，卵状椭圆形，长6~12cm，宽2.5~5.5cm，先端急尖，基部宽楔形至近圆形，边缘全缘，软骨质，有时呈微波状，上面绿色或黄绿色，有光泽，下面黄绿色或灰绿色，晦暗，两面无毛或下面幼时略被微柔毛。圆锥花序腋生，长3.5~7cm，具梗，总梗长2.5~4.5cm，花绿白或带黄色，长约3mm；花梗长1~2mm，无毛。果卵球形或近球形，直径6~8mm，紫黑色。花期4~5月，果期8~11月。

生长习性

香樟略耐阴、喜光，不耐严寒，可在温暖湿润的环境中生长；较耐水湿，但水涝容易导致烂根缺氧而死；不耐干旱、瘠薄和盐碱土。香樟树主根发达，深根性，具有较强的抗风性。

养护管理

香樟浇水要视天气、土壤质地而谨慎定，坚持“不干不浇，浇则浇透”的原则，同时要防止树穴内积水，发现积水时要及时排除，保证树体根部不积水，不干旱。夏季高温宜采取喷水措施增加湿度。施肥要坚持少量多次、薄肥勤施的原则，生长期以氮肥为主。香樟栽植5年内，冬季保温防冻是提高成活率的关键，主要方法是根部培土、草绳包干和树冠覆膜。草绳包干要紧密严实，为提高保温效果，草绳外可以再包一层农膜。在每年的3-4月香樟新梢生长期，针对一些下垂枝、枯枝、弱枝、过密枝进行修剪；对于一些生长势减弱的大树，对其粗大的主枝进行回缩修剪，以利恢复生长；对长势较旺的树进行疏剪，使香樟树内膛枝条舒展自然，尽量使上下两层枝条错落分布。

香樟的病虫害主要有白粉病、黑斑病、樟叶蜂、樟梢卷叶蛾等。此外，黄化病是香樟的生理性病害，在郑州地区普遍发生。主要表现为植株新梢嫩叶呈黄绿色、黄色或黄白色，叶片薄而小，下部叶片为淡绿色。可以通过施用含硫酸亚铁的有机肥或喷施0.1%~0.2%硫酸亚铁等措施，提高土壤中铁的含量来防治。

园林应用

香樟枝叶茂密，冠大荫浓，树姿雄伟，能吸烟滞尘、涵养水源、固土防沙和美化环境，是城市绿化的优良树种，广泛作为庭荫树、行道树、防护林及风景林。常配植池畔、水边、山坡等。在草地中丛植、群植、孤植或作为背景树。

山坡等。在草地中丛植、群植、孤植或作为背景树。

龙柏（*Sabina chinensis* (L.) Ant. cv. Kaizuca）

形态特征

柏科圆柏属常绿小乔木。龙柏高可达4~8m。树皮呈深灰色，树干表面有纵裂纹。树冠圆柱状。叶大部分为鳞状叶(与桧的主要区别)，少量为刺形叶， 沿枝条紧密排列成十字对生。龙柏(孢子叶球)单性，雌雄异株，于春天开花，花细小，淡黄绿色，并不显著，顶生于枝条末端。浆质球果，表面披有一层碧蓝色的蜡粉，内藏两颗种子。枝条长大时会呈螺旋伸展，向上盘曲，好像盘龙姿态，故名"龙柏"。有特殊的芬芳气味，近处可嗅到。

生长习性

喜阳，稍耐阴。喜温暖、湿润环境，抗寒。抗干旱，忌积水，排水不良时易产生落叶或生长不良。适生于干燥、肥沃、深厚的土壤，对土壤酸碱度适应性强，较耐盐碱。对氧化硫和氯抗性强，但对烟尘的抗性较差。

养护管理

根据天气和土壤状况适时浇水。春季干旱多风，注意多浇水，雨季及时排水。3月份浇土壤解冻水的同时施基肥，4~6月份可根据树势，结合浇水，追施尿素等氮肥(浓度2%~3%)或根据需要进行叶面施肥，7~8月追肥可在雨前干施，9月对有些生长较弱，枝条不充实的苗木，追施一些磷、钾肥。作为色块培养的龙柏要注意通过打头控制高度。生长期要及时剪除萌蘖，避免养分流失。及时中耕除草，避免形成草荒。

龙柏病害发生较少，常见的是梨赤星病和紫纹羽病。

园林应用

龙柏在造景艺术方面，可以修剪成塔形、龙形和高杆；可应用于公园、庭园、绿墙和高速公路中央隔离带；龙柏特别适宜作园林色块，种植密度高，形成群体效果。

山茶（*Camellia japonica* L.）

形态特征

山茶科山茶属常绿灌木或小乔木，是我国特产的名贵花卉，为我国十大名花之一。高可达9m，嫩枝无毛。叶革质，椭圆形，先端略尖，或急短尖而有钝尖头，基部阔楔形，绿

色有光泽，上面深绿色，干后发亮，无毛，下面浅绿色，无毛。花顶生，有白、粉、紫红、红等色，无柄。花瓣6~7片，外侧2片近圆形。蒴果圆球形，2~3室，每室有种子1~2个，果爿厚木质。花期1~4月。

生长习性

喜水分充足、温暖湿润的环境，耐半阴。露地栽培喜深厚、肥沃、疏松而富腐殖质的偏酸性土壤。怕高温，忌烈日、忌干燥。当温度在12℃以上开始萌芽，30℃以上则停止生长，始花温度为2℃。山茶的耐寒品种能短时间耐-10℃，一般品种-3~-4℃。夏季温度超过35℃，就会出现叶片灼伤现象。抗烟尘及有害气体。

养护管理

山茶浇水的原则是，开花和生长期可略湿，休眠期可略干。夏、秋季节，气温炎热，雨量偏少，空气干燥，这时掌握好浇水量更是关键。土壤要保持湿润勿干，高温干旱的夏秋季，应及时浇水或喷水。阴雨天少浇水或不浇水，连阴雨天还要防止积水，发现有积水应及时排除。山茶花不甚喜肥，不必施过多肥料，一般花前10~11月，花后4~5月，施肥2~4次。施肥的原则：宜轻不宜重，宜淡不宜浓，宜少不宜多。必须坚持薄肥勤施的方法，特别是不要施生肥。山茶的生长较缓慢，不宜强度修剪，一般将影响树形的徒长枝以及病虫枝、弱枝剪去即可。若每枝条上的花蕾过多，可疏花仅留1~2个，并保持一定距离，其余及早摘去，以免消耗养分。及时摘去接近凋谢的花朵，减少养分消耗，以利植株健壮生长，形成新的花芽。摘蕾时注意叶芽位置。

山茶常见的病虫害有炭疽病、黑煤病、蛀茎虫、介壳虫等。

园林应用

山茶为中国的传统园林花木，耐荫，江南地区配置于疏林边缘，生长最好；假山旁植可构成山石小景；亭台附近散点三、五株，格外雅致；若辟以山茶园，花时艳丽如锦；庭院中可于院墙一角，散植几株，自然潇洒；如选杜鹃、玉兰相配置，则花时，红白相间，争奇斗艳；森林公园也可于林缘路旁散植或群植一些性健品种，花时可为山林生色不少。北方宜盆栽观赏，置于门厅入口，会议室、公共场所都能取得良好效果。植于家庭的阳台、窗前，春意盎然。

桂花（*Osmanthus fragrans*）

形态特征

木犀科木犀属常绿乔木或灌木，高3~5m，最高可达18m。树皮灰褐色。小枝黄褐色，无毛。叶片革质，椭圆形、长椭圆形或椭圆状披针形，先端渐尖，基部渐狭呈楔形或宽楔形，全缘或通常上半部具细锯齿，两面无毛。聚伞花序簇生于叶腋，或近于帚状，每腋内有花多朵。花梗细弱，长4~10mm，无毛。花极芳香，花冠黄白色、淡黄色、黄色或桔红色，长3~4mm。果歪斜，椭圆形，长1~1.5cm，呈紫黑色。花期9~10月上旬，果期翌年3月。

生长习性

桂花喜温暖，抗逆性强，既耐高温，也较耐寒。桂花较喜阳光，亦能耐阴，在全光照下其枝叶生长茂盛，开花繁密，在阴处生长枝叶稀疏、花稀少。桂花性好湿润，切忌积水，但也有一定的耐干旱能力。桂花对土壤的要求不太严，除碱性土和低洼地或过于粘重、排水不畅的土壤外，一般均可生长，但以土层深厚、疏松肥沃、排水良好的微酸性砂质壤土最为适宜。

养护管理

桂花在新梢长出之前要少浇水，只要土壤处于微微湿润状态就好，浇水太多不仅会影响新根生长，还可能会烂根。雨季要减少浇水，夏季高温季节要增加浇水量。一般春季施1次氮肥，夏季施1次磷、钾肥，使花繁叶茂，入冬前施1次越冬有机肥，以腐熟的饼肥、厩肥为主。忌浓肥，尤其忌人粪尿。修剪因树而定，根据树姿将大框架定好，将其他萌蘖条、过密枝、徒长枝、交叉枝、病弱枝去除，使通风透光。对树势上强下弱者，可将上部枝条短截1/3，使整体树势强健，同时在修剪口涂抹愈伤防腐膜保护伤口，起到平衡树势、改善光照的作用。

桂花常见的病害为褐斑病、枯斑病、炭疽病、红蜘蛛等。

园林应用

桂花终年常绿，枝繁叶茂，秋季开花，芳香四溢，可谓“独占三秋压群芳”。在园林中应用普遍，常作园景树，有孤植、对植，也有成丛成林栽种。在中国古典园林中，桂花常与建筑物、山石相配，以丛生灌木型的植株植于亭、台、楼、阁附近。桂花对有害气体二氧化硫、氟化氢有一定的抗性，也是工矿区绿化的好树种。

10.2 落叶乔木的养护与管理

垂柳（*Salix babylonica*）

形态特征

杨柳科柳属落叶乔木，树冠倒广卵形。小枝细长下垂，淡黄褐色。叶互生，披针形或条状披针形，先端渐长尖，基部楔形，无毛或幼叶微有毛，具细锯齿，托叶披针形。雄蕊2，雌花子房无柄，腺体1。花期3~4月，果熟期4~6月。

生长习性

垂柳喜光，喜温暖湿润气候及潮湿深厚的酸性及中性土壤。较耐寒，特耐水湿，但亦能生于土层深厚之干燥地区。

养护管理

垂柳的生长适应性极强，但生长离不开水，只要不缺水就能成活，垂柳衰老快，一般需要逐株进行施肥，灌水、打药及松土除草，特别是苗木速生期要及时灌水和适时追肥，在修剪过程中注意剪掉病虫枝、衰败枝。

垂柳常见病虫害有腐烂病、光肩天牛、柳树金花虫和蚜虫、卷叶虫等。

园林应用

垂柳枝条细长，生长迅速，最宜配植在水边，如桥头、池畔、河流，湖泊等水系沿岸处，是固堤护岸的重要树种。也可作庭荫树、行道树、公路树。

水曲柳（*Fraxinus mandshurica* Rupr.）

形态特征

木犀科梣属落叶乔木，高可达30m，树皮厚，灰褐色。羽状复叶，叶柄近基部膨大，叶着生处具关节，纸质，叶片长圆形至卵状长圆形，叶缘具细锯齿。圆锥花序生于去年生枝上，先叶开放，雄花与两性花异株。翅果大而扁，4月开花，8~9月结果。

生长习性

水曲柳属于阳性树种，喜光，耐寒，稍耐盐碱，在湿润、肥沃、土层深厚的土壤上生长旺盛。

养护管理

水曲柳的浇水要本着多次少量的原则，进入8月不旱不浇，浇则浇透，要适时除草和松土；每年都要在5~7月间进行两次除草、松土和追施N肥，促进苗木健康生长，每年还要对苗

木进行适当的修剪，应及时剪去过密枝、交叉枝、徒长枝、病枯枝、衰弱枝和损伤枝等，保证树木正常生长。还要缩剪影响苗木主干生长的大侧枝和剪除苗木下部1/3以内的所有侧枝、萌芽。

水曲柳的主要病虫害有糖槭蚧和幼苗立枯病。

园林应用

水曲柳是优良的绿化和观赏树种。可用于湖岸绿化和工矿区绿化，同时可与许多针阔叶树种组成混交林，形成复合结构的森林生态系统。

皂荚树（*Gleditsia sinensis* Lam.）

形态特征

豆科皂荚属落叶乔木或小乔木，高可达30m，枝灰色至深褐色。刺粗壮，圆柱形，常分枝，多呈圆锥状。叶为一回羽状复叶，边缘具细锯齿，网脉明显，在两面凸起。花杂性，黄白色，组成总状花序，花序腋生或顶生。荚果带状，劲直或扭曲。种子多颗，棕色，光亮。花期3~5月，果期5~12月。

生长习性

皂荚喜光，稍耐阴，生于山坡林中或谷地、路旁。在微酸性、石灰质、轻盐碱土甚至粘土或砂土均能正常生长。属于深根性植物，具较强耐旱性。

养护管理

皂荚树要适时浇水，7~8月为降水丰沛期，可少浇水或者不浇水，大雨后应及时将积水排出；每年4月初可以施用一次尿素，6月初施用一次三要素复合肥，8月中旬施用一次磷钾复合肥，秋末结合浇冻水施用一次经腐熟发酵的牛马粪；树型形成后，及时将树冠内的过密枝、病虫枝、交叉枝进行疏除即可。

皂荚树常见的病虫害有煤污病、白粉病、蚜虫、蚧壳虫等。

园林应用

皂荚树既可用做防护林和水土保持林，也可用于城乡景观林、道路绿化，还是退耕还林、林牧结合的优选树种。

梨树（*Pyrus*, i, f.）

形态特征

蔷薇科梨属多年生落叶乔木，主干在幼树期树皮光滑，树龄增大后树皮变粗，纵裂或剥落。2年生以上枝灰黄色乃至紫褐色。单叶，互生，叶缘有锯齿，叶形多数为卵形或长卵圆形，叶柄长短不一。花为伞房花序，两性花，花瓣近圆形或宽椭圆形。果实有圆、扁圆、椭圆、瓢形等;果皮分黄色或褐色两大类，果肉中有石细胞，内果皮为软骨状；种子黑褐色或近黑色。

生长习性

梨树为喜光喜温果树，对土壤的适应性强，以土层深厚，土质疏松，透水和保水性能好，地下水位低的沙质土壤最为适宜。

养护管理

梨树的叶片对水分供应比较敏感，若供水不足，叶片往往萎蔫，时间稍长就会干枯脱落，因此养护时要及时浇水，避免土壤过于干旱，秋季控制浇水。花前期追肥可提高花芽质量，并满足开花所消耗的营养，提高坐果率。可于花前半个月施入以复合肥为主的速效肥。修剪主要在春季新梢生长期及未木质化前进行，前期以摘心、短截、放梢为主，后期以短截、平拉枝为主，以促早花早果。正式结果树，则以冬夏剪为主，冬季以疏剪干枝、病虫枝、绞靠枝、徒长枝、过密枝为主，夏季以摘心、疏剪徒长枝、平拉结果母枝为主，以平衡营养生长和生殖生长。

梨树常见病虫害有腐烂病、黑斑病、食叶害虫等。

园林应用

梨树是我国的传统栽培果树，具有重要的生态价值和观赏价值，在城乡园林绿化可广泛应用。为了突出其个体美，梨树在公园绿化中可孤植应用。一般选择开阔空旷的地点，如草坪边缘、花坛中心、角落向阳处及门口两侧等。另外，在公园池畔、篱边、假山下、土堆旁栽植梨树，配以草坪或地被花卉。将梨树同其他树种配合使用，既丰富了景观，又能吸引食果鸟类，增添观赏乐趣。梨树除了果味香甜与花色淡雅，还有一种特有的树形美，宜于住所观赏，适作庭院栽培。

国槐（*Sophora japonica* Linn.）

形态特征

蝶形花亚科槐属落叶乔木，高6~25m，干皮暗灰色，小枝绿色，皮孔明显。羽状复叶，叶轴有毛，基部膨大，小叶顶端渐尖而有细突尖，基部阔楔形，下面灰白色，疏生短柔毛。圆锥花序顶生，雄蕊10条，不等长。荚果肉质，串珠状，无毛，不裂。种子肾形。花期6~7月，果期8~10月。

生长习性

国槐性耐寒，喜阳光，稍耐阴，不耐阴湿而抗旱，在低洼积水处生长不良，深根，对土壤要求不严，较耐瘠薄，石灰及轻度盐碱地上也能正常生长。但在湿润、肥沃、深厚、排水良好的沙质土壤上生长最佳。

养护管理

夏季浇水最好在早、晚进行，秋季适当减少浇水。夏季雨天要防止排涝，防止长时间因积水造成死亡。每年施肥1~2次，早春、晚秋进行，最好施用有机肥。生长阶段可结合浇水或借雨天施用氮肥，进入生殖生长阶段和立秋以后，适当施用磷、钾肥。修剪多在早春和晚秋进行，剪除枯死枝、徒长枝、下垂枝、剪掉虫病枝、交错枝、重叠枝等，保持枝条分布均匀，形成良好的树冠。

国槐常见病虫害有白粉病、溃疡病和腐烂病、槐蚜、槐尺蠖、美国白蛾等。

园林应用

国槐是庭院常用的特色树种，其枝叶茂密，绿荫如盖，适作庭荫树，在中国北方多用作行道树。配植于公园、建筑四周、街坊住宅区及草坪上，也极相宜。

法国梧桐（*Platanus orientalis* Linn.）

形态特征

悬铃木科悬铃木属落叶大乔木，高达30m，树冠阔钟形。干皮灰褐色至灰白色，呈薄片状剥落。幼枝、幼叶密生褐色星状毛。叶掌状5~7裂，深裂达中部，叶基阔楔形或截形，叶缘有齿牙，掌状脉，托叶圆领状。花序头状，黄绿色。多数坚果聚全叶球形，3~6球成一串，宿存花柱长，呈刺毛状，果柄长而下垂。

生长习性

喜光，喜湿润温暖气候，较耐寒。对土壤要求不严，但适生于微酸性或中性、排水良好的土壤，微碱性土壤虽能生长，但易发生黄化。

养护管理

生长期根据苗木生长状况及时灌溉，雨季需要及时排水，防止水淹现象发生。浇后中耕、松土；秋季可以适当施有机肥，踏实、浇水，树干基部培土进行防寒越冬。法桐修剪前，要从多个角度仔细观察法桐树体结构，考虑好要保留的各个层次的骨干枝，疏除如平行枝、重叠枝、直立枝、竞争枝等，使法桐冠结构符合要求。对于直径在2cm以上的枝条剪除后形成的伤口，要涂抹防腐剂或油漆，防止感染病菌，同时对病虫枝进行焚烧处理。

法桐常见病虫害有法桐霉斑病、炭疽病、星天牛、六星黑点蠹蛾和褐边绿刺蛾等。

园林应用

法桐树形雄伟端庄，叶大荫浓，干皮光滑，适应性强，耐修剪，为优良的庭荫树和行道树，广泛应用于城市绿化，在园林中孤植于草坪或旷地，列植于通道两旁，尤为雄伟壮观。

乌桕（*Sapium sebiferum* (L.) Roxb.）

形态特征

大戟科乌桕属落叶乔木，高可达15m，色叶植物，春秋季叶色红艳夺目。树皮暗灰色，有纵裂纹，枝广展，具皮孔。叶互生，纸质，叶片菱形、菱状卵形或稀有菱状倒卵形。花单性，雌雄同株，聚集成顶生、长6~12cm的总状花序，蒴果梨状球形，成熟时黑色。具3种子，种子扁球形，黑色，外被白色、蜡质的假种皮。花期4~8月。

生长习性

喜光树种，对光照、温度均有一定的要求，在年平均温度15℃以上，年降雨量在750mm以上地区均可栽植。能耐间歇或短期水淹，对土壤适应性较强，深根性，侧根发达，抗风、抗毒气（氟化氢），生长快。

养护管理

乌桕喜水喜肥，生长期如遇干旱，就要及时浇水追施有机肥，否则生长不良。修剪主要是抹芽和摘除新梢。自主干开始出现分枝时起，就抹去开始抽梢的腋芽或摘除已抽出的侧枝新梢，一个生长周期需修剪2~3次，目的是抑制侧枝产生和生长，促进主干新梢的顶端生长优势，促进高生长。

乌桕常见的虫害主要有樗蚕、刺蛾、柳兰叶甲、大蓑蛾等。

园林应用

乌桕树冠整齐，叶形秀丽，秋叶经霜时如火如荼，十分美观，可孤植、丛植于草坪和湖畔、池边，在园林绿化中可栽作护堤树、庭荫树及行道树。在城市园林中，乌桕可作行道树，可栽植于道路景观带，也可栽植于广场、公园、庭院中，或成片栽植于景区、森林公园中，能产生良好的造景效果。

楸树（*Catalpa bungei* C. A. Mey）

形态特征

紫葳科梓树属落叶乔木，高达30m。树冠狭长倒卵形，树干通直，主枝开阔伸展。树皮灰褐色、浅纵裂，小枝灰绿色、无毛。叶三角状的卵形，先端渐长尖。总状花序伞房状排列，顶生，花冠浅粉紫色，内有紫红色斑点。花期4~5月。种子扁平，具长毛。

生长习性

喜光，较耐寒。喜深厚肥沃湿润的土壤，不耐干旱、积水，忌地下水位过高，稍耐盐碱。萌蘖性强，幼树生长慢，10年以后生长加快，侧根发达。耐烟尘、抗有害气体能力强。

养护管理

楸树对水分的要求比较严格，要适时浇水，在日常养护中应加以重视。楸树喜肥，可以在每年秋末结合浇冻水,施些经腐熟发酵的芝麻酱渣或牛马粪，在5月初可给植株施用些尿素，可使植株枝叶繁茂。加速生长，7月下旬施用些磷钾肥，能有效提高植株枝条的木质化程度，利于植株安全越冬。楸树耐修剪，萌芽力较强。在生长期内，主干会抽生些芽，都应及时抹除，防止消耗过多的养分。日常养护中，只需要对下垂枝、交叉枝、过密枝、病虫枝、干枯枝进行疏除即可。

楸树常见的病虫害有根瘤线虫病、楸螟、大青叶蝉等。

园林应用

自古人们就把楸树作为园林观赏树种，广植于皇宫、庭院、刹寺庙宇、胜景名园之中，具有较高的观赏价值和绿化效果。楸树树冠茂密，对二氧化碳、氯气等有毒气体有较强的抗性、能净化空气，是改善城市生态环境的优良树种。楸树属深根性树种，对于防治水土流失、防风固沙起到了很好的作用，也是铁路、公路、沟坎、河道防护的优良树种。

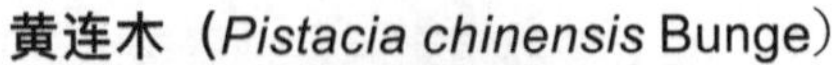

黄连木（*Pistacia chinensis* Bunge）

形态特征

漆树科黄连木属落叶乔木，树干扭曲。树皮暗褐色，呈鳞片状剥落。奇数羽状复叶互生，小叶对生或近对生，纸质，披针形或卵状披针形或线状披针形。花单性异株，先花后叶，圆锥花序腋生，雄花序排列紧密，雌花序排列疏松。核果倒卵状球形，略压扁，成熟时紫红色，干后具纵向细条纹，先端细尖。花期3~4月，花小。

生长习性

喜光，幼时稍耐荫，喜温暖，畏严寒，耐干旱瘠薄，对土壤要求不严，微酸性、中性和微碱性的沙质、粘质土均能适应，但以在肥沃、湿润而排水良好的石灰岩山地生长最好。深根性，主根发达，抗风力强。萌芽力强。

养护管理

成年树每年浇水2~3次，秋季采果后应施用一次有机肥，采用环沟施肥的方式。施肥的位置应在树冠滴水线处。萌芽前，为了促进营养体的生长，可进行一次追肥，追肥以氮钾肥为主。盛花期对养分的消耗较大，此时的施肥以氮磷肥为主，以增加果实品质。追肥最好在雨后或者灌水后进行，以提高肥料的利用率，雨水较大的地区还应注意挖排水沟，以免林地积水。初果期主要采用摘心、抹芽等修剪技术，盛果期的修剪以疏枝为主，修剪时用疏除弱枝、病枝、交叉枝等，以增加树冠内部的通风透光性；当树木进入衰老期时，可通过短截和重回缩的方法，以促进新枝的抽出，达到复壮的目的。

黄连木常见的病虫害有炭疽病、立枯病、黄连木尺蛾、梳齿毛根蚜、缀叶丛螟等。

园林应用

黄连木是城市及风景区的优良绿化树种，宜作庭荫树、行道树及观赏风景树，也常作低山区造林树种。在园林中植于草坪、坡地、山谷或于山石、亭阁之旁配植无不相宜。若要构成大片秋色红叶林，可与槭类、枫香等混植，效果更好。

七叶树(*Aesculus chinensis* Bunge)

形态特征

七叶树科七叶树属落叶乔木，树皮深褐色或灰褐色。掌状复叶，由5~7小叶组成。花序圆筒形，小花序常由5~10朵花组成，花杂性，雄花与两性花同株，花萼管状钟形，花瓣4，白色，长圆倒卵形至长圆倒披针形。果实球形或倒卵圆形，黄褐色，无刺，具很密的斑点。种子常由1~2粒发育，近于球形，栗褐色。花期4~5月，果期10月。

生长习性

喜光，稍耐阴。喜温暖气候，也能耐寒。喜深厚、肥沃、湿润而排水良好的土壤。深根性，萌芽力强；生长速度中等偏慢，寿命长。

养护管理

每年必须浇好5次水，初春的解冻水、花前水、花后水、果实膨大水和秋末的封冻水，每一次浇水都很重要，并且要浇足水。另外，干旱季节也应及时补充水分。七叶树喜肥，除了在栽植时施用基肥外，在整个生长期也应施用肥料，包括一些大规格的行道树。七叶树的整形修剪要在每年落叶后冬季或翌春发芽前进行，因七叶树树冠为自然圆头形，故以保持原始冠形为佳。整形修剪主要对过密枝条进行疏除，过长枝条进行短截，将干枯枝、病虫枝、内膛枝、纤细枝及生长不良枝剪除。

七叶树常见病虫害有叶斑病、白粉病、炭疽病、蚧壳虫和金龟子等。

园林应用

七叶树树干耸直，冠大荫浓，初夏繁花满树，硕大的白色花序又似一盏华丽的烛台，蔚然可观，是优良的行道树和园林观赏植物，可作人行步道、公园、广场绿化树种，既可孤植也可群植，或与常绿树和阔叶树混种。

银杏（*Ginkgo biloba* L.）

形态特征

银杏科银杏属落叶大乔木，幼树树皮近平滑，浅灰色，大树皮灰褐色，不规则纵裂，粗糙。幼年及壮年树冠圆锥形，老则广卵形。叶互生，在长枝上辐射状散生，有细长的叶柄，扇形，两面淡绿色，无毛，叶脉形式为“二歧状分叉叶脉”。在长枝上常2裂，基部宽楔形。球花雌雄异株，单性，生于短枝顶端的鳞片状叶的腋内，呈簇生状。4月开花，10月成熟，种子具长梗，下垂，常为椭圆形、长倒卵形、卵圆形或近圆球形。

生长习性

银杏为喜光树种，深根性，对气候、土壤的适应性较宽，能在高温多雨及雨量稀少、冬季寒冷的地区生长，但生长缓慢或不良。能生于酸性土壤（pH值4.5）、石灰性土壤（pH值8）及中性土壤上，但不耐盐碱土及过湿的土壤。

养护管理

银杏怕洪涝，雨天要及时排水，干旱及时浇水，浇水可结合施肥。追肥采取“3、6、9”施肥管理办法，每年3月份施长叶肥，以氮肥为主，加配磷肥，每株施尿素0.5~1kg、磷肥0.5kg，采用环形沟或穴状施肥，施肥后浇水，便于肥料吸收；6月施促花催果肥，基本同3月份；9月施壮木肥，株施优质复合肥1~1.5kg，施肥后浇水。当树体缺少某种营养元素，把化肥或微肥配成溶液在叶面喷洒，是消除缺肥症的最有效的办法。银杏生长期，雨后要及时中耕除草，中耕深度10cm，在秋季落叶前30~50天，要深耕，树冠下要松土，捡出石块杂物。整形修剪常采用主干多层形、主干开心形、自然圆头形，通过冬剪和夏剪达到理想树形，通常只疏除直立徒长枝、枯枝、衰老下垂枝，而不必过多疏枝。

银杏常见病虫害有茎腐病、叶枯病、银杏大蚕蛾、银杏超小卷叶蛾等。

园林应用

银杏树体高大，树干通直，姿态优美，春夏翠绿，深秋金黄，是理想的庭院树、行道树种。

重阳木（*Bischofia polycarpa* (Levl.) Airy Shaw）

形态特征

大戟科秋枫属落叶乔木，树皮褐色，纵裂。树冠伞形状，三出复叶，顶生小叶通常较两侧的大，小叶片纸质，卵形或椭圆状卵形，顶端突尖或短渐尖，基部圆或浅心形，边缘具钝细锯齿。花雌雄异株，春季与叶同时开放，组成总状花序。果实浆果状，圆球形，成熟时褐红色。花期在4~5月，果期10~11月。

生长习性

重阳木为暖温带树种，属阳性，喜光，稍耐阴，耐旱耐瘠薄。对土壤的要求不严，在酸性土和微碱性土中皆可生长，但在湿润、肥沃的土壤中生长最好。

养护管理

养护中不可放任干旱，重阳木性喜高温多湿，要根据季节天气适时浇水。生长季5~9月，株施尿素或复合肥0.1~0.2kg，秋季可以株施腐熟农家肥10~25kg。从幼龄期开始注意抹芽和修枝，使其在一定的高度分枝，使主干通直、圆满，最终形成冠型开阔、主干高大的树体结构，修剪枝叶后，可用防腐剂涂抹伤口，以免感染病菌；松土除草要结合进行。

重阳木常见病虫害有茎腐病、丛枝病、斑蛾和蚜虫等。

园林应用

重阳木树姿优美，冠如伞盖，花叶同放，是良好的庭荫和行道树种。用于堤岸、溪边、湖畔和草坪周围作为点缀树种极有观赏价值。孤植、丛植或与常绿树种配置均可。

栾树（*Koelreuteria paniculata*）

形态特征

无患子科栾树属落叶乔木或灌木，树皮厚，灰褐色至灰黑色，老时纵裂。叶丛生于当年生枝上，小叶对生或互生，纸质，卵形、阔卵形至卵状披针形，顶端短尖或短渐尖，基部钝至近截形，边缘有不规则的钝锯齿。聚伞圆锥花序。蒴果圆锥形，种子近球形。花期6~8月，果期9~10月。

生长习性

栾树是一种喜光，稍耐半荫的植物，耐寒，但是不耐水淹，耐干旱和瘠薄，对环境的适应性强，喜欢生长于石灰质土壤中，耐盐渍及短期水涝。

养护管理

栾树不耐水淹，要控制浇水量，大雨后还应及时排除积水，防止水大烂根。除栽植时要施足底肥外，在其生长期还应进行追肥,在年生长旺期，应施以氮为主的速效性肥料，促进植株的营养生长。入秋，要停施氮肥，增施磷、钾肥，以提高植株的木质化程度，提高苗木的抗寒能力。冬季，宜施农家有机肥料作为基肥，既为苗木生长提供持效性养分，又起到保温、改良土壤的作用。栾树一般在休眠期进行修剪，及时疏除干枯枝、病虫枝、内膛枝、交叉枝、徒长枝。

栾树常见病虫害有流胶病、蚜虫病、桃红颈天牛等。

园林应用

栾树适应性强、季相明显，是理想的绿化、观叶树种。宜做庭荫树、行道树及园景树，同时也作为居民区、工厂区及村旁绿化树种。

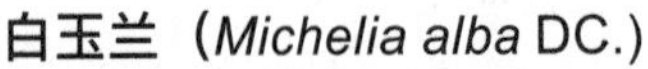

白玉兰（*Michelia alba* DC.）

形态特征

木兰科玉兰属落叶乔木，高可达17m，枝广展，呈阔伞形树冠。树皮灰色。叶薄革质，长椭圆形或披针状椭圆形，先端长渐尖或尾状渐尖，基部楔形，上面无毛，下面疏生微柔毛，干时两面网脉均很明显。花白色，极香。花被片10片，披针形，雄蕊的药隔伸出长尖头，雌蕊群被微柔毛。花期4~9月，夏季盛开，通常不结实。

生长习性

适宜生长于温暖湿润气候和肥沃疏松的土壤，喜光，不耐干旱，也不耐水涝，根部受水淹2~3天即枯死。对二氧化硫、氯气等有毒气体比较敏感，抗性差。

养护管理

浇水可酌情而定，阴天少浇，旱时多浇。春季生长旺盛，需水量稍大，每月浇2次透水。夏季可略多些，秋季减少水量，冬季一般少浇水，但土壤太干时也可浇1次水。每年可施2次肥，一是越冬肥，二是花后肥，以稀薄腐熟的人粪尿为好，忌浓肥，在花谢后与叶芽萌动前进行。一般不修剪，因玉兰枝条的愈伤能力差，不做大的整形修剪，只需剪去过密枝、徒长枝、交叉枝、干枯枝、病虫枝，培养合理树形，使姿态优美。在剪锯伤口直接涂擦愈伤防腐膜可迅速形成一层坚韧软膜紧贴木质，保护伤口愈合组织生长，防腐烂病菌侵染，防土、雨水污染，防冻、防伤口干裂。

白玉兰虫害主要是蚜虫和蚧壳虫。在管理过程中，除要注意防治黄化病和根腐病外，还要防治炭疽病。

园林应用

为庭园中名贵的观赏树。古时多在亭、台、楼、阁前栽植。现多见于园林、厂矿中孤植、散植，或于道路两侧作行道树；北方也有作桩景盆栽。

建始槭（*Acer henryi* Pax）

形态特征

槭树科槭属落叶乔木。树皮浅褐色。小枝圆柱形。叶纸质，3小叶组成的复叶，小叶椭圆形或长圆椭圆形，顶生小叶有短柔毛。穗状花序，下垂，长7~9cm，有短柔毛，常由2~3年无叶的小枝旁边生出，花序下无叶稀有叶，花淡绿色，单性，雄花与雌花异株，花瓣5，短小或不发育。翅果嫩时淡紫色，成熟后黄褐色，小坚果凸起，长圆形。花期4月，果期9月。

生长习性

建始槭适生长于微酸性土的低山丘陵区，在河谷、沟旁及向阳山坡多见；建始槭耐寒、抗高温、耐盐碱、喜光，具有较强的生态适应性。

养护管理

根据墒情适时浇水。土壤追肥每年3~4次，以氮、钾肥为主。秋季树叶变红或变黄前施基肥效果较好，以有机肥为主，也可增施复合肥，施肥后及时灌水。在郁闭前每年松土除草2次，第1次在4月下旬进行，第2次在8月上旬。结合除草，松土从定植穴向外扩展树穴，促进根系生长。夏剪以除萌、摘心、拿枝为主，冬剪时间以早春发芽前为宜，采取短截、疏枝、回缩等方法调整树形，及时疏除主干竞争枝及病虫枝、重叠枝。

建始槭常见病虫害有褐斑病、白粉病、天牛等。

园林应用

建始槭树姿优美，树冠扩展，果形奇特，果序下垂，新梢绯红，秋叶金黄或鲜红，是一种优良的景观树种，在园林中可孤植，也可群植。

梾子木（*Swida macrophylla* (Wall.) Sojak）

形态特征

山茱萸科梾木属落叶乔木。树形高大通直，高8~10m，树皮光滑，类色，小枝有皮孔，间红褐色或暗灰褐色。单叶卵圆形或椭圆状卵，先端渐尖，基部圆形或宽楔形，边缘有不整齐的尖锐重锯齿，长3~9cm，宽1.85~5cm，叶面深绿。伞房状聚伞花序顶生，花白色，果椭圆开或卵形，红色或黄色。花期6~7月，果期9~11月。

生长习性

喜光、耐旱、耐寒，耐受高温能力也比较强，在43.3℃的高温下可正常生长；根系发达，深根性，耐修剪，萌蘖力强；对土壤要求不严，但在深厚肥沃的沙壤土中生长最好。

养护管理

榇子木虽然耐旱，但充足的水分可使其生长旺盛，树干高大。特别注意在植株春季新芽萌动后、开花前、冬季叶片脱落后各浇一次透水，夏季应注意防止涝害发生。每次浇水后应及时松土保墒。除了定植时用少量堆肥外，在生长旺盛季节，还可间隔半月施用少量磷酸二氢钾作为追肥，这样才能长出更多的新枝，观赏价值也随之提高。宜在春季植株快要萌芽时，对老枝进行疏剪，好让新枝替代老枝；如果植株所萌发的新枝不多，则要在新枝长约45cm时对其进行摘心，慢慢培养丰满的树形。

榇子木常见病虫害有叶黑斑病、红蜡蚧壳虫、金龟子等。

园林应用

一般来说，榇子木在园林绿化中有两种用途，一种是行道树，一种是景观树或庭荫树。

馒头柳（*Salix matsudana* cv. *Umbraculifera* Rehd.）

形态特征

杨柳科柳属落叶乔木。大枝斜上，树冠广圆形。树皮暗灰黑色，有裂沟，枝细长，直立或斜展。叶披针形，长5~10cm，宽1~1.5cm，先端长渐尖，基部窄圆形或楔形，上面绿色，无毛，有光泽，下面苍白色或带白色，有细腺锯齿缘。叶柄短，长5~8mm，在上面有长柔毛；雌花序较雄花序短，长达2cm，粗4mm，有3~5小叶生于短花序梗上，轴有长毛。果序长达2cm。花期4月，果期4~5月。

生长习性

阳性，不耐庇荫，喜水湿又耐干旱；喜温凉气候，耐污染，速生，耐寒；在固结、粘重土壤及重盐碱地上生长不良。

养护管理

馒头柳养护管理相对粗放。栽植后和栽植当年夏季是浇水的重点，以后根据土壤情况适时浇水。施肥以薄肥勤施为原则，速效氮肥为主，全年施肥2~3次。在以主干为中心的1m范围内重点松土和除草。浇水或降雨后，为防止土壤板结进行中耕除草。馒头柳不用人工修剪，树冠自成半圆。

馒头柳常见病虫害有白粉病、桃小食心虫、尺蠖、天幕毛虫、蚜虫、蚧壳虫等。

园林应用

常作为庭荫树、行道树、护岸树配置，可孤植、丛植及列植。

金枝槐（*Sophora japonica* 'Golden Stem'）

形态特征

豆科槐属落叶乔木。金枝槐茎、枝一年生为淡绿黄色，入冬后渐转黄色，二年生的茎、枝为金黄色，树皮光滑；叶互生，6~16片组成羽状复叶，叶椭圆形，长2.5~5cm，光滑，淡黄绿色。树干端直，树形自然开张，树态苍劲挺拔，树繁叶茂。

生长习性

喜光、抗旱、耐寒，可在零下25℃的严寒越冬，耐涝，抗腐烂病，适应性强；宜在湿润、肥沃、排水良好的沙质壤土种植，在酸性及轻度盐碱地均能正常生长；耐烟毒能力强，对二氧化硫、氯气、氯化氢均有较强的抗性；生长速度中等，根系发达，为深根性树种，萌芽力强，寿命长。

养护管理

金枝槐适应能力强，养护管理上没有特殊的要求，要根据气候条件、土壤质地等因素，决定浇水次数，做好肥水管理和中耕除草，秋冬季最好进行树干涂白，以预防病虫害的发生和树体防寒。

金枝槐修剪是养护管理的重点，分两种类型：一是高接的金枝槐，只需进行常规修剪，即仅疏除枯死枝、病虫枝、过密枝等无用枝条即可。二是低干嫁接的金枝槐，多是作为观形树进行栽培，为了保持其整齐美观的树形，常对外围枝进行多次短截，因此造成外围的分枝量大、枝条密集，致使内膛光秃、树冠郁闭，一定要注意适当疏除外围过密的枝条，以保持树冠内膛的通风透光，形成立体的观赏效果。

金枝槐虫害有白粉病、溃疡病和腐烂病、槐蚜、槐尺蠖、美国白蛾等。

园林应用

可作为风景树观赏，也可作为防护林带。

无患子（*Sapindus mukorossi* Gaertn.）

形态特征

无患子科无患子属落叶大乔木，高可达20余米。树皮灰褐色或黑褐色，嫩枝绿色，无毛。单回羽状复叶，叶连柄长25~45cm或更长，叶轴稍扁，上面两侧有直槽，无毛或被微柔毛。小叶5~8对，通常近对生，叶片薄纸质，长椭圆状披针形或稍呈镰形，长7~15cm或更长，宽2~5cm，顶端短尖或短渐尖，基部楔形，稍不对称，腹面有光泽，两面无毛或背面被微柔毛。花序顶生，圆锥形，花小，辐射对称，花梗常很短，萼片卵形或长圆状卵形。花瓣5，披针形，有长爪。核果球形，径15~20mm，熟时黄色或棕黄色。种子球形，黑色，径12~15mm。花期6~7月。果期9~10月。

生长习性

喜光，稍耐阴，耐寒能力较强；对土壤要求不严，深根性，抗风力强；不耐水湿，能耐干旱。萌芽力弱，不耐修剪；生长较快，寿命长；对二氧化硫抗性较强，是工业城市生态绿化的首选树种。

养护管理

无患子易种好养，浇水按照“见干见湿”的原则进行，7~9月大量挂果，果实膨大和油脂转化时会消耗大量水分，应注意合理增加灌水。无患子怕渍水，雨季要注意排水，以防止叶片凋萎脱落。无患子喜肥，多施肥料有利于促进生长发育，提高抗风性，一年可于5月、8月各施肥一次。松土除草的季节和次数，要根据具体条件和树体生长特点综合考虑，一般松土除草时间应在5~6月和8~9月进行。无患子移栽后，为促进枝繁叶茂可采用自然式树冠，切忌碰伤顶芽。日常管理过程中除及时剪除弱枝、枯枝、病虫枝、过密枝外，其余应任其生长，培养结果短枝以促使开花结果。

无患子病虫害不多，常见有枯萎病、天牛、桑褐刺蛾等。

园林应用

无患子树体高大，树干通直，枝冠开展，姿态优美，叶形奇俏，秋、冬季叶色橙黄，果实如玉，是园林绿化中优良的观叶、观果树种。多作为行道树及风景树，适宜孤植、对植、列植或丛植于池畔、水边、广场、庭隅、桥头、建筑物的出入口、林间空地、草坪等处。

红叶椿（*Ailanthus altissima* cv.Hongye）

形态特征

苦木科臭椿属落叶乔木。干皮灰色，粗糙不裂，树冠幼龄期呈圆形或倒卵圆形，成年后呈半球状。小枝粗壮，顶芽缺，叶痕大，倒卵形，内具9维管束痕；奇数羽状复叶互生，小叶13~25片，卵状披针形。叶色美丽，春季叶片均为紫红色，夏季嫩叶紫红色；圆锥花序，花淡黄色或黄白色，单性雄花，花期4~5月。

生长习性

喜光，萌芽力强，为深根性树种，主根不明显，侧根发达，构成庞大的根系，抗风沙；耐干旱，耐瘠薄，但不耐水湿，长期积水会烂根致死，耐中度盐碱土，在微酸性、中性、石灰性上均能正常生长，生长速度快；在土层深厚、排水良好而又肥沃的土壤中生长良好，抗病虫害能力强；能适应较干冷的天气，可耐-30℃的低温；生长快，能抗烟、防尘。

养护管理

要根据天气和土壤状况适时浇水。6~9月是红叶椿的最佳生长阶段，此时树体生长迅速，应加强肥水管理，中间追施2~3次氮磷钾复合肥，夏秋连阴天时应注意及时排涝。每年要浇返青水和封冻水；红叶椿耐修剪，最佳树形为自然圆冠形。

红叶椿常见病虫害有白粉病、椿象、樗蚕蛾、斑衣蜡蝉等。

园林应用

红叶椿叶色红艳，持续期长，又兼备树体高大，树姿优美，具有极高的观赏价值和广泛的园林用途，可在城市绿化、风景园林及各类庭园绿地中设计配置，而且无论孤植、列植、丛植，还是与其他彩叶树种搭配，都能尽展风采而成为景观之亮点。

千头椿（*Ailanthus altissima* 'Qiantou'）

形态特征

苦木科臭椿属落叶乔木，高可达20余米。树皮平滑而有直纹，嫩枝有髓，幼时被黄色或黄褐色柔毛，后脱落。叶为奇数羽状复叶，长40~60cm，叶柄长7~13cm，有小叶13~27。小叶对生或近对生，纸质，卵状披针形，长7~13cm，宽2.5~4cm，叶面深绿色，背面灰绿色，揉碎后具臭味。圆锥花序长10~30cm，花淡绿色，花梗长1~2.5mm。花瓣5，长2~2.5mm，基部

两侧被硬粗毛。翅果长椭圆形，长3~4.5cm，宽1~1.2cm；种子位于翅的中间，扁圆形。花期4~5月，果期8~10月。

生长习性

千头椿喜光，耐寒耐旱耐瘠薄，也耐轻度盐碱，适应性很强；千头椿为深根性树种，主根不明显但侧根发达，并构成强大的根系；不耐水湿，长期积水会烂根致死，在土层深厚、排水良好而又肥沃的土壤中生长良好；萌蘖力强、生长快，能抗烟、防尘。其生长特点是春天发育快、生长量大，节间长，入夏至秋生长速度减慢，第二年从枝梢部萌发多个小枝，循而复往整个树冠形成一个伞状，很有特色。

养护管理

千头椿春秋两季均可移栽，春季宜晚栽，以4月中旬为宜，即苗木上部壮芽膨大呈球状时栽植成活率最高，秋季栽植宜在开始落叶至12月上旬之间进行。

千头椿早春要浇好返青水，4~5月份正常春旱期，应浇1~2次水，夏季雨天要及时排水，防止种植穴内积水，而导致植株因烂根而死亡，秋末浇好防冻水，其他时间可靠自然降水生长，无需浇水。千头椿耐瘠薄，对肥要求不高，树木进入正常生长阶段，可追施一定量的肥料促进生长。施肥不可过早或过浓，否则会引起细胞的反渗透作用和烂根。追肥时间和追肥量可以根据生长情况而定，如果土壤条件较好，且树木长势比较旺盛，可不必急于施肥。当发现树木生长势变缓，叶子有轻微发黄现象时，可考虑是否由于缺乏养分引起，再对症施肥。

千头椿修剪以调整树势为目的，去弱留强，及时剪除病虫枝、干枯枝、过密枝、重叠枝、交叉枝等，疏除直立枝、竞争枝，保留平庸枝。

千头椿常见病虫害有白粉病、樗蚕蛾、斑衣蜡蝉、白星滑花金龟等。

园林应用

千头椿树干通直高大，树冠紧凑，叶大荫浓，园林中可作庭荫树、行道树、小区树、景观树。千头椿对烟尘和二氧化硫抗性较强，非常适合工矿区绿化。

杜仲（*Eucommia ulmoides*）

形态特征

杜仲科杜仲属落叶乔木，杜仲高可达20m，树冠圆球形。小枝光滑，具片状髓。叶椭圆状卵形，先端渐尖，基部圆形或广楔形，叶缘具锯齿。翅果狭长椭圆形，扁平。花生于当年枝基部，枝、叶、果、皮断裂后均有白色丝状物，花期4月，果10~11月成熟。杜仲是中国的特有种。

生长习性

喜温暖湿润气候和阳光充足的环境，能耐严寒，成株在-30℃的条件下可正常生存。对土壤的选择并不严格，在瘠薄的红土或岩石峭壁均能生长，适应性很强，但以土层深厚、疏松肥沃、湿润、排水良好的壤土最宜。

养护管理

生长期每月浇一次透水，雨季应及时排除树穴内的积水。4月下旬追施一次氮肥，施后浇水，7月中旬施一次磷钾肥。秋末结合浇冻水施一次农家肥即可，这次肥施用量应大，而且要浅施。每次浇水后及时松土保墒。杜仲常用的树形是自然圆冠形和自然开心形。自然圆冠形注意将过密的和细小的枝条疏除，若采取自然开心形，应及时疏除病虫枝、下垂枝和交叉枝、过密枝即可。

杜仲常见的病虫害有立枯病、根腐病、叶枯病、豹纹木蠹蛾等。

园林应用

杜仲树皮树干端直，枝叶茂密，树形整齐优美，可供药用，为优良的经济树种，可作庭院绿荫树或行道树。

金叶水杉（*M.glyptostroboides*'GoldRush'）

形态特征

杉科水杉属落叶乔木。金叶水杉是近几年发展起来的水杉的一个栽培品种，幼树树冠尖塔形，老树圆锥形。树皮红褐色，叶呈扁平线形，树干通直挺拔，树枝向侧面延展，呈宝塔形。叶片在春、夏、秋三个生长期内均呈现出金黄色，基本没有褪色现象。雌雄同株，球果近圆形，种子倒卵形，扁平。花期2月下旬至3月份，果期10～11月。

生长习性

金叶水杉对环境小气候及空气湿度的要求不高，耐霜冻、耐水淹，抗污染、抗病虫，耐寒耐热。

养护管理

每年都应进行追肥，肥料充足使植物生长旺盛。金叶水杉施肥，每年可进行三次，5月中旬施一次氮肥，可提高植株生长量，扩大营养面积；8月施一次磷、钾肥，可提高新生枝条的木质化程度；入冬前结合浇水施一次腐熟发酵的肥，可以提高土壤的活性，而且可有效提高地温。金叶水杉不需要太多的修剪工作，要保持主干的健壮，树冠匀称。如主干损伤，产生双枝梢时，需要灭梢。另外根部萌发新梢时，也需要灭梢。其他时候不需要修剪。

金叶水杉的病虫害有锈病、咖啡蠹蛾、叶蝉等。

园林应用

金叶水杉在园林中是能够比较广泛和灵活应用的，它可以孤植、丛植、列植等等，具有很高的园林设计可操作性，是种植价值比较高的树种。在园林中如以孤植的方式将其配置在庭园、草坪中央、道路的交叉点及宽阔的湖池岸边等，既可很好的发挥其景观的中心视点或引导视线的作用，又符合其生态学特性；将其丛植于浅色或深色的建筑物前或将绿色的高大乔木作背景，金叶水杉作前景处理，均能得到较好的景观效果。

在园林中，多用于草坪中央或边缘、院落或廊架的向阳角隅、园路转弯处、假山登道旁等。

白蜡树(*Fraxinus chinensis* Roxb)

形态特征

木犀科白蜡属落叶乔木。树皮灰褐色，纵裂。芽阔卵形或圆锥形，被棕色柔毛或腺毛。小枝光滑无毛。奇数羽状复叶，对生，稀单叶，硬纸质，椭圆形或卵状椭圆形，先端尖锐，基部不对称，叶缘具疏浅锯齿,春季为亮黄色，7月下旬以后嫩叶金黄，逐渐变为黄绿色，老叶变为绿色。圆锥花序顶生或腋生枝梢。花单性，雌雄异株，无花冠。翅果扁平，倒披针形，黄褐色，内有种子1~2粒，种子单生，长圆形。花期4~5月，果期9~10月。

生长习性

白蜡树属于喜光树种，适应性强，根系发达，植株萌发力强。速生耐湿,喜深厚肥沃湿润土壤，耐瘠薄干旱，在轻度盐碱地也能生长。耐-40℃低温、抗有害气体和病虫害。

养护管理

白蜡树栽植后第二年早春浇解冻水，萌芽后追一次氮肥，4~10月每月浇一次透水，6~7月施一次磷钾复合肥，秋末浇封冻水，施基肥。第三年及以后，每年秋末施一次农家肥，根据土壤和天气状况适时浇水。本着“除早、除小、除了”的原则，及时拔除杂草，除草最好在雨后或灌溉后进行，且以不伤苗木根系为准。树干基本骨架形成的植株，每年只需对过密枝、干枯枝、病虫枝、下垂枝进行疏除即可，注意剪口要平。

白蜡树常见病虫害有白蜡流胶病、水曲柳巢蛾、白蜡梢距甲、灰盔蜡蚧、四点象天牛等。

园林应用

白蜡树干形通直，树形美观，枝叶繁茂而鲜绿，秋叶橙黄；抗烟尘、二氧化硫和氯气，是工厂、城镇绿化美化及防风固沙、护堤护路的优良树种。在园林应用中可孤植、丛植、行植，用作行道树、庭院树、公园观赏树等。

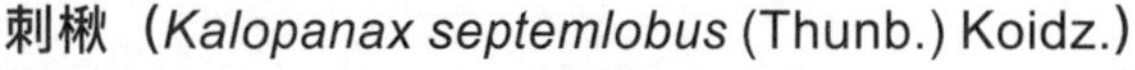

刺楸（*Kalopanax septemlobus* (Thunb.) Koidz.）

形态特征

五加科刺楸属落叶大乔木，最高可达30m。木材质硬，木理通直，小枝淡黄棕色或灰棕色，树干暗灰棕色，长纵裂，散生宽阔扁平硬棘刺。叶片纸质，在长枝上互生，在短枝上簇生，圆形或近圆形，裂片三角状圆卵形至长椭圆状卵形，上面绿色，叶柄细长无毛。顶生圆锥花序大，花白色或淡绿黄色，花瓣5，三角状卵形，花丝细长。果实蓝黑色，扁平。花期7~10月，果期9~12月。中国植物图谱数据库收录的有毒植物，被国家林业局列为国家二级珍贵保护树种。

生长习性

生长迅速，生态适应性很强，抗逆性强，喜阳光充足和湿润的环境，稍耐阴，耐寒冷，适宜在含腐殖质丰富、土层深厚、疏松且排水良好的中性或微酸性土壤中生长。

养护管理

平时管理较为粗放，天气干旱时注意浇水。7~8月是刺楸的生长旺盛期，该时期当为其提供充足的水分和养分；9月中旬至10月初，刺楸生长逐渐缓慢落、停止生长进入休眠的状态，在此阶段应当控制水肥，促进枝条木质化，提高抗逆性；每年秋末落叶后在根部周围开沟施一次腐熟的有机肥，并浇足封冻水即可安全越冬。刺楸栽植当年除草松土2~3次，以后每年5~7月各一次。

刺楸常见病虫害有褐斑病和刺蛾。

园林应用

刺楸叶形美观，叶色浓绿，树干通直挺拔,满身的硬刺在诸多园林树木中独树一帜，既能体现出粗犷的野趣,又能防止人或动物攀爬破坏，适合作行道树或园林配植。

巨紫荆(*Cercis gigantea*)

形态特征

豆科紫荆属落叶乔木或大乔木，速生植物，寿命长，是现存极少的乡土树种。高可达15m，胸径可达40cm。主干挺拔，树皮成玛瑙灰色，小枝灰黑色，皮孔淡灰色。叶互生，心脏形或近圆形，全缘，而且叶边缘透明，表面光滑，叶柄红褐色。枝条柔软下垂，稠密飘逸。花序簇生于老枝上，大且稠密，叶前开放。花冠淡红或淡紫红色，形似紫蝶。果荚量大，与紫荆的绿色果荚不同，巨紫荆果荚呈暗红色，扁平长条形，两端略尖。花期3~4月，果期10月。

生长习性

阳性树种，喜阳光充足、温暖湿润气候。耐寒冷，也耐酷暑，耐旱耐瘠，耐盐碱，畏水湿。对土质要求不高，能在石灰岩山地及石灰质土壤上生长。对氟化氢、二氧化硫、氯气及烟尘的抗性均强。萌枝力强，生长快、干性好、株型丰满，适生范围广、抗病虫害、抗逆性强。

养护管理

巨紫荆发芽后枝条速生期正值春末夏初干旱期，此期降水少、空气湿度小、地面蒸发量大，缺水会明显影响植株生长，应根据土壤含水状况及时补充水分，正常年份浇水1~2次，较旱的年份浇水2~3次。进入雨季一般不灌水，特别干旱的年份浇水1~2次。进入冬季后，浇1次封冻水，萌芽前浇1次萌动水，保证巨紫荆植株安全越冬和及时萌芽。巨紫荆幼林对肥料需求十分敏感，生长季节施肥对植株生长有明显的促进作用，每年追4~6次复合肥。巨紫荆萌枝力强，生长期应及时去除萌蘖，控制徒长枝，剪去重叠枝、病虫枝。

巨紫荆常见病虫害有叶枯病、枯萎病、蚜虫、褐边绿刺蛾、大袋蛾等。

园林应用

巨紫荆是近几年发现的花、叶、果、枝均具观赏价值的优良乡土树种，享有“像法桐一样高大、似樱花一样灿烂”的美誉，被逐渐应用到园林工程中。适合绿地孤植、丛植，或与其他树木混植，也可作庭院树或行道树与常绿树配合种植，春花秋景红绿相映，情景非凡。

榉树（*Zelkova serrata* (Thunb.) Makino）

形态特征

榆科榉属落叶乔木，属国家二级重点保护植物，高达30m，树冠倒卵状伞形。树皮灰白色或褐灰色，平滑，老时薄片状脱落。单叶互生，叶薄纸质至厚纸质，卵形、椭圆状卵形或卵状披针形，先端尖或渐尖，基部有的稍偏斜，稀圆形或浅心形，缘具锯齿。叶表面微粗糙，背面淡绿色，无毛。花单性(少杂性)同株，雄花簇生于新枝下部叶腋或苞腋，雌花单生于枝上部叶腋。核果，较小，上面偏斜，凹陷，具背腹脊，网肋明显，几无柄。花期4月，果熟期10~11月。

生长习性

阳性树种，喜光略耐荫，喜温暖环境。适生于深厚、肥沃、湿润的土壤，对土壤的适应性强，酸性、中性、碱性土及轻度盐碱土均可生长。深根性，侧根发达，长而密集，耐干旱瘠薄，固土、抗风力强。忌积水。生长慢，寿命长。耐烟尘及有害气体。

养护管理

气候持续干旱时，应及时浇水灌溉。雨季，尤要及时开沟排水，降渍。在速生季节适时施肥。树木生长初期，选用速效肥料，生长中期（速生期）施用氮素化肥，后期增施磷、钾肥，促进生长健壮。宜在初夏生长季或冬季休眠期进行修枝，去除内膛枝、交叉枝、平行枝、病虫枝及枯死枝。时间以冬季休眠时为好。

尚未发现榉树有严重的病害，虫害主要有蚜虫、尺蠖、叶螟等。

园林应用

榉树树姿高大雄伟，枝细叶美，夏季荫浓如盖，秋日叶色季相变化丰富，病虫害少，是观赏秋叶的优良树种和重要的园林风景树种。适作庭荫树及行道树，在园林中孤植、丛植、列植、群植皆宜。也可以在庭院或风景林中与常绿树种组成上层骨干树种。榉树新绿娇嫩、侧枝萌发能力强，是制作树桩盆景的上佳植物材料。

朴（pò）树（*Celtis sinensis* Pers.）

形态特征

榆科朴属落叶乔木。树皮平滑，褐灰色，一年生枝被密毛，有明显皮孔。叶互生，叶柄长，叶片革质，阔卵形或卵状椭圆形，先端急尖至渐尖，基部圆形或阔楔形，偏斜，中部以上边缘有浅锯齿，三出脉，上面无毛，下面沿脉及脉腋疏被毛。花杂性，同株，1~3朵生于当年新枝的叶腋。核果单生或2个并生，近球形，成熟时红褐色，果核表面有窝点和棱脊。花期3~4月，果期9~10月。

生长习性

喜光耐阴,适温暖湿润气候，适应性强，而在肥沃疏松、排水良好的沙质壤土上生长较好。耐干旱瘠薄，耐轻度盐碱，耐水湿。深根性，萌芽力强，抗风能力强。耐烟尘，对二氧化硫、氯气等有毒气体的抗性较强。生长慢，寿命长。

养护管理

浇水特别要掌握浇则浇透、水干再浇透的原则。夏季高温，要加大浇水量和浇水次数。生长期施肥以磷钾肥为主，勤施稀薄肥，每1个月施一次肥。秋季追施一次腐熟有机肥。朴树的修剪要本着抑强扶弱的指导思想，调整控制枝条的平衡生长，促使营养分布均匀，保持干形通直，冠形美观。

朴树常见的病虫害有白粉病、煤污病、叶斑病、木虱、红蜘蛛等。

园林应用

因树冠圆满宽广、枝干疏朗而挺拔、树荫浓郁繁茂，是人们所喜爱和接受的盆景和行道树种。在园林中孤植作庭荫树，也可作行道树。又因其对二氧化硫、氯气等多种有毒气体具有极强的吸附性，对粉尘也有极强的吸滞能力，具有明显的绿化效果，可选作厂矿区绿化及防风、护堤树种。

青檀（*Pteroceltis tatarinowii* Maxim.）

形态特征

榆科青檀属落叶阔叶林乔木，稀有树种，是我国特有的单种属，也是国家3级重点保护植物。高可达20m，树皮灰色或深灰色，幼时光滑，老时裂成长片状剥落，剥落后露出灰绿色的内皮，树干常凹凸不圆。小枝黄绿色，干时变栗褐色，疏被短柔毛，后渐脱落，皮孔明显，椭圆形或近圆形。单叶互生，纸质，卵形或椭圆状卵形，先端渐尖至尾状渐尖，基部不对称，楔形、圆形或截形，边缘具锐尖单锯齿，近基部全缘。叶面绿，幼时被短硬毛，后脱落常残留有圆点，光滑或稍粗糙，叶背淡绿，在脉上有稀疏的或较密的。花单性，雌雄同株，生于当年生枝叶腋。翅果状坚果近圆形或近四方形，黄绿色或黄褐色，翅宽，稍带木质，有放射线条纹，下端截形或浅心形，顶端有凹缺，果实外面无毛或多少被曲柔毛，常有不规则的皱纹，有时具耳状附属物，具宿存的花柱和花被，果柄纤细，较长于叶柄，被短柔毛。花期3~5月，果期8~10月。

生长习性

阳性喜钙树种，适应性较强，喜光，抗干旱，耐盐碱、耐土壤瘠薄，耐寒，－35℃无冻梢。不耐水湿。根系发达，主根明显，侧根分布面广。干、枝萌蘖性强，极少发生病虫害，生长速度中等，寿命长，对有害气体有较强的抗性。

养护管理

青檀较耐旱，有“旱不死的青檀”之称，但也不可过旱。平时土壤可略干些，浇水要“见干见湿”，不浇则已，浇则浇透。夏天是花芽形成期，不可缺水，秋后落叶时，土壤可偏干些。春末和秋初可各施复合肥一次，每株100g左右。施肥采用开环状浅沟的方法埋施，用土覆盖，以防肥料流失。每年修剪一次，主要是修剪侧枝，修剪时间在11月至翌年2月进行。修剪时应注意剪除病虫枝、枯枝、徒长枝、过密枝等。

青檀有较好的抗病虫害能力，一般较少遭受虫害。主要病害有青檀叶斑病。

园林应用

青檀是珍贵稀少的乡土树种，秋叶金黄，季相分明，花香四溢且香而不腻，具有较高的观赏价值，是不可多得的园林景观树种。常用作孤植、片植于庭院、山岭、溪边，也可作为行道树成行栽植，或与开花的小灌木和草花配合。青檀寿命长，耐修剪，也是优良的盆景观赏树种。

柿树（*Diospyros kaki* Thunb.）

形态特征

柿科柿属落叶大乔木。树干直立，树皮深灰色至灰黑色，或黄灰褐色至褐色，沟纹较密，裂成长方块状，树冠球形或长圆球形。嫩枝初时有棱，特征有棕色柔毛或绒毛或无毛。冬芽小，卵形，先端钝。叶纸质，卵状椭圆形至倒卵形或近圆形，通常较大，新叶疏生柔毛，老叶上面有光泽，表面绿色，仅脉上着生微毛，背面色略淡而带白色，着生短绒毛。有叶柄。花雌雄异株，聚伞花序，腋生。萼管近球状钟形，肉质。花冠淡黄白色，壶形或近钟形。结浆果，卵形或扁圆形，嫩时绿色，后变黄色、橙黄色，果肉较脆硬，老熟时果肉变成柔软多汁，呈橙红色或大红色。种子褐色，椭圆状，侧扁。宿存萼在花后增大增厚，方形或近圆形，厚革质或干时近木质。果柄粗壮。花期5~6月，果期9~10月。

生长习性

阳性树，喜光。喜温暖多湿、阳光充分之地，耐寒能力较强，能耐短期−20℃的低温（甜柿比涩柿更喜温暖，抗寒力不及涩柿）。根系分布广而深，抗旱能力较强，较耐湿。对土壤适应性强，微酸性、微碱性、中性土壤均可栽培。而以土层深厚、排水良好、富含有机质的壤土或粘壤土最适宜，但不喜砂质土。抗二氧化硫性能虽强，但遇氯气及氯化氢危害，则抗性较弱。

养护管理

萌芽期、开花期和果实膨大期等三个时期土壤内保证有足够的水分。在这三个时期，要及时灌水,灌水量以浸透根系集中分布层为宜。结果后要加强肥水管理，一般在果实横径

4~5cm大小时和果实大小基本定型时，施壮果肥和采前肥，以速效速溶氮磷钾肥为主。施肥前，必须先铲除树盘上的各种杂草。对于壮树、壮枝或大型结果枝组，在初花期采取环剥、摘心、授粉等措施，增加坐果量。在枝条的处理上，应多疏少截。疏去过密枝、无效枝，迎风面多留枝、背风面少留枝。及时将无用萌芽在木质化前抹除。有生长空间的长枝，特别是徒长枝，要在40cm时摘心。

柿树常见虫害有炭疽病、柿角斑病、柿蒂虫、柿星尺蠖、蚧壳虫等。

园林应用

柿树的花、果、叶均具有较高的观赏价值，被广泛配植、孤植于我国北方的庭院或杂植于公园常绿树间。

流苏树（*Chionanthus retusus* Lindl.et Paxt.）

形态特征

木犀科流苏属落叶灌木或乔木，高可达20m。小枝灰褐色或黑灰色，圆柱形，开展，无毛，幼枝淡黄色或褐色，疏被或密被短柔毛。叶片革质或薄革质，长圆形、椭圆形或圆形，有时卵形或倒卵形至倒卵状披针形，长3~12cm，宽2~6.5cm，先端圆钝，有时凹入或锐尖。聚伞状圆锥花序，长3~12cm，顶生于枝端，近无毛。单性而雌雄异株或为两性花，花梗长0.5~2cm，纤细，无毛，花萼长1~3mm，4深裂，裂片尖三角形或披针形，长0.5~2.5mm，花冠白色，4深裂，裂片线状倒披针形。果椭圆形，被白粉，长1~1.5cm，径6~10mm，呈蓝黑色或黑色。花期3~6月，果期6~11月。

生长习性

流苏树喜光，不耐荫蔽，耐寒、耐旱，忌积水；生长速度较慢，寿命长；耐瘠薄，对土壤要求不严，但以在肥沃、通透性好的沙壤土中生长最好，有一定的耐盐碱能力，在pH8.7、含盐量0.2%的轻度盐碱土中能正常生长，未见任何不良反应。

养护管理

流苏树每年应在发芽前、开花前各浇水1次，夏、秋季根据具体情况适时浇水，雨季还应注意防涝。为使开花旺盛，旱时要适当浇水，秋季适当施肥。每年秋后应在根部四周开沟放入腐熟的有机肥，覆土后浇封冻水。夏季应中耕除草，保持土壤疏松。流苏树的修剪宜在早春进行，主要剪除冠内枯枝、衰弱枝、过密枝、病虫枝、交叉枝、下垂枝和内膛枝，对下部枝条不宜修剪过度，对开花枝条一般不要短截（属于顶花芽）。若调整流苏树的树形，可短截预备开花枝或开花枝，促其多生侧枝来校正。

流苏树病虫害较少，白粉病、叶斑病或介壳虫害等偶有发生，可用波尔多液及氧化乐果等防治。

园林应用

流苏树高大优美，枝叶茂盛，花期如雪压树，花形纤细，秀丽可爱，气味芳香，是优良的园林观赏树种，不论点缀、群植、列植均具很好的观赏效果。既可于草坪中数株丛植，也宜于路旁、林缘、水畔、建筑物周围散植。流苏树生长缓慢，尺度宜人，培养成单干苗，作小路的行道树，效果也不错；以常绿树作背景衬托，效果更好。盆景爱好者还可以进行盆栽，制作盆景。

五角枫（*Acer mono* Maxim.）

形态特征

槭树科槭树属落叶乔木，高达8~12m。干皮黄褪色或灰色，纵裂，当年生枝绿色，后转为红褐色或灰棕色，光滑无毛。鳞芽端尖光亮，单叶对生，掌状5裂，裂片全缘或仅中间裂片上部出现2小裂，叶基截形或稍凹，两面光滑，偶见背面脉腋有簇毛，具长叶柄，花杂性同株，顶生伞房花序，具花6~10朵，花黄白色，萼、瓣各5枚，雄蕊4~8枚。翅果，熟时淡黄色，两果张开成直角或钝角，翅长与果体近相等。花期4~5月，果熟9~10月。

生长习性

耐阴性较强，喜深厚肥沃疏松土壤，对土壤要求不严，较耐干旱瘠薄，但长期干旱影响正常生长；根系发达，抗风力强，萌芽力中等；不耐涝，抗烟尘。

养护管理

根据土壤状况适时浇水，干旱时要及时浇水，浇则浇透，雨季要注意排水防涝，灌水后进行松土。五角枫不耐高温，故从5月开始，如遇连续干旱高温天气，就要洒水降温。五角枫喜肥，生长旺盛期主要以施用速效肥为主，秋冬季时要停止追施速效肥，冬春时可以用干施法在根系周围挖沟施入充分腐熟的有机肥。生长期要适时中耕除草，本着除早、除小、除了的原则，见草就除，每除必净。

五角枫在秋末休眠期前要进行适当的修剪，剪去病弱枝、交叉枝、平行枝、重叠枝和徒长枝等枝条，培育植株的健壮和树形的优美。其修剪刀口要涂抹愈伤防腐膜，促伤口尽快愈合，并有效防止有害病菌侵袭感染。冬季、早春修剪均易遭风寒，且剪口处伤流不止，也可在3月底4月初于生长初期进行修剪，伤流量少，伤口易于愈合，且不影响树势。

五角枫常病虫害有褐斑病、蚜虫、天牛等。

园林应用

五角枫树形优美，叶片秋天变红或黄色，花色清淡，翅果美丽，是良好的行道树和庭荫树，也可片植或林植营造秋色叶景观。五角枫耐阴性强，可作为间作或下木树种。五角枫抗烟尘能力强，适于厂矿绿化，也可作树桩盆景材料。

金叶复叶槭（*Acer negundo* 'Aurea'）

形态特征

槭树科槭属落叶大乔木，北美复叶槭的栽培变种，高可达20m。树皮黄褐色或灰褐色。小枝圆柱形，光滑无毛，当年生枝绿色，多年生枝黄褐色。冬芽小，鳞片2，镊合状排列。奇数羽状复叶，春季金黄色。叶背平滑，缘有不整齐粗齿。叶较大，对生；小叶纸质，卵形或椭圆状披针形。雄花的花序聚伞状，雌花的花序总状，均由无叶的小枝旁边生出，常下垂，花小，黄绿色，先花后叶，花单性，无花瓣，两翅成锐角或近于直角。小坚果凸起，近于长圆形或长圆卵形。花期4~5月，果期9月。

生长习性

强光树种，喜欢阳光的照射，喜冷凉气候，喜肥、怕涝、耐干旱、耐轻度盐碱地，抗寒能力极强。喜疏松肥沃土壤，耐烟尘，根萌蘖性强。生长能力强，长速快，是极速生树种。

养护管理

金叶复叶槭栽培管理粗放，对水肥要求较高，要保证水肥供应能满足其生长。每年春季芽萌动前和秋季要各浇一次返青水和冻水，平时如不过于干旱则不用浇水。雨季要做好排涝工作。基肥可在每年落叶后和春季萌芽前施入，以腐熟的厩肥、饼肥、鸡鸭粪为主，如施用腐熟的人粪尿和麻酱渣则效果更好。初夏施用一次磷钾肥，每月喷施1~2次叶面肥效果会更佳。

直立性强，定干宜早，以形成良好的冠形。因其萌蘖力特别强，注意及时抹芽、修剪。修剪一般在生长季节进行，落叶后至休眠期修剪易发生伤口流液现象，应引起注意。

金叶复叶槭常见病虫害有褐斑病、白粉病、锈病、天牛、蚜虫、黄刺蛾等。

园林应用

金叶复叶槭是欧美彩叶树种中金叶系的最有代表树种，具有很高的观赏价值，是优良的彩叶行道树和园林彩喷点缀树种。被广泛用于园林绿化植物栽培，孤植、群植均可。常与金边复叶槭和粉叶复叶槭结合应用，美化环境。

青榨槭（*Acer davidii* Franch.）

形态特征

槭树科槭属落叶乔木，高为10~15m，稀达20m。1~2年生枝条银白色，成龄树树皮似青蛙皮绿色，并纵向配有墨绿色条纹。小枝细瘦，圆柱形，无毛，多年生的老枝黄褐色或灰褐色。冬芽腋生，长卵圆形，绿褐色。叶纸质，单叶对生，外貌长圆卵形或近于长圆形，叶柄细瘦，嫩时被红褐色短柔毛，渐老则脱落。花黄绿色，杂性，顶生下垂的总状花序，开花与嫩叶的生长大约同时，瓣5，绿色，倒卵形，先端圆形，与萼片等长。花柱无毛，细瘦，柱头反卷。小坚果卵圆形，翅果嫩时淡绿色，成熟后黄褐色，展开成钝角或几成水平。花期4月，果期9月。

生长习性

适应性强，耐寒，能抵抗–30~–35℃的低温。耐瘠薄，对土壤要求不严，适宜中性土。主、侧根发达，萌芽性强，生长快，病虫害少。

养护管理

生长期较耐干旱，浇水掌握见干见湿的原则，早春好浇解冻水，生长期根据土壤和天气状况适时浇水，秋冬季浇好封冻水。6~9月应勤施追肥，保证树木生长需要。青榨槭生长较快，应通过修剪，调整树形，改善通风透光。夏剪以除萌、摘心、拿枝为主，冬剪时间以早春发芽前为宜，采取短截、疏枝、回缩等方法调整树形，及时疏除主干竞争枝及病虫枝、重叠枝。

青榨槭抗病虫害能力较强。

园林应用

青榨槭生长迅速，树干端直，树形自然开张，树态苍劲挺拔，枝繁叶茂、幼叶嫩红色，4月花开满树，秋季树叶变黄，优美的树形、绿色的树皮、银白色枝条与繁茂的叶片，巧妙而完美的组合，具有很高的绿化和观赏价值，是城市园林、风景区等各种园林绿地的优美绿化树种。

三角槭（*Acer buergerianum* Miq.）

形态特征

槭树科槭属落叶乔木，高5~10m，稀达20m。树皮褐色或深褐色，粗糙，小枝细瘦。当年生枝紫色或紫绿色，近于无毛。多年生枝淡灰色或灰褐色，稀被蜡粉。冬芽小，褐色，长卵圆形，鳞片内侧被长柔毛。叶纸质，基部近于圆形或楔形，外貌椭圆形或倒卵形，通常浅3裂，裂片向前延伸，稀全缘或有不规则锯齿。有叶柄，淡紫绿色，细瘦，无毛。花多数成顶生被短柔毛的伞房花序，开花在叶长大以后。黄绿色，卵形，无毛，花梗细瘦，嫩时被长柔毛，渐老近于无毛。翅果黄褐色，果核凸出，果翅展开成锐角或近于直立。花期4月，果期8月。

生长习性

弱阳性，喜光照充足，稍耐荫。喜温暖湿润气候及酸性、中性土壤，在微碱性土中也可生长。耐寒，较耐水湿，在适生地生长快，树系发达，萌芽力强，耐修剪，寿命长。对二氧化硫能力强，抗氟化氢能力中等，滞尘能力中等。

养护管理

喜大水，春夏生长旺盛期，土壤应稍偏湿，不可偏干；入秋以后叶片转红时生长减缓，土壤宜保持稍干，又可防止秋梢徒长。因生长迅速，故需肥量大，宜在春夏生长期间追肥数次，并适当补充磷、钾肥，可使秋叶艳丽，雨季及秋季落叶后应停止施肥。夏季修剪可剪去不必要的徒长枝、过密的细弱枝，在冬季植株进入休眠或半休眠期后，要把病虫、枯死等枝条剪掉，同时按需要缩剪过长枝，注意保持树形。

三角槭常见病虫害为白粉病和刺虫（俗称刺子或蠖螋）。

园林应用

三角槭树姿优雅，干皮美丽，春季花色黄绿，夏季浓荫覆地，入秋叶片变红，是良好的园林绿化树种和观叶树种。宜孤植、丛植作庭荫树，也可作行道树及护岸树。在湖岸、溪边、谷地、草坪配植，或点缀于亭廊、山石间都很合适。耐修剪，可盘扎造型，用作树桩盆景。也可栽培作绿篱。

茶条槭（*Acer ginnala* Maxim.）

形态特征

槭树科落叶灌木或小乔木，高可达6m。树皮灰褐色，幼枝绿色或紫褐色，老枝灰黄色。单叶对生，无托叶，纸质，卵形或长卵状椭圆形，叶柄细长。花杂性同株，顶生伞房花序，多花，白色。翅果深褐色，小坚果扁平，长圆形，具细脉纹，幼时有毛。小坚果两端各有延长而稍平伸或稍上举的翅1枚，有时呈紫红色，两翅直立，展开成锐角或两翅近平行，相重叠。花期5~6月。果熟期9月。

生长习性

阳性树种，耐庇阴，耐寒，也喜温暖；在烈日下树皮易受灼害。喜深厚而排水良好之沙质土壤，但耐干燥瘠薄，抗病力强，适应性强。

养护管理

根据降水量及土壤墒情，确定浇水次数和浇水量，土壤含水量18%~20%为宜。5~7月每10天左右喷施1次叶面肥。注意生长期围绕树穴松土除草，保持土壤通透性。夏季修剪必须以通风透光，增强树势为前提条件：修剪疏密生枝交叉枝、重叠枝、病虫枝、枯枝；对结果枝则要短截，对衰弱结果枝要进行更新，对已萌芽的春梢侧枝，保留1~2个枝梢，疏除过多的弱枝；对徒长枝，则视树冠的空间大小酌情间疏，短截或拉枝保留：对伤口过大的主枝要及时用石硫合剂涂抹伤口、以防伤口被病菌侵染影响树势的生长。

病虫害较少，生产上常见红蜘蛛和叶斑病为害叶片。

园林应用

茶条槭树干直，花有清香，叶、果供观赏。秋季叶色红艳，特别引人注目；夏季果翅红色美丽，翅果成熟前也红艳可爱，且较其它槭树耐阴，是良好的观赏绿化树种，可为荫蔽树和观赏树。宜孤植、列植、群植，或修剪成绿篱和整形树。因其萌蘖力强，亦可盆栽。

北美复叶槭（*Acer negundo* L.）

形态特征

槭树科槭属落叶中乔木，成年树高15~20m，树干通直。树皮暗灰色，小枝灰绿色，秋季变紫色，带白粉。羽状复叶对生，小叶3~5枚，卵形至披针状椭圆形，复叶柄黄绿色，生短绒毛。花单性，雌雄异株，先叶开放，黄绿色，雄花为伞房状花序，雌花为总状花序。翅果淡黄褐色，微有毛。花期5月，果熟期8月。

生长习性

阳性树种，喜光，速生，耐修剪。对环境具有广泛的适应能力，耐干旱并极耐寒冷，可在-45℃的高寒地区不遭冻害，安全过冬。抗逆性强，对土壤要求不严，可适应在任何土壤生长，具有较强的抗盐碱能力。耐烟尘，叶味极苦,抗病虫害。可去除空气中的臭氧和氮氧化物，对于空气净化具有明显的作用。

养护管理

生长期要保持土壤湿润，若遇干旱天气，应及时浇透水。应坚持薄肥勤施原则，在3月中旬，应施入复合肥，以促进枝条萌发；在4~6月生长高峰期，应多施速效氮肥；在6~8月，应施复合肥或磷肥，以促进枝干长粗。北美复叶槭抽梢和萌芽的能力较强，在每次新梢趋向木质化后，施1次少量氮磷钾复合肥，含量为1:2:3，切忌把肥施在根上，以免烧根。11月要施一次冬肥，在株旁开环状穴施入饼肥。加强中耕除草，每年松土除草2~4次。北美复叶槭的萌枝能力很强，在主干上经常会萌发一些徒长枝，应及时去除。冬季修剪应避开伤流期，不可修剪过晚，宜在1月底以前结束修剪。

一般在当年新梢长度达5cm左右时开始出现枯梢病，常见虫害为黄刺蛾和天牛。

园林应用

北美复叶槭因多彩的叶色而倍受欣赏，在寒带当年生枝条呈紫红色，枝直茂密，树形挺拔优美，极具观赏价值，是稀有园林绿化树种，也是我国可以替代法桐的行道观赏树和良好的造林树种。园林中常用于庭荫树，行道树。

红枫（*Acer palmatum* 'Atropurpureum'）

形态特征

槭树科槭树属落叶小乔木。红枫树姿开张，小枝细长,树皮光滑，呈灰褐色。单叶交互对生，常丛生于枝顶。叶掌状深裂，春、秋季叶红色，夏季叶紫红色。嫩叶红色，老叶终年紫红色。伞房花序，顶生，杂性花。花期4~5月。翅果，幼时紫红色，成熟时黄棕色，果核球形。果熟期10月。

生长习性

喜欢温暖湿润、气候凉爽的环境，喜光但怕烈日，属中性偏阴树种，夏季遇干热风吹袭会造成叶缘枯卷，高温日灼还会损伤树皮，红枫虽喜温暖，但较耐寒。在土壤pH5.5~7.5的范围内能适应，故在微酸性土、中性土和石灰性土中均可生长。

养护管理

红枫生长过程中喜湿润，但是，除夏季浇水要充足外，平时浇水不能过多，雨季注意及时排除积水。生长旺季每隔15天施加一次腐熟液肥或复合肥，高温和寒冬天气要停肥。肥料施入前多加稀释，以磷钾肥为主，氮肥为辅。红枫生长缓慢，多能自然形成姿态，除发现有枯枝时，应随时剪除之外，一般不必多行修剪。

红枫常见的病虫害有褐斑病、白粉病、锈病等、刺蛾、蚜虫等。

园林应用

红枫广泛用于园林绿地，以孤植、散植为主，也易于与景石相伴，观赏效果佳。红枫是种非常美丽的观叶树种，其叶形优美，红色鲜艳持久，枝序整齐，层次分明，错落有致，树姿美观，宜布置在草坪中央，高大建筑物前后、角隅等地，红叶绿树相映成趣。红枫常用作彩色行道树，干旱地防护林树种和风景林。

鸡爪槭（*Acer palmatum* Thunb.）

形态特征

槭树科槭属落叶小乔木或乔木，树冠伞形。树皮深灰色，平滑。小枝细瘦，当年生枝紫色或淡紫绿色，多年生枝淡灰紫色或深紫色。叶纸质，对生，掌状，基部心形或近心形，密

生尖锯齿。叶发出以后才开花，花紫色，杂性，伞房花序，萼片卵状披针形，花瓣椭圆形或倒卵形。翅果嫩时紫红色，成熟后褐黄色或淡棕黄色，果核球形，脉纹显著，两翅张开成钝角。花期5月，果期9月。

生长习性

弱阳性树种，喜温暖湿润气候，耐半荫，喜欢阳光，忌直射，夏季易日灼、旱害。在高大树木庇荫下长势良好。耐寒性强，不耐水涝，生长速度中等偏慢。湿润肥沃、富含腐殖质、排水良好的土壤环境中生长快速、矫健，酸性、中性及石灰质土均能适应，在碱性反应的土壤中生长不良或易黄化。对二氧化硫和烟尘抗性较强。

养护管理

生长季节浇水要充足，但不宜过多，以保持土壤湿润为度。在生长旺盛期的春夏季，可经常施用稀薄的肥水，并注意增加磷、钾肥的成分，才有利于叶色的艳丽，如肥料不足，入秋寒霜侵袭时，常不能变红，而陷于落叶。要经常松土除草，增加土壤透气性，以利于根系发育。修剪多在落叶后休眠期进行，剪去病弱枝、交叉枝、平行枝及重叠枝，还须结合树形将当年生的过长枝截短，一般每枝留1~2节即可。在生长期不宜修剪，以免树液从伤口外流，影响生长。鸡爪槭多用攀扎与修剪相结合进行造形。攀扎宜用棕丝，并须及时拆除，否则很易陷丝。攀扎加工宜在夏季或落叶后进行。大枝可以攀扎，小枝则宜修剪，一般将每一枝条留1~2节，前端剪去，使生出的两根侧枝成丫形，以后再如此依次修剪，最后形成树冠。

鸡爪槭常见的病虫害有锈病、白粉病、褐斑病、刺蛾、蚜虫、天牛等。

园林应用

鸡爪槭在园林绿化中，常用不同品种配置于一起，形成色彩斑斓的槭树园；植于山麓、池畔、以显其潇洒、婆娑的绰约风姿；配以山石、则具古雅之趣。还可植于花坛中作主景树；植于园门两侧，建筑物角隅，装点风景；以盆栽用于室内美化，也极为雅致。

木瓜（*Chaenomeles sinensis* (Thouin) Koehne）

形态特征

蔷薇科木瓜属落叶小乔木或灌木，高达5~10m。树皮成片状脱落，小枝无刺，圆柱形，幼时被柔毛，不久即脱落，紫红色，二年生枝无毛，紫褐色。叶片椭圆卵形或椭圆长圆形，稀倒卵形，长5~8cm，宽3.5～5.5cm，先端急尖，基部宽楔形或圆形，边缘有刺芒状尖锐锯

齿。叶柄长5～10mm，微被柔毛，腺齿，托叶膜质，卵状披针形，先端渐尖，边缘具腺齿。花单生于叶腋，花梗短粗，长5~10mm，无毛；花直径2.5~3cm，花瓣倒卵形，淡粉红色。果实长椭圆形，长10~15cm，暗黄色，木质，味芳香，果梗短。花期4月，果期9~10月。

生长习性

对土质要求不严，但在土层深厚、疏松肥沃、排水良好的沙质土壤中生长较好，低洼积水处不宜种植，喜半干半湿；不耐阴，栽植地可选择避风向阳处。喜温暖环境。

养护管理

木瓜忌积水，雨季要做好排水，以免造成沤根。木瓜浇水时要注意几个特定阶段：在花期前后土壤略干，土壤过湿，则花期短；见果后喜湿，若土干，果呈干瘪状，就很容易落果；果接近成熟期，土略干，果熟期土壤过湿则落果。木瓜现蕾前后要及时施重肥，供花芽形成等需要，仍以氮肥为主，适当增施P、K肥，也可进行叶面追肥。木瓜修剪一般在冬季至早春树木休眠季节进行，主要剪去枯枝、病枝、衰老枝及过密枝，使整个树形内空外圆，以利多开花、多结果。

木瓜主要病虫害有叶枯病、蚜虫、食心虫、天牛等。

园林应用

木瓜树作行道树。公园、庭院、校园、广场等道路两侧可栽植木瓜树，亭亭玉立，花果繁茂，灿若云锦，清香四溢，效果甚佳。

造型与点缀。木瓜树可作为独特孤植观赏树或三五成丛的点缀于园林小品或园林绿地中，也可培育成独干或多干的乔灌木作片林或庭院点缀。春季观花夏秋赏果，淡雅俏秀，多姿多彩，使人百看不厌，取悦其中。

紫丁香（*Syringa oblata* Lindl.）

形态特征

木犀科丁香属落叶灌木或小乔木，高可达5m。树皮灰褐色或灰色，小枝、花序轴、花梗、苞片、花萼、幼叶两面以及叶柄均无毛而密被腺毛，小枝较粗，疏生皮孔。叶片革质或厚纸质，卵圆形至肾形，宽常大于长，长2~14cm，宽2~15cm，先端短凸尖至长渐尖或锐尖，基

部心形、截形至近圆形，或宽楔形，上面深绿色，下面淡绿色。花梗长0.5~3mm，花萼长约3mm，萼齿渐尖、锐尖或钝。花冠紫色，长1.1~2cm。果倒卵状椭圆形、卵形至长椭圆形，长1~1.5cm，宽4~8mm，先端长渐尖，光滑。花期4~5月，果期6~10月。

生长习性

喜光，稍耐阴，阴处或半阴处生长衰弱，开花稀少；喜温暖、湿润，有一定的耐寒性和较强的耐旱力；对土壤的要求不严，耐瘠薄，喜肥沃、排水良好的土壤，忌在低洼地种植，积水会引起病害，直至全株死亡。

养护管理

紫丁香适应性强，只需在干旱时浇水，然后松土保墒即可。华北地区，4~6月是其生长旺盛并开花的季节，每月要浇2~3次透水，雨季则要注意排水防涝，入冬前要灌足封冻水。一般不施肥或仅施少量肥，切忌施肥过多，否则会引起徒长，从而影响花芽形成，反面使开花减少，但在花后应施些磷、钾肥及氮肥。

紫丁香的修剪一般在春季萌动前进行，主要剪除细弱枝、过密枝、枯枝及病枝，并合理保留好更新枝。花谢以后将残花连同花穗下部2个芽剪掉，同时疏除部分内膛过密枝条，有利通风透光和树形美观，有利促进萌发新枝和形成花芽；落叶后可把病虫枝、枯枝、纤细枝剪去,并对交叉枝、徒长枝、重叠枝、过密枝进行适当短截，使枝条分布匀称，保持树冠圆整，以利翌年生长和开花。

紫丁香的病虫害主要有叶枯病、根腐病、家茸天牛、刺蛾、蚜虫等。病害多发生在夏季高温高湿时期，应注意防治。

园林应用

紫丁香是中国特有的名贵花木，已有1000多年的栽培历史，欧、美园林中广为栽植，在中国园林中亦占有重要位置。紫丁香植株丰满秀丽，枝叶茂密，且具独特的芳香，常丛植于建筑前、茶室凉亭周围；散植于园路两旁、草坪之中；与其他种类丁香配植成专类园，形成美丽、清雅、芳香，青枝绿叶，花开不绝的景区，效果极佳；也可盆栽、促成栽培、切花等用。

海州常山（*Clerodendrum trichotomum* Thunb.）

形态特征

马鞭草科大青属灌木或小乔木，老枝灰白色，具皮孔。叶片纸质，卵形、卵状椭圆形或三角状卵形，顶端渐尖，基部宽楔形至截形，偶有心形，表面深绿色，背面淡绿色，全缘或有时边缘具波状齿。伞房状聚伞花序顶生或腋生。核果近球形，成熟时外果皮蓝紫色。花果期6~11月。

生长习性

海州常山喜阳光、稍耐阴、耐旱，有一定的耐寒性。对土壤要求不严，喜湿润土壤，能耐瘠薄土壤，但不耐积水，在砂土、轻粘土中均能正常生长，但以在肥厚通透性好的沙壤土中生长最好，有一定的耐盐碱性，分蘖能力强。

养护管理

海州常山虽然耐干旱，但还是喜湿润环境的。每年从萌芽至开花初期，可灌水2~3次，如遇夏季干旱时可多灌水2~3次；海州常山喜肥，秋末结合浇冻水施用一些烘干鸡粪、牛马粪或芝麻酱渣。翌年初夏可适量追施一次尿素，花前可适当施用一些磷钾肥。每年秋季落叶后或早春萌芽前，应适度修枝整形，疏剪枯枝、过密树及徒长枝，使枝长分布均匀，从而使来年生长旺盛，开花繁茂。多年老树要重剪以利更新复壮。

海州常山常见的病虫害有煤污病、蚜虫、介壳虫等。

园林应用

海州常山为良好的的观花、观果园林植物。可孤植于阳光充足的地方，若在空旷之处栽植一棵，常常几年后自行繁殖一片。也可以与其它树木配置于庭院、山坡、溪边、堤岸、悬崖、石隙及林下。

山白树（*Sinowilsonia henryi* Hemsl.）

形态特征

金缕梅科山白树属落叶小乔木或灌木，高可达10m。嫩枝被灰黄色星状绒毛。叶互生，纸质或膜质，倒卵形，稀椭圆形，长10~18cm，宽5~11cm，先端锐尖，基部圆形或浅心形，稍偏斜，边缘密生小突齿，上面绿色，脉上具稀疏星状绒毛，下面黄绿色，密被星状绒毛。

花单性，稀两性，雌雄同株，无花瓣。雄花排列总状花序，长41cm，下垂；雌花排成穗状花序，长6~8cm，花序梗长3cm。果序长10~20cm；蒴果无柄，木质，卵圆形，先端尖，长约1cm。种子长椭圆形，长约8mm，黑色，有光泽，种脐灰白色。花期5、6月，果熟8、9月。中国特有单种属植物，国家Ⅱ级保护稀有种。

生长习性

山白树具有喜肥，喜水，喜光的特性，适生土壤为疏松、湿润、肥沃的偏酸性土壤，对土壤厚薄要求不严，只要湿润、肥沃，乱石堆岩隙亦能生长，具有耐间歇性的短期水浸的能力。

养护管理

要适时浇水，保持土壤湿润。山白树喜肥，一年宜分四次施肥。春季施肥以速效氮肥为主，在春季发芽前20天施用；夏季宜在7月下旬施肥，以速效肥料为主，N、P、K要合理搭配；8月下旬前施用秋肥，以速效肥料为主，控制氮肥用量，增施磷钾肥，以增强山白树冬季的抗寒能力；山白树落叶后，土壤封冻前施用冬肥，应施用迟效性有机肥。每年除草松土1~2次，适当整枝，以利长势和冠形。

山白树主要病害有猝倒病、烂根病等。

园林应用

山白树树干耸直，树形卵圆形，嫩叶苍翠欲滴，叶片疏密得当，果序悬垂，如一串铃铛随风飘荡，甚为美观，具有很高的观赏价值，适合用于庭院绿化和行道树。

山白树有一定耐阴能力，可构建地带性人工植物群落，又可在城市生态公益林与其它阔叶树种混交种植。鉴于山白树为国家Ⅱ级保护植物，具有科研和教育意义的内涵，其在校园绿化和公园栽植尤为适宜。

黄栌（*Cotinus coggygria* Scop.）

形态特征

漆树科黄栌属落叶小乔木或灌木。黄栌树冠圆形，高可达3~5m，木质部黄色，树汁有异

味。单叶互生，叶片全缘或具齿，叶柄细，无托叶，叶倒卵形或卵圆形。圆锥花序疏松、顶生，花小、杂性，仅少数发育。核果小，干燥，肾形扁平，绿色，侧面中部具残存花柱。外果皮薄，具脉纹，不开裂，内果皮角质。种子肾形，无胚乳。花期5~6月，果期7~8月。

生长习性

性喜光，也耐半阴。耐寒，耐干旱瘠薄和碱性土壤，不耐水湿，宜植于土层深厚、肥沃而排水良好的砂质壤土中。生长快，根系发达，萌蘖性强。对二氧化硫有较强抗性。秋季当昼夜温差大于10℃时，叶色变红。

养护管理

黄栌不耐水湿，掌握“见干见湿、不干不浇、浇则浇透”的原则，雨季要及时排水，防止水大烂根。3~6月、9月、11月上旬各浇一次，最后一次浇水要按照封冻水的要求浇足、浇透，第二年早春浇足浇透解冻水。每年只需要在春季施肥一次即可，而且要适量，在浇封冻水前再施入一些有机肥，可使植株生长旺盛，叶片鲜亮。松土结合除草进行。黄栌萌蘖性强，注意疏枝，保持内膛通风透光。

黄栌常见的病虫害主要有立枯病、白粉病、霉病、蚜虫等。

园林应用

黄栌是中国重要的观赏树种，其极其耐瘠薄的特性，成为石灰岩营建水土保持林和生态景观林的首选树种。

黄栌在园林造景中最适合城市大型公园、天然公园、半山坡上、山地风景区内群植成林，可以单纯成林，也可与其他红叶或黄叶树种混交成林，表现群体景观；还可以应用在城市街头绿地，单位专用绿地、居住区绿地以及庭园中，宜孤植或丛植于草坪一隅、山石之侧、常绿树树丛前或单株混植于其他树丛间以及常绿树群边缘，从而体现其个体美和色彩美。

山楂（*Crataegus pinnatifida* Bunge）

形态特征

蔷薇科山楂属落叶乔木。山楂树皮粗糙，暗灰色或灰褐色。刺长1~2cm，有时无刺。小枝圆柱形，当年生枝紫褐色，无毛或近于无毛，疏生皮孔，老枝灰褐色。伞房花序具多花。果实近球形或梨形，直径1~1.5cm，深红色，有浅色斑点。小核3~5，外面稍具稜，内面两侧平滑。花期5~6月，果期9~10月。

生长习性

适应性强，喜凉爽，湿润的环境，既耐寒又耐高温，在−36~43℃之间均能生长。喜光也能耐荫。耐旱，水分过多时，枝叶容易徒长。对土壤要求不严格，但在土层深厚、质地肥沃、疏松、排水良好的微酸性砂壤土生长良好。

养护管理

做好每年4次关键期浇水。春季在追肥后浇1次水，以促进肥料的吸收利用。花后结合追肥浇水，以提高坐果率。在6月初浇1次水，以促进花芽分化及果实的快速生长。最后浇封冻水，以利树体安全越冬。山楂树的修剪，应以冬剪为主，进行改造和更新复壮，疏去轮生骨干枝和外围密生大枝及竞争枝、徒长枝、病虫枝、缩剪衰弱的主侧枝，选留适当部位的芽进行小更新，培养健壮枝组。对弱枝重截复壮和在光秃部位芽上刻伤增枝的方法进行改造。

山楂常见病虫害有轮纹病、白粉病、红蜘蛛和桃蛀螟等。

园林应用

全国很多地区都将山楂作为绿化树种，但数量及面积并不大，近几年来，山楂越来越多地被应用到园林绿化中，在应用配置上，山楂主要应用于小区内的道路、旅游度假区、游乐园等；在应用方式上，主要有孤植、丛植、群植、盆景等。

金叶榆（*Ulmus pumila* cv 'Jinye'）

形态特征

榆科榆属落叶乔木。金叶榆叶片金黄，有自然光泽，叶脉清晰，叶卵圆形，叶缘具锯齿，叶尖渐尖，互生于枝条上。聚伞花序叶腋，果翅黄白色，果梗较花被为短。中国北方地区4~5月开花，果期6~7月。

生长习性

金叶榆属阳性树种，喜光，耐旱，耐寒，耐贫瘠，不择土壤，对寒冷、干旱气候具有较强的适应性，同时具有抗盐碱性。根系发达，抗风力、保土力强。萌芽力强，耐修剪。生长快，寿命长，不耐水湿。具抗污染性，叶面滞尘能力强。

养护管理

早春萌芽前浇一次透水，此次浇水后间隔7~10天再补一次透水，保证树木发芽需要。若遇夏季干旱，则要补充水分。雨季要根据土壤的干湿程度来掌握浇水次数和浇水量，土壤以见干见湿为最佳。金叶榆早春萌芽前主要以施氮、磷、钾复合肥较好，同时施用一些腐熟发酵的有机肥。当金叶榆处于稳定生长阶段时，可施用一些速效肥（如尿素），时间多选在雨后。也可在晴天进行施肥，但施后应及时浇水。金叶榆可以每2年施用一次化肥，同时掺拌有机肥，可以增壮苗木的根系，也增色金叶榆的叶色，提高观赏效果。初春萌芽前对金叶榆进行整形修剪，去除冗繁枝、干缩枝、下垂枝、病虫枝。萌芽后要对生长较弱的枝条进行二次修剪，对有缓芽趋势的枝条给予适度修剪，对芽苞已干枯变黑的枝条给予去除。

金叶榆常见的病虫害有榆溃腐病、榆树黑斑病、榆木蠹蛾和天牛等。

园林应用

金叶榆广泛运用于绿篱、色带、拼图、造型。还可大量运用于山体景观生态绿化中，营造景观生态林和水土保持林。

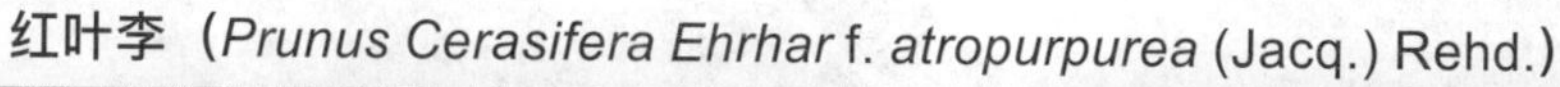

红叶李（*Prunus Cerasifera Ehrhar* f. *atropurpurea* (Jacq.) Rehd.）

形态特征

蔷薇科李属落叶灌木或小乔木，高可达8m。多分枝，枝条细长，开展，暗灰色，有时有棘刺，小枝暗红色，无毛。叶片椭圆形、卵形或倒卵形，极稀椭圆状披针形，花1朵，稀2朵。花瓣白色，长圆形或匙形，边缘波状，基部楔形，着生在萼筒边缘。核果近球形或椭圆形，长宽几相等，黄色、红色或黑色，微被蜡粉。花期4月，果期8月。

生长习性

喜阳光、温暖湿润气候，有一定的抗旱能力。对土壤适应性强，不耐干旱，较耐水湿，但在肥沃、深厚、排水良好的黏质中性、酸性土壤中生长良好，不耐碱。以沙砾土为好，粘质土亦能生长，根系较浅，萌生力较强。

养护管理

浇水结合天气情况，在生长期要充分浇水，雨季注意防止积水，进入秋季以后，必须控制浇水。每年只需要在秋末施一次肥即可，而且要适量，如果施肥次数过多或施肥量过大，会使叶片颜色发暗而不鲜亮，降低观赏价值。紫叶李最佳的树形是“疏散分层形”，也可以采用“自然开心形”。在对各层主枝进行修剪的时候，应适当保留一些侧枝，达到使树冠充实，却又不空洞的效果。对过密、下垂、重叠和枯死枝要及时剪除。

红叶李常见病虫害有细菌性穿孔病、红蜘蛛、刺蛾和布袋蛾等。

园林应用

红叶李整个生长季节都为紫红色，宜于建筑物前及园路旁或草坪角隅处栽植。

榆叶梅（*Amygdalus triloba*）

形态特征

蔷薇科桃属落叶灌木或小乔木，高2~3m。枝条开展，具多数短小枝，小枝灰色，一年生枝灰褐色，无毛或幼时微被短柔毛。叶宽椭圆形至倒卵形，先端3裂状，缘有不等的粗重锯齿。一年生枝上的叶互生，叶片宽椭圆形至倒卵形。花1~2朵，先于叶开放，花瓣近圆形或宽倒卵形，单瓣至重瓣，先端圆钝，有时微凹，粉红色，果实近球形，果肉薄，成熟时开裂，核近球形，具厚硬壳。花期4~5月，果期5~7月。

生长习性

喜光，稍耐阴，耐寒，能在–35℃下越冬。对土壤要求不严，以中性至微碱性而肥沃土壤为佳。根系发达，耐旱力强。不耐涝。抗病力强。生于低至中海拔的坡地或沟旁乔、灌木林下或林缘。

养护管理

榆叶梅怕涝，因此浇水不能过多，尤其是夏季的雨季要做好排水防涝的工作，土壤稍微干燥些对生长不会产生影响。榆叶梅对肥料的要求量较大，耐大肥，给它充足的养分对开花有很好的帮助。在生长季10天左右给它一次稀薄的肥水就能满足要求。榆叶梅夏季修剪一般在花谢后的6月份进行，主要是对过长的枝条进行摘心，还要将已开过花的枝条剪短，只留基部的3~4个芽；秋末冬初剪除枯枝、徒长枝，对过长的枝也要剪短和疏枝，促使来年开花繁茂硕大。

榆叶梅常见的病虫害有黑斑病、根癌病、黑斑病、叶斑病、蚜虫、红蜘蛛、介壳虫和天牛等。

园林应用

榆叶梅的叶片像榆树叶，花朵又像是梅花，所以得名“榆叶梅”，枝叶茂密，花繁色艳，宜植于公园草地、路边，或庭园中的墙角、池畔等；如将榆叶梅植于常绿树前，或配植于山石处，则能产生良好的观赏效果；也可以作为盆栽或者作切花使用。

美人梅（*Prunus* × *blireana* cv. Meiren）

形态特征

蔷薇科李属落叶小乔木。园艺杂交种，由重瓣粉型梅花与红叶李杂交而成。叶片卵圆形，长5~9cm，叶柄长1~1.5cm，叶缘有细锯齿，叶被生有短柔毛。花粉红色，着花繁密，1~2朵着生于长、中及短花枝上，先花后叶，花期春季。有时结果，果皮鲜紫红，梅肉可鲜食。

生长习性

美人梅抗寒性强。属阳性树种，在阳光充足的地方生长健壮，开花繁茂。抗旱性较强，喜空气湿度大，不耐水涝。对土壤要求不严，以微酸性的黏壤土（pH值6左右）为好。不耐空气污染，对氟化物，二氧化硫和汽车尾气等比较敏感。同时对乐果等农药反应也极为敏感。

养护管理

美人梅喜湿润环境，但怕积水，生长期若不是过于干旱不用浇水。夏季高温干旱少雨天气，适当浇水。大雨之后或连续阴雨天，应及时排除积水，以防水大烂根，导致植株死亡。美人梅喜肥，在其花芽分化期可施一些氮磷钾复合肥，此后不再施肥。每年的冬季进行修剪整形，剪去无用的大枝、交叉枝、徒长枝，将过长的枝条短截，以保持树形的优美;春季花后再进行一次修剪，将衰老的枝条短截，仅留基部的3~4个芽，以促使萌发新的枝条，当新枝长到40cm左右时应摘心，以控制枝条生长，促进腋芽饱满。

美人梅常见的病虫害有叶斑病、叶穿孔病、流胶病、蚜虫、刺蛾、红蜘蛛、天牛等。

园林应用

春来赏花，三季观叶。美人梅是不可多得的花、叶均俱观赏价值的花木，为梅花专类园中优良的晚花品种。在园林绿化中美人梅应用前途很大，可用于公园、街道、庭园等处，或孤植、丛植于草地之间；或对植、列植于园路、分车带；或占缀于山石、池畔。

红梅（*Prunus mume*）

形态特征

蔷薇科杏属落叶小乔木。红梅树干灰褐色，小枝细长绿色无毛，叶片广卵形至卵形，边缘具细锯齿。花每节1~2朵，无梗或具短梗，花呈淡粉红或红色，栽培品种则有紫、红等花色，于早春先叶而开。核果近球形，有缝合线，黄色或绿色，被柔毛，味酸，果肉与核粘附不易分离。梅花多在早春1~2月先开花，后发叶。6~7月果实成熟。

生长习性

喜温暖气候，有一定的耐寒力，花期对气候变化非常敏感，红梅喜欢空气湿度较大，但花期时忌暴雨。对土壤要求不严，比较耐瘠薄。亦能在轻碱性土中正常生长。栽植在砾质粘土及砾质壤土等下层土质紧密的土壤上，梅之枝条充实，开花结实繁盛。阳性树种，长寿树种。

养护管理

红梅耐旱性较强，对土壤要求不严，但以富含腐殖质、疏松肥沃、排水良好的微酸性土壤最好，忌高温多湿，更要严防排水不良，长期积水。红梅通常株高2~3m，枝条纤细，如修剪管理不及时，容易疯长，株型松散，但它耐修剪，红梅的整形剪过程中需注意两点，其一，除一些影响株型的枝条可疏除外，其他枝条不宜全部剪掉，一般留 1/3~1/2。如果修剪过重，只留下已经木质化的枝条，将难以恢复生长。其二，每次修剪后立即施肥，以磷、钾肥为主，控制氮肥用量，以促进花芽分化，保证第二年开花。

红梅主要的病虫害有细菌性穿孔病、流胶病、褐腐病、炭疽病、杏疔病、球坚蚧。

园林应用

红梅在园林、绿地、庭园、风景区，可孤植、丛植、群植等；也可屋前、坡上、石际、路边自然配植。若用常绿乔木或深色建筑作背景，更可衬托出梅花玉洁冰清之美。

山杏（*Armeniaca sibirica* (L.) Lam）

形态特征

蔷薇科杏属落叶灌木或小乔木。山杏高2~5m，树皮暗灰色，小枝无毛，稀幼时疏生短柔毛，灰褐色或淡红褐色。叶片卵形或近圆形，花单生，先于叶开放，果实扁球形，黄色或桔红色，有时具红晕，被短柔毛，果肉较薄而干燥，成熟时开裂，味酸涩不可食，成熟时沿腹缝线开裂。花期3~4月，果期4~7月。

生长习性

适应性强，常生于干燥向阳山坡上、丘陵草原或与落叶乔灌木混生，具有耐寒、耐旱、耐瘠薄的特点。喜光，根系发达。在−30~−40℃的低温下能安全越冬生长。在深厚的黄土或冲积土上生长良好，在低温和盐渍化土壤上生长不良。

养护管理

山杏主要浇好三水, 即花前水、硬核水、落果后水，以满足生长、结果和花芽分化需要。追肥一年3次，花前以速效氮肥为主，果实膨大期为磷钾复合肥，果实采后为氮磷钾复合肥。秋梢停长后施基肥，以有机肥为主。整形剪上根据枝条长势和树冠各部空间，适当疏密截弱，利用壮枝芽复壮，对下垂枝，辅养枝要及时回缩。落果后剪除树冠内的病虫枝、交叉枝、重叠枝、细弱枝、徒长枝，以减少树体消耗，加速花芽的形成。

山杏常见病虫害为杏瘤病、杏星毛虫和球坚介壳虫等。

园林应用

山杏可以栽种于庭院一隅，花开时节，给人以清雅之感，花落之时，落叶缤纷，整个庭院多了一分春的味道。山杏也可群植、林植于公园，花开之时透显花海之势，营造杏花村的景致，给人以群体美的感觉。山杏还可种植于山坡、土丘上，形成杏花山的景观。此外，还可选择树干通直，树形高大，树冠浓密的山杏种植于廊道，春季花开时节，蔚为壮观，一派花海景象，夏季浓密的树荫则使人神清气爽。山杏用作小区行道树或园林行道树，既美化了环境，又优化了景观。

花石榴（*Punica granatum* L. var.*nana* Pers）

形态特征

石榴科石榴属落叶小乔木。树冠常不整齐，小枝长四棱形，刺状，植株矮小，高仅1m左右，小枝四棱形，细密而柔软，叶椭圆状披针形。叶色浓绿，油亮光泽。花朵小，朱红色，重瓣，花期长，5~10月。果较小，古铜红色，挂果期长。

生长习性

性喜温暖、阳光充足和干燥的环境，耐干旱，也较耐寒，不耐水涝，不耐阴，对土壤要求不严，以肥沃、疏松、适湿而排水良好的沙壤土最好。

养护管理

花石榴浇水的关键时期主要是萌芽期、果实膨大期和落叶前三个时期，土壤湿度保持在60%~80%较为适宜，其它时期主要根据土壤湿度灵活掌握。石榴抗旱不抗涝在生长季要注意排水，防止树盘长时间积水引起涝害。每年施肥2次以上，第一次以有机肥为主，在秋季进行，每株约施30kg，补施磷、钾肥。第二次在早春施用，以氮、磷、钾复混肥为主，株施0.5~1kg，目标是增进萌芽、抽枝、开花和着果。每年对树盘进行3~4次中耕除草，中耕深度5~10cm。花石榴夏季修剪比较重要，重点是将生长旺盛的枝条及时短截或剪除，调节树体营养分布，还要及时剪去消耗养分的弱枝和病枝，保持植株的良好株形和健康。

花石榴常见病虫害有叶枯病和灰霉病、刺蛾、介壳虫和蚜虫等。

园林应用

花石榴的园林应用主要为孤植、丛植、群植和片植。

花石榴在大片草坪上、花坛的中心、道路的交叉口，以及道路转折点、缓坡、平阔的湖池岸边等处常做孤植处理；花石榴树最宜成丛地种植于茶室、露天舞池、剧场及游廊外，或由民族形式建筑所构成的庭院中；群植花石榴树在园林绿化中可作背景、伴景使用，在大的自然风景区中也可作为主景；可用花石榴营造防护林带、道路隔离带、城郊绿化带及自然风景区中的风景林、特色果园等。

碧桃（*Amygdalus persica* L. var. *persica* f. *duplex* Rehd.）

形态特征

蔷薇科桃属落叶乔木，高3~8m。树冠宽广而平展，树皮暗红褐色，老时粗糙呈鳞片状，小枝细长，无毛，有光泽，绿色，向阳处转变成红色，具大量小皮孔，冬芽圆锥形，顶端钝，外

被短柔毛，常2~3个簇生，中间为叶芽，两侧为花芽。叶片长圆披针形、椭圆披针形或倒卵状披针形，花单生，先于叶开放，果实形状和大小均有变异，卵形、宽椭圆形或扁圆形，花期3~4月，果实成熟期因品种而异，通常为8~9月。

生长习性

喜欢阳光，喜欢温暖的生长环境，耐寒的能力较好。碧桃比较耐旱，但是不耐水湿，不喜欢土壤有积水。对土壤的要求是需要使用肥沃，并且排水性良好的沙质土壤。

养护管理

一般除早春及秋末各浇一次解冻水及封冻水外其他季节不用浇水。但在夏季高温天气，如遇连续干旱，适当的浇水是非常必要的。雨天还应做好排水工作，以防水大烂根导致植株死亡。碧桃喜肥，但不宜过多，可用腐熟发酵的牛马粪作基肥，每年入冬前施一些芝麻酱渣，6~7月如施用1~2次速效磷、钾肥，可促进花芽分化。碧桃的冬季修剪，首先要明确修剪的目的在于观赏。其次要看其周围的环境，如培植在地形起伏较大的地方，要体现其观赏面，不能背对观赏者。第三修剪要考虑其生物学特性，树体的年龄、品种特性、花芽着生的位置。第四要注意观察修剪反应，树体的年生长量。

碧桃常见的病虫害有炭疽病、流胶病、缩叶病、蚜虫、介壳虫、红蜘蛛等。

园林应用

碧桃片植、丛植或者孤植，都具有不错的效果，大多数栽植在公园、湖边或者道路的两旁，营造美丽的美景，常会和紫叶李和矮樱组合配置，绿化的效果非常好，当年即可见效。

日本晚樱（*Cerasus serrulata* (Lindl.) G.Don ex London var.*lannesiana* (Carri.) Makino）

形态特征

蔷薇科樱属落叶乔木。日本晚樱高3~8m，树皮灰褐色或灰黑色，有唇形皮孔。小枝灰白色或淡褐色，无毛。叶片卵状椭圆形或倒卵椭圆形。伞房花序总状或近伞形，有花2~3朵，花瓣粉色，倒卵形，先端下凹花柱无毛。核果球形或卵球形，紫黑色。花期4~5月，果期6~7月。

生长习性

樱花属浅根性树种，喜阳光、深厚肥沃而排水良好的土壤，有一定的耐寒能力。

养护管理

日本晚樱喜湿润环境，春季3月初萌芽前浇一次返青水，此次浇水必需浇足浇透。华北地区春季干旱少雨，故在4~5月份也应该适当浇水。种植于草坪中的植株，可随浇灌草坪时一同浇水，不需要另外浇水。夏季降水多时及时排水，防止水大烂根。秋季不是特别干旱可以不浇水。入冬前应结合施肥浇封冻水。每年可于花后施入一些芝麻酱渣和100克左右的硫氨化肥，可及时补充因开花而消耗的养分。秋季落叶可施入一些腐熟发酵的圈肥或堆肥，可使植株来年枝繁叶茂、花大色艳。夏季可使用0.2%磷酸二氢钾进行叶面施肥，秋季为了防止枝条徒长，一般不施肥。修剪一般在秋天落叶后进行。日本晚樱樱花的枝干受伤后，伤口愈合较慢，根据这一特性，修剪要特别谨慎。修剪的主要任务首先是剪去那些枯萎枝、干枝、重叠枝、徒长枝和病虫枝。另外樱花粗壮的树干上长出的枝条多时，要保留那些长势健壮的枝条，其余全部从主要分枝的基部剪掉，以利于树体通风透光。

日本晚樱常见的病虫害有根瘤病、炭疽病、褐斑穿孔病、蚜虫、红蜘蛛、介壳虫等。

园林应用

樱花色彩鲜艳，十分壮丽，是重要的园林观花树种，宜丛植于庭园或建筑物前，也可作小路的行道树。

西府海棠（*Malus micromalus*）

形态特征

蔷薇科苹果属落叶小乔木。高达2.5~5m，树枝直立性强，小枝细弱圆柱形，嫩时被短柔毛，老时脱落，紫红色或暗褐色，具稀疏皮孔，冬芽卵形，先端急尖，无毛或仅边缘有绒毛，暗紫色。叶片长椭圆形或椭圆形。伞形总状花序，有花4~7朵，集生于小枝顶端，果实近球形，红色。花期4~5月，果期5~9月。

生长习性

喜光，耐寒，忌水涝，忌空气过湿，较耐干旱。

养护管理

西府海棠耐旱，怕积水，因此浇水时不干不浇，春夏生长期，浇水要适量增加一些，到秋凉以后，浇水量就要慢慢的减少。西府海棠喜肥，但要注意适当合理多施，如果偏施氮肥，枝叶比较茂盛，开花就会少。春季开花以后，以施氮肥为主，这样可以为了能够让西府海棠枝叶生长的更好。在夏、秋季的时候，磷、钾肥就要多施一些，促进花芽分化，花开的更多，更加艳丽。在落叶后至早春萌芽前进行一次修剪，把枯弱枝、病虫枝剪除，以保持树冠疏散，通风透光。为促进植株开花旺盛，须将徒长枝进行短截，以减少发芽的养分消耗。结果枝不必修剪。在生长期间，如能及时进行摘心，早期限制营养生长，则效果更为显著。

西府海棠常见病虫害有腐烂病、赤星病、金龟子、卷叶虫、蚜虫、袋蛾和红蜘蛛等。

园林应用

西府海棠花色艳丽，一般多栽培于庭园供绿化用。西府海棠在海棠花类中树态峭立，似亭亭少女。花朵红粉相间，叶子嫩绿可爱，果实鲜美诱人，不论孤植、列植、丛植均极为美观。最宜植于水滨及小庭一隅。新式庭园中，以浓绿针叶树为背景，植海棠于前列，则其色彩尤觉夺目，若列植为花篱，鲜花怒放，蔚为壮观。

八棱海棠（*Malus* × *robusta*（CarriŠre) Rehder）

形态特征

蔷薇科苹果属落叶小乔木。八棱海棠树高达7m，树冠开张，树干暗褐色。嫩枝或褐或红褐色，被短柔毛，以后逐渐脱落。叶卵圆或椭圆形，花3~6朵成伞形花序，以5朵居多，花于叶后开放，淡粉红色或白色，花瓣椭圆或倒卵圆形,果实扁圆或少数为近圆形乃至卵圆形，色鲜红、深红、微红、黄绿带红晕乃至黄色，顶部和基部通常有不规则纵棱。花期4~5月初，果期5~10月。

生长习性

八棱海棠的适应性和抗逆性均较强，对干旱和湿涝的耐力中等，耐盐碱力较强，在pH值8.0以上的土壤中叶片始有黄化表现。抗寒力强，能耐–37℃低温。

养护管理

重点做好四个关键时期的浇水，即萌芽水、促果水、膨果水、封冻水。全年应施肥3~4次，催芽肥，以氮肥为主，在树体萌芽时施入；落花肥，氮肥为主，以保进细胞分裂，增大果实个头；膨果肥，氮肥、磷肥并重，促进果实增大；基肥以秋施有机肥为主，同时混入碳铵、二铵、磷肥等，施入量为0.3~0.5m^3/株，施肥多用环状施肥、条沟施肥和穴施，施肥结合冬灌。八棱海棠花芽多由顶芽分化而成，而且以中、短果枝为主要花枝，因此要保留中、短果枝。对长枝应进行短剪，同时还应剪除过密枝、干枯枝、病虫枝，然后根据所需树形进行修剪。若想使海棠树冠圆满，则疏密养稀，剪去过密枝条，而对枝条稀疏的部位则垂剪，以便使其多发侧枝，填补空缺。

八棱海棠常见的病虫害有梨锦痛、实巢蛾和舞毒蛾等。

园林应用

八棱海棠树枝条细长、均匀且柔软，树型优美，是美化风景的上好首选观赏树，有极高的观赏价值。是城市公园、道路绿化，园林置景，庭院观赏，别墅美化点缀配置极佳树木。

垂丝海棠（*Malus Halliana* Koehne）

形态特征

蔷薇科苹果属落叶小乔木。垂丝海棠高可达5m，树冠疏散，枝开展。小枝细弱，微弯曲，圆柱形，最初有毛，不久脱落，紫色或紫褐色。叶片卵形或椭圆形至长椭卵形，伞房花序，花瓣倒卵形，粉红色，果实梨形或倒卵形，花期3~4月，果期5~10月。

生长习性

性喜阳光，不耐阴，也不甚耐寒，爱温暖湿润环境，适生于阳光充足、背风之处。土壤要求不严，微酸或微碱性土壤均可成长，但以土层深厚、疏松、肥沃、排水良好略带粘质的生长更好。

养护管理

垂丝海棠生性强健，栽培容易，唯不耐水涝。垂丝海棠比较喜肥，而且要求氮、磷、钾三要素能均衡供应。生长季节，应薄肥勤施，一般每月施1次稀薄肥水，在7~9月花芽分化期间，应连续追施2~3次速效磷钾肥，如0.2%的磷酸二氢钾液，用以促进花芽分化的完成。垂丝海棠大多着花于1年生枝的顶端，为此，修剪宜在开花后进行，对营养长枝要进行短剪，促使其多多形成着花短枝，以利于花芽的形成，增加来年植株的开花数量。及时剪去徒长枝、交叉枝、重叠枝等，确保养分集中供应短枝的生长；当植株落叶休眠后，去除病虫枝、衰弱枝，以保持良好的树形。

垂丝海棠常见病虫害有锈病、角蜡蚧、苹果蚜、红蜘蛛等。

园林应用

可在门庭两侧对植，或在亭台周围、丛林边缘、水滨布置；若在观花树丛中作主体树种，其下配植春花灌木，其后以常绿树为背景，则尤绰约多姿，显得漂亮。若在草坪边缘、水边湖畔成片群植，或在公园游步道旁两侧列植或丛植，亦具特色。海棠对二氧化硫有较强的抗性，故适用于城市街道绿地和厂矿区绿化。

北美海棠（*North American Begonia*）

形态特征

蔷薇科苹果属为落叶小乔木。株高5~7m，呈圆丘状，或整株直立呈垂枝状。分枝多变，互生直立悬垂等无弯曲枝。新干棕红色、黄绿色，老干灰棕色，有光泽，观赏性高。花朵基部合生，花色白色、粉色、红色，鲜红花序分伞状或着伞房花序的总状花序，多有香气。花期4~5月。肉质梨果，果实观赏期达6~10月。

生长习性

北美海棠适应性很强，在我国各地均可正常生长，对环境要求不严格。

养护管理

北美海棠浇水结合施肥进行。每年秋季落叶后要施1次大肥，补充花果消耗的养分，以施腐熟的有机肥为好。同时结合冬灌浇水。春芽萌动前施1次有机肥，并浇1次透水。秋冬施肥方式因树龄而异，幼龄树环状施肥，环距树根部100cm以内，大龄树放射状施肥，老龄树结合中耕除草，在树冠下撒施有机肥，施后将肥料翻入地下30cm，花谢后追施2次磷钾肥，以保证一定的坐果率。同时注意浇水。早春时进行一次剪枝，去除重叠枝、枯弱枝、病虫枝，以保持树冠疏散，通风透光，以利生长。

北美海棠常见病虫害有苹桧锈病、褐斑病、红蜘蛛、小卷叶蛾等。

园林应用

北美海棠是不可多得的集观花、观叶、观果为一体的观赏树种，在公园、城市街道、厂矿区绿化有较好的应用价值。

秤锤树（*Sinojackia xylocarpa* Hu）

形态特征

野茉莉科秤锤树属落叶乔木，高可达7m。嫩枝密被星状短柔毛，灰褐色，成长后红褐色而无毛，表皮常呈纤维状脱落。叶纸质，倒卵形或椭圆形，顶端急尖，基部楔形或近圆形，边缘具硬质锯齿，生于具花小枝基部的叶卵形而较小，基部圆形或稍心形，两面除叶脉疏被星状短柔毛外，其余无毛，叶柄长约5mm。总状聚伞花序生于侧枝顶端，有花3~5朵，黄白色；花梗柔弱而下垂，疏被星状短柔毛，萼管倒圆锥形，外面密被星状短柔毛。果实卵形，红褐色，有浅棕色的皮孔，无毛，顶端具圆锥状的喙，外果皮木质，不开裂，中果皮木栓质，内果皮木质，坚硬；种子1颗，长圆状线形，栗褐色。花期3~4月，果期7~9月。

生长习性

喜温暖和阳光充足环境，较耐寒，稍耐旱，怕水淹，适宜深厚、肥沃、排水良好地和沙壤土。

养护管理

梅雨季节注意土壤排水，秋季干旱时，需灌水1~2次，保持土壤一定湿度，有利于枝叶生长，否则会提前脱落。每年早春萌芽前，在根际周围开沟施肥1次，并剪去枯梢，修剪整形。

秤锤树常见病虫害有叶斑病、枯枝病、叶蝉和介壳虫等。

园林应用

秤锤树枝叶浓密，色泽苍翠，春季花白如雪，繁花似锦，秋季叶落后宿存的悬挂果实，形似硕长的秤锤，果序下垂，随风摆动，颇为独特，有很高的观赏价值，是一种优良的观花观果树种，适合于山坡、林缘和窗前栽植。可群植于山坡，与湖石或常绿树配植，尤觉适宜，也可盆栽制作盆景赏玩。

丝棉木（Euonymus maackii Rupr.）

形态特征

卫矛科卫矛属落叶小乔木，高可达6m。叶卵状椭圆形、卵圆形或窄椭圆形，先端长渐尖，基部阔楔形或近圆形，边缘具细锯齿，有时极深而锐利。叶柄通常细长，但有时较短。花序梗略扁，花4数，淡白绿色或黄绿色，花丝细长。蒴果倒圆心状，成熟后果皮粉红色。种子长椭圆状，种皮棕黄色，假种皮橙红色，全包种子，成熟后顶端常有小口。花期5~6月，果期9月。

生长习性

温带树种，喜光、耐寒、耐旱、稍耐阴，也耐水湿。深根性植物，抗风。根萌蘖力强，生长较慢。有较强的适应能力，对土壤要求不严，在土壤有机质含量0.8%以上的沙土、沙壤土、壤土均能生长。但栽植在肥沃、湿润、排水良好的土壤中则长势更好。

养护管理

春夏生长期适当浇水，秋季叶色红时控制水，以稍干为宜。冬季休眠期，每5~7天浇水一次即可。好肥，在生长期以磷钾肥为主，少施氮肥，以免徒长。秋后宜少施肥或不施肥。春季抽生新枝叶时，应适当剪短，保持树冠浓密而不披散。秋季落叶后进行整形修剪，剪去萌发枝、徒长枝、交叉重叠枝，保持一定造型树姿。

丝棉木病害较少，常见虫害有棉木金星尺蠖（又名卫矛尺蠖）、黄杨尺蛾、黄杨斑蛾等。

园林应用

丝棉木枝叶秀丽，秋季叶色变红，蒴果粉红色，开裂后露出桔红色假种皮，在树上悬挂长达2个月之久，引来鸟雀成群，很具观赏价值。无论孤植，还是栽于行道，皆有风韵。它对二氧化硫和氯气等有害气体，抗性较强，宜植于林缘、草坪路旁、湖边及溪畔，也可用作防护林或工厂绿化树种。

10.3 常绿灌木的养护与管理

南天竹（*Nandina domestica*）

形态特征

小檗科南天竹属常绿小灌木。茎常丛生而少分枝，高1~3m，光滑无毛，幼枝常为红色，老后呈灰色。叶互生，集生于茎的上部，三回羽状复叶。小叶薄革质，椭圆形或椭圆状披针形，顶端渐尖，基部楔形，全缘，上面深绿色，冬季变红色，背面叶脉隆起，两面无毛。圆锥花序直立，花小，白色，具芳香，花瓣长圆形，先端圆钝。浆果球形，熟时鲜红色，稀橙红色。种子扁圆形。花期3~6月，果期5~11月。

生长习性

南天竹性喜温暖及湿润的环境，比较耐阴，也耐寒，容易养护。对水分要求不甚严格，既能耐湿也能耐旱。

养护管理

南天竹喜湿润但怕积水。生长发育期间浇水次数应随天气变化增减，每次都不宜过多。一般春秋季节每天浇水一次，夏季每天浇两次。开花时，浇水的时间和水量需保持稳定，防止忽多忽少，忽湿忽干，引起落花落果，冬季植株处于半休眠状态，要控制浇水。若浇水过多易徒长，妨碍休眠，影响来年开花结果。南天竹比较喜肥，可多施磷、钾肥，可在每年春季和冬季追肥一次。南天竹养护过程中要注意定期修剪，在生长期内剪去根部的萌生枝条、密生枝条和果穗较长的枝干，只留下一两枝生长较低的枝干来保持株型美观，同时还利于开花结果。在冬季植株进入休眠或半休眠期，要把瘦弱、病虫、枯死、过密等枝条剪掉。

南天竹常见病虫害有红斑病、炭疽病、尺蠖等。

园林应用

南天竹茎干丛生，枝叶扶疏，秋冬叶色变红，有红果，经久不落，是赏叶观果的佳品。因其形态优越清雅，也常被用以制作盆景或盆栽来装饰窗台、门厅、会场等。

狭叶十大功劳（*M\ahonia fortunei* (Lindl.) Fedde）

形态特征

小檗科十大功劳属常绿灌木，高可达2m，枝干形似南天竹。茎具抱茎叶鞘，奇数羽状复叶，狭披针形，叶硬革质，表面亮绿色，背面淡绿色，两面平滑无毛，叶缘有针刺状锯齿

6~13对，入秋叶片转红。顶生直立总状花序，两性花，花黄色，有香气。浆果卵形，蓝黑色，微披白粉。花期8~10月，果熟12月。

生长习性

耐阴，耐旱，也较耐寒，怕水涝极不耐碱。对土壤要求不严，在酸性中性土壤中均能生长，喜排水良好的酸性腐殖土。

养护管理

狭叶十大功劳性强健，地面勿积水，及时疏花及拔除杂草，干旱不下雨时要适当的浇水，每次灌水和雨后都要松土。每年可追肥2~3次。生长2~3年后可进行一次平茬，让萌发新茎杆和新叶来更新老的株形，如不平茬，老叶黄尖不能脱落，新叶长不出来，相当难看。冬季要修剪树形，去掉残枝。

狭叶十大功劳常见病虫害有枯叶夜蛾、蓑蛾、十大功劳炭疽病、斑点病等。

园林应用

狭叶十大功劳栽在房屋后、园林围墙边，作为基础种植，也可植为绿篱、果园、菜园的四角作为境界林，还可盆栽放在门厅入口处。

卫矛（*Euonymus alatus* (Thunb.) Sieb）

形态特征

卫矛科卫矛属常绿灌木。叶卵状椭圆形、边缘具细锯齿，两面光滑无毛，叶柄长1~3mm。聚伞花序，花白绿色，花瓣近圆形，雄蕊着生花盘边缘处，花丝极短。蒴果1~4深裂，裂瓣椭圆状。种子椭圆状或阔椭圆状，种皮褐色或浅棕色，假种皮橙红色，全包种子。花期5~6月，果期7~10月。

生长习性

喜光，也稍耐荫。对气候和土壤适应性强，能耐干旱、瘠薄和寒冷，在中性、酸性及石灰性土上均能生长。萌芽力强，耐修剪，对二氧化硫有较强抗性。

养护管理

春夏生长期要适当浇水，不干不浇，宁可偏干，不可偏湿，以利生长和开花结果，秋冬季可适当减少浇水。卫矛喜肥，在生长期以施磷钾肥为主，少施氮肥，以免徒长。秋后宜少施肥或不施肥。春季抽生新枝叶时，应适当剪短，保持树冠浓密而不披散。秋季落叶后进行整形修剪，剪去萌发枝、徒长枝、交叉重叠枝，保持一定造型树姿。

卫矛常见病虫害有炭疽病、叶斑病、白粉病、黄杨尺蛾、黄杨斑蛾等。

园林应用

卫矛具有抗性强，适应范围广，被广泛应用于城市园林、道路、公路绿化的绿篱带、色带拼图和造形。

金森女贞（*Ligustrum japonicum* 'Howardii'）

形态特征

木犀科女贞属常绿灌木，高3~5m，无毛。叶对生，单叶卵形，长6.5~8.0cm、宽3.5~4.5cm，革质、厚实、有肉感，枝叶稠密。花期6~7月，圆锥状花序，花白色。果实10~11月成熟，呈黑紫色，椭圆形。

生长习性

喜光，对土壤要求不严格，酸性、中性和微碱性土均可生长；耐热性强，35℃以上高温不会影响其生态特性和观赏特性，仍显翠绿；耐寒性强，可耐−9.8℃低温。金叶期长，春、秋、冬三季金叶占主导，只有夏季持续高温时会出现部分叶片转绿的现象，冬季植株下部老叶片有部分转绿现象，但温度越低，新叶的金黄色越明艳。

养护管理

要根据土壤和植株对水分的需要及时浇水，夏季高温期要打开喷灌设施，通过水分来增加局部空气的湿度，起到给植株降温的作用。春季可每15天施1次尿素，用量约5kg/亩，夏秋季可每15天施1次复合肥，用量约5kg/亩，冬季施一次有机肥，用量约1500kg/亩，以开沟埋施为好。施肥要以薄肥勤施为原则，不可1次用量过大，以免伤根。平时要及时松土除草，以防止土壤板结。

金森女贞萌芽能力强，但由于存在顶端优势，需要及时进行打顶，否则易造成株形散乱，影响整体性。修剪时，主要是将树冠的形状控制好，通常我们都是以平头型和圆头型为主。平头型就是将植株顶端修剪平整，使植株看起来比较有张力，魅力四射；圆头型就是将整个植株的树冠修剪的平滑饱满，看起来像圆球的形状。

金森女贞不同地域会表现出不同的病虫害危害，郑州地区主要病害以锈病最为严重，特别是四周梨树和柏树较多的区域，6~9月发生最为严重，应该重点注意。虫害以蛴螬、地老虎等食根害虫最为严重，发生期为7~9月，要注意防治。

园林应用

金森女贞叶片的色彩属于明度较高的金黄色，与红叶石楠搭配，便可以营造出相当出人意料的效果。被业界誉为“红叶石楠的黄金搭档”。

园林中可配置于稀疏的树荫下及林荫道旁，片植于阴向山坡。因对阳光要求不高，故最适宜栽植于阳光较差的小面积庭院中。建筑物入口处对植两株、沿建筑物列植一排、丛植于庭院一角，更适于植为花篱、花境。

大叶黄杨（*Buxus megistophylla* Levl.）

形态特征

卫矛科卫矛属常绿灌木，高可达3m。小枝四棱，具细微皱突。叶革质，有光泽，倒卵形或椭圆形，先端圆阔或急尖，基部楔形，边缘具有浅细钝齿。聚伞花序5~12花，分枝及花序梗均扁壮，花白绿色，直径5~7mm。花瓣近卵圆形，长宽各约2mm。蒴果近球状，淡红色，3室，每室有1～3个种子。假种皮橘红色，全包种子。花期6~7月，果熟期9~10月。

生长习性

阳性树种，喜光耐阴，要求温暖湿润的气候和肥沃的土壤；酸性土、中性土或微碱性土均能适应；萌生性强，适应性强，较耐寒，耐干旱瘠薄；极耐修剪整形。

养护管理

水肥管理是大叶黄杨养护的重要环节，由于大叶黄杨根系比较浅，因此本身抗旱、抗涝能力不强，在日常的养护过程中要根据降水情况确定是否浇水或浇水量，保持土壤湿润，下雨季节要及时排积水，防止烂根。夏天气温高时可对其进行叶面喷雾。大叶黄杨每年仲春修剪后施用一次氮肥，可使植株枝繁叶茂。在初秋施用一次磷、钾复合肥，可使当年生新枝条加速木质化，利于植株安全越冬。在植株生长不良时，可采取叶面喷施的方法来施肥，常用的有0.5%尿素溶液和0.2%磷酸二氢钾溶液，可使植株加速生长。

大叶黄杨修剪的频率不宜过多，要依据它的长势来定，一般新的枝叶长到十几厘米可修剪一次，修剪大叶黄杨的同时要保证留新枝1~2cm。修剪要及时，尤其在春季，因树顶长势过快而抑制冠和根部的发展，往往会造成植株枝条稀疏或徒长，严重影响其观赏效果。

大叶黄杨常见病虫害有白粉病、煤污病、红蜘蛛、棉蚜、褐边绿刺蛾等。

园林应用

大叶黄杨是优良的园林绿化树种，可栽植绿篱及背景种植材料，也可单株栽植在花境内，将它们整成低矮的巨大球体，相当美观，更适合用于规则式的对称配植。

瓜子黄杨（*Buxus microphylla* Sieb. et Zucc.）

形态特征

黄杨科黄杨属常绿灌木。瓜子黄杨树干灰白光洁，枝条密生，枝四棱形。叶对生，革质，全缘，椭圆或倒卵形，先端圆或微凹，表面亮绿色，背面黄绿色。花簇生叶腋或枝端，4~5月开放，花黄绿色。蒴果卵圆形。果期5~6月。

生长习性

耐阴喜光，在一般室内外条件下均可保持生长良好。长期荫蔽环境中，叶片虽可保持翠绿，但易导致枝条徒长或变弱。喜湿润，可耐连续一月左右的阴雨天气，但忌长时间积水。耐热耐寒，可经受夏日暴晒和耐-20℃的严寒，但夏季高温潮湿时应多通风透光。对土壤要求不严，以轻松肥沃的沙质壤土为佳。分蘖性极强，耐修剪，易成型。秋季光照充分并进入休眠状态后，叶片可转为红色。

养护管理

瓜子黄杨喜湿，在浇水上应掌握“宁湿勿干”的原则，需经常浇水，防止因失水造成叶片脱落。5~8月是黄杨的生长旺盛期，可结合浇水追施几次稀薄的腐熟饼肥。生长期随时剪去徒长枝、重叠枝及影响树形的多余枝条。黄杨萌发较快，一般在发新梢后，将先端1~2节剪去，可防止徒长。黄杨结果后，要及时摘去，以免消耗养分，影响树势生长。

瓜子黄杨的病虫害主要是叶枯病、黄杨绢野螟等。

园林应用

园林中常作绿篱、大型花坛镶边，修剪成球形或其他整形栽培，点缀山石或制作盆景。木材坚硬细密，是雕刻工艺的上等材料。

金边黄杨（*Buxus megistophylla.*）

形态特征

卫矛科卫矛属常绿灌木。大叶黄杨的变种之一，特点是叶子边缘为黄色或白色，中间黄绿色带有黄色条纹，新叶黄色，老叶绿色带白边。灌木，高可达3m，小枝四棱，具细微皱突。叶革质，有光泽，倒卵形或椭圆。聚伞花序，花瓣近卵圆形。蒴果近球状，淡红色。花期6~7月，果熟期9~10月。

生长习性

金边黄杨喜欢温暖湿润的环境，对土壤的要求不严，能耐干旱，耐寒性强，栽培简单。萌蘖力与萌芽力都很强，很耐修剪。金边黄杨的抗污染性也非常好，对二氧化硫有非常强的抗性，是污染严重的工矿区首选的常绿植物。

养护管理

金边黄杨喜湿润，应保持土壤湿润，但不能积水。在生长期5~8月，施2~3次速效肥，冬季施1次基肥。生长期修剪以晴天最好，雨天修剪不便于苗木成长，还能导致细菌侵入。及时剪去徒长枝、重叠枝及影响树形的多余枝条。金边黄杨结果后，要及时摘去，以免消耗养分，影响树势生长。

金边黄杨常见病虫害有白粉病、叶斑病、黄杨绢野螟、桃粉蚜、日本龟蜡介等。

园林应用

金边黄杨生性强健，一般作绿篱种植，也可修剪成球形。大叶黄杨是优良的园林绿化树种，可栽植绿篱及背景种植材料，也可单株栽植在花境内，将它们整成低矮的巨大球体，相当美观，更适合用于规则式的对称配植。

红叶石楠（*Photinia* × *fraseri* Dress）

形态特征

蔷薇科石楠属常绿小乔木或灌木。乔木高可达5m、灌木高可达2m。树冠为圆球形，叶片革质，长圆形至倒卵状、披针形，叶端渐尖，叶基楔形，叶缘有带腺的锯齿，花多而密，复伞房花序，花白色，梨果黄红色，5~7月开花，9~10月结果。

生长习性

红叶石楠在温暖潮湿的环境生长良好，但在直射光照下，色彩更为鲜艳；有极强的抗阴能力和抗干旱能力，但不抗水湿；红叶石楠抗盐碱性较好，耐修剪，对土壤要求不严格，适宜生长于各种土壤中，很容易移植成株；红叶石楠耐瘠薄，适合在微酸性的土质中生长，尤喜砂质土壤，但是在红壤或黄壤中也可以正常生长；红叶石楠对于气候以及气温的要求比较宽松，能够抵抗低温的环境。

养护管理

要注意土壤与水肥条件的适配。红叶石楠比较喜欢湿润的环境，但抗涝性较差，浇水时一定不要过量，如果发生积水现象就会导致植物根部腐烂。红叶石楠的施肥以薄施勤施为原则，春季每隔半个月左右进行一次，夏秋季每隔半个月用一次复合肥，最好采用开沟埋施的方法。平时要及时锄草松土，以防土壤板结，若土壤板结，除疏松土壤外，还要及时补充肥料，以保证红叶石楠适时抽生新梢。长势差的在修剪后适当补肥有利于新梢生长，但不能过量。尽量避免种植在常被践踏的土壤中或建筑物的风口处，不仅生长受到影响，而且叶片的红艳度也会差很多。

要适时进行合理修剪。一般在早春、初夏、初秋发芽前或新梢生长后期，根据栽植条件和苗木本身的生长状况进行。修剪过晚，对红叶石楠下阶段的生长不利，修剪过早，就会修剪掉好的景观。为促进红叶石楠分枝，可采用打顶、短截、重短剪等方法，进行造型修剪。修剪时原则上去弱留强，中等的适当处理，保持树形的美观。一般剪口在节上0.5cm左右，忌留桩；抽梢过快时应多次摘心，以利于促发分枝，防止脱节和树形瘦高。注意在夏季高温季节，不宜用短截或重短剪，否则植株生长比较难以恢复，影响景观效果。

红叶石楠常见的病虫害有叶斑病、炭疽病、蚜虫、介壳虫、天牛等。

园林应用

一至二年生的红叶石楠可修剪成矮小灌木，在园林绿地中作为地被植物片植，或与其它色叶植物组合成各种图案，红叶时期，色彩对比非常显著；也可培育成独干不明显、丛生形的小乔木，群植成大型绿篱，在居住区、厂区绿地、街道或公路绿化隔离带应用；红叶石楠还可培育成独干、球形树冠的乔木，在绿地中孤植，或作行道树，或盆栽后在门廊及室内布置。

海桐（*Pittosporum tobira*）

形态特征

海桐科海桐花属常绿灌木或小乔木。高达6m，嫩枝被褐色柔毛，有皮孔。叶聚生于枝顶，二年生，革质。伞形花序或伞房状伞形花序顶生或近顶生，花白色，有芳香，后变黄色。蒴果圆球形，有棱或呈三角形，直径12mm。花期3~5月，果熟期9~10月。

生长习性

对气候的适应性较强，能耐寒冷，亦颇耐暑热；对土壤的适应性强，在黏土、砂土及轻盐碱土中均能正常生长；对二氧化硫、氟化氢、氯气等有毒气体抗性强；对光照的适应能力亦较强，较耐荫蔽，亦颇耐烈日，但以半阴地生长最佳。

养护管理

海桐虽耐阴，但栽植地不宜过阴，植株不可过密，否则易发生吹绵蚧为害。海桐较抗旱，夏季消耗大量水分，应经常浇水，空气湿度应在50%左右。冬季如所处温度较低，则浇水量应相应减少。要求肥沃土壤，生长季节每月施1~2次肥，平时则不需施肥。

海桐分枝能力强，耐修剪，开春时需修剪整形，以保持优美的树形。如欲修剪成各种形态，应于生长季长至相应高度时，多次修剪顶端，抑制生长，繁其枝叶，促进尽快成形。

海桐的病虫害主要有褐斑病、绵蚧等，海桐开花时常有蝇类群集，应多观察，如有危害注意防治。

园林应用

海桐枝叶繁茂，树冠球形，下枝覆地，叶色浓绿而又光泽，经冬不凋，初夏花朵清丽芳香，入秋果实开裂露出红色种子，也颇为美观。通常可作绿篱栽植，也可孤植，丛植于草丛边缘、林缘或门旁、列植在路边。因为有抗海潮及有毒气体能力，故又为海岸防潮林、防风林及矿区绿化的重要树种，并宜作城市隔噪声和防火林带的下木。

构骨（*Ilex cornuta* Lindl. et Paxt.）

形态特征

冬青科冬青属常绿灌木或小乔木。高3~4m，最高可达10m以上。树皮灰白色，平滑不裂，枝开展而密生。叶硬革质，矩圆形，长4~8cm，宽2~4cm，顶端扩大并有3枚大尖硬刺齿，中央1枚向背面弯，基部两侧各有1~2枚大刺齿，表面深绿而有光泽，背面淡绿色。叶有时全缘，基部圆形，这样的叶往往长在大树的树冠上部。花小，黄绿色，簇生于2年生枝叶腋。核果球形，鲜红色，径8~10mm，具4核。花期4~5月，果9~11月成熟。

生长习性

耐干旱，喜肥沃的酸性土壤，不耐盐碱；较耐寒，长江流域可露地越冬，能耐－5℃的短暂低温；喜阳光，也能耐阴，宜放于阴湿的环境中生长。

养护管理

构骨耐干旱，喜湿润的土壤环境，生长期应保持土壤湿润。生长期间每月追施1次肥料，春季施以氮为主的肥料，孕蕾及果期的施肥则以磷钾为主。叶片上有彩色斑纹的种类，施肥也应增施磷钾肥，以使叶色鲜艳，单纯施用氮肥或施用氮肥过多，则彩色条纹会褪色变绿，降低观赏价值。

构骨萌芽能力强，耐修剪。苗期需进行摘心，以促进分枝，使株形丰满。成株则应在春季进行1次修剪，剪去过密枝、细弱枝、病虫枝、平行枝、交叉枝、萌发枝和多余的芽，以保持一定的树形，使植株内部通风透光良好。

构骨病虫害很少，有时因木虱危害而引起煤污病，可在雨季节前4~5月，每10天喷洒一次波尔多液或石硫合剂。或于早春喷洒50%乐果乳油剂2000倍液，毒杀越冬木虱，每周一次，连续3次即可防治木虱的危害。

园林应用

枸骨枝叶稠密，叶形奇特，深绿光亮，入秋红果累累，经冬不凋，鲜艳美丽，是良好的观叶、观果树种。宜作基础种植及岩石园材料，也可孤植于花坛中心、对植于前庭、路口，或丛植于草坪边缘。同时又是很好的绿篱（兼有果篱、刺篱的效果）及盆栽材料，选其老桩制作盆景，其形态苍古奇特，亦饶有风趣。

红花檵木（*Loropetalum chinense var.*rubrum）

形态特征

金缕梅科檵木属常绿灌木或小乔木。树皮暗灰或浅灰褐色，多分枝。嫩枝红褐色，密被星状毛。叶革质互生，卵圆形或椭圆形，长2~5cm，先端短尖，基部圆而偏斜，不对称，两面均有星状毛，全缘，暗红色。花瓣4枚，紫红色，线形，长1~2cm，花3~8朵簇生于小枝端。蒴果褐色，近卵形。花期4~5月，花期长，30~40天，国庆节能再次开花。花3~8朵簇生在总梗上，呈顶生头状花序，紫红色。果期8月。

生长习性

喜光，稍耐阴，但阴时叶色容易变绿；适应性强，耐旱；喜温暖，耐寒冷；萌芽力和发枝力强，耐修剪；耐瘠薄，但适宜在肥沃、湿润的微酸性土壤中生长。

养护管理

红花檵木喜湿，春季可以适当的多浇一些水，保持土壤湿润，夏天浇水宜集中在早上和傍晚，避开中午天气最热的时候，秋季要控制浇水量。生长期间每半个月施肥一次即可，在休眠期里可以少施肥或者不施肥，注意红花檵木喜酸，可以喷一些硫酸亚铁溶液，开花前施一些钾肥。

红花檵木极耐修剪及盘扎整形，树形多采用人工式的球形：生长季节中，摘去红檵木的成熟叶片及枝梢，经过正常管理10天左右即可再抽出嫩梢，长出鲜红的新叶。在早春生长季节进行轻、中度修剪，配合正常水肥管理，约1个月后即可开花，且花期集中，这一方法可以促发新枝、新叶，使树姿更美观，延长叶片红色期，并可促控花期。

红花檵木常见的病虫害有根腐病、白粉病、煤污病、蚜虫、红蜘蛛等。

园林应用

红花檵木枝繁叶茂，姿态优美，耐修剪，耐蟠扎，易造型，广泛用于色篱、模纹花坛、灌木球、彩叶小乔木、桩景造型、盆景等城市绿化美化。

金丝桃（*Hypericum monogynum* L.）

形态特征

藤黄科金丝桃属半常绿小乔木或灌木。茎红色，皮层橙褐色。叶对生，无柄或具短柄，柄长达1.5mm，叶片倒披针形或椭圆形至长圆形。花序自茎端第1节生出，疏松的近伞房状，有时亦自茎端1~3节生出，稀有1~2对次生分枝。花蕾卵珠形，先端近锐尖至钝形。花瓣金黄色至柠檬黄色，无红晕，开张，三角状倒卵形，长2~3.4cm，宽1~2cm，蒴果宽卵珠形或稀为卵珠状圆锥形至近球形，长6~10mm，宽4~7mm。种子深红褐色，圆柱形，长约2mm，有狭的龙骨状突起，有浅的线状网纹至线状蜂窝纹。花期5~8月，果期8~9月。

生长习性

常野生于湿润溪边或半阴的山坡下，喜温暖湿润气候，喜光稍耐阴，较耐寒；对土壤要求不严，除粘重土壤外，在一般的土壤中均能较好的生长。

养护管理

金丝桃在生长季应该以保持土壤的湿润为主，但不能出现水涝与积水现象。炎热的夏季要注意庇荫与降温，可采取喷水降温亦增加湿润度，否则会出现叶子的尖部焦黄现象。生长期内每月追施氮磷结合的肥料1~2次，这样可多次开花。如肥料不足或缺乏修剪则开花少、次数也少。开花前后应追施稀薄液肥1~2次，如有条件可在春秋季施有机肥作为基肥。

在春天发芽以前需进行一次的修剪整理，这样做可让它更多的萌发新的枝条和促使植株更新。在其开花以后，可以对残花和果实进行修剪，这样做更有利于它的观赏和生长。

金丝桃常见病虫害有叶斑病、吹棉蚧等。

园林应用

金丝桃花叶秀丽，花冠如桃花，雄蕊金黄色，细长如金丝绚丽可爱，可植于林荫树下，或者庭院角隅等。

如将它配植于玉兰、桃花、海棠、丁香等春花树下，可延长景观；若种植于假山旁边，则柔条袅娜，亚枝旁出，花开烂漫，别饶奇趣。金丝桃也常作花径两侧的丛植，花时一片金黄，鲜明夺目，妍丽异常。

八角金盘（*Fatsia japonica* （Thunb.）Decne. et Planch.）

形态特征

五加科八角金盘属常绿灌木或小乔木，高可达5m。茎光滑无刺。叶柄长10~30cm，叶片大，革质，近圆形，直径12~30cm，掌状7~9深裂，裂片长椭圆状卵形，先端短渐尖，基部心形，边缘有疏离粗锯齿，上表面暗亮绿色，下面色较浅，有粒状突起，边缘有时呈金黄色。圆锥花序顶生，长20~40cm，伞形花序直径3~5cm。花瓣5，花盘凸起半圆形。果产近球形，直径5mm，熟时黑色。花期10~11月。

生长习性

喜湿暖湿润的气候，耐阴，不耐干旱，有一定耐寒力；宜种植有排水良好和湿润的砂质壤土中。

养护管理

八角金盘是半阴性植物，耐阴性强，但忌强光，夏季忌强光直射，应加强遮阳。八角金盘日常浇水应保持土壤湿润而不积水，在新叶生长期，浇水要适当多些，以后浇水要掌握间干间湿的原则。夏季高温干燥的时候，还需要采取一定的增湿措施，也利于降温。4~10月份，是八角金盘生长比较旺盛的时期。这时需要保持充足的营养供给，最好每隔半月施一次充足的肥料，可施用稀薄的人粪尿，当气温降低至10℃，即入冬以后，应当停止施肥。八角金盘的修剪不要选择在冬天，尽量选择气温在12℃以上的时候。修剪以缩剪为主，将植株上部枝条的分叉处近上部剪除，新芽会从节上长出，从而形成自然的树形，使株形高度得到控制。另外，当病虫害出现时，要及时剪去病叶。修剪后应喷施叶面肥补充养分，并保持土壤湿润。

八角金盘生性强健，适应性强，但如果管理不当，生长环境不良，仍会有一些病虫害发生。常见的病虫害有煤污病、叶斑病、黄化病、蚜虫、介壳虫和红蜘蛛等。

园林应用

八角金盘叶形优美，浓绿光亮，叶片硕大，是深受欢迎的室内观叶植物。适宜配植于庭院、门旁、窗边、墙隅及建筑物背阴处，也可点缀在溪流滴水之旁，还可成片群植于草坪边缘及林地。对二氧化硫抗性较强，适于厂矿区、街坊种植。

洒金珊瑚（*Aucuba japonica* Thunb. var. variegata Dombr.）

形态特征

山茱萸科桃叶珊瑚属常绿灌木。小枝粗圆，叶对生，叶片椭圆状卵圆形至长椭圆形，革质，油绿，有光泽，散生大小不等的黄色或淡黄色的斑点，先端尖，边缘疏生锯齿。雌雄异株，3~4月开花，花紫色，圆锥花序顶生。浆果状核果短椭圆形，11月成熟，成熟时鲜红色。

生长习性

适应性强；性喜温暖阴湿环境，不甚耐寒，在林下疏松肥沃的微酸性土或中性壤土生长繁茂，阳光直射而无庇荫之处，则生长缓慢，发育不良；耐修剪，病虫害极少；且对烟害的抗性很强。

养护管理

适时浇水，保持土壤湿润，但忌水涝。生长季每月施肥2次，10月份以后要控制水肥，适施磷、钾肥，以增强植株抗性，有利过冬。作地被物栽植时，要进行多次摘心，促使多分枝，扩大冠幅，提高地被覆盖率。特别是5~6月期间，枝条生长较快，往往枝条长势不一，要及时修剪整形，保持优美的景观效果。

洒金珊瑚常见病虫害有炭疽病、褐斑病、红蜘蛛和介壳虫等。

园林应用

洒金珊瑚枝繁叶茂，凌冬不凋，是珍贵的耐阴灌木。宜配植于门庭两侧树下。庭院墙隅、池畔湖边和溪流林下，凡阴湿之处无不适宜，若配植于假山上，作花灌木的陪衬，或作树丛林缘的下层基调树种，亦甚协调得体。在公共景观运用中多用于色块的营造。

法青（*Viburnum odoratissimum* Ker -Gawl）

形态特征

忍冬科荚蒾属常绿灌木或小乔木。冠倒卵形，枝干挺直，树皮灰褐色，皮孔圆形。叶对生，长椭圆形或倒披针形，边缘波状或具有粗钝齿，近基部全缘，表面暗绿色，背面淡

绿色，终年苍翠欲滴。圆锥状伞房花序顶生，花白色，钟状，有香味。花期5~6月，果期10月。

生长习性

喜光，亦耐阴，喜温暖湿润气候。在潮湿肥沃的中性壤土中生长旺盛，对环境要求不严格，酸性和微酸性土均能适应。根系发达，萌芽力强，特耐修剪，极易整形。

养护管理

适时浇水，结合中耕除草每年春、秋两季适当追肥1~2次，一般施以氮肥为主的稀薄液肥。每年发芽长枝多次，极耐修剪。夏季要整形修剪一次，秋季可根据不同的绿化需求进行平剪或修剪成球形、圆锥形，并适当疏枝，保持一定的冠形枝态。冬季比较寒冷的地方可采取堆土防寒等措施。

法青抗逆性强，病虫害少，偶有刺蛾、蚜虫、叶蝉和介壳虫发生；病害以叶斑病为主。

园林应用

法青是一种非常理想的园林绿化树种，因为它对煤烟和有毒的气体具有非常强的抗性和吸收能力，尤其适合种植于城市作绿化或园景种植。

金叶大花六道木（*Abelia grandiflora* Francis Mason）

形态特征

忍冬科六道木属常绿小型灌木，是糯米条与单花六道木的杂交种，又称金边大花六道木，高可达1.5m。小枝细圆，阳面紫红色，弓形。叶小，长卵形，长2.5~3.0cm，宽1.2cm，边缘具疏浅齿，在阳光下呈金黄色，光照不足则叶色转绿。圆锥状聚伞花序，花小，白色带粉。花期6~11月。

生长习性

喜光，耐热，能耐-10℃低温。对土壤适应性较强，在酸性、中性或偏碱性土壤中均能良好生长，且有一定的耐旱、耐瘠薄能力。萌蘖力强，耐修剪。

养护管理

要根据土壤和天气情况适量浇水，雨季注意排水。生长期施肥不可偏施氮肥，要增施磷、钾肥，新梢长到一定长度后，要注意控制肥水，否则容易造成枝条徒长，影响开花质量。夏季修剪应以摘心打顶为主，控制徒长枝，促发二次枝，秋季修剪在落花后进行，剪除枯枝、病虫枝、交叉枝、密生枝、徒长枝等，改善通风透光条件以抑制病虫害的发生。

金叶大花六道木常见的病虫害有煤污病、茎腐病、蚜虫等。

园林应用

金边大花六道木既可观花又可赏叶，是北方不可多得的夏秋花灌木。适用作阳性彩叶地被植物，可作为花篱或丛植于草坪及作树林下木等。

铺地柏（*Sabina procumbens* (Endl.) Iwata et Kusaka)

形态特征

柏科圆柏属匍匐灌木，高达75cm。枝干贴近地面伸展，褐色，小枝密生。枝梢及小枝向上斜展。叶均为刺形叶，先端尖锐，3叶交叉互轮生，条状披针形，先端渐尖成角质锐尖头，长6~8mm，上面凹，表面有2条白色气孔带，下面基部有二个白粉气孔，气孔带常在上部汇合，绿色中脉仅下部明显，不达叶之先端，下面凸起，蓝绿色，沿中脉有细纵槽。叶基下延生长。球果近球形，被白粉，成熟时黑色，有2~3粒种子。

生长习性

温带阳性树种，喜阳光充足，但亦耐阴。适生于滨海湿润气候。喜湿润肥沃排水良好的石灰质土壤，有很强的耐寒、耐旱、抗盐碱能力，适应性强，耐瘠薄，在平地或悬崖峭壁上都能生长；在干燥的砂地上生长良好，忌低湿。浅根性，但侧根发达，萌芽性强、寿命长，抗烟尘，抗二氧化硫、氯化氢等有害气体。

养护管理

铺地柏喜湿润，盆栽要常浇水，但也不宜渍水。干旱时，可常喷叶面水，以保持叶色鲜绿。在生长季节，每月可施1次稀薄、腐熟的饼肥水。冬季施1次有机肥作基肥。宜在早春新枝抽生前修剪，可结合修剪部分老根、枯根，将不需要发展的侧枝及时剪短，以促进主枝发育伸展。对影响树姿美观的枝条，可在休眠期（冬季）剪除。

铺地柏常见病虫害有锈病、红蜘蛛和蚜虫等。

园林应用

铺地柏在园林中常用作缓土坡地被植物。园林中可与洒金柏配植于草坪、花坛、山石、林下，可增加绿化层次，丰富观赏美感。对污浊空气具有很强的耐力，在市区街心、路旁种植，生长良好。匍匐枝悬垂倒挂，枝叶翠绿，古雅别致，是制作悬崖式盆景的良好材料。

洒金柏（*Sabina chinensis* (L.) Ant. cv. Aurea）

形态特征

柏科侧柏属丛生常绿灌木，是千头柏的变种，无主干，枝密。树冠圆球至圆卵形，小枝扁平，鳞状交互对生。春季嫩枝为金黄色，秋冬季叶淡黄绿色。花期3~4月，果期8~9月。

生长习性

强阳性树种，喜光，幼时稍耐荫。适应能力很强，对土壤要求不严，在酸性、中性、石灰性和石灰性土壤中均可生长。生命力顽强，耐干旱瘠薄，萌芽能力强，耐寒力一般。耐微碱，耐修剪。

养护管理

洒金柏不耐水湿，宜见干而浇，浇水可粗放一些，浇水次数不宜频繁，多喷叶面水，保持排水性能良好。不可施重肥，一次不可施得过多，春秋可施一两次淡肥水即可，施水肥可在松土、除草后进行，绝不可在苗行间撒施化肥。5月上旬以前剪除枯死的小侧枝。在控制枝条长度时，可摘除冒出枝片的嫩梢，使其保持圆浑紧凑的株形。摘梢时不要使用剪刀，否则剪口处会出现锈色，还会向下干枯。

洒金柏病虫害较少，在6~10月高温湿热的环境下，洒金柏易出现枯叶病。

园林应用

洒金柏是一种彩叶树种，株型矮小，枝叶茂密，树形优美，叶色鲜艳，通常群植在道路边缘，将其修剪整齐，用作绿篱。或与山石搭配以丰富景观的层次。

沙地柏（*Sabina vulgaris*）

形态特征

柏科圆柏属的一种匍匐灌木或小乔木。枝密，斜上伸展，枝皮灰褐色，裂成薄片脱落，一年生枝的分枝皆为圆柱形。叶二型，刺叶常生于幼树上，稀在壮龄树上与鳞叶并存，常交互对生或兼有三叶交叉轮生，排列较密，向上斜展，先端刺尖，上面凹，下面拱圆，中部有长椭圆形或条形腺体；鳞叶交互对生，排列紧密或稍疏，斜方形或菱状卵形，先端微钝或急尖，背面中部有明显的椭圆形或卵形腺体。雌雄异株，稀同株。球果生于向下弯曲的小枝顶端，熟前蓝绿色，熟时褐色至紫蓝色或黑色，多少有白粉。种子常为卵圆形，微扁，顶端钝或微尖，有纵脊与树脂槽。

生长习性

喜光，喜略微湿润至干爽的气候，喜欢半荫环境，夏季高温闷热期会进入半休眠状态，生长受到阻碍。适应性强，根系强壮，萌芽力和萌蘖力强，生长快，耐修剪，耐寒、耐瘠薄，对土壤要求不严。不耐涝，耐旱性强，能忍受风蚀沙埋，长期适应干旱的沙漠环境。少病虫。对污浊空气具有很强的耐力。

养护管理

春夏两季根据干旱情况，施用2~4次肥水。先在根颈部以外30~100cm开一圈小沟（植株越大，则离根颈部越远），沟宽、深都为20cm。沟内撒进25~50斤有机肥，或者1~5两颗粒复合肥（化肥），然后浇上透水。入冬以后开春以前，照上述方法再施肥一次，但不用浇水。在冬季植株进入休眠或半休眠期后，要把瘦弱、病虫、枯死、过密等枝条剪掉。

沙地柏害虫主要有地老虎、蝼蛄、蛴螬等。

园林应用

沙地柏是干旱、半干旱地区防风固沙和水土保持中常用的城市绿化地被树种，也是用作篱笆栽培的良好材料，在园林建设中被广泛应用。或作为常绿地被和基础种植，或在市区街心、路旁种植，美化环境且阻碍和吸附尘埃、净化空气，或丛植于窗下、门旁进行点缀，或配植于草坪、花坛、山石、林下，增加绿化层次，丰富观赏美感。

10.4 落叶灌木的养护与管理

丰花月季（*Rosa cultivars* Floribunda）

形态特征

蔷薇科蔷薇属落叶灌木，高0.9~1.3m。小枝具钩刺或无刺、无毛。羽状复叶，小叶5~7片，宽卵形或卵状长圆形，先端渐尖，基部近圆形或宽楔形，具尖锯齿，无毛。花单生或几朵集生，呈伞房状，花瓣有深红、银粉、淡粉、黑红、橙黄等颜色，重瓣，花柱分离，子房被柔毛。蔷薇果卵球形。花期5月底~11月初，果期9~11月。

生长习性

喜光，喜温暖湿润气候，喜肥土，稍偏酸性土壤中生长最佳。

养护管理

因为丰花月季对水分的要求不高，按照见干见湿的原则控制即可。孕育花蕾开花前，需要进行1次浇水。在花后休眠期，适当减少浇水量，剩余时间内如果干旱程度不高，则可以不浇水，避免植株徒长。丰花月季开花后，要及时补充养分，追加有机肥。施肥可使用腐熟的豆饼+磷肥进行沟施，或者施加尿素。因为月季生长旺盛，为了保证景观效果，需要做好修剪以及摘心工作，确保其维持较好的生长态势，实现对丰花月季生长以及花朵数量的把控，保证花朵开放的时间。结合丰花月季长势情况，开展适当修剪。若长势良好，则要高剪，留下15~20个芽眼。若长势较差，则要低剪，只留2~3个芽眼，并将老枝和枯枝等摘去。一般在花前6~8周开展修剪，使其休眠至少一周。在修剪时，采取更替修剪法和一次性统剪法。当新梢生长到15~20cm时，将顶部去掉3cm左右，促使侧芽能够萌发成枝，当长到一定长度后，再进行1~2次摘心，到主侧枝可以生产足够的花朵为止。

丰花月季常见的病虫害有黑斑病、白粉病、叶枯病、蚜虫、介壳虫等。

园林应用

丰华月季是春季主要的观赏花卉，可丛植、片植、行植。也可栽植花坛、道路、公园、厂区等等，绿化效果好，观赏期长。

迎春（*Jasminum nudiflorum* Lindl.）

形态特征

木犀科素馨属落叶灌木，枝条细长，呈拱形下垂生长，植株较高，是一种常见的观赏花卉。侧枝健壮，四棱形，绿色。三出复叶对生，小叶卵状椭圆形，表面光滑，全缘。花单生于叶腋间，花冠高脚杯状，鲜黄色，顶端6裂，或成复瓣。花期3~5月，可持续50天之久。

生长习性

喜光，稍耐阴，略耐寒，怕涝，要求温暖而湿润的气候，疏松肥沃和排水良好的沙质土，在酸性土中生长旺盛，碱性土中生长不良。根部萌发力强。枝条着地部分极易生根。

养护管理

迎春喜湿润，土壤以保持湿润偏干为主，不干不浇，尤其在炎热的夏季，除每日上午浇一次水外，在下午还应适当浇水。冬季气温低，水分蒸发少，应少浇水。在每年冬季开花前和春季花谢后应追施腐熟的有机肥1~2次，以补充开花所消耗的养分，使植株长势尽快得到恢复，6~8月是其花芽分化期，可增加磷钾肥的使用量，并注意浇水，以有利于花蕾的形成。秋季施肥则能增加植株的抗旱能力，并促使花蕾的发育。迎春的花朵多集中在一年生的枝条上，二年生枝着花较少，所以每年花后要对花枝进行重截，只留基部3~4个芽，弱枝应少留。7月中旬以后一般不再短截，这样可达到抑制新梢旺盛生长，有利新梢充实和花芽的形成。而且经过多次短截之后，可以避免枝条冗长，省去盘扎的麻烦。

迎春常见病虫害有花叶病、褐斑病、灰霉病、叶斑病和蚜虫等。

园林应用

迎春在园林绿化中宜配置在湖边、溪畔、桥头、墙隅，或在草坪、林缘、坡地，房屋周围也可栽植，可供早春观花。

珍珠梅（*Sorbaria sorbifolia*（L.）A. Br）

形态特征

蔷薇科珍珠梅属落叶灌木，高达2m，枝条开展。小枝圆柱形，稍屈曲，无毛或微被短柔毛，初时绿色，老时暗红褐色或暗黄褐色。羽状复叶，小叶片对生，披针形至卵状披针形，先端渐尖，稀尾尖，基部近圆形或宽楔形，边缘有尖锐重锯齿，上下两面无毛或近于无毛，羽状网脉，小叶无柄或近于无柄。顶生大型密集圆锥花序，蓇葖果长圆形，有顶生弯曲花柱。花期7~8月，果期9月。

生长习性

珍珠梅喜光耐寒，耐半荫，耐修剪。在排水良好的砂质土壤中生长较好。

养护管理

珍珠梅适应性强，对肥料要求不高，除新栽植株需施少量底肥外，以后不需再施肥，但需浇水，一般在叶芽萌动至开花期间浇2~3次透水，立秋后至霜冻前浇2~3次水，其中包括一次防冻水，夏季视干旱情况浇水，雨多时不必浇水；花谢后花序枯黄，影响美观，因此应剪去残花序，使植株干净整齐，并且避免残花序与植株争夺养分与水分。秋后或春初还应剪除病虫枝和老弱枝，对一年生枝条可进行强修剪，促使枝条更新与花繁叶茂。

珍珠梅常见的病虫害有叶斑病、白粉病、褐斑病、金龟子、斑叶蜡蝉等。

园林应用

珍珠梅的花、叶清丽，花期很长又值夏季少花季节，在园林应用上是十分受欢迎的观赏树种，可孤植，列植，丛植效果甚佳。

绣线菊（*Spiraea salicifolia* L.）

形态特征

蔷薇科绣线菊属落叶灌木，高达2m。嫩枝被柔毛，老时脱落。叶长圆状披针形或披针形，花序为长圆形或金字塔形的圆锥花序，花瓣粉红色，蓇葖果直立，无毛或沿腹缝有短柔毛，花柱顶生，倾斜开展，常具反折萼片。花期6~8月，果期8~9月。

生长习性

喜光也稍耐荫，抗寒，抗旱，喜温暖湿润的气候和深厚肥沃的土壤。萌蘖力和萌芽力均强，耐修剪。

养护管理

绣线菊怕水大，水大易烂根，因此平时保持土壤湿润即可。绣线菊喜肥，生长盛期每月施3~4次腐熟的饼肥水，花期施2~3次磷、钾肥（磷酸二氢钾），秋末施1次越冬肥，以腐熟的粪肥或厩肥为好，冬季停止施肥，减少浇水量。修剪主要是剪去枯萎枝、徒长枝、重叠枝及病虫枝。修剪后的枝条要及时用愈伤防腐膜，使其伤口快速愈合，防止雨淋后病菌侵入，导致腐烂。

绣线菊常见的病虫害有绣线菊叶蜂和绣线菊蚜等。

园林应用

绣线菊在园林中应用较为广泛，因其花期为夏季，是缺花季节，是庭院观赏的良好植物材料。

金叶女贞（*Ligustrum × vicaryi* Rehder）

形态特征

木犀科女贞属落叶灌木，高1~2m，冠幅1.5~2m。叶纸质，单叶对生，先端渐尖，幼叶金黄色，尤以新梢叶为甚，老叶绿色有光泽，叶背具腺点，柄短。叶片椭圆形或卵状椭圆形，长2~5cm。圆锥花序顶生，小花白色。花期6月，果期10月。核果阔椭圆形，紫黑色。

生长习性

金叶女贞性喜光，稍耐阴，耐寒能力较强，萌蘖性强，耐修剪，对土壤要求不严格，但以疏松肥沃、通透性良好的沙土壤为最好。

养护管理

金叶女贞夏季浇灌时坚持少次足量，浇则浇透，多雨季节注意排水。可在春季追施一次有机肥，氮磷钾配合使用，使苗木生长旺盛，增强其抗逆能力。避免偏施速效氮引起苗木徒长。由于金叶女贞耐修剪，可根据具体要求，修剪成不同形状，常为横平竖直。一般于4月上旬修剪一次，以后每半月一次，到"十一"前后修剪最后一次，进入雨季应少修或者不修剪，减少伤口，降低病菌入侵的可能，不管何时修剪，剪后应立即喷施杀菌剂保护。

金叶女贞常见病虫害有叶斑病、轮纹病、煤污病、介壳虫、蛴螬等。

园林应用

由于金叶女贞叶色为金黄色，所以大量应用在园林绿化中，主要用来组成图案和建造绿篱。可与红叶的紫叶小檗、红花檵木、绿叶的龙柏、黄杨等组成灌木状色块，形成强烈的色彩对比，具极佳的观赏效果，也可修剪成球形。

红王子锦带（*Weigela florida* cv. Red Prince）

形态特征

忍冬科锦带花属落叶灌木，枝条开展成拱形。单叶，对生叶椭圆形。嫩枝淡红色，老枝灰褐色。聚伞花序生于叶腋或枝顶，花冠漏斗状钟形，夏初开花，花朵密集，花冠胭脂红色，艳丽悦目，开花盛期5~7月。蒴果柱形，种子无翅。花期5～9月，10月果熟，11月下旬落叶。

生长习性

红王子锦带性喜光，抗寒，抗旱，也较耐阴，宜在沙质土壤及温暖向阳排水良好的环境里生长。

养护管理

红王子锦带喜湿润环境，在栽培中应加强水的管理。每月可视降雨水情况及土壤墒情各浇一两次透水，以土壤保持大半墒状态为宜。4~6月为其花期，可适当控制浇水，每月浇一次透水即可，花期水份过大，易使花朵过早凋谢。春季萌芽后可施用一些尿素，花后施用氮、磷、钾复合肥进行追肥，立秋后则停止施肥，秋末结合浇冻水，再施用一些经腐熟发酵的牛、马粪或芝麻酱渣，初冬施用圈肥即可。修剪一般在早春进行。其株形一般为灌丛形，每株5~7个分枝，由于其花开在一二年生枝条上，过老枝条不易着花，故修剪时要注意及时更新开花枝。此外，对于细弱枝、干枯枝、病虫枝也应及时疏除。

红王子锦带常见病虫害有枝枯病、黄褐天幕毛虫、红天蛾等。

园林应用

锦带花枝叶茂密，花色艳丽，花期可长达两个多月，适宜庭院墙隅、湖畔群植；也可在树丛林缘作花篱、丛植配植；点缀于假山、坡地；也可作工厂矿区的绿化美化植物。

连翘（*Forsythia suspensa*）

形态特征

木犀科连翘属落叶灌木，枝开展或下垂，棕色、棕褐色或淡黄褐色，小枝土黄色或灰褐色，略呈四棱形，疏生皮孔，节间中空，节部具实心髓。叶通常为单叶，或3裂至三出复叶，叶片卵形、宽卵形或椭圆状卵形至椭圆形，花通常单生或2至数朵着生于叶腋，先于叶开放。果卵球形、卵状椭圆形或长椭圆形，花期3~4月，果期7~9月。

生长习性

连翘喜光，有一定程度的耐荫性；喜温暖，湿润气候，也很耐寒。耐干旱瘠薄，怕涝。不择土壤，在中性、微酸或碱性土壤均能正常生长。

养护管理

连翘要注意保持土壤湿润，旱期及时沟灌或浇水，雨季要开沟排水，以免积水烂根；生长期每年冬季可以结合松土除草施入腐熟厩肥、饼肥或土杂肥，采用在连翘株旁挖穴或开沟施入，施后覆土，壅根培土，以促进幼树生长健壮，多开花结果；连翘幼树高达1m左右时，于冬季落叶后，在主干离地面70~80cm处剪去顶梢。再于夏季通过摘心，多发分枝。从中在不同的方向上，选择3~4个发育充实的侧枝，培育成为主枝。以后在主枝上再选留3~4个壮枝，培育成为副主枝，在副主枝上，放出侧枝。通过几年的整形修剪，使其形成低干矮冠，内空外圆，通风透光，小枝疏朗。对已经开花结果多年、开始衰老的结果枝群，也要进行短截或重剪，可促使剪口以下抽生壮枝，恢复树势，提高结果率。

连翘常见病虫害有叶斑病、蜡蝉、盾蚧、圆斑卷叶象虫等。

园林应用

连翘早春先叶开花，满枝金黄，艳丽可爱，是早春优良观花灌木。适宜于宅旁、亭阶、墙隅、篱下与路边配置，也宜于溪边、池畔、岩石、假山下栽种。因根系发达，可作花篱或护堤树栽植。

红瑞木（*Swida alba* Opiz ）

形态特征

山茱萸科梾木属落叶灌木，高达3m。树皮紫红色，幼枝有淡白色短柔毛，老枝红白色。冬芽卵状披针形，叶对生，纸质，椭圆形，稀卵圆形，伞房状聚伞花序顶生，核果长圆形，微扁。核棱形，侧扁，两端稍尖呈喙状。花期6~7月；果期8~10月。

生长习性

红瑞木喜欢潮湿的生长环境，耐寒、耐修剪。适宜在深厚疏松肥沃的土壤中生长。

养护管理

浇水需要控制量，不能一次性浇的太多，如造成积水，根部会腐烂。在红瑞木生长的萌芽阶段，浇一次透水，之后不用天天浇水，在土壤干涸的时候补水即可。雨季则不需要浇水，反而还要注意排水，避免太过潮湿影响长势。红瑞木喜肥，因此要适时施一些肥水，一般可在生长期施一些有机肥，还可以视成长情况来追加一些复合肥，存活之后无需经常施肥，秋季可以在浇冻水的情况下施一些农家肥，增加其对冬天的抵抗力，也保证来年的生长养分。红瑞木根系发达，成长较快，比较耐修剪，一般在秋季的落叶之后，为了保证树形良好，需要剪除病枝、交叉枝以及一些生长过快的枝干，同时还需整理生长的过于密集的植株，这样有利于养分均衡，促进枝条生长。

红瑞木常见的病虫害有白粉病、叶斑病、蚜虫等。

园林应用

红瑞木的枝干全年呈红色，是园林造景的优良树种。多将其丛植于草坪上或同常绿乔木相间栽种，还能用于庭院观赏，能够取得红绿相映的视觉效果。

金银木（*Lonicera maackii*(Rupr.)Maxim.）

形态特征

忍冬科忍冬属落叶灌木，茎干直径达10cm。冬芽小，卵圆形，有5~6对或更多鳞片。叶纸质，形状变化较大，通常卵状椭圆形至卵状披针形。花芳香，生于幼枝叶腋。果实暗红色，圆形；种子具蜂窝状微小浅凹点。花期5~6月，果熟期8~10月。

生长习性

金银木性喜强光，亦较耐寒，对土壤要求不严，耐旱、耐瘠薄，对城市土壤适应性较强。

养护管理

金银木生性强健，适应性强，每年适时灌水，从春季萌动至开花可灌水3至4次，虽然金银木耐旱，但在夏季干旱时也要灌水2~3次。根据长势可2~3年施基肥一次；金银木每年都会长出较多新枝，因此应将部分老枝剪去，以起到整形修剪、更新枝条的作用，如此处理也有助于生产出品质优良的金银木插条。修剪整形都应在秋季落叶后进行，剪除杂乱的过密枝、交叉枝以及弱枝、病虫枝、徒长枝，并注意调整枝条的分布，以保持树形的美观。

金银木病虫害较少，初夏主要有蚜虫，有时也有桑刺尺蛾发生，要注意预防。

园林应用

金银木枝条繁茂、叶色深绿、果实鲜红，观赏效果颇佳，具有较高的观赏价值。在园林中，常将金银木丛植于草坪、山坡、林缘、路边或点缀于建筑周围，观花赏果两相宜。

紫玉兰（*Magnolia liliiflora* Desr.）

形态特征

木兰科木兰属落叶灌木，高达3m，常丛生，树皮灰褐色。叶椭圆状倒卵形或倒卵形。花被9~12片，外轮3片萼片状，紫绿色，常早落，雄蕊紫红色，雌蕊淡紫色，无毛。花期3~4月，果期8~9月。

生长习性

喜温暖湿润和阳光充足环境，较耐寒，但不耐旱和盐碱，怕水淹，要求肥沃、排水好的沙壤土。

养护管理

夏季高温和秋季干旱季节，保持土壤湿度,可每月浇水一次，在连续高温的干旱天气还应予以叶面喷水，雨季要及时排水。紫玉兰喜肥，施肥要抓住花前2月和花后5月这两个关键时机，10天左右施1次氮磷钾复合肥，前者使蕾膨大，鲜花开放，后者促进多孕蕾，翌春花多。入冬落叶时施1次以磷钾为主的肥料，增强其抗寒越冬能力，其余时间少施或不施。忌单施氮肥；花后和萌芽新枝前，应剪去枯枝、密枝和短截徒长枝,因其伤愈能力差，剪后要涂硫磺粉防腐。

紫玉兰的常见病虫害有炭疽病、黄化病、大蓑蛾红蜘蛛、天牛等。

园林应用

紫玉兰是著名的早春观赏花木，花朵艳丽怡人，芳香淡雅，孤植或丛植都很美观，树形婀娜，枝繁花茂，是优良的庭园、街道绿化植物。

红伞寿星桃（*Amygdalus persica* L. var.densa Makino）

形态特征

为蔷薇科桃属普通寿星桃的变种。落叶小灌木，植株矮小，矮生，树形紧凑，节间短，分枝角度开张。干皮灰褐色，小枝红褐色。新叶鲜红色，老叶暗红色，窄披针形或披针形，叶片稠密，颜色鲜亮，整株色感表现好。花芽多，密集，花蕾粉花色，长卵形或卵形，花较大，梅花型，花瓣长卵形或卵形，重瓣，花瓣10枚，花初开放时为白色或粉红色，具白边，3~5天后变为深粉红色。始花期为3月底至4月初，花期10~15天。果实绿色带红褐色晕，较小，酸甜味道，可食用，果核阔卵形，果期8月。

生长习性

红伞寿星桃生性强健，适应性强，具有耐寒、耐旱、耐瘠薄等特点；喜光，稍耐荫，喜温暖湿润气候，萌芽力强，耐修剪，寿命长，能吸入有害气体，释放氧气。

养护管理

红伞寿星桃耐干旱，不耐水湿，更怕渍涝，不干不浇水，浇必浇透，使之见干见湿。生长期多施磷钾肥，不可偏施氮肥。红伞寿星桃的根系浅而发达，要求土壤通透性较好，注意及时中耕除草，避免杂草与树木争夺养分。

红伞寿星桃最好是采用自然开心形，能够通风透光，有利花芽形成。红伞寿星桃生长期加强修剪很重要，宜在花后采取抹芽、摘心、扭梢、拉吊、疏剪等手法整形。花后第一、三周两次疏果、根据植株的大小、每枝先留3~4个小桃，最后每枝留1~2观赏即可。红伞寿星患流胶病，可用刀刮净，并涂抹硫磺粉等，十天后再涂抹一次，平时加强光照和通风可预防减少病虫害的发生。如有蚜虫、红蜘蛛危害，及时防治。

园林应用

红伞寿星桃，树冠低矮，形如伞状，树形优美，叶色鲜红，花期较长，花色鲜红且变色，十分艳丽，是观花观果极佳的园林植物。适宜庭院、别墅、小区、公园栽植，常植于建筑物前、庭院内、池塘边，孤植、片植、列植、丛植均可，也可用作草坪点缀。

结香（*Edgeworthia chrysantha* Lindl.）

形态特征

瑞香科结香属落叶灌木，高0.7~1.5m，枝疏生，粗壮，每年分枝1次，每枝可分出3小枝，呈三叉状，棕红色，有明显皮孔和突起的叶痕，幼枝具淡黄色或灰色絹状柔毛。叶互生，簇生于枝顶，长6~20cm、宽2~5cm，长椭圆形或椭圆状披针形，先端尖，全缘，表面有疏柔毛。2~4月先叶开花，花黄色，具浓香，40~50朵于顶部聚生成假头状花序，总柄粗短。果期春夏间。

生长习性

是暖温带植物，喜温暖，亦能耐寒，能耐－20℃以内的冷冻，冬季－10~－20℃的地方，花期要推迟至3~4月；根肉质，忌积水，宜排水良好的肥沃土壤；萌蘖力强。

养护管理

结香生长健壮，适应性强，病虫害少，无须特殊管理亦能开花。根肉质，怕水湿，浇水施肥要适度，生长季节宜常浇水，以保持土壤稍湿润状态为佳，积水易烂根，过干易落叶，都会导致翌春花少。生长季应每月追施1次肥料。开花后的施肥应以氮为主，以促进枝叶生长，但施肥不宜多，否则会导致枝叶徒长而影响美感。7月后应增施磷钾肥，促使化芽分化，使今后的开花大而密。

根颈处易长蘖丛，应及时剪除。因枝条柔软性韧，可弯曲打结而不折断，故可在主干及小枝上根据艺术构思进行打结造型。打结造型宜在落叶后至萌芽前进行。开花后应对老枝和弱枝进行短截，剪枝后会萌发1~2个新梢，以保持树形的丰满。平时还可通过将枝条打结扭曲，控制植株的高度。

结香病虫害较少，但在通风不良时易遭介壳虫危害，其他有缩叶病、白绢病和蚜虫、飞虱、刺蛾等病虫危害。

园林应用

结香被称作中国的爱情树，结香的花语和象征意义是：喜结连枝。结香树冠球形，枝叶美丽，宜栽在庭园或盆栽观赏。结香姿态优雅，枝条柔软，弯之可打结而不断，常整成各种形状，十分惹人喜爱，适植于庭前、路旁、水边、石间、墙隅。北方多盆栽观赏。

绣球荚蒾（*Viburnum macrocephalum* Fort.）

形态特征

忍冬科荚蒾属落叶或半常绿灌木，高达4m。树皮灰褐色或灰白色，芽、幼枝、叶柄均密被灰白色或黄白色簇状短毛，后渐变无毛。叶纸质，卵形至椭圆形或卵状矩圆形，边缘有小齿，侧近缘前互相网结，聚伞花序，全部由大型不孕花组成，花生于第三级辐射枝上，萼筒筒状，萼齿与萼筒几等长，花冠白色，辐状，裂片圆状倒卵形，花药近圆形。4~5月开花。

生长习性

喜光，略耐阴，喜温暖湿润气候，较耐寒，宜在肥沃、湿润、排水良好的土壤中生长；较耐寒，能适应一般土壤，好生于湿润肥沃的地方；长势旺盛，萌芽力、萌蘖力均强，种子有隔年发芽习性。

养护管理

绣球荚蒾喜欢湿润的环境，但注意不要过多浇水，特别雨季要注意排水，防止受涝引起烂根。绣球荚蒾施肥应薄肥勤施，叶黄可用0.1%的硫酸亚铁溶液喷洒叶片，花后应施肥一次。木绣球主枝易萌发徒长枝，扰乱树形，花后可适当修枝，促使产生新枝，夏季剪去徒长枝先端，以整株形。

绣球荚蒾主要病虫害有白粉病、叶斑病、蚜虫和盲蝽等。

园林应用

最宜孤植于草坪及空旷地，使其四面开展，体现个体美；群植，花开之时有白云翻滚之效，十分壮观；栽于园路两侧，使其拱形枝条形成花廊，人们漫步于花下，顿时使人心旷神怡；配置于庭中堂前，墙下窗前，也极相宜。

小叶女贞（*Ligustrum quihoui* Carr.）

形态特征

木犀科女贞属落叶灌木，高1~3m。小枝淡棕色，圆柱形，密被微柔毛，后脱落。叶片薄革质，形状和大小变异较大，披针形、长圆状椭圆形、椭圆形、倒卵状长圆形至倒披针形或倒卵形，先端锐尖、钝或微凹，基部狭楔形至楔形，叶缘反卷，上面深绿色，下面淡绿色。圆锥花序顶生，近圆柱形。花冠长4~5mm，花冠管长2.5~3mm，裂片卵形或椭圆形，长1.5~3mm，先端钝；雄蕊伸出裂片外，花丝与花冠裂片近等长或稍长。果倒卵形、宽椭圆形或近球形，长5~9mm，径4~7mm，呈紫黑色。花期5~7月，果期8~11月。

生长习性

喜光照，稍耐荫，较耐寒，华北地区可露地栽培；对二氧化硫、氯等毒气有较好的抗性；性强健，耐修剪，萌发力强。

养护管理

生长期适时浇水，保持土壤湿润即可，注意不要出现积水情况，否则会导致小叶女贞的根部腐烂。小叶女贞对于肥料的需求不高，每年春秋各施肥一次即可，如果在生长期出现长势差的情况，可对叶面进行追肥，以磷酸二氢钾、钼酸铵叶面肥为主。要定期的对其进行修剪，修剪掉一些生长过密的枝条和一些枯枝、病枝、弱枝，这样不仅能保持植物的株型，还能有利于植株的通风透光，同时起到促进分枝的作用。

小叶女贞病虫害较少，主要是叶枯病、斑点病、介壳虫、蚜虫等。

园林应用

主要作绿篱栽植；其枝叶紧密、圆整，庭院中常栽植观赏；抗多种有毒气体，是优良的抗污染树种；可作桂花、丁香等树的砧木。

蜡梅（*Chimonanthus praecox* (Linn.) Link）

形态特征

蜡梅科蜡梅属落叶灌木。蜡梅高达4m，幼枝四方形，老枝近圆柱形，灰褐色，无毛或被疏微毛，有皮孔。叶纸质至近革质，卵圆形、椭圆形、宽椭圆形至卵状椭圆形，有时长圆状披针形。花着生于第二年生枝条叶腋内，先花后叶，芳香。果托近木质化，坛状或倒卵状椭圆形。花期11月至翌年3月，果期4~11月。

生长习性

蜡梅性喜阳光，能耐荫、耐寒、耐旱，忌渍水。怕风，较耐寒，在不低于–15℃时能安全越冬，北京以南地区可露地栽培，花期遇–10℃低温，花朵受冻害。好生于土层深厚、肥沃、疏松、排水良好的微酸性沙质壤土上，在盐碱地上生长不良。

养护管理

平时浇水以维持土壤半墒状态为佳。干旱季节及时补充水分，开花期间，土壤保持适度干旱，不宜浇水过多。每年花谢后施一次充分腐熟的有机肥。春季新叶萌发后至6月的生长季节，每10~15天施一次腐熟的饼肥水；7~8月的花芽分化期，追施腐熟的有机肥和磷钾肥混合液；秋后再施一次有机肥。每次施肥后都要及时浇水、松土，以保持土壤疏松，花期不要施肥。在夏季，对主枝延长枝进行摘心或剪梢，减弱其长势。对弱枝则以支柱支撑，使其处于垂直方向，增强长势。冬季，将3个主枝各剪去1／3，促使其萌发新芽，可从中选择优良侧枝。修剪主枝上的侧枝应自上而下逐渐缩短，使其错落分布。

蜡梅常见的病虫害有炭疽病、黑斑病、蚜虫、红颈天牛、日本龟蜡蚧等。

园林应用

蜡梅是冬季赏花的理想名贵花木，可作片状栽植，主景配置，混栽配置，漏窗透景，岩石、假山配置等。

棣棠（*Kerria japonica*）

形态特征

蔷薇科棣棠花属落叶灌木。棣棠高1~2m，稀达3m，小枝绿色，圆柱形，无毛，常拱垂，嫩枝有棱角。叶互生，三角状卵形或卵圆形，顶端长渐尖，单花，着生在当年生侧枝顶端，花梗无毛，花瓣黄色，宽椭圆形，顶端下凹，瘦果倒卵形至半球形，褐色或黑褐色，表面无毛，有皱褶。花期4~6月，果期6~8月。

生长习性

喜温暖湿润和半阴环境，耐寒性较差，对土壤要求不严，以肥沃、疏松的沙壤土生长最好。

养护管理

棣棠喜湿润环境，应注意及时浇水，春季萌动前至开花期间可灌水2~3次，夏季干旱时可灌水3~4次，雨季需注意排涝，霜冻前灌1次防冻水。生长期每2个月施肥1次，春季萌芽前或秋季落叶后应在根际施肥1次，使植株生长健壮，花繁叶茂。棣棠耐修剪，花后或秋末应进行修剪。每隔2~3年全面更新1次，剪除地上部，促使多发新枝。由于棣棠花大多开在新枝梢部。因此修剪宜疏剪，不宜短剪，以免减少花数。修剪时应疏除枯枝、病弱枝、过密老枝及残留花枝，以利通风透光和减少养分的消耗。在新枝生出以后不要进行短截，也不要摘心，否则会将花芽剪掉。北方冬季需要培土，防止枯梢。

棣棠常见病虫害有黄叶病、褐斑病、红缘灯蛾、美国白蛾、大袋蛾等。

园林应用

棣棠在园林配置中常丛植于草坪、篱边、墙际、花坛、树丛、水畔、草坪边缘和山坡林下，野趣盎然；或作为花篱与假山配置也很适宜，还可盆栽观赏。

蔷薇（*Rosa multiflora* Thunb.）

形态特征

蔷薇科蔷薇属落叶灌木，藤状,变异性强。茎刺较大且一般有钩，每节大致有3~4个。叶

互生，奇数羽状复叶，叶缘有齿，叶片平展但有柔毛。花常是6~7朵簇生，有乳白、鹅黄、金黄、粉红、大红、紫黑等多种颜色，为圆锥状伞房花序，簇生于枝条顶部，每年只开一次。花谢后萼片会脱落。果实为圆球体。花期一般为每年的4~9月，次序开放，可达半年之久。

生长习性

阳性花卉，喜光，亦耐半阴，喜温暖，较耐寒。对土壤要求不严，耐干旱，耐瘠薄，但栽植在土层深厚、疏松、肥沃湿润而又排水通畅的土壤中则生长更好，也可在粘重土壤上正常生长。不耐水湿，忌积水。萌蘖性强，耐修剪，抗污染。

养护管理

栽培与培养月季有许多相似之处，但它比月季管理粗放。喜润而怕湿忌涝。从早春萌芽开始至开花前，根据天气情况适当多浇水，以土润而不渍水为度。花后浇水不可过多，土要见干见湿，雨季要注意及时排水防涝。全年浇水都要注意勿使植株根部积水。喜肥，按“薄肥勤施”原则，不断供给各种养料。每年冬季需培土施肥1次，孕蕾期施1~2次稀薄肥水。每年春季萌动前进行一次修剪。修剪量要适中。同时，将枯枝、细弱枝及病虫枝疏除并将过老过密的枝条剪掉，促使萌发新枝，不断更新老株。培育作盆花，更要注意修枝整形。花后要进行一次修剪。修剪时，可选当年生半木质化的健壮枝条扦插，放置半阴处，成活后翌春移栽定植，也可于早春萌芽前，将根部萌蘖的子株带根切下另栽。

蔷薇常见病虫害有白粉病、焦叶病、黑斑病、介壳虫、蚜虫等。

园林应用

蔷薇枝干成半攀缘状，可依架攀附成各种形态，宜布置于花架、花格、花墙等处，夏日花繁叶茂，确有“密叶翠幄重，浓花红锦张”的景色，亦可控制成小灌木状，培育作盆花。有些品种可培育作切花。

溲疏（*Deutzia scabra* Thunb）

形态特征

虎耳草科溲疏属落叶灌木，稀半常绿，高达3m。树皮成薄片状剥落，小枝中空，红褐色，幼时有星状毛，老枝光滑。叶对生，有短柄。叶片卵形至卵状披针形，顶端尖，基部稍圆，边缘有小锯齿，表面暗绿色，两面均有星状毛，粗糙。直立圆锥花序，花白色或外面略带红晕，萼筒钟状，与子房壁合生，木质化，直立。花瓣长圆形，外面有星状毛，果时宿存。蒴

果近球形，顶端扁平具短喙和网纹，种子多数，肾形，细小。花期5~6月，果期10~11月。

生长习性

喜光、稍耐阴。喜温暖、湿润气候，但耐寒、耐旱。对土壤的要求不严，但以腐殖质pH6~8且排水良好的土壤为宜。性强健，萌芽力强，耐修剪。

养护管理

在整个生长期内要保持土壤湿润。一般来说，可于4~6月三个月，每月浇一到两次透水，7~8两月为降水丰沛期，如不是过于干旱，可不浇水。9月、10月及11月初浇一次透水即可。12月初浇封冻水，翌年早春3月浇解冻水。溲疏施肥本着量少次多的原则。初夏时节可施用尿素，促其长枝长叶，初秋则应施用磷钾复合肥，促其新生枝条木质化。秋末结合浇冻水施用芝麻酱渣或者腐叶肥。施用方法采用环施或穴施均可。每年的花后将溲疏老枝回缩修剪至基部，促使基部萌生出更多的新枝。冬季修剪时，将细弱枝及根茎部萌生的根蘖苗疏除。对于生长枝较弱的细弯枝，可截去全长的1/5，只保留枝条中饱满的花芽，对长势较旺、顶端稍重的直立长花枝选择3~4个缓放，其余过长的花枝采取回缩方法处理；对于徒长枝可对其重短截，促其多生分枝，增加开花枝条，也可留作更新枝备用。

溲疏偶有红蜘蛛、蚜虫为害。

园林应用

溲疏晚春初夏白花繁密、素雅，宜丛植于草坪、路边、山坡及林缘，也可作花篱及岩石园种植材料。花枝可供瓶插观赏。若与花期相近的山梅花配置，则次第开花，可延长植株的观花期。溲疏枝干苍劲潇洒，是优良的盆景材料。

紫荆（*Cercis chinensis*）

形态特征

豆科紫荆属落叶乔木或灌木,因“其木似黄荆而色紫”，故名。单叶互生，绿色,近圆形，全缘，顶端急尖，基部心形，两面无毛。叶脉掌状，有叶柄，托叶小，早落。花于老干上簇生或成总状花序，玫瑰红色，先于叶或和叶同时开放。花萼阔钟状。花两侧对称，子房有柄。荚果扁平，狭

长椭圆形，沿腹缝线处有狭翅。种子2~8颗，扁圆形，近黑色。花期4~5月，果期5~7月。

生长习性

喜欢光照，有一定的耐寒性和耐盐碱能力。蘖性强，耐修剪。喜肥沃、排水良好的砂质土壤，在粘质土中多生长不良。不耐淹。

养护管理

紫荆的浇水平时以保持土壤湿润、不积水最佳。夏天的时候及时浇水，保持空气中的湿度，雨季及时排水，防止积水导致根部腐烂。秋季如果气温不高的话应该控制浇水，防止秋发。冬季在入冬前浇足防冻水，翌年3月初浇透返青水。每年在花期之后施一次氮肥，促使紫荆生长旺盛。初秋的时候施一次磷钾复合肥，有利于花芽的分化和新生枝条木质化后安全过冬。初冬施肥的时候结合浇冻水，施用牛马粪。夏季修剪应随时疏剪掉没有观赏利用价值的根蘖枝、短枝和交叉枝，加强对头一年留下的枝条的抚育，多进行摘心处理。进入花期后，应进行短截或摘心，待花谢后，要把残花剪掉。冬季修剪宜在落叶后、发芽前进行，疏除交叉枝和失去再生能力的老枝，调整内膛空间，促使新枝生长。

紫荆常见病虫害有紫荆角斑病、紫荆煤污病、紫荆叶枯病、大蓑蛾、褐边绿刺蛾、蚜虫等。

园林应用

紫荆在庭院单植，姿容优美，若与连翘、海棠等搭配，满院万紫千红，更显欣欣向荣。可与绿树配植，或栽植于公园、庭院、草坪、建筑物前，观赏效果极佳。紫荆对氯气有一定的抵抗性，滞尘能力强，是工厂、矿区绿化的好树种。

紫薇（*Lagerstroemia indica* L.）

形态特征

千屈菜科紫薇属落叶灌木或小乔木。紫薇高可达7m，树皮平滑，灰色或灰褐色，枝干多扭曲，小枝纤细，具4棱，略成翅状。叶互生或有时对生，纸质，椭圆形、阔矩圆形或倒卵形。花色玫红、大红、深粉红、淡红色或紫色、白色。蒴果椭圆状球形或阔椭圆形，幼时绿色至黄色，成熟时或干燥时呈紫黑色，室背开裂；种子有翅。花期6~9月，果期9~12月。

生长习性

紫薇喜暖湿气候，喜光，略耐阴，喜肥，尤喜深厚肥沃的砂质壤土，好生于略有湿气之地，亦耐干旱，忌涝，忌种在地下水位高的低湿地方，性喜温暖，而能抗寒，萌蘖性强。

紫薇还具有较强的抗污染能力，对二氧化硫、氟化氢及氯气的抗性较强。半阴生，喜生于肥沃湿润的土壤上，也能耐旱，不论钙质土或酸性土都生长良好。

养护管理

紫薇在生长季节对水的要求很大，应保持土壤湿润，夏季高温季节可以增加浇水次数。施肥应以薄肥勤施的原则，3月上旬结合使用氮磷钾肥促进其抽梢，5月下旬至6月上旬施加一次磷钾肥，促进花芽的增大，以壮枝和催花，7月下旬和9月上旬各施加一次花期肥，肥料为饼肥水等。紫薇的发枝力强，新梢的生长量也很大，因此非常耐修剪。紫薇开花后要将残花剪去，这样可以延长花期，同时对一些交叉枝、病枝、辐射枝要及时剪除，以免消耗多余的养分。

紫薇常见的病虫害有白粉病、煤污病、褐斑病、长斑蚜、绒蚧、黄刺蛾等。

园林应用

紫薇花色鲜艳美丽，花期长，寿命长，树龄可达200年，是优秀的观花树种，可栽植于建筑物前、院落内、池畔、河边、草坪旁及公园中小径两旁均很相宜。紫薇也是做盆景的好材料。

10.5 草本植物的养护与管理

再力花（*Thalia dealbata* Fraser）

形态特征

竹芋科再力花属多年生挺水草本植物，植株高100~250cm。叶基生，4~6片，叶片卵状披针形至长椭圆形，长20~50cm，宽10~20cm，硬纸质，浅灰绿色，边缘紫色，全缘。叶柄较长，为40~80cm，下部鞘状，基部略膨大，叶柄顶端和基部红褐色或淡黄褐色。复穗状花序，小花紫红色，2~3朵小花由两个小苞片包被，紧密着生于花轴。花冠筒短柱状，淡紫色，唇瓣兜形，上部暗紫色，下部淡紫色。蒴果近圆球形或倒卵状球形，果皮浅绿色，成熟时顶端开裂。成熟种子棕褐色，表面粗糙，具假种皮，种脐较明显。花期4~10月。

生长习性

在微碱性的土壤中生长良好；好温暖水湿、阳光充足的气候环境，不耐寒，耐半阴，怕干旱；生长适温20~30℃，低于10℃停止生长，冬季温度不能低于0℃，能耐短时间的–5℃低温。

养护管理

水深宜保持在50~100cm，春季可浅一些，水温的上升有利于再力花的快速生长，夏天深一些，秋冬季水深适当。每月施肥1次，以无机肥为主。剪除过高的生长枝和破损叶片，对过密株丛适当疏剪，以利通风透光。一般每隔2~3年分株1次。

再力花一般没有病虫害。

园林应用

再力花植株高大美观，硕大的绿色叶片形似芭蕉叶，叶色翠绿可爱，花序高出叶面，亭亭玉立，蓝紫色的花朵素雅别致，是水景绿化的上品花卉，有“水上天堂鸟”的美誉。常成片种植于水池或湿地，形成独特的水体景观，也可盆栽观赏或种植于庭院水体景观中。

睡莲（*Nymphaea tetragona* Georgi ）

形态特征

睡莲科睡莲属多年生水生草本。根状茎肥厚，叶柄圆柱形，细长。叶椭圆形，浮生于水面，全缘，叶基心形，叶表面浓绿，背面暗紫。叶二型：浮水叶圆形或卵形，基部具弯缺，心形或箭形，常无出水叶；沉水叶薄膜质，脆弱。花单生，浮于或挺出水面；花萼四枚，绿色；花瓣通常八片。果实倒卵形，长约3cm。浆果海绵质，不规则开裂，在水面下成熟。种子坚硬，为胶质物包裹，有肉质杯状假种皮，胚小，有少量内胚乳及丰富外胚乳。3~4月萌发长叶，5~8月陆续开花。

生长习性

睡莲喜阳光，通风良好。喜富含有机质的壤土；每朵花开2~5天，晚上花朵闭合，早上又张开，花后结实。10~11月茎叶枯萎，翌年春季又重新萌发。

养护管理

睡莲生长的好坏，合理控制水位非常重要。睡莲在不同的生长时期对水位要求不同，要注意控制水位变化。栽植初期水位要浅，这样有利于睡莲早期发叶，进入生长旺盛期时水位要深，这个时期加深水位可以使睡莲的叶片增多增大，有利于营养合成。到了秋季，水位宜浅，因为这一时期是睡莲根茎和侧芽生长期，浅水位能增加水温，使大多数叶片得到充足的光照，可以使睡莲根茎粗壮，繁殖率高，进入晚秋气温转凉，应逐渐加深水位，直到入冬水面结冰前，根据当地历史最大结冰厚度而定，将池水加至80~120cm以上，以便安全越冬。

生长初期施足底肥，可用潮湿的园土或黏土与有机肥按4：1的比例混合均匀后攥成土球（以攥不粘手、松手不散坨为宜），距根茎中心15~20cm处分3点放射状施到根茎下10~15cm处，随攥随施。若底肥充足，不必追肥。追肥时间一般在盛花期前15天，以后每隔15天追肥1次，以保障开花量，但追肥不宜过多，过多容易加大营养生长，叶片数量加大，影响花期整体效果。

有些品种的花朵开过以后并不结实，花朵随后腐烂，应随时清除。老的枯黄叶片不仅影响景观，很多腐叶容易传播病害，也要及时清除，要保持全株叶片清新。

睡莲主要病虫害有睡莲叶腐病、睡莲蚜虫等。

园林应用

睡莲是一种观赏价值极高的水生花卉，在城市园林中是名贵的园艺品种，常作静水面点缀之用。

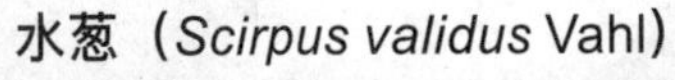

水葱（*Scirpus validus* Vahl）

形态特征

莎草科藨草属多年生宿根挺水草本植物，株高1~2m。根状茎粗状而匍匐，具许多须根。茎杆高大通直，很像食用的大葱，但不能食用。杆呈圆柱状，中空,平滑。基部具3~4个叶鞘，管状，膜质，最上面一个叶鞘具线形叶片。顶生聚伞花序，淡黄褐色。苞片1枚，直立，钻状，常短于花序，极少数稍长于花序。长侧枝聚繖花序简单或复出，假侧生，具4~13个或更多个辐射枝。辐射枝一面凸，一面凹，边缘有锯齿。小穗单生或2~3个簇生于辐射枝顶端，卵形或长圆形，顶端急尖或钝圆，具多数花。鳞片椭圆形或宽卵形，顶端稍凹，具短尖，膜质。小坚果倒卵形或椭圆形，双凸状，少有三棱形。花果期6~9月。

生长习性

阳性植物，喜光（夏宜半阴），喜温暖潮湿的环境。10℃以下停止生长，春末夏初温度高达30℃以上时死亡。能耐低温，北方大部分地区可露地越冬。

养护管理

对肥水要求较多，如底肥不足，可在生长期追肥1~2次，以氮肥为主配合磷钾肥施用。浇水要遵循“间干间湿，干要干透，不干不浇，浇就浇透”的原则，施肥要遵循“淡肥勤施、量少次多、营养齐全”的原则，冬季养殖时要注意控水控肥。立冬前剪除地上部枯茎。

水葱病害在正常生长情况下很少发生，偶有紫斑病、葱锈病，主要虫害是葱蓟马。

园林应用

株形奇趣，茎秆挺拔翠绿，富有特别的韵味，宜作水景园中的后景材料，可于水边池旁布置，甚为美观。人工湿地用途，对污水中有机物、氨氮、磷酸盐及重金属有较高的除去率。其茎秆可作切花中的线状花材。

旱伞草（*Cyperus alternifolius*）

形态特征

莎草科莎草属多年湿生、挺水植物，高40~160cm。茎秆粗壮，直立生长，茎近圆柱形，丛生，上部较为粗糙，下部包于棕色的叶鞘之中。叶状苞片非常显著，约有20枚，近等长，长为花序的两倍以上，宽2~11mm，叶状苞片呈螺旋状排列在茎秆的顶端，向四面辐射开展，扩散呈伞状。聚伞花序，有多数辐射枝，每个辐射枝端常有4~10个第二次分枝。小穗多个，密生于第二次分枝的顶端，小穗椭圆形或长椭圆状披针形，压扁，长3~8mm，具6朵至多朵小花。果实为小坚果，椭圆形近三棱形，长约1mm。果实9~10月成熟，花果期为夏秋季节。

生长习性

旱伞草性喜温暖、阴湿及通风良好的环境，适应性强，对土壤要求不严格，以保水强的肥沃的土壤最适宜；沼泽地及长期积水地也能生长良好；生长适宜温度为15~25℃，不耐寒冷。

养护管理

平时不能缺水，宁湿勿干。春、秋季各施1次薄肥使叶色鲜绿，但水养的旱伞草不能施有机肥，否则会烂根，可施化肥溶在水里施用，浓度不宜太大。过老的茎杆应尽早剪掉，让其更新，黄叶及时剪掉，保持株形美观。注意及时去除杂草。

旱伞草病虫害不多，在通风不良、干燥、周围又有易于感染红蜘蛛的花卉，有时会罹患此虫害。

园林应用

旱伞草株丛繁密，叶形奇特，是室内良好的观叶植物，除盆栽观赏外，还是制做盆景的材料，也可水培或作插花材料。江南一带无霜期可作露地栽培，常配置于溪流岸边假山石的缝隙作点缀，别具天然景趣，但栽植地光照条件要特别注意，应尽可能考虑植株生态习性，选择在背荫面处进行栽种观赏。

矮蒲苇（*Cortaderia selloana*'Pumila'）

形态特征

禾本科薄苇属多年生草本。叶聚生于基部，长而狭，边有细齿，圆锥花序大，羽毛状，银白色。秆高大粗壮，茎丛生，雌雄异株，高2~3m。叶多聚生于基部，极狭，长约1m，宽约2cm，下垂，边缘具细齿，呈灰绿色，被短毛。圆锥花序大，雌花穗银白色，具光泽，小穗轴节处密生绢丝状毛，小穗由2~3花组成。雄穗为宽塔形，疏弱。花期9~10月。

生长习性

矮蒲苇性强健，耐寒，喜温暖、阳光充足及湿润气候；在疏松肥沃、透气性好的土壤中生长良好。

养护管理

保持50~100cm的水深。幼苗出土后加强管理，适当施肥。生长期每月施一次稀薄液肥，后期管理粗放，切忌秋季分株，会导致植株死亡，可春季分株繁殖。追肥则以化肥代替有机肥，以避免污染水质，用量较一般植物稀薄十倍。

矮蒲苇具有很强的抗病虫害能力，在生长过程中，基本上不发生病虫危害。

园林应用

用于园林绿化或岸边栽植。矮蒲苇花穗长而美丽，庭院栽培壮观而雅致，或植于岸边入秋赏其银白色羽状穗的圆锥花序。也可用作干花，或花境观赏草专类园内使用，具有优良的生态适应性和观赏价值。

香蒲（*Typha orientalis* Presl）

形态特征

香蒲科香蒲属多年生水生或沼生草本。根状茎乳白色，地上茎粗壮，向上渐细，高1.3~2m。叶片条形，长40~70cm，宽0.4~0.9cm，光滑无毛，上部扁平，下部腹面微凹，背面逐渐隆起呈凸形。叶鞘抱茎。雌雄花序紧密连接，雄花序长2.7~9.2cm，花序轴具白色弯曲柔毛，自基部向上具1~3枚叶状苞片，花后脱落。雌花序长4.5~15.2cm，基部具1枚叶状苞片，花后脱落。小坚果椭圆形至长椭圆形。果皮具长形褐色斑点。种子褐色，微弯。花果期5~8月。

生长习性

喜高温多湿气候，生长适温为15~30℃，当气温下降到10℃以下时，生长基本停止，越冬期间能耐-9℃低温，当气温升高到35℃以上时，植株生长缓慢；其最适水深20~60cm，亦能耐70~80cm的深水；对土壤要求不严，在粘土和砂壤土上均能生长，但以有机质达2%以上、淤泥层深厚肥沃的壤土为宜。

养护管理

香蒲要求水层深浅适中，前期保持15~20cm浅水，以提高土温，但要严防干旱，以免抑制营养生长，引起大量抽序开花；以后随着植株长高，水深逐渐加深到60~80cm，最深不宜超过120cm。水深的控制是提高香蒲品质的重要环节。一般栽植后1个月左右，追施1次腐熟的粪肥或厩肥，每亩施1000~1500kg。以后每年春季视植株生长情况追肥1~2次，尽量施用有机肥，少用或不用化肥，以免影响品质。栽植成活后应及时人工除草，一般进行2~3次，同时清理枯叶，以改善光照条件。

香蒲常见的病虫害为黑斑病、褐斑病、蚜虫等。

园林应用

香蒲植物根系发达，与水葱搭配有利于净化水质。香蒲叶绿穗奇常用于点缀园林水池、湖畔，构筑水景，宜做花境、水景背景材料，也可盆栽布置庭院。香蒲与其它一些野生水生植物还可用在模拟大自然的溪涧、喷泉、跌水、瀑布等园林水景造景中，使景观野趣横生，别有风味。

花叶芦竹（*Arundo donax* 'Versicolor'）

形态特征

禾本科芦竹属多年生草本。花叶芦竹具发达根状茎。秆粗大直立，高3~6m，直径(1~)1.5~2.5(~3.5)cm，坚韧，具多数节，常生分枝。圆锥花序极大型，颖果细小黑色。花果期9~12月。

生长习性

喜光、喜温、耐水湿，也较耐寒，不耐干旱和强光，喜肥沃、疏松和排水良好的微酸性

沙质土壤。

养护管理

花叶芦竹浇水是养护管理过程中的重要环节，水量少，枝叶发育停滞，水量过大，可能招致烂根死亡，水量适度，则枝叶肥大，浇水的首要原则是宁湿勿干，其次是“两多两少”，即夏季高温季节浇水要多，冬季浇水要少，生长旺盛的大中型植株浇水要多，小型植株浇水要少。花叶芦竹一般追肥两次，于5月上旬一次，7月上旬一次，亩施尿素10~15kg，追肥后浇水。

花叶芦竹病虫害较少，生长期注意拔除杂草和保持湿润，无需特殊防治。

园林应用

主要用于水景园林背景材料,也可点缀于桥、亭、榭四周,可盆栽用于庭院观赏。花序可用作切花。

花菖蒲（*Iris ensata* var. *hortensis* Makino et Nemoto）

形态特征

鸢尾科鸢尾属多年生宿根挺水型水生花卉。根状茎短而粗，须根多并有纤维状枯叶梢，叶基生，线形，叶中脉凸起，两侧脉较平整。花葶直立并伴有退化叶1~3枚。花大直径可达

15cm。外轮三片花瓣呈椭圆形至倒卵形，中部有黄斑和紫纹，立瓣狭倒披针形。花柱分枝三条，花瓣状，顶端二裂。蒴果长圆形，有棱，种皮褐黑色。花期6~7月，果期8~9月。

生长习性

花菖蒲耐寒，喜水湿，春季萌发较早，花期通常在早春至初夏，冬季进入休眠状态，地上茎叶枯死；在肥沃、湿润土壤条件下生长良好，自然状态下多生于沼泽地或河岸水湿地，也能旱生栽培；喜欢富含腐殖质的酸性土壤，忌石灰质土壤。

养护管理

花菖蒲喜水湿，尤其是生长旺季一定要保证水分充足，其他季节水分可相对少一些。生长期和夏季地下部分休眠期也不宜过干，但水位要控制在根茎以下，12月底地上部分枯萎后，土壤可略干燥。生长过程中追施3~4次。秋冬季要及时将病株的残体（腐烂的根茎）清除，防止来年再度发生病害。注意及时去除杂草。

花菖蒲常见病虫害为锈病、白绢病、金龟子等。

园林应用

花菖蒲花大而美丽，色彩斑斓，叶片青翠似剑，观赏价值高。无论以盆栽点缀景色，还是地栽造景，池畔或配置水景花园，或作切花点缀家居，都十分适宜。花菖蒲在湿地公园的配置中，常成片群植，在碧波荡漾中，彩蝶飞舞，风景格外秀丽。

黄菖蒲（*Iris pseudacorus* L.）

形态特征

鸢尾科鸢尾属多年生草本植物。植株基部围有少量老叶残留的纤维。根状茎粗壮，斜伸，节明显，黄褐色，须根黄白色，有皱缩的横纹。基生叶灰绿色，宽剑形，顶端渐尖，基部鞘状，色淡，中脉较明显。花茎粗壮有明显的纵棱，上部分枝，茎生叶比基生叶短而窄，绿色，披针形，顶端渐尖，花黄色，外花被裂片卵圆形或倒卵形，爪部狭楔形，中央下陷呈沟状，有黑褐色的条纹，内花被裂片较小，倒披针形，直立。花期5月，果期6~8月。

生长习性

喜温暖湿润气候，耐寒，较耐阴，喜在浅水区域生长，环境适应性强。喜生于河湖沿岸的湿地或沼泽地上。

养护管理

黄菖蒲喜浅水环境，平时应保持浅水或潮湿。生长期内每月追施1次肥料，初期的施肥以氮为主，抽穗开花前后则应增施磷钾肥。发现枯叶应及时清除，平时应及时拔除杂草。越冬前要清理地上部的枯叶。

黄菖蒲常见的病虫害有白绢病、叶枯病、根腐病、花叶病和根腐线虫等。

园林应用

黄菖蒲叶片翠绿如剑，花色艳丽而大型，如飞燕群飞起舞，靓丽无比，极富情趣，可布置于园林中的池畔河边的水湿处或浅水区，既可观叶，亦可观花，是观赏价值很高的水生植物。

马蔺（*Iris lactea* Pall. var.*chinensis* (Fisch.) Koidz.）

形态特征

鸢尾科鸢尾属多年生草本宿根植物。根茎叶粗壮，须根稠密发达，长度可达1m以上，呈伞状分布。叶基生，宽线形，灰绿色。2~4朵花，花为浅蓝色、蓝色或蓝紫色，花被上有较深色的条纹。蒴果长椭圆状柱形，有6条明显的肋，顶端有短喙；种子为不规则的多面体，棕褐色，略有光泽，种子9月份成熟。花期5~6月，果期6~9月。

生长习性

马蔺根系发达，入土深度可达1米，须根稠密而发达，呈伞状分布，使它具有极强的抗性和适应性，也使它具有很强的缚土保水能力。能耐-30℃的极端低温，亦能抗40℃的高温。耐盐碱、耐践踏。

养护管理

在马蔺幼苗期要严格控水，浇水不宜过于频繁，将土壤保持在稍干的状态最好，到了立春时期可浇一次透水，夏季温度比较高的时期，要适当增加浇水量，冬季浇好封冻水。每年2月份追施一次腐熟的有机粪肥；生长期每月追肥一次，以磷钾肥为主。为了保持美观，加之马蔺生长迅速，一般三四个月对其进行一次修剪，修剪长势过长的、被游人踩踏干枯的枝条，这样可以配合整体环境，达到美化环境的作用。

马蔺对病虫害有极强的抗性，病虫危害较少。

园林应用

马蔺在北方地区绿期可达280天以上，叶片翠绿柔软，兰紫色的花淡雅美丽，花蜜清香，花期长达50天，可形成美丽的园林景观。在建植城市开放绿地、道路两侧绿化隔离带和缀花草地中，马蔺是无可争议的优质材料。马蔺因其根系十分发达，抗旱能力、固土能力强，又是作为水土保持和固土护坡的理想植物。

美人蕉（*Canna indica* L.）

形态特征

美人蕉科美人蕉属多年生宿根草本花卉，株高可达100~150cm。根茎肥大，地上茎肉质，不分枝。茎叶具白粉，叶互生，宽大，长椭圆状披针形。总状花序自茎顶抽出，花径可达20cm，花瓣直伸，具四枚瓣化雄蕊。花色有乳白、鲜黄、橙黄、橘红、粉红、大红、紫红、复色斑点等50多个品种。花期北方6~10月，南方全年。

生长习性

喜温暖和充足的阳光，不耐寒，忌干燥；对土壤要求不严，在疏松肥沃、排水良好的沙土壤中生长最佳，也适应于肥沃粘质土壤生长。

养护管理

与一年生草花相比，美人蕉对环境的要求不严，养护管理较为粗放，适应力强。春季应勤浇水，保持土壤湿润，夏季生长旺盛应增加浇水次数，但雨季注意防涝，及时排除积水，10月中旬以后，适当控制浇水，避免贪花贪青。美人蕉由于花朵大、花期长，在生长期应保证肥、水充足，当长出3片叶子时，植株即进入花芽分化期，应多施追肥，以磷肥为主，以促其花芽分化。生长期间及开花前每隔20天左右需施1次液肥，及时松土，保持土壤疏松，以利于根系发育。如缺磷、钾肥，则生长衰弱或只长枝叶，少开花或不开花。每次花谢后都要及时剪除残花葶。

美人蕉常见的病虫害有黑斑病、花叶病和蕉苞虫等。美人蕉花叶病往往是由蚜虫传播发生，花叶病发生时，还需要使用杀虫剂防治蚜虫。

园林应用

在公共绿地中大片丛植美人蕉，可展现其群体美。用美人蕉来布置花径、花坛，可增加情趣。在建筑周围栽植，可柔化钢硬的建筑线条。

南方常在分车带中心种植美人蕉，其鲜艳的花朵和浓绿的叶片，可使街道景观显得生机勃勃，丰富了垂相变化。

八宝景天（*Hylotelephium erythrostictum* (Miq.)H.Ohba）

形态特征

景天科八宝属多年生肉质草本植物，株高30~50cm。地下茎肥厚，地上茎簇生，粗壮而直立，全株略被白粉，呈灰绿色。叶轮生或对生，倒卵形，肉质，具波状齿。伞房花序密集如平头状，花序径10~13cm，花淡粉红色，常见栽培的尚有白色、紫红色、玫红色品种。花期7~10月。

生长习性

性喜强光和干燥、通风良好的环境，亦耐轻度蔽阴，能耐-20℃的低温；不择土壤，要求排水良好，耐贫瘠和干旱，忌雨涝积水；性耐寒，华北露地均可越冬，地上部分冬季枯萎。

养护管理

八宝景天植株强健，管理粗放。八宝景天的浇水一般分为开花期和生长期两个时间段。生长期内，坚持宁干勿多的原则，如果浇水过多根烂的特别快。在开花期内，浇水要间干间湿，这样能保证生长良好。八宝景天施肥需要和浇水结合起来，尤其是7~8月份的时候，可以追施两到三次的速效肥，多雨季节应停止施肥。入冬之前，八宝景天渐渐的就会停止生长，为保持优美的株型，需要在次年春季的时候修剪植物，将其地面上的部分枯枝剪除。

八宝景天常见病虫害有根腐病和蚜虫。

园林应用

园林中常将它配合其他花卉布置花坛，花境或成片栽植做护坡地被植物，可以做圆圈、方块、云卷、弧形、扇面等造型，也可以用作地被植物，填补夏季花卉在秋季调萎后没有观赏价值的空缺，是布置花坛、花境和点缀草坪、岩石园的好材料。

红花酢浆草（*Oxalis corymbosa* DC.）

形态特征

酢浆草科酢浆草属多年生直立草本。无地上茎，地下球状鳞茎，鳞片膜质，褐色，叶基生。叶柄被毛，小叶片扁圆状倒心形，顶端凹入，两侧角圆形，背面浅绿色，托叶长圆形，顶部狭尖。总花梗基生，二歧聚伞花序，花梗、苞片、萼片均被毛。萼片披针形，花瓣倒心形，淡紫色至紫红色，花丝被长柔毛。花柱被锈色长柔毛，3~12月开花结果。

生长习性

喜向阳、温暖、湿润的环境，夏季炎热地区宜遮半荫，抗旱能力较强，不耐寒，长江以南，可露地越冬，喜阴湿环境，对土壤适应性较强，一般园土均可生长，但以腐殖质丰富的砂质壤土生长旺盛，夏季有短期的休眠。在阳光极好时，容易开放。

养护管理

栽种结束后，需要及时浇水，而在正常期间，浇水时间应间隔2~3天；成长后期，可保持每一周浇水两次的惯例，夏季时浇水为每日一次。春季生长旺盛期应加强肥水管理，施肥1~2次，并适当增施磷钾肥，以保证红花酢浆草的开花需要。夏季气温上升时或冬季气温降低时，红花酢浆草均会进入休眠期，该时期停止施肥。红花酢浆草在此时应重新覆土，也可适当对土壤进行浅翻。对于两年生以上的红花酢浆草而言，需要对球茎不断的进行切离，可以防止老化。在生长期及时清理杂草。

红花酢浆草常见的病虫害有叶斑病、根腐病、灰霉病、红蜘蛛等。

园林应用

红花酢浆草具有植株低矮、整齐，花多叶繁，花期长，花色艳，覆盖地面迅速，又能抑制杂草生长等诸多优点，很适合在花坛、花径、疏林地及林缘大片种植，用红花酢浆草组字或组成模纹图案效果很好。红花酢浆草也可盆栽用来布置广场、室内阳台，同时也是庭院绿化镶边的好材料。

玉簪（*Hosta plantaginea* (Lam.) Aschers.）

形态特征

百合科玉簪属多年生草本。根状茎粗厚，粗1.5~3cm。叶卵状心形、卵形或卵圆形，长14~24cm，宽8~16cm，先端近渐尖，基部心形，具6~10对侧脉叶柄长20~40cm。花葶高40~80cm，具几朵至十几朵花。花的外苞片卵形或披针形,内苞片很小，花单生或2~3朵簇生，长10~13cm，白色，芬香。蒴果圆柱状，有三棱，长约6cm，直径约1cm。花果期8~10月。

生长习性

玉簪属于典型的阴性植物，喜阴湿环境，受强光照射则叶片变黄，生长不良，喜肥沃、湿润的沙壤土，性极耐寒，中国大部分地区均能在露地越冬，地上部分经霜后枯萎，翌春宿根萌发新芽。忌强烈日光暴晒。

养护管理

生长期间，要经常保持土壤湿润状态为宜，如果浇水过多，易引起根部腐烂、叶子变黄。夏天供水要充足，空气干燥时，每天向叶面喷水，以防止叶片干燥。玉簪从5月上旬开始施肥，约每月追施1次稀薄肥，7~8月份可以稍浓些，9月下旬以后停止施肥。每次施肥后都要及时浇水、松土，以利土壤疏松、通气。在发芽期要追施以氮肥为主的肥料，在孕蕾期要施磷肥为主的液肥。

玉簪常见的病害是斑点病。

园林应用

园林中可用于树下作地被植物，或植于岩石园或建筑物北侧，也可盆栽观赏或作切花用。现代庭园，多配置于林下草地、岩石园或建筑物背面，也可三两成丛点缀于花境中。因花夜间开放，芳香浓郁，是夜花园中不可缺少的花卉。

菊花（*Dendranthema morifolium* (Ramat.) Tzvel.）

形态特征

菊科菊属多年生草本，高60~150cm。茎直立，分枝或不分枝，被柔毛。叶互生，有短柄，叶片卵形至披针形。头状花序单生或数个集生于茎枝顶端,舌状花白色、红色、紫色或黄色。花色则有红、黄、白、橙、紫、粉红、暗红等各色，形状因品种而有单瓣、平瓣、匙瓣等多种类型，当中为管状花，常全部特化成各式舌状花，花期9~11月。

生长习性

菊花为短日照植物，在短日照下能提早开花。喜阳光，忌荫蔽，较耐旱，怕涝。喜温暖湿润气候，但亦能耐寒，严冬季节根茎能在地下越冬。花能经受微霜，但幼苗生长和分枝孕蕾期需较高的气温。最适生长温度为20℃左右。

养护管理

浇水要适时适量。在孕蕾前后阶段要保证充足的水分，土壤不能过干或过湿；如果浇水量大导致积水，要及时采取排水措施，以免出现烂根。雨季也要注意及时排水。菊花喜肥，若施肥不当易引起徒长，施肥过多，则株高叶稀，因此基肥应以磷、钾肥为主。施追肥不可过早，如果叶片小而薄、叶色泛黄，可多次喷施0.1%尿素水至转绿时为止。如出现缺磷、钾肥等症状，应喷施0.2%磷酸二氢钾溶液（花市有售）。立秋后至开花前，肥水宜充足，其浓度要逐渐增加，并应注意增施磷钾肥，可使花色正、花期长。生长期修剪以营养调控为主，促进花大色艳。一是要及时摘心，促发侧枝，有效地压低株高；二是进行抹芽疏蕾。菊花壮苗期，萌发出许多腋芽，需及时用手指捏掉，否则消耗大量养分，且能发出许多小侧枝，使植株显得杂乱无章。孕蕾期，在顶蕾下的小枝上有时出现旁蕾，除因需要保留的以外，也应及早去掉旁蕾，促进顶蕾肥大。

菊花常见病虫害有斑枯病、枯萎病、斜纹夜蛾、甜菜夜蛾、番茄夜蛾和二点叶螨等。

园林应用

菊花生长旺盛，萌发力强，一株菊花经多次摘心可以分生出上千个花蕾，有些品种的枝条柔软且多，便于制作各种造型，组成菊塔、菊桥、菊篱、菊亭、菊门、菊球等形式精美的造型。又可培植成大立菊、悬崖菊、十样锦、盆景等，形式多变，蔚为奇观，为每年的菊展增添了无数的观赏艺术品。

天人菊（*Gaillardia pulchella* Foug）

形态特征

菊科天人菊属一年生草本。天人菊高20~60cm。茎中部以上多分枝，分枝斜升，被短柔毛或锈色毛。下部叶匙形或倒披针形，上部叶长椭圆形，倒披针形或匙形，头状花序。总苞片披针形。舌状花黄色，基部带紫色，舌片宽楔形。瘦果。花果期6~8月。

生长习性

耐干旱炎热，不耐寒，喜阳光，也耐半阴，宜排水良好的疏松土壤。耐风、抗潮、生性强韧。

养护管理

天人菊喜欢较高的空气湿度，空气湿度过低，会加快单花凋谢。也怕雨淋，晚上需要保持叶片干燥。最适空气相对湿度为65~75%。耐热，不耐霜寒，喜阳光充足，略耐半荫。与其它草花一样，对肥水要求较多，但要求遵循“淡肥勤施、量少次多、营养齐全”的施肥（水）原则，并且在施肥过后，晚上要保持叶片和花朵干燥。夏、秋季是它的生长旺季。进入开花期后适当控肥，以利种子成熟。

天人菊常见的病害为炭疽病，危害叶片，未发现虫害。

园林应用

天人菊花姿娇娆，色彩艳丽，花期长，栽培管理简单，可作花坛、花丛的材料。

金鸡菊（*Coreopsis drummondii* Torr. et Gray）

形态特征

菊科金鸡菊属多年生宿根草本。叶具柄，叶片羽状分裂，裂片圆卵形至长圆形，或在上部有时线性。头状花序单生枝端，或少数成伞房状，直径2.5~5cm，具长梗；外层总苞片与内层近等长，舌状花8，黄色，基部紫褐色，先端具齿或裂片；管状黑紫色。瘦果倒卵形，内弯，具1条骨质边缘。花期5~10月。

金鸡菊类耐寒耐旱，对土壤要求不严，喜光，但耐半阴，适应性强，对二氧化硫有较强的抗性。

养护管理

金鸡菊平时对水分的需求不是很高，但是在栽培过程中，要严格控制好浇水，不能浇水过多或过少，宜保持土壤湿润。金鸡菊对肥力的需求也不是很高，除在出现花蕾后进行一次施肥外，若土壤的养分比较充足，日常可以不用施肥。金鸡菊易徒长，所以要时时进行修剪，在植物生长到6cm高时，要实施一次摘心，在植物生长到10cm高时，要再次进行摘心。

金鸡菊常见病虫害有白粉病、褐斑病和蚜虫等。

园林应用

金鸡菊是好的疏林地被应用植物，可观叶，也可观花。在屋顶绿化中作覆盖材料效果也好，还可作花境材料。也可在草地边缘、向阳坡地、林地成片栽植。其枝、叶、花可供艺术切花用，用于制作花篮或插花。

大滨菊（*Leucanthemum maximum* (Ramood) DC.）

形态特征

菊科滨菊属多年生草本植物。大滨菊茎直立，少分枝，株高40~110cm，全株光滑无毛。叶互生，基生叶披针形，具长柄。茎生叶线形，稍短于基生叶，无叶柄。头状花序单生茎顶，舌状花白色，多二轮，具香气；管状花黄色。花期5~7月。瘦果，果熟期8~9月。

生长习性

大滨菊喜温暖湿润和阳光充足环境，耐寒性较强，耐半阴，适生温度15~30℃，不择土壤，园田土、沙壤土、微碱或微酸性土均能生长。

养护管理

气温低少浇水，气温高多浇水，保持土壤湿润。当植株现蕾后可适当加大浇水量。生长期每月施氮、磷、钾均衡的稀薄液肥1次，严格控制氮肥用量，避免花期推迟，在稀薄的饼肥水中加入0.2%的磷酸二氢钾。对于开花较早而花又较小的植株，为使其多发枝、多开花可进行基部采枝，以扩株增蘖；花后及时剪除残花。

大滨菊常见病虫害有叶斑病、茎腐病、盲蝽和潜叶蝇等。

园林应用

大滨菊花朵洁白素雅，株丛紧凑，适宜花境前景或中景栽植，林缘或坡地片植，庭园或岩石园点缀栽植，亦可盆栽观赏或作鲜切花使用。是城镇绿化、美化环境的植物。

千屈菜（*Lythrum salicaria* L.）

形态特征

千屈菜科千屈菜属多年生草本。千屈菜根茎横卧于地下，粗壮，茎直立，多分枝全株青绿色，略被粗毛或密被绒毛，枝通常具4棱。叶对生或三叶轮生，披针形或阔披针形，顶端钝形或短尖，基部圆形或心形，有时略抱茎，全缘，无柄。花组成小聚伞花序，簇生，因花梗及总梗极短，因此花枝全形似一大型穗状花序，红紫色或淡紫色，倒披针状长椭圆形，基部楔形。蒴果扁圆形。

生长习性

生于河岸、湖畔、溪沟边和潮湿草地。喜强光，耐寒性强，喜水湿，对土壤要求不严，在深厚、富含腐殖质的土壤上生长更好。

养护管理

千屈菜喜欢水湿，在浅水当中生长较好，在生长期间，需要保持浅水或土壤潮湿。春、夏季各施1次氮肥或复合肥，秋后追施1次堆肥或厩肥。每年中耕除草3~4次。在千屈菜的生长过程中，为了控制株高，需要摘心1~2次，使植株矮化。花后要剪去残花，可以促进新的花芽萌发，使下一批花开放。平时剪掉过密的枝叶，有利于通风。冬季则要剪去千屈菜的老枝，利于千屈菜越冬。

千屈菜常见的病虫害有斑点病和红蜘蛛。

园林应用

华北、华东常栽培于水边或作盆栽，供观赏。株丛整齐，耸立而清秀，花朵繁茂，花序长，花期长，是水景中优良的竖线条材料，最宜在浅水岸边丛植或池中栽植。也可作花境材料及切花用。

石竹（*Dianthus chinensis* L.）

形态特征

石竹科石竹属多年生草本，高30~50cm，全株无毛，带粉绿色。茎由根颈生出，疏丛

生，直立，上部分枝。叶片线状披针形，顶端渐尖，基部稍狭，全缘或有细小齿，中脉较显。花单生枝端或数花集成聚伞花序,紫红色、粉红色、鲜红色或白色,花药蓝色。蒴果圆筒形，种子黑色，扁圆形。花期5~6月，果期7~9月。

生长习性

性耐寒、耐干旱，不耐酷暑，喜阳光充足、干燥，通风及凉爽湿润气候。要求肥沃、疏松、排水良好及含石灰质的土壤或沙质土壤，忌水涝，好肥。

养护管理

石竹花生长强健，较耐干旱，除生长开花旺季要及时浇水外，平时可以少浇水，以维持土壤湿润为宜。盛夏季节由于气温较高，白天水分蒸发快，早晨浇水最好。石竹喜肥，整个生长期要追肥2~3次，正常情况下，每次施肥间隔时间为10天一次，肥料浓度要低。如果土壤贫瘠或想较快成坪，可施点有机肥或化肥。若想多开花，可摘心，令其多分枝，必须及时摘除腋芽，减少养分消耗。石竹花修剪后可再次开花。

石竹常见的病虫害有萼腐病、锈病、灰霉病、芽腐病、根腐病等。

园林应用

园林中可用于花坛、花境、花台或盆栽，也可用于岩石园和草坪边缘点缀。大面积成片栽植时可作景观地被材料。

美女樱（*Verbena hybrida* Voss)

形态特征

马鞭草科马鞭草属，多年生草本植物，茎四棱、横展、匍匐状，低矮粗壮，丛生而铺覆地面，全株具灰色柔毛。叶对生有短柄，长圆形、卵圆形或披针状三角形，边缘具缺刻状粗齿或整齐的圆钝锯齿，叶基部常有裂刻，穗状花序顶生，多数小花密集排列呈伞房状。花色多，有白、粉红、深红、紫、蓝等不同颜色，花期为5~11月，4月至霜降前开花陆续不断。蒴果，果熟期9~10月，种子寿命2年。

生长习性

喜温暖湿润气候，喜阳，不耐干旱不耐阴，对土壤要求不严，但以在疏松肥沃、较湿润的中性土壤能节节生根，生长健壮，开花繁茂。

养护管理

适时施肥、浇水、及时中耕除草，雨季及时排涝。因其根系较浅，夏季应注意浇水，以防干旱，养护期间水分不可过多过少，如水分过多，茎枝细弱徒长，开花甚少；美女樱喜肥，可与其他植物一样遵循“淡肥勤施、量少次多、营养齐全”的原则，每半月需施薄肥1次，使发育良好。若缺少肥水，植株生长发育不良，有提早结籽现象。在其开花之前，可进行摘一两次心，每两个月剪掉一次带有老叶和黄叶的枝条，只要温度适宜，能四季开花。

美女樱抗病虫能力较强。病虫害主要有白粉病、霜霉病、蚜虫和粉虱危害。

园林应用

适合盆栽和吊盆栽培，装饰窗台、阳台和走廊，鲜艳雅致，富有情趣。如成群摆放公园入口处、广场花坛、街旁栽植槽、草坪边缘，清新悦目，充满自然和谐的气息。

萱草（*Hemerocallis fulva* (L.) L.）

形态特征

百合科萱草属多年生草本，根状茎粗短，具肉质纤维根，多数膨大呈窄长纺锤形。叶基生成丛，条状披针形，背面被白粉。夏季开橘黄色大花，花葶长于叶,圆锥花序顶生,花被基部粗短漏斗状，花被6片，开展，向外反卷。雄蕊6，花丝长，着生花被喉部。花果期为5~7月。

生长环境

萱草性强健，耐寒，适应性强，喜湿润也耐旱，喜阳光又耐半荫。对土壤选择性不强，但以富含腐殖质，排水良好的湿润土壤为宜。

养护管理

萱草抗旱能力较强，营养生长期需水量不大，因此应该根据萱草各生长发育时期对水分的需要，再结合当地的气候、土壤、水源状况灌溉。花蕾期必须经常保持土壤湿润，防止花蕾因干旱而脱落，一般每隔一周浇水一次。浇水要浇足、浇匀，以早晨和傍晚为好。7~8月份雨水量大，要排水防涝。萱草花前及花期需补充追肥2~3次,以补充磷钾肥为主，也可喷施0.2%的磷酸二氢钾，促使花朵肥大，并可达到延长花期的效果，花后自地面剪除花茎，并及时清除株丛基部的枯残叶片。

萱草常见的病虫害有叶斑病、叶枯病、锈病、炭疽病、红蜘蛛、蚜虫等。

园林应用

萱草花色鲜艳，栽培容易，且春季萌发早，绿叶成丛极为美观。园林中多丛植或于花境、路旁栽植。萱草耐半阴，又可做疏林地被植物。

葱兰（*Zephyranthes candida* (Lindl.) Herb.）

形态特征

石蒜科葱莲属多年生草本。鳞茎卵形，具有明显的颈部，叶狭线形，肥厚，亮绿色。花茎中空，花单生于花茎顶端，下有带褐红色的佛焰苞状总苞。花白色，外面常带淡红色，雄蕊6，花柱细长，柱头不明显3裂。蒴果近球形，3瓣开裂。种子黑色，扁平。

生长习性

葱兰喜肥沃土壤，喜阳光充足，耐半阴与低湿，宜肥沃、带有黏性而排水好的土壤。

养护管理

生长期间浇水要充足，宜经常保持土壤湿润，但不能积水。天气干旱还要经常向叶面上喷水，以增加空气湿度，否则叶尖易黄枯。生长旺盛季节，施肥要求遵循“淡肥勤施、量少次多、营养齐全”原则，每隔半个月需追施1次稀薄液肥，冬季要及时停肥。发现植株上有黄叶要及时剪除，并且在葱兰开花完成以后，要注意将其残花剪除，避免其继续消耗葱兰本身的养分，使它看起来观赏价值不被影响。

葱兰常见病虫害主要有枯叶病、菜蛾和蓟马等。

园林应用

葱兰适用于林下、边缘或半荫处作园林地被植物，也可作花坛、花径的镶边材料，在草坪中成丛散植，可组成缀花草坪，也可盆栽供室内观赏。

蓝羊茅（*Festuca glauca*）

形态特征

禾本科羊茅属常绿草本。蓝羊茅，冷季型。丛生，株高40cm左右，植株直径40cm左右。直立平滑，叶片强内卷几成针状或毛发状，蓝绿色，具银白霜。春、秋季节为蓝色。圆锥花序，开花期5月。

生长习性

喜光，耐寒，耐旱，耐贫瘠。中性或弱酸性疏松土壤长势最好，稍耐盐碱。全日照或部分荫蔽长势良好，忌低洼积水。耐寒至-35℃，在持续干旱时应适当浇水。

养护管理

蓝羊茅是一种冷季型观赏草，适宜生长温度和其他禾本科羊茅属的植物相同，蓝羊茅从3月返青后，生长速度迅速加快，5月进入第一个生长高峰期，之后随着气温的不断升高，生长速度开始下降，7月进入高温胁迫期，8月为蓝羊茅整个生长季的最低生长时期，直到9月以后随着高温胁迫的逐渐解除，气温开始降低，生长又会出现第二个高峰期，以后随着气温的不断降低，低于最适生长温度后，生长速度也会开始不断下降，到11月上旬，蓝羊茅的生长已经很弱，之后便会进入休眠期。

蓝羊茅种植初期，即第一年，可以不定时的给它浇水。成株以后几乎不需要人工浇水，如果周围是需要经常浇水的植株，则应该有意避开蓝羊茅，否则叶子长期处在湿润的状态很容易引发病害和害虫。蓝羊茅不能适应过渡湿润的土壤环境，排水不良也有可能会导致死亡。夏天保持适度干燥其叶子会变成蓝色。蓝羊茅几乎不需要化肥来提供养分，相反地，如果频繁的施肥还会导致营养过剩，滋生太多的又密又杂的枝叶，影响美观。

蓝羊茅抗病虫害的能力极强，一般不发生病虫危害。

园林应用

适合作花坛、花境镶边用，其突出的颜色可以和花坛、花境形成鲜明的对比。还可用作道路两边的镶边用。

麦冬（*Ophiopogon japonicus* (Linn. f.) Ker-Gawl.）

形态特征

百合科沿阶草属多年生常绿草本。根较粗，中间或近末端常膨大成椭圆形或纺锤形的小块根，淡褐黄色；地下走茎细长。茎很短，叶基生成丛，禾叶状，具几朵至十几朵花。花单生或成对着生于苞片腋内，花被片常稍下垂而不展开，披针形，白色或淡紫色。种子球形。花期5~8月，果期8~9月。

生长习性

麦冬喜温暖湿润，降雨充沛的气候条件，5~30℃能正常生长，最适生长气温15~25℃，低于0℃或高于35℃生长停止，生长过程中需水量大，要求光照充足，尤其是块根膨大期，光照充足才能促进块根的膨大。

养护管理

麦冬生长期需水量较大，立夏后气温上升，蒸发量增大，应及时灌水。冬春若遇干旱天气，立春前灌水1~2次，以促进块根生长发育。麦冬喜肥，一般每年追肥3次，第1次在7月，每亩施人畜粪水2500kg、腐熟饼肥50kg；第2次在8月上旬，每亩追施人畜粪水3000kg、腐熟饼肥80kg、灶灰150kg；第3次在11月上旬，每亩追施人畜粪水3000kg、饼肥50kg、过磷酸钙50kg，以促进块根生长肥大。麦冬植株矮小，应做到株间无杂草，避免草荒。

麦冬常见病虫害有黑斑病、根结线虫，蛴螬等。

园林应用

麦冬具有很高的绿化价值，它有常绿、耐荫、耐寒、耐旱、抗病虫害等多种优良性状，园林绿化方面应用前景广阔。银边麦冬、金边阔叶麦冬、黑麦冬等具极佳的观赏价值，既可以用来进行室外绿化，又是不可多得的室内盆栽观赏佳品。

沿阶草（*Ophiopogon bodinieri* Levl.）

形态特征

百合科沿阶草属多年生常绿草本。茎很短。根纤细，近末端处有时具小块根，地下走茎长，节上具膜质的鞘。叶基生成丛，禾叶状，先端渐尖，边缘具细锯齿。花葶较叶稍短或几等长，总状花序长1~7cm，具几朵至十几朵花。花常单生或2朵簇生于苞片腋内，花梗长5~8mm，关节位于中部。花被片卵状披针形、披针形或近矩圆形，白色或稍带紫色。种子近球形或椭圆形。花期6~8月，果期8~10月。

生长习性

沿阶草既能在强阳光照射下生长，又能忍受荫蔽环境，属耐阴植物；能耐受最高气温46℃，耐受-20℃的低温，且寒冬季节叶色始终保持常绿；沿阶草可在雨水中浸泡7天无涝害症状，耐湿性极强；耐旱性强；具有极佳的耐瘠性。

养护管理

沿阶草无需精细管理。但要求通风良好的半阴环境，经常保持土壤湿润，北方旱季应经常喷水，叶片才能油绿发亮，如果空气过于干燥，叶片常常会出现干尖现象。沿阶草耐湿性虽强，如果长时间的水涝，也可能会导致地下根部腐烂。沿阶草对肥水的要求不多，每年的6月施肥两次，其它季节则不必施肥。生长季注意及时清除杂草。

沿阶草抗性强，不易发生病虫害。病虫害有黑斑病、叶枯病、蛴螬、蝼蛄等。

园林应用

沿阶草可成片栽植于风景区的阴湿空地和水边湖畔做地被植物。沿阶草叶色终年常绿，花葶直挺，花色淡雅，能作为盆栽观叶植物。

粉黛乱子草（*Muhlenbergia capillaris*）

形态特征

禾本科乱子草属多年生暖季型草本植物，是从美洲引进的观赏草品种，株高可达30~90cm，宽可达60~90cm。顶端呈拱形，绿色叶片纤细，常具被鳞片的匍匐根茎。秆直立或基部倾斜、横卧。分为灌木状的“毛细管”状分枝模式。绿色叶子覆盖下层，粉红色的花朵长出叶子。在成熟期间，叶片被卷起，平坦到渐开线，圆锥花序狭窄或开展。顶生云雾状粉色花絮，花期9~11月，颖果细长，圆柱形或稍扁压。

生长习性

粉黛乱子草适宜生长在潮湿但排水良好的土壤中，在阳光充足或部分遮荫下茁壮成长；大多数都能忍受干旱，炎热和贫瘠的土壤；生长适应性强，耐水湿、耐干旱、耐盐碱，在沙土、壤土、黏土中均可生长；夏季为主要生长季。

养护管理

粉黛乱子草适应性强、易于养护，生长快速，很容易就成片分布，独立成景。日常管理主要是注意浇水补充水分，但也不宜浇水过多，若发现生长势减缓，可将营养有机肥溶入水中，稀释成一定比例，制成水肥作为叶面肥喷洒。6~10月是粉黛乱子草水肥管理的关键时期，要加强水肥，帮助它更好的生长开花结子，提高观赏性。另外，在生长季要注意及时去除杂草，防止水肥的竞争，也影响美观。

园林应用

粉黛乱子草可采用单品种片植、混合片植、组团栽植、单体栽植等形式。用于城市公园、开放空间，利用粉黛乱子草强烈的季相反差，营造统一、集中而又富有视觉冲击力的特色植物景观；与其他品种混合片植，构建自然生态景观草甸，适用于自然生态型景观或生态滩涂、湿地、滨水景观中，充分发挥其观赏性强的特点。组团种植，与其它植物材料搭配使用也是一种不错的选择。细密的质感、明亮的色彩可以在花卉不多的秋季凸显出来，与秋季绚烂的色叶相得益彰，适用于公园中的小型组团空间或住宅、酒店、商业景观中的中小型空间。

墨西哥鼠尾草（*Salvia leucantha*）

形态特征

唇形花科鼠尾草属多年生草本植物，株高30~70cm。茎直立多分枝，茎基部稍木质化。叶片对生有柄，披针形，上具绒毛，有香气。轮伞花序，顶生，花紫色，具绒毛，白至紫色。花期秋季，果期冬季。

生长习性

全日照，生长适温18~26℃，喜湿润、疏松、肥沃的壤土；具有花期长、易繁殖、抗旱、耐冻和耐践踏的特点。

养护管理

墨西哥鼠尾草适应比较强，管理粗放。浇水应以基本保持土壤潮湿状态为宜，及时排水，防止过于湿涝。施肥要合理，在生长期间可以施一些稀薄的液肥，经常施一些富含生长元素的肥料。墨西哥鼠尾草易老化，为了使其生长良好，需要经常修剪摘心，促发新枝。此外，要及时剪去过密的枝条，尤其是需疏去瘦弱枝和病虫枝，以使植株内部的通风透光良好，从而有利于植株的生长和减少病虫害的发生。在生长季注意及时去除杂草。

墨西哥鼠尾草常见病虫害有白粉病、茎腐病、锈病、介壳虫、蚜虫、红蜘蛛等。

园林应用

在城市植物造景和园林绿化中有独特的效果。可用于布置花境、花丛、花带、岩石水景园及芳香植物专类园等，特别是在边坡绿化中应用较多，管护方便，护坡效果较好，具有极高的生态和观赏价值。

白车轴草（*Trifolium repens* Linn.）

形态特征

豆科车轴草属多年生草本，生长期达6年。茎匍匐蔓生，上部稍上升，节上生根，全株无毛。掌状三出复叶，托叶卵状披针形，膜质，基部抱茎成鞘状，离生部分锐尖。小叶倒卵形至近圆形，先端凹头至钝圆，基部楔形渐窄至小叶柄，近叶边分叉并伸达锯齿齿尖。花序球形，顶生，总花梗甚长，比叶柄长近1倍，花朵密集，无总苞，开花立即下垂。花冠白色、乳黄色或淡红色，具香气。荚果长圆形，种子通常3粒，阔卵形。花果期5~10月。

生长习性

喜温暖、向阳的环境。较耐荫，在部分遮荫条件下生长良好。对土壤要求不高，耐贫瘠、耐酸，不耐盐碱，最适排水良好、富含钙质及腐殖质的粘质土壤。适应性广，耐霜，耐旱，耐践踏。

养护管理

白车轴草本身的耐旱能力很强，所以对水分的要求并不多，但是在夏季高温天气，必须浇水保持土壤水分，过于干旱就会影响它的正常生长，炎热天气一天需要浇两次水，早晚各一次，另外如果是阴雨季节，就不要再进行浇水，降雨量大还需排水防涝。白车轴草是与根瘤菌共生的植物，根瘤菌可以固定空气中的氮，因此施肥时可以不施或少施氮肥，主要施磷肥和钾肥，但是在白三叶生长盛期，尽量减少施肥次数和施肥量，此时如果施肥过多，会导致白车轴草疯狂控生长，而出现提前衰败的现象。在生长过程中，一般不进行修剪。

白车轴草常见病虫害有叶斑病、地老虎、斜纹夜蛾等。

园林应用

白车轴草开花早，花期长，叶形美观，成坪后可获得良好的景观效果，且抗寒耐热，在酸性和碱性土壤上均能适应，是本属植物中在中国很有推广前途的种。可作为堤岸防护草种、草坪装饰等用。

红三叶草（*Trifolium pretense*）

形态特征

豆科车轴草属多年生草本植物。茎高一般80cm左右，匍匐，无毛。主茎呈丛状，直立或半直立。叶互生，有长柄，叶片椭圆形或卵形，柔软，略带苦味。密集头状花序，几乎无柄，花冠暗红或紫红色。荚果小,倒卵状椭圆形。荚果有3~4种子,种子细小，肾形或近圆形,表面光滑，呈褐黄色或紫色。生长周期一般为2~6年，在温暖条件下，常缩短为二年生或一年生。花期5月。

生长习性

长日照作物，异花授粉。主根系较短(约20cm)，但侧根、须根发达，根上结有很多粉红色根瘤。喜温暖湿润气候，年降雨量700~2000mm以上、夏季不热、冬季不冷的地方最宜生长。耐高温又耐低温，耐荫耐湿，不耐旱。抗寒性强，冬季可耐–8℃低温，晚秋和隆冬季节停止生长，最低温度低于–15℃则难于越冬。对土壤要求不严，壤土、砂壤土，中性或微酸性土壤都可，于排水良好、酸性不大、富含钙质的粘性土壤中生长更佳。

养护管理

应保持土壤湿润，生长期如遇长期干旱也需适当浇水。由于红三叶根瘤的固氮作用，一般不用施氮肥。但苗期根瘤菌尚未生成需补充少量氮肥，待形成群体后则只需补磷、钾肥。忌连作，不耐水淹。在同一块土地上最少要经过4～6年后才能再种，易积水地块要开沟，以利随时排水。生长缓慢，易被杂草危害，苗期要及时松土锄草，以利幼苗生长。每次刈割后，结合中耕适当追肥，以利再生。

红三叶常见病害有炭疽病、白粉病、叶斑病、毛虫类、盲蝽类、苜蓿籽蜂、蛴螬、小地老虎、叶蝉类等。

园林应用

红三叶花期长，叶形美观，适应性及抗性强，能在20%透光率的条件下正常生长，是庭院及草坪绿化的良好草种，适宜在果园种植，也可作为水土保持植物在山坡地栽培。

狼尾草（*Pennisetum alopecuroides* (L.) Spren）

形态特征

禾本科狼尾草多年生草本。茎圆形，丛生，粗硬直立，一般株高30~120cm，在花序下密生柔毛。叶鞘光滑，两侧压扁，主脉呈脊，叶舌具纤毛，叶片线形，先端长渐尖，基部生疣毛。圆锥花序呈柱形，刚毛状小枝常呈淡绿色或紫色。小穗通常单生，偶有双生，线状披针形。颖果长圆形。花果期夏秋季。

生长习性

根深密集，须根发达，根系分布主要在0~20cm土层内。生性强健，萌发力强，喜光照充足的生长环境，耐湿，亦能耐半阴，抗寒性强。适合温暖、湿润的气候条件，当气温达到20℃以上时，生长速度加快。对土壤适应性较强，耐轻微碱性，亦耐干旱贫瘠土壤。抗倒伏，无病害发生。

养护管理

狼尾草对水肥要求不高,耐粗放管理。在狼尾草三叶一心时浇头水，追施尿素20kg/亩，及时中耕除草，6月中旬浇二次水，追施尿素20kg/亩，7月中旬浇三次水，8月中旬浇四次水。全生育周期浇水四次，追施尿素40kg/亩，中耕除草3次。

未发现有明显的病虫危害。

园林应用

作为绿缘植物或背景植物和草花作整体搭配时，不但视觉上有高低效果，也将草花衬托的更出色。具有良好的固土护坡功能，可作固堤防沙植物。

马鞭草（*Verbena officinalis* L.）

形态特征

马鞭草科马鞭草属多年生直立草本植物，高可达120cm，多分枝。茎四方形，近基部可为圆形，节和棱上有硬毛。单叶对生，叶片卵圆形至倒卵形或长圆状披针形，基生叶的边缘通常有粗锯齿和缺刻，茎生叶多数3深裂，裂片边缘有不整齐锯齿，两面均有硬毛，背面脉

上尤多。顶生或腋生的穗状花序，细长如马鞭，花小，花冠淡紫色或蓝色，无柄。果长圆形，外果皮薄，成熟时4瓣裂，内含4枚小坚果。花期6~8月，果期7~10月。

生长习性

喜干燥、阳光充足的环境。对土壤要求不严。喜肥，喜湿润，怕涝，不耐干旱，一般的土壤均可生长，但以土层深厚、肥沃的壤土及沙壤土长势健壮。

养护管理

土壤微干就要立即浇水，多雨季节要注意排水，浇水和雨后要及时松土除草，做到见草即除，增强土壤的通气性，防止表土板结而影响植株的生长。整个生长期施肥4次，撒施尿素即可。营养生长期施肥1次，初花期施肥1次，盛花期施肥1次，后期施肥1次。

少有较为严重的病虫害发生，只是高湿多雨季节田间长时间的大量积水时有根腐病发生。

园林应用

景观布置中应用很广，由于其片植效果极其壮观，常常被用于疏林下、植物园和别墅区的景观布置。在庭院绿化中，马鞭草可以沿路带状栽植，分隔庭院空间的同时，还可以丰富路边风景，在马鞭草下层可配置美丽月见草、紫花地丁、花叶八宝景天等，效果会更好。马鞭草还适合室内盆栽观赏。

石蒜（*Lycoris radiata* (L'Her.) Herb.）

形态特征

石蒜科石蒜属多年生草本。地下鳞茎肥大，宽椭圆形，鳞皮膜质，黑褐色，内为乳白色，基部生多数白色须根。表面由2~3层黑棕色干枯膜质鳞片包被，内部有十多层白色富粘性的肉质鳞片，生于短缩的鳞茎盘上，中心有黄白色的芽。秋季出叶，叶丛生，带形，先端钝，上面深绿色，下面粉绿色，全缘，花茎先叶抽出，中央空心。伞形花序同，苞片披针形，花被6裂，鲜红色或有白色边，漏斗形，无香气，边缘皱缩，向后反卷，喉部有鳞片。蒴果背裂，种子多数。花期9~10月，果期10~11月。

生长习性

耐寒性强，喜半阴，夏季避免阳光直射，能忍受的高温极限为日平均温度24℃，有夏季休眠习性，开花时无叶。喜湿润，也耐干旱，对土壤要求不严，以富有腐殖质的土壤和阴湿而排水良好的环境为好，习惯于偏酸性土壤，以疏松、肥沃的腐殖质土最好。鳞茎有毒。

养护管理

生长期要经常浇水，保持土壤湿润，但不能积水，防止鳞茎积水腐烂。当土壤表面干燥并呈灰白色时表示要及时补充水分，在开花前至开花期都要供给充足水分。生长季节每半月追施1次稀薄饼肥水。越冬期间严格控制浇水，停止施肥。花后及时剪去残花梗，减少养分的流失。

石蒜常见病虫害有炭疽病、细菌性软腐病、斜纹夜盗蛾、蛴螬等。

园林应用

园林中可做背阴处绿化或林下地被花卉。可花境丛植或山石间自然式栽植。与其他较耐阴的草本植物搭配为好，推荐适配植物：玉簪、百合、萱草、大百合、麦冬、玉竹。也可盆栽、水养、切花等。

早园竹（*Phyllostachys propinqua* McClure）

形态特征

禾本科竹亚科刚竹属植物，竿高可达6m，幼竿绿色，光滑无毛。竿环微隆起与箨环同高。箨舌淡褐色，拱形，边缘生短纤毛。箨片披针形或线状披针形，绿色，叶舌强烈隆起，叶片披针形或带状披针形，笋期4月上旬开始，出笋持续时间较长。

生长习性

早园竹喜温暖湿润气候，耐旱力抗寒性强，能耐短期-20℃的低温；适应性强，轻碱地、沙土及低洼地均能生长，喜土层深厚、透气、疏松、保水性能良好、肥沃的土壤。早园竹怕积水，喜光怕风，应种在背风向，光照充足的东南坡、南坡。

养护管理

新栽竹抗旱能力差，注意多浇水，以提高成活率。雨季要注意开沟排水，防止地下竹笋和鞭、根腐烂，其他时节根据土壤和气候适时浇水。早园竹施肥应以有机肥为主，化肥为辅，一般一年要施4次肥，即1月中旬施笋前肥，2~3月上旬施笋期肥，5月下旬~6月施行鞭肥，9~10月施孕笋肥。每年至少进行3次松土除草，保持竹林内疏松无杂草。

早园竹的立竹量一般每亩700~1000株，理想的年龄结构：1~2年竹各占30%，3年竹占30%，4年竹占10%，无5年生以上老竹。挖除老竹的数量与留养新竹数量基本相等，立竹偏高的竹林，要多挖除一些老竹，偏低的竹林，要少挖除一些老竹。适时钩捎，合理留枝。一般在6月中旬~7月上旬进行钩捎，钩捎后留枝10~15档。

早园竹病虫害一般不很严重，主要病虫害有竹丛枝病、竹秆锈病、竹煤污病、竹介壳虫、竹广肩小蜂、竹蚜虫等。

园林应用

早园竹地下鞭根系发达，纵横交错，具有良好的保土、涵水功能。竹林四季常青，挺拔秀丽，既可防风遮荫，又可点缀庭园，美化环境。

10.6 藤本植物的养护与管理

紫藤（*Wisteria sinensis* (Sims) Sweet）

形态特征

豆科紫藤属落叶攀援缠绕性大藤本植物。干皮深灰色，不裂。奇数羽状复叶，有7~13枚小叶，长卵披针状叶，幼叶两面都有白色小绒毛，成熟后无毛。青紫色蝶形花冠，长2.5~4cm，总状花序，排列整齐，经常有20~30朵的花排列在枝端。荚果扁圆条形，长达10~20cm，密被白色绒毛，种子扁球形、黑色。花期4~5月，果熟8~9月。

生长习性

紫藤为暖带及温带植物，对气候和土壤的适应性强，较耐寒，能耐水湿及瘠薄土壤，喜光，较耐阴。以土层深厚，排水良好，向阳避风的地方栽培最适宜；主根深，侧根浅，不耐移栽。生长较快，寿命很长；缠绕能力强，它对其它植物有绞杀作用。

养护管理

栽植紫藤应选择土层深厚、土壤肥沃且排水良好的高燥处，过度潮湿易烂根。紫藤主根发达，有较强的耐旱能力，但比较喜欢湿润的土壤，生长期应保持土壤湿润。一年中至少要给紫藤施2~3次复合肥才可以基本满足它的营养需求，在萌芽之前可以给紫藤施一些氮肥，在生长期间要追肥2~3次，最好用腐熟的人粪尿。

紫藤的修剪是管理中的一项重要工作，修剪时间宜在休眠期，可通过去密留稀和人工牵引使枝条分布均匀。为了促使花繁叶茂，还应根据其生长情况进行合理修剪，因紫藤发枝能力强，花芽着生在一年生枝的基部叶腋，生长枝顶端易干枯，因此要对当年生的新枝进行回缩，剪去1/3~1/2，并将细弱枝、枯枝从分枝基部剪除。

紫藤的病虫害主要有软腐病、叶斑病、介壳虫等。

园林应用

紫藤先花后叶，紫穗满垂缀以稀疏嫩叶，十分优美，一般应用于园林棚架。紫藤春季紫花烂漫，别有情趣，适栽于湖畔、池边、假山、石坊等处，具独特风格，盆景也常用。

五叶地锦（*Parthenocissus quinquefolia* (L.) Planch.）

形态特征

是葡萄科地锦属木质藤本植物。小枝圆柱形，无毛，卷须顶端嫩时尖细卷曲。叶片掌状，顶端短尾尖，基部楔形或阔楔形，边缘锯齿，上面绿色，下面浅绿色，两面无毛，网脉不明显，叶柄无毛。多歧聚伞花序，花蕾椭圆形，萼片碟形，无毛，花瓣5。果实球形，种子倒卵形，6~7月开花，8~10月结果。

生长习性

喜温暖气候，具有一定的耐寒能力，耐阴、耐贫瘠，对土壤与气候适应性较强，干燥条件下也能生存；在中性或偏碱性土壤中均可生长；攀援能力差。

养护管理

五叶地锦对土壤与气候适应性较强，管理比较粗放。五叶地锦怕涝渍，浇水时要注意防止积水。早春施以薄肥，可促进枝繁叶茂，在生长期，可追肥2~3次。肥水管理掌握“间干间湿，干要干透，不干不浇，浇就浇透”的原则。要经常除草松土做围，以免被草淹没。五叶地锦耐修剪，为防蔓基过早光秃和有利吸附，宜多行重剪。冬季植株进入休眠或半休眠期后，要把瘦弱、病虫、枯死、过密等枝条剪掉。

五叶地锦的抗逆性强，遭受病害和虫害的侵袭少，不容易感染病虫害。

园林应用

五叶地锦在园林绿化中大有可为，它整株占地面积小，向空中延伸，很容易见到绿化效果，而且抗氯气强，随着季相变化而变色，是垂直绿化、美化、彩化、净化的好材料。

常春藤（*Hedera nepalensis* K,Koch var.*sinensis* (Tobl.) Rehd）

形态特征

五加科常春藤属多年生常绿攀援灌木，气生根，茎灰棕色或黑棕色，光滑。单叶互生，叶柄无托叶有鳞片，花枝上的叶椭圆状披针形。伞形花序单个顶生，花淡黄白色或淡绿白色，花药紫色，花盘隆起，黄色。果实圆球形，红色或黄色，花期9~11月，果期翌年3~5月。

生长习性

阴性藤本植物，也能生长在全光照的环境中，在温暖湿润的气候条件下生长良好；不耐寒不耐盐碱。对土壤要求不严，喜湿润、疏松、肥沃的土壤。

养护管理

常春藤要求温暖多湿的环境，在生长期要保证供水，经常保持土壤湿润，若水分不足，会引起落叶。在空气干燥的情况下，应经常向叶面和周围地面喷水，以提高空气湿度，冬季应减少浇水。对生长已成形的，可减少施肥，冬季则停止施肥。对生长多年的植株，要加强修剪，疏除过密的细弱枝、枯死枝，防止枝蔓过多，引起造型紊乱。

常春藤常见病虫害有叶斑病、炭疽病、卷叶虫螟、介壳虫和红蜘蛛等。

园林应用

在庭院中可用以攀缘假山、岩石，或在建筑阴面作垂直绿化材料。也可盆栽供室内绿化观赏用。是藤本类绿化植物中用得最多的材料之一。

小叶扶芳藤（*Euonymus fortunei* var.*radicans*）

形态特征

卫矛科卫矛属常绿藤本灌木，高1m至数米。不定根多，叶对生，薄革质，椭圆形，边缘有锯齿。冬季叶片变为鲜红色，地被高为15cm左右，茎匍匐或攀援，长可达10cm。聚伞花序，花绿白色。蒴果近球形，黄红色，种子有桔红色假种皮。花期6～7月，果熟期10月。

生长习性

暖温带树种，较耐寒耐旱，适应性强，喜阴湿环境。

养护管理

小叶扶芳藤夏季要早晚浇水，冬季减少浇水。春夏两季可根据干旱情况，施用2~4次肥水，可先在根颈部以外30~100cm开一圈小沟(植株越大，则离根颈部越远)，沟宽、深都为20cm。沟内撒进12.5~25kg有机肥，或者1~5两颗粒复合肥(化肥)，然后浇上透水。入冬以后开春以前，照上述方法再施肥一次，但不用浇水。修剪要在冬季植株进入休眠或半休眠期，要把瘦弱、病虫、枯死、过密等枝条剪掉。

小叶扶芳藤常见病虫害有炭疽病、茎枯病、蚜虫、夜蛾等。

园林应用

小叶扶芳藤是极好的耐阴常绿地被，因其叶色浓绿，秋叶变红，园林中可种植于假山上、岩石园、墙体下、立交桥下，利用气生根自由攀缘。作为地被植物还可于林下、护坡保持水土。

藤本月季（*Climbing Roses*）

形态特征

蔷薇科蔷薇属落叶灌木，呈藤状或蔓状，姿态各异，可塑性强，短茎的品种枝长只有1m，长茎的达5m。其茎上有疏密不同的尖刺，形态有直刺、斜刺、弯刺、钩形刺，依品种而异。花单生、聚生或簇生，花茎2.5~14cm不等，花色有红、粉、黄、白、橙、紫、镶边色、原色、表背双色等等，十分丰富，花型有杯状、球状、盘状、高芯等。

生长习性

适应性强，耐寒耐旱，对土壤要求不严格，喜日照充足，空气流通，排水良好而避风的环境，盛夏需适当遮荫。多数品种最适温度白昼15~26ºC夜间10~15ºC。较耐寒，冬季气温低于5ºC即进入休眠。如夏季高温持续30ºC以上，则多数品种开花减少，品质降低，进入半休状态。一般品种可耐–15ºC低温。要求富含有机质、肥沃、疏松之微酸性土壤，但对土壤的适应范围较宽。空气相对湿度宜75%~80%，但稍干、稍湿也可。有连续开花的特性。需要保持空气流通，无污染，若通气不良易发生白粉病，空气中的有害气体，如二氧化硫，氯，氟化物等均对月季花有毒害。

养护管理

3月下旬浇足返青水，从萌芽到展叶、开花阶段，需水量大，应充足灌水，经常保持土壤湿润。夏季天气炎热，浇灌宜早晚进行，雨季及时排涝。秋末应适当减少灌水量，促进枝条木质化，11月下旬浇足冻水。生长期应根据开花和植株生长善，适时施肥，一般以花谢后修剪为宜，每年施肥4~5次。秋末应减少氮肥施用量，适当增施磷、钾肥，防止秋梢过旺而受到冻害。

花篱式种植的，修剪上应满足花篱外观整齐，枝密叶茂，花盛色艳和设计要求。匍匐地面种植的，应于花后对开过花的枝条进行重短截，促发新侧枝，尽快覆盖地面。依附棚架、篱架种植的，应多留主枝，及时去除细弱枝，并适当牵引、固定，使其分布均匀，通风透光。初冬修剪剪除枯枝、病虫枝、细弱枝、过密枝、内向枝，并对篱架上过长枝条适当回缩。早春修剪应掌握弱树弱枝重剪，壮树壮枝轻剪的原则。生长期修剪应及时剪除砧木萌蘖及病、弱枝条；及时剪除残花，对开过花的枝条留 8~12个芽进行短截，同时将缠绕枝、重叠枝及衰花枝从基部剪掉，适当短截徒长枝。

藤本月季的常见病虫害有黑斑病、白粉病、蚜虫、红蜘蛛、月季叶蜂等。

园林应用

藤本月季是园林绿化中，使用最多的蔓生植物，可作为花墙、隔离带、遮盖铁栅栏等使用。也可栽植于庭院、花园、走廊等，绿化效果明显，观赏价值颇高。

凌霄（*Campsis grandiflora* (Thunb.) Schum.）

形态特征

紫葳科凌霄属攀援落叶藤本。茎木质，表皮脱落，枯褐色，以气生根攀附于它物之上。叶对生，为奇数羽状复叶；小叶7~9枚，卵形至卵状披针形，顶端尾状渐尖，基部阔楔形，两侧不等大，长3~9cm，宽1.5~5cm，侧脉6~7对，两面无毛，边缘有粗锯齿；叶轴长4~13cm。顶生疏散的短圆锥花序，花序轴长15~20cm。花萼钟状，长3cm，分裂至中部，裂片披针形，长约1.5cm。花冠内面鲜红色，外面橙黄色，长约5cm，裂片半圆形。雄蕊着生于花冠筒近基部，花丝线形，细长，长2~2.5cm，花药黄色，个字形着生。蒴果顶端钝。花期5~8月。

生长习性

喜温暖、湿润气候。能耐瘠薄和弱碱，因此，大部分土壤中均可生长，但以向阳及疏松、排水良好之地为宜。略耐阴，幼苗早期宜稍遮荫。有一定抗寒力，耐旱性也强，喜肥。根系发达，肉质根，不宜栽于湿润处。

养护管理

早期管理要注意浇水，后期管理可粗放些。夏季开花之前施一些复合肥、堆肥，或施一次液肥，并进行适当灌溉，使植株生长旺盛、开花茂密，现蕾后及时疏花，则花大而鲜丽。在旺盛生长期追肥2~3次，8月中旬停止肥水。栽植后将主干保留30～40cm短截，使其重发新枝，萌出的新枝只保留上部3~5个，下部的全部剪去。每年在秋冬至萌芽前可进行适当疏剪，去掉枯枝和过密枝，使树形合理，利于生长。

凌霄常见病虫害有白粉病、灰霉病、白粉虱、蚜虫、红蜘蛛等，特别是在高温高湿期间，凌霄易遭蚜虫为害，注意防治。

园林应用

干枝虬曲多姿，翠叶团团如盖，花大色艳，花期甚长，为庭园中棚架、花门之良好绿化材料；用于攀援墙垣、枯树、石壁，均极适宜；点缀于假山间隙，繁花艳彩，更觉动人；经修剪、整枝等栽培措施，可成灌木状栽培观赏；管理粗放、适应性强，是理想的城市垂直绿化材料。

爬山虎（*Parthenocissus tricuspidata*）

形态特征

葡萄科爬山虎属多年生大型落叶木质藤本植物，藤茎可长达18m。枝条粗壮，老枝灰褐色，幼枝紫红色。枝上有卷须，卷须短，多分枝，卷须顶端及尖端有粘性吸盘，遇到物体便吸附在上面，无论是岩石、墙壁或是树木，均能吸附。表皮有皮孔，髓白色。叶互生，小叶肥厚，基部楔形，变异很大，边缘有粗锯齿，叶片及叶脉对称。花枝上的叶宽卵形，长8~18cm，宽6~16cm，常3裂，或下部枝上的叶分裂成3小叶，基部心形。叶绿色，无毛，背面具有白粉，叶背叶脉处有柔毛，秋季变为鲜红色。夏季开花，花小，成簇不显，黄绿色或浆果紫黑色，与叶对生。花多为两性，雌雄同株，聚伞花序常着生于两叶间的短枝上，长4~8cm，较叶柄短；花5数；萼全缘；花瓣顶端反折。浆果小球形，熟时蓝黑色，被白粉，鸟喜食。花期6月，果期大概在9~10月。

生长习性

爬山虎适应性强，性喜阴湿环境，但不怕强光，耐寒，耐旱，耐贫瘠，气候适应性广泛，在暖温带以南冬季也可以保持半常绿或常绿状态。耐修剪，怕积水，对土壤要求不严，阴湿环境或向阳处，均能茁壮生长，但在阴湿、肥沃的土壤中生长最佳。它对二氧化硫和氯化氢等有害气体有较强的抗性，对空气中的灰尘有吸附能力。

养护管理

爬山虎管理简单粗放，不必搭设支架。早春萌芽前沿建筑物墙根种植，应离墙基50cm挖坑，株距60~80cm为宜。栽时深翻土壤，施足腐熟基肥，当小苗长至1m高时，即应用铅丝、绳子牵向攀附物。栽植初期需适当浇水及防护，每年追肥1~2次，促其健壮生长，并经常锄草松土，以免被草淹没，使它尽快沿墙吸附而上，2~3年后可逐渐将数层高楼的壁面布满，以后可任其自然生长。爬山虎怕涝渍，要注意防止土壤积水。移栽时重短截促发枝，将其主茎导向墙壁或其他支持物，即可自行攀缘。

爬山虎常见病虫害有白粉病、叶斑病、炭疽病、蚜虫等，应注意防治。

园林应用

由于吸附攀缘能力强，爬山虎在立体绿化中得到广泛的应用；良好的抗旱性，使爬山虎在城市屋顶绿化方面有着独到的优势；作为秋季色叶植物，爬山虎在护坡绿化方面也有着自己独特的效果，从多方面发挥着绿化、美化、增氧、降温、减尘、减少噪音等作用。同时，爬山虎也可以点缀假山和叠石。

参考文献

[1] 鲁涤飞.花卉学[M].北京:中国农业出版社，2002.

[2] 曹春英.花卉栽培[M].北京:中国农业出版社，2010.

[3] 刘燕.园林花卉学[M].北京:中国林业出版社，2016.

[4] 陈俊愉.花卉学[M].北京: 中国林业出版社，2003.

[5] 北京林业大学.花卉学[M].北京:中国林业出版社，2002.

[6] 卓丽环，陈龙清.园林树木学[M].北京:中国农业出版社，2011.

[7] 田如男，祝遵凌.园林树木栽培学[M].南京:东南大学出版社，2001.

[8] 吴泽民.园林树木栽培学[M].北京:中国农业出版社，2003.

[9] 苏金乐.园林苗圃学[M].北京:中国农业出版社，2003.

[10] 郭学望，包满珠.园林树木栽植养护学(第2版)[M].北京:中国林业出版社，2004.

[11] 中国科学院中国植物志编辑委员会.中国植物志[M].北京:科学出版社，2004.

[12] 侯元凯，李世东.新世纪最有开发价值的树种[M].北京:中国环境科学出版社，2001.

[13] 尹建平.常见植物病害防治原理与诊治[M].北京:中国农业大学出版社，2012.

[14] 纪明山，谷祖敏，张扬.生物农药研究与应用现状及发展前景[J].沈阳农业大学学报，2006 (04):545-550.

[15] 徐蕊.观赏植物花期调控的研究进展[J].现代园艺，2013 (17):16-17.

[16] 郝建华，郝晨曦.园林树木栽培技术[M].北京:化学工业出版社，2005.

[17] 张涛.园林树木栽培与修剪[M].北京中国农业出版社，2003.

[18] 赵和文.园林树木栽植养护学[M].北京:气象出版社，2004.

[19] 胡林，边秀举.草坪科学与管理[M].北京:中国农业大学出版社，2012.

[20] 孙吉雄.草坪学(第3版)[M].北京中国农业出版社，2011.

[21] 赵燕.草坪建植与养护(第2版)[M].北京:中国农业大学出版社，2012.

[22] 单华佳，李梦璐，孙彦，等.近10年中国草坪业发展现状[J].草地学报，2013，21(02):222-229.

[23] 周兴元.草坪建植与养护[M].北京:中国农业出版社，2014.

[24] 周鑫，郭晓龙.草坪建植与养护(第2版)[M].郑州:黄河水利出版社，2015.

[25] 孙吉雄，韩烈保.草坪学(第4版)[M].北京: 中国农业出版社，2015.

[26] 边秀举，张训忠.草坪学基础[M].北京: 中国建材工业出版社，2005.

[27] 白永莉，乔丽婷.草坪建植与养护技术[M].北京:化学工业出版社，2009.

[28] 陆欣，谢英荷.土壤肥料学(第2版)[M].北京:中国农业大学出版社，2011.

[29] 郑宝仁，赵静夫.土壤肥料[M].北京:北京大学出版社，2007.

[30] 沈其荣.土壤肥料学通论[M].北京:高等教育出版社，2001.